中国非金属矿开发与应用

刘伯元　主编

CHINA NON-METALLIC MINERALS EXPLOITATION AND UTILIZATION

Liu Boyuan

北　京

冶金工业出版社

2007

内容提要

随着材料科学与工程的不断发展，为满足作为其基础材料之一的无机非金属材料的发展需要，本书精选了近年来有关我国非金属矿深加工技术开发与应用方面有代表性的文章30余篇，共分三篇。第一篇综述，主要介绍非金属纳米材料粉体的表面改性和非金属粉体粒度测试技术；第二篇非金属矿在各个工业领域中的应用，包括陶瓷、橡胶、塑料、涂料、建材等；第三篇非金属单矿物加工与开发应用，包括沸石、膨润土、超细重质碳酸钙等。本书较全面地介绍了我国非金属矿的生产技术、开发应用及发展，适合从事非金属矿开发应用研究的工程技术人员阅读。

图书在版编目（CIP）数据

中国非金属矿开发与应用/刘伯元主编. —北京：冶金工业出版社，2003.1（2007.3重印）

ISBN 978-7-5024-3127-3

Ⅰ.中… Ⅱ.刘… Ⅲ.①非金属矿－矿产资源－资源开发－中国②非金属矿－矿产资源－资源利用－中国 Ⅳ.P619.206.2

中国版本图书馆CIP数据核字(2007)第034525号

出 版 人 曹胜利（北京沙滩嵩祝院北巷39号，邮编100009）
责任编辑 谭学余 王雪涛 美术编辑 王耀忠 责任校对 刘 倩
责任印制 牛晓波
ISBN 978-7-5024-3127-3
北京兴华印刷厂印刷；冶金工业出版社发行；各地新华书店经销
2003年1月第1版，2007年3月第2次印刷
787mm×1092mm 1/16；20.75印张；508千字；325页；1801～3300册
49.00元
冶金工业出版社发行部 电话：(010)64044283 传真：(010)64027893
冶金书店 地址：北京东四西大街46号(100711) 电话：(010)65289081
（本社图书如有印装质量问题，本社发行部负责退换）

序　言

非金属矿产是人类赖以生存的三大类矿产(金属矿、能源、非金属矿)之一。随着科技的进步,非金属矿作为各项工业的“粮食”的重要意义越来越显著。

21世纪将是科技发展的世纪,也是知识经济的世纪,21世纪四大科技项目之一就是材料科学。而材料科学的基础之一就是无机非金属材料。

中国非金属工业走过50年历史,已从无到有、从小到大,到2000年其产值已超过金属矿产,成为中国经济的脊梁。然而,中国非金属矿工业仍十分落后,仅靠资源吃饭,靠以量取胜,远远不能赶上时代步伐。

中国非金属矿工业出路在哪里?出路只有一条,就是走发展非金属矿深加工道路。只有对非金属矿产进行深加工,依靠科技手段,提高产品附加值,才能使中国非金属矿工业兴旺发达。非金属矿工业深加工技术,用一句简单的话来概括,那就是“提纯、超细、改性、复合”。中国非金属矿最大的需要是市场,是依靠深加工技术将各种非金属矿加工成各个工业领域需要的各种各样的产品。也就是说,非金属矿工业必须重视开发应用,必须以市场为导向,指导企业的生产。

应该说,开发应用是决定非金属矿工业兴衰的关键。只有通过非金属矿的开发应用研究,才能将非金属矿产品变成各个工业领域所需要的“粮食”,才是开拓非金属矿产市场的惟一途径,而恰恰中国非金属矿的开发应用始终是最不受重视的薄弱环节。

作者致力于非金属矿开发应用研究,十余年来从事地质、塑料、造纸、橡胶、涂料、化肥、农业、建筑建材等行业非金属矿产品的开发应用研究工作,一心要把“石头和土”变成这些工业的填料。

为了促进非金属矿的开发与应用研究,作者精选十余年来工作成果和各位专家在中国非金属矿深加工技术和开发应用领域内的重要文献,汇集了有关非金属矿深加工、非金属材料和有机高分子复合材料、纳米技术和工业废渣利用四个方面的研究成果,以《中国非金属矿开发与应用》为题出版,贡献给中国的非金属矿工业。“精卫填海”,希望能为中国非金属矿工业的腾飞尽绵薄之力。

本书的出版,得到了珠海欧美克科技有限公司、杭州高新自动化仪器仪表公司、张家港市通沙塑料机械有限公司、青岛青矿矿山设备有限公司、中国非金属矿工业协会网站、甘肃临洮化工原料厂的大力支持与帮助。在此,一并对上述单位及其领导表示衷心的感谢。

刘伯元

2002年9月

目 录

一 综述

二 非金属矿在各个领域中的应用

三 非金属单矿物加工与开发应用

一 综 述

非金属纳米材料

刘伯元
(冶金部华东地勘局矿产品开发研究所
中国非金属矿工业协会
中国塑料加工协会改性塑料专业委员会)
黄 锐　　　　赵安赤
(四川大学)　　(清华大学)

1 纳米材料

1.1 纳米材料的定义

“纳米”是长度计量单位,1 纳米(nm)是 1 米的十亿分之一(10^{-9}m)。纳米粒子是指粒径为 1～100 nm 的粒子。纳米粒子是处在原子簇和宏观物体交界的过渡区域,是一种典型的介观系统。

研究纳米材料和纳米结构的重要科学意义在于它开辟了人们认识自然的新层次,是知识创新的源泉。

由于纳米结构的单元尺度(1～100 nm)与物质中的许多特征长度,如电子的德布罗意波长、超导相干长度、隧穿势垒厚度、铁磁性临界尺寸相当,从而导致纳米材料和纳米结构的物理、化学特性既不同于微观结构的原子、分子,也不同于宏观物体。从而把人们探索自然、创造知识的能力延伸到介于宏观和微观物体之间的中间领域。在纳米领域发现新现象,认识新规律,提出新概念,建立新理论,为构筑纳米科学体系框架奠定基础,也将极大丰富纳米科技研究内涵。

在充满生机的 21 世纪,信息、生物工程、能源环境、先进制造技术、国防的迅速发展对材料提出新的要求,材料的尺寸越来越小。而纳米材料和纳米结构是当今新材料的研究领域中最富有活力、对未来经济和社会发展有着十分重要影响的一类,也是纳米科技中最为活跃、最接近应用的一类。它的应用将会调整国民经济产业结构,正如美国科学家所说:“这种人们肉眼看不见的极微小的物质很可能给各个领域带来一场革命。”

1.2 纳米粒子的特性

纳米粒子是由数目较少的原子或分子组成的原子群或分子群，其表面原子是既无长程有序又无短程有序的非晶层，而在粒子心部，存在着结晶完好、周期性排布的原子，正是由于纳米粒子的这种特殊结构类型，导致了纳米粒子特殊的表面效应和量子体积效应等特性，并由此产生了许多与宏观块状样品不同的理化性质。

1.2.1 表面效应

表面与界面效应是指纳米粒子表面原子与总原子数之比，随着粒径的减小而急剧增大后引起性质上的变化。纳米粒子尺寸小、表面能高、比表面积大、位于表面的原子占有相当大的比例，如表1所示。

表1 纳米粒子尺寸与表面原子数的关系

纳米粒子尺寸/nm	表面原子所占比例/%
10	20
4	40
2	80
1	99

随着粒径减少，粒子的比表面积急剧变大。高的比表面积使处于表面的原子数增多，导致表面能和表面结合能的迅速增加。同时由于表面原子周围缺少相邻原子，存在许多悬空键，容易与其他原子相结合而稳定下来，故具有很高的化学活性。并且表面原子的活性也会引起表面电子自旋构相和电子能谱的变化，从而给予纳米粒子低密度、低流动速率、高吸气体、高混合性等特点。

1.2.2 小尺寸效应

当微粉尺寸减小到纳米粒子尺寸时，这时它与光波波长，德布罗意波长以及超导的相干长度或透射深度等特征尺寸相当或更小时，晶体周期性的边界条件将被破坏，非晶态纳米粒子的颗粒表面层附近原子密度减小，导致声、光、电、磁、热及一些化学特性发生变化，呈现出新的小尺寸效应。例如：光吸收显著增加，并且产生吸收峰的等离子共振频移，磁有序向磁无序态转变，超导相向正常相的转变，声子谱发生改变等。这些小尺寸效应为实用技术开拓了很多新领域。如纳米尺寸的强磁性颗粒，当颗粒为单磁畴临界尺寸时，具有甚高的矫顽力，可制成磁性信用卡，磁性钥匙，磁性车票等。通过改变颗粒尺寸、控制吸收边的位移，还可制造具有一定频宽的微波吸收纳米材料，可用于磁波屏蔽，隐性飞机等。

1.2.3 量子尺寸效应

量子尺寸效应是指粒子尺寸减小时，体积缩小，粒子内的原子数减少而造成的效应。日本科学家久保(Kubo)给量子尺寸下了以下定义：当粒子尺寸降到最低值时，出现费米能级附近的电子能级由准连续变为离散能级的现象。此时处于离散能的电子将给纳米粒子带来一系列特殊性质，如高的光学非线性、超导电性和光催化特性。

上述三个效应是纳米粒子与纳米材料的基本特性。它使纳米粒子和纳米材料出现了许多奇异的物理、化学性质。

2 纳米粒子与纳米材料的制备

从现有技术看来,通过机械加工方法可以制备出粒径达 1 μm 的粒子,直接加工成纳米粒子机械磨碎的方法还不行。

制备纳米粒子和纳米材料主要是合成法,它分两大类。

(1)气相法。气相法制备纳米粒子与纳米材料的方法有:真空蒸发法、气相化学反应法、等离子体法等。其中气相化学合成法是传统方法,如 TiO_2 纳米材料的制备,其气相合成反应为:

$$TiCl_4 + O_2 = TiO_2 + 2Cl_2$$

(2)液相法。通过液相制备纳米粒子和纳米材料的方法主要有:沉淀法、氧化加氢法、还原法、水热法、溶液-溶胶法(sol-gel)、喷雾干燥法、冷冻干燥法等。

如 $Mg(NO_3)_2 + Mn(NO_3)_2 + 4Fe(NO_3)_2$ 的乙醇水溶液喷雾热分解时,可得到 $Mg_{0.5}Fe_2O_3$ 纳米粒子。又如 $AgNO_3$ 溶液在 1000℃ 温度下喷雾热分解,可得到球状 Ag 纳米粒子。

(3)中国近十年的进展。在 1990～2000 年 10 年中,中国打破资本主义国家对中国的封锁,已建立了多种物理和化学方法制备纳米材料。研制了气体蒸发、磁控溅射、激光诱导 CVD、等离子加热气相合成等 10 多台制备纳米材料的装置。发展了化学共沉淀、溶液-凝胶、微乳液水热、非水溶剂合成和超临界液相合成制备包括金属、合金、氧化物、氮化物、碳化物、离子晶体和半导体等多种纳米材料的方法。

(4)几种重要制备纳米材料的方法。对于制备纳米材料的有重要的历史或里程碑意义的方法我们将作重点介绍。

2.1 气相合成法

气相合成法主要介绍气相法白炭黑和气相法氧化物。

1941 年德国迪高沙公司开发出气相四氯化硅氧焰水解法,制造白炭黑的新技术,商品名为"Aerosil"。20 世纪 80 年代以来,国外一些大公司对这种工艺稍有改进,进行纳米级氧化物生产,如纳米级二氧化钛。二氧化锆、三氧化二铝及其改性产品。此方法简称"Aerosil"法,是全世界主要生产纳米材料的方法。目前全世界气相法白炭黑的总生产能力已超过 11 万 t/a,而年需求量达 9.7 万 t/a。国际上长期对中国封锁这一技术,到 1996 年我国才打破封锁,20 世纪 90 年代中国已在沈阳兴建 5000 t 的工厂,此外还有上海、自贡两家。

2.1.1 生产原理

气相法白炭黑(二氧化硅)、二氧化钛、二氧化锆、三氧化二铝是由相应的氯化物蒸气在氢氧火焰中水解而制得。其反应式为:

$2M + xCl_2 \rightarrow 2MCl_x$ (M = Si, Ti, Al, Zr)

$SiCl_4(g) + 2H_2 + O_2 \rightarrow SiO_2(s) + 4HCl(g)$ (反应温度>1800℃)

$TiCl_4(g) + 2H_2 + O_2 \rightarrow TiO_2(s) + 4HCl(g)$ (反应温度>1000℃)

$4AlCl_3(g) + 6H_2 + 3O_2 \rightarrow 2Al_2O_3(s) + 12HCl(g)$ (反应温度>1000℃)

$ZrCl_4(g) + 2H_2 + O_2 \rightarrow ZrO_2(s) + 4HCl(g)$ (反应温度>1000℃)

$2SiCl_4(g) + 4AlCl_3(g) + 10H_2 + 5O_2 \rightarrow 2SiO_2 \cdot Al_2O_3(s) + 20HCl(g)$ (反应温度>1000℃)

2.1.2 生产工艺流程

经精制的氢气,空气和氯化物蒸气以一定的配比进入水解炉进行高温水解,生成气溶胶。经聚集器变为较大颗粒,然后经旋风分离出大粒子,再经脱酸而得产品,其工艺流程方框图见图1。

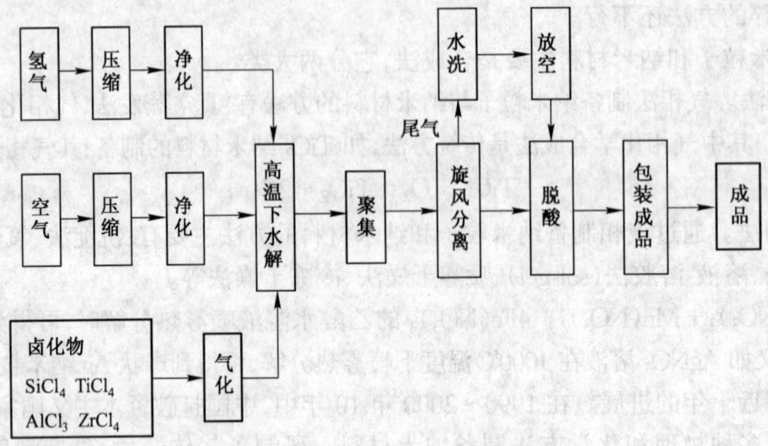

图1 气相合成法工艺流程图

与沉淀法(Precipitated)、碳化法(Fused)、凝胶法相比,Aerosil法有以下优点:

(1)四氯化硅等氯化物易得,具有挥发性,易水解,易提纯,生成的产品不需要再粉碎,生产过程连续,易自动化控制。

(2)气相法的物质浓度小,生成粒子的凝聚少,一次颗粒粒径为7~20 nm。

(3)通过调节、控制反应条件,容易掌握粒径,且粒度分布集中,还可以得出不同比表面积的系列牌号,最大比表面积可达400 m^2/g。

(4)气相反应生成物表面整洁,产品纯度高,达99.8%以上。

(5)产品作为补强填料使用性能卓越,颗粒表面具有氢键网络。

2.1.3 质量指标

气相法纳米级氧化物产品质量指标,以Dessua公司产品为例,见表2、表3。

表2 Aerosil法白炭黑质量指标

项　目	Aerosil 130	Aerosil 150	Aerosil 200	Aerosil 300	Aerosil 380	Aerosil OX50	Aerosil TT600	Aerosil MOX80	Aerosil MOX170	Aerosil COK84	Aerosil R972
比表面积 $/m^2\cdot g^{-1}$	130±25	150±15	200±25	300±30	380±30	50±15	200±50	80±20	170±30	170±30	110±2
平均原级粒径/nm	16	14	12	7	7	40	40	30	15		16
捣实密度轻质材料	约50	约50	约50	约50	约50	约130	约40	约60	约50	约50	约50
重质材料 $/g\cdot cm^{-3}$	约120	约120	约120	约120	约120			约160	约130		
出厂水分/%	<1.5	<0.5	<1.5	<1.5	<1.5	<1.5	<2.5	<1.5	<1.5	<1.5	<0.5
灼烧损失/%	<1.0	<1.0	<1.0	<2.0	<2.5	<1.0	<2.5	<1.0	<1.0	<1.0	<2.0
pH值	3.5~4.3	3.6~4.3	3.6~4.3	3.6~4.3	3.6~4.3	3.8~4.5	3.6~4.3	3.6~4.3	3.6~4.3	3.6~4.3	3.5~4.1

续表 2

项　　目	Aerosil 130	Aerosil 150	Aerosil 200	Aerosil 300	Aerosil 380	Aerosil OX50	Aerosil TT600	Aerosil MOX80	Aerosil MOX170	Aerosil COK84	Aerosil R972
$w(SiO_2)$/%	>99.8	>99.8	>99.8	>99.8	>99.8	>99.8	>99.8	>99.8	>99.8	82～86	>99.8
$w(Al_2O_3)$/%	<0.05	<0.05	<0.05	<0.05	<0.05	<0.08	<0.05	0.03～1.3	0.3～1.3	14～18	<0.05
$w(Fe_2O_3)$/%	<0.003	<0.003	<0.003	<0.003	<0.003	<0.01	<0.003	<0.01	<0.01	<0.01	<0.01
MO_2	<0.03	<0.03	<0.03	<0.03	<0.03	<0.03	<0.03	<0.03	<0.03	<0.03	<0.03
HCl/%	<0.025	<0.025	<0.025	<0.025	<0.025	<0.01	<0.025	<0.025	<0.025	<0.01	<0.05
45 μm 筛分余量/%	<0.05	<0.05	<0.05	<0.05	<0.05	<0.05	<0.1	<0.05	<0.1	<0.1	

表 3　Aerosil 法超微细氧化物质量指标

品　　种	Al_2O_3-C	TiO_2-P_5	V_p-ZrP_2
表面性质		亲水	
外观		疏松白色粉末	
比表面积/$m^2 \cdot g^{-1}$	10015	5015	4015
平均原级粒径/nm	13	21	30
捣实密度/$g \cdot cm^{-3}$	约 80	约 100	约 200
密度/$g \cdot cm^{-3}$	约 3.2	约 3.7	约 5.4
干燥失重(2h 105℃)	5.0	1.5	1.0
pH 值	4.5～5.5	3～4	5.5～6.5
SiO_2/%	0.1	0.2	0.02
Al_2O_3/%	99.6	0.3	0.1
Fe_2O_3/%	0.2	0.01	0.1
TiO_2/%	0.1	99.5	0.02
ZrO_2/%			97
HfO_2/%			2.0
HCl/%	0.5	0.3	0.1
45 μm 筛分余量/%	0.05	0.05	
灼烧失重(2h,100℃)	3.0	2.0	1.0
包装净重/%	10	10	10

2.1.4　产品功能

Aerosil 法气相氧化物的基本功能见表 4、表 5。

表 4　Aerosil 法白炭黑的基本功能

牌　　号	基 本 功 能
Aerosil 90	在 RTV 硅橡胶密封剂中起补强和结构化作用
Aerosil 1300	在室温固化密封剂中起增稠、补强、结构化作用
Aerosil 150	室温硫化硅橡胶的标准补强剂，增强透明性

续表 4

牌　号	基本功能
Aerosil 200	提供增稠、补强、触变和分散作用
Aerosil 300	高比表面,有更大的触变性、增稠性
Aerosil 380	最高比表面,为高触变体系设计
Aerosil OX50	粒径大,不易凝聚,适于低增稠场合
Aerosil TT600	有显著的聚焦结构,特别适于消光作用
Aerosil MOX80	含 1% Al_2O_3,为水分散体系和特殊用途设计
Aerosil COK84	为硅、铝复合氧化物,特别适于水分散体系
Aerosil R202	为环氧树脂体系提供增稠、结构化作用
Aerosil R805	为环氧树脂体系提供增稠、结构化作用
Aerosil R812	增稠、触变性
Aerosil R972	具有疏水性,特别适于改善粉末流动性及增加疏水性的场合
Aerosil R974	与 R972 比,提供更好的增稠,触变效果和透明性
Aerosil MOX170	特别适于水分散体系

表 5　Aerosil 法 Al_2O_3-C 基本功能和用途

基本功能	应用领域
原料	氮化铝的生产
光滑、填充	喷墨纸
降低附着力	热传导印刷
提高绝缘能力	电缆绝缘
流变、抗凝剂	高压绝缘体
流变、补强性	透明涂料
流变性	焊接保护层
防热及辐射保护	钢板涂层
增加热稳定性	绝热混合物
促进流动和附着力	粉末涂料
增加调理性能	香波
抗凝性	含颜料的丙烯酸酯悬浮液
流变性	集成电路产品光保护层

2.1.5　应用领域

发达国家气相白炭黑应用领域十分广泛。受其发达的有机硅工业的影响,年消费增长率为 5%。美国在 1993 年消费 2.45 万 t,消费结构见表 6。

表 6　1993 年美国气相法白炭黑消费结构

行　业	硅　橡　胶	聚酯树脂	油漆涂料	黏合剂密封胶	工业油墨	有机硅产品	其　他
比例/%	51	12.6	9	8	2.5	5	12

气相法的应用领域有10个方面：

(1)涂料中的应用:气相法白炭黑已广泛用于各种涂料,可以防结块,防流挂,具有乳化性、流化性、消光、支持性、悬浮、增稠、触变剂等功能。

(2)在黏合剂和密封剂中的应用:主要提供以下功能:增稠、触变和流动性控制,增加粘合强度,提高耐温性,保证自由流动,防止结块,保持透明度,防下垂,补强、抗剪切等。

(3)在橡胶中作补强剂。

(4)在塑料中的应用:由于白炭黑在液态中具有增稠、触变、悬浮的特殊能力,因而加入聚酯树脂、环氧树脂、乙烯基树脂,可显著提高产品质量,方便成型加工。

(5)在轻工产品中的应用:在食品方面,主要提供增稠、悬浮、防结块、啤酒保鲜功能。在化妆品应用方面,如面霜、香粉、爽身粉、洗发香波、染发剂等。

(6)在医药、农药方面的应用:白炭黑可用于各种药剂填料、起增稠、悬浮、载体之用。

(7)在润滑剂中的应用。

(8)用于生产高纯度硅酸盐原料。

(9)用于特种催化剂载体。

(10)用于农业种子处理剂,可以缩短成熟期和提高产量。

由于气相法白炭黑达到纳米级,故有以上种种优异性能。

我国已经打破发达国家封锁,可以自行生产,前途十分光明。

2.2 水热法

2.2.1 水热法发展过程

水热法又叫热液法,是指在密闭容器中,以水或其他流体为介质在高温(100～374℃),高压(<15MPa)下制备材料的一种方法。

水热法一直用于地球科学研究,最早是在1845年Schafhautl以硅酸为原料在水热条件下制备石英晶体。以后一直由地质学家采用水热法制得许多矿物,到1900年已制备出80种矿物。1900年以后Morey和他的同事在美国华盛顿地球物理实验室开始相平衡研究,建立了水热合成理论。现在的单晶生长和陶瓷粉的水热合成都在此基础上建立起来的。现在用水热法制备水晶已经实现了工业化生产,并成为单晶生长的主要方法之一。目前,这一古老的方法不仅用于单晶生长,还用于制备无机薄膜,微孔材料,还成为制备纳米材料(如纳米陶瓷粉)的一种重要方法。

2.2.2 水热法制备纳米材料技术

水热法制备纳米材料属液相化学法,其工艺流程见图2。

2.2.3 各种方法简介

根据水热条件下反应过程的不同,水热法制备的纳米材料可分为:水热氧化、水热晶化、水热分解、水热沉淀、水热合成、水热脱水、水热机械化学反应、水热电化学反应、微波水热法、超声水热法等方法。

2.2.3.1 水热氧化

水热氧化是采用金属单质为前驱物,经水热反应,得到相应的金属氧化物粉体。例如,以金属锆粉为前驱物,以水或Ca、Mg、Y的硝酸盐或氯化物为反应介质,在一定的水热条件下(温度高于450℃,压力100MPa)可制得ZrO_2粉。

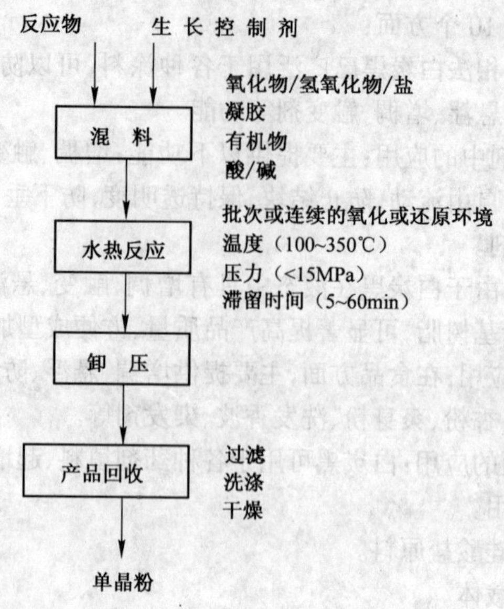

图2　水热法制备陶瓷粉工艺流程

2.2.3.2　水热晶化

水热晶化是指无定形前驱物经水热反应后形成结晶完好的晶粒。例如，以 $ZrCl_4$ 水溶液中加沉淀剂（氨水、尿素）得到的 $Zr(OH)_4$ 胶体为前驱物，在温度为 300℃，压力为 100MPa 的条件下，以 KF 或 NaOH 为矿化剂进行水热反应制得粒度为 20～40 nm 的单斜相 ZrO_2 晶体。以 H_2O，LiCl 和 KBr 为矿化剂进行水热反应制得粒度为 20 nm 以下的单斜相和四方体 ZrO_2 混合晶体。

2.2.3.3　水热分解

一些复杂化合物在一定的水热条件下能分解出预定的粉体。如天然钛铁矿的主要成分为：TiO_2：53.61%，FeO：0.87%，Fe_2O_3：20.62%，MnO：0.65% 在。10mol/L 的 KOH 溶液中，温度为 500℃，压力在 25～35MPa 下，经过 63 h 水热处理，天然钛铁矿可以完全分解，产物是磁铁矿 $Fe_{3-x}O_3$ 和 $K_2O_4TiO_2$。检测表明在此条件下得到的磁铁矿晶胞参数（$a=0.8467$ nm）大于符合化学计量比的纯磁铁矿的晶胞参数（$a=0.8396$ nm），这是由于 Ti^{4+} 在晶格中以替位离子形式存在，形成 $Fe_{3-x}O_3Fe_2TiO_4$ 固溶体。在温度 800℃，压力 30MPa 下，水热处理 24 h，则可得符合化学计量比的纯磁铁矿粉体。

2.2.3.4　水热沉淀

是在水热条件下进行沉淀反应制备粉体。如采用 $ZrOCl_4$ 和 $CO(NH_2)_2$ 混合水溶液为反应前驱物，经水热反应沉淀后可制得立方相和单斜相 ZrO_2 晶粒混合粉体。

我国现在制备纳米硅酸锆就是使用水热合成法。具体方法是：采用 250 mL 筒式高压釜，配有精密的温度、压力测量和控制装置。

以 $ZrOCl_2$ 溶液和 Na_2SiO_3 溶液混合后得到的溶胶或沉淀，经水洗、过滤、干燥后的粉末为前驱物。水热反应用 NaF 做矿化剂，以去离子水为反应介质。影响因素由主到次的顺序为：前驱物配比、反应温度、反应时间、升温速率。

使用前驱物 $m(Zr):m(Si)=1.2:1.0$，反应温度为 335℃，反应时间为 3 h，升温速率为

1.6℃/min 时，可得到结晶完好、晶粒规整、分散性好、粒度在 100 nm 以下的 $ZrSiO_4$ 粉体。

2.2.3.5 水热合成

水热合成可理解成以一元金属氧化物或盐在水热条件下反应合成二元甚至多元化合物。如选用 TiO_2 粉体和 $Ba(OH)_2 \cdot 8H_2O$ 粉体为前驱物，经水热反应即可得到钙钛矿 $CaTiO_3$ 晶体。以 Bi_2O_3 和 GeO_2 粉体为前驱物，水热反应可制得 $Bi_4Ge_3O_{12}$ 晶体。

2.2.3.6 其他

水热机械化学反应、水热电化学反应、微波水热法以及超声水热法是最近新开发的水热粉体制备方法，它们的机理分别是在机械力、电场、微波、超声波的作用下进行水热反应，从而达到提高成核生长速率、控制产品粒度等目的。

2.2.4 水热法与其他方法比较

粉体制备方法有三大类：固相法、液相法和气相法。固相法不易制得纳米粒子。气相法成本较高，但具有颗粒比表面积大、粒度分布均匀、低温下易烧结、表面粗糙度低等优点。但从原料来源、操作条件、生产成本等方面来看，湿化学法是制备纳米材料的好方法。表 7 对常用的氧化物粉体制备方法进行了比较。

表 7 常用氧化物粉体制备方法比较

项目 \ 方法	传统方法（固相反应法）	溶液-凝胶法（sol-gel）	共沉淀法	水热法
成本	低中	高	中	中
发展阶段	工业化阶段	研究开发阶段	工业化论证阶段	论证阶段
组分可控制	差	优	良	良优
形态可控制	差	中	中	好
粉末反应活性	差	好	好	好
纯度/%	<99.5	>99.9	>99.5	>99.5
煅烧工艺	有	有	有	无
球磨工艺	有	有	有	无

在湿化学法中，沉淀法是目前应用最广泛的粉体制备方法，用该方法制备的粉体粒径小，粒度分布均匀并可制得多组分粉体。但该法需要经过煅烧才能得到最终产品，工艺复杂、能耗较高等。溶液-凝胶法可以使煅烧温度降低 200℃ 左右，是最近几年研究比较活跃的方法，但由于价格高限制了使用。水热法优点很多，最近在制备纳米陶瓷粉方面发展很快，特别是不用煅烧和球磨，优点非常突出，具有很强的发展势头。

2.3 沉淀法

在液相法中以沉淀法最为重要。目前用沉淀法生产纳米级沉淀碳酸钙已经成为重要的纳米材料之一。在中国已有北京化工大学的“40 t/a 超重力反应结晶法”和河北工业大学的“喷射吸收法”。沉淀法生产轻钙最重要的过程是碳化过程。

碳化反应过程原理如下：

氢氧化钙悬浊液与二氧化碳气体碳化反应时，其热化学方程式可表示为：

$$Ca(OH)_2(s) + H_2O(l) + CO_2(g) = CaCO_3(s) + 2H_2O(l) + 71.18\ kg/mol$$

根据水溶液的电离理论，该碳化反应按下列步骤进行：

$CO_2(g)+H_2O(l)=H_2CO_3(l)=H^+(l)+HCO_3^-(l)2H^+(l)+CO_3^{2-}(l)$

$Ca(OH)_2(s)=Ca(OH)_2(aq)=Ca^{2+}(l)+2OH^-(l)$

$Ca^{2+}(l)+2HCO_3^-(l)=Ca(HCO_3)_2(l)=CaCO_3(s)$

$Ca^{2+}(l)+CO_3^{2-}+(l)=CaCO_3(s)$

$H^+(l)+OH^-(l)=H_2O(l)$

从上述过程可知，碳化反应在气-液-固相体系中进行，它涉及到 CO_2 气体吸收，$Ca(OH)_2$固体的溶解，$CaCO_3$ 的沉淀及 $CaCO_3$ 粒子的成核、生长和凝聚过程。

"碳化法"是目前国内外制备沉淀碳酸钙时普遍采用的方法，要想制得理想的碳酸钙产品，最为关键的步骤是控制好石灰乳与 CO_2 的吸收碳化反应。采用不同的生产工艺及碳化设备，控制不同的工艺条件，可以制得具有不同理化性能的碳酸钙产品。

从液相中沉淀出固体颗粒需经过两个过程，即成核和生长。如果能将这两个过程分开，在成核阶段不使已成核的晶核生长，仅仅生成一定数量的晶核，然后使晶核生长，在生长阶段不再生成新的晶核。这样就能使晶核同步生长，保证了最终数量的晶核，以及在随后的生长阶段控制反应物的浓度，就能制得粒度细小的颗粒。

喷射法是选择了喷射塔进行吸收碳化反应，开发了喷射吸收制造纳米沉淀碳酸钙新工艺。河北工业大学已将这一方法实现了工业化生产。

超重力反应结晶法是对传统的碳化过程进行改进，将碳酸钙成核过程与生长过程分别在两个反应器中进行，即将反应成核区置于高度强化的微观混合区，宏观流动形式为平推流，无返混(超重力反应器)。晶体生长区置于观全混流区(带搅拌的釜式反应器)。与传统的碳化法所采用的工艺相比，这种组合工艺保证结晶过程满足以下条件：较高的产物过饱和度、产物浓度空间分布均匀、所有的晶核有相同的生长时间等要求。

目前超重力反应结晶法可以制备粒径为 15～40 μm 的纳米沉淀碳酸钙，晶形为立方形。这一方法已经形成工业化生产规模，已经建立年产 4000 t 纳米碳酸钙生产线。

2000 年 8 月，由中、港、美合资，第一期投资 500 万美元兴建的杭州先进碳酸钙化工有限公司(ACC)正式投产。这是引进美国 1996 年技术，由德国阿尔派公司制造生产设备的年产 3 万 t 纳米级沉淀碳酸钙现代化工厂。它的投产标志中国纳米制备生产技术在纳米轻钙领域达到世界先进水平。它使用由美国进口的智能计算机系统控制，使用气泡削片技术和计算机控制温差方法，在常温下(一般要在 5℃)即可控制碳酸钙的晶型和晶核生长速度，从而使碳酸钙产品粒度达到纳米级，晶形可以生成四种不同结构：(1)线状(针形、链形)；(2)片状；(3)立体状(纺锤形、球形)；(4)无定形(菊花形、几何形)。从而使得我国纳米碳酸钙从小批量、耗能大的研制阶段和工业中试阶段进入低能耗、大批量生产阶段。

2.4 喷雾热解法

喷雾热解是译自英文 Spray Pyrolysis。

喷雾热解工艺的原理很简单。就是将含所需正离子的某种盐类的溶液喷成雾状，送入加热至设定温度的反应器内。通过反应，生成微细的粉末颗粒，收集即为产品。不难看出，它实际上是 CVD 工艺的一个变种。其区别就是用充分分散的溶液雾滴而不是用挥发性液体的蒸气作为反应剂。

喷雾热解工艺流程如图 3 所示。

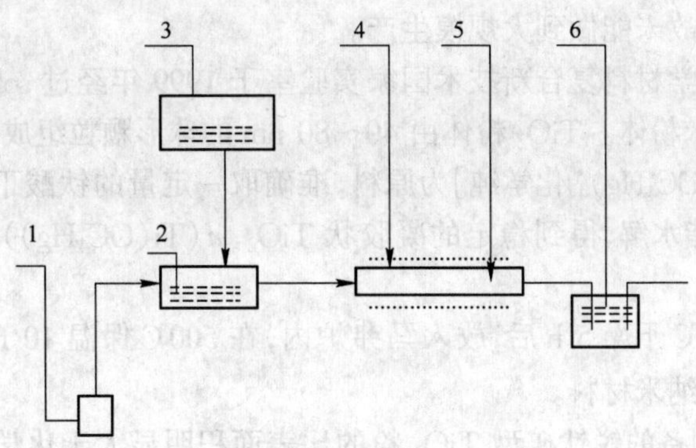

图 3　喷雾热解设备示意图

1—载气发生装置;2—雾化器;3—溶液储存器;4—电阻炉;5—反应器;6—收集器

该工艺中,从原料到产品,包括 4 个基本环节:配溶液、喷雾、反应、收集。因为要配溶液,故必须选择可溶性盐类作为原料。可用氯化物、硝酸盐、硫酸盐及醋酸盐等。溶剂可用纯水,也可用有机溶剂或两者的混合物。喷雾的方法很多,如单流体(压力式)、双流体(气流式)及超声雾化等。反应室温度要预先设定好,其原则是保证反应进行。由于喷雾热解工艺中,雾滴在反应室内停留时间很短,所以反应温度要明显高于起始温度,但也不能太高。加热方式多用电阻炉,也可用热空气、燃气等还可用等离子加热方式。收集应和冷却、尾气处理一并考虑,可以采用旋风分离法、过滤器法、静电法和淋洗法。

喷雾热解法综合了气相法和液相法的优点,可以很方便制备多种组分的复合材料,另外从反应到形成粉末颗粒总共只在几秒钟内完成,且颗粒形状好。喷雾热解的另一特点是:无论物料成分多么复杂,从溶液到粉末都是一步完成的。所以操作人员只要配好溶液,剩下的就只需看看炉子、装料、出料。

喷雾热解法,世界上是 20 世纪 50 年代出现的,从此研究工作从未中断过,特别在美国、日本、西欧、澳大利亚进展很快。

喷雾热解方法已成功地制备氧化镁、氧化锌、氧化铁、氧化锆等多种氧化物陶瓷微粉,现在又出现非氧化物(如 Si_3N_4)和多元复合化合物。

存在的问题有三个方面:

(1)理论研究有待不断深化。

(2)工艺方面不断改进,如超声喷雾技术代替单流体或双流体雾化法,改进加热条件等。

(3)放大规模,使之工业化生产,奥地利一工厂可年产 100 多吨氧化镁。乌克兰、拉托维亚都有大型加热炉。

2.5　溶液-凝胶法(sol-gel)

sol-gel 法是制备纳米材料的湿化学法中一种古老方法。

其基本原理如下:使用烷氧金属或金属盐等前驱物和有机聚合物的共溶剂,在聚合物存在的前提下,在共溶剂体系中使前驱物水解和缩合。如果条件控制得法,在凝胶形成与干燥过程中聚合物不发生相分离,即可获得纳米粒子。

sol-gel 法的特点在于,该方法反应条件温和,分散均匀。缺点是前驱物大多是硅酸烷基酯,价格昂贵且有毒,故未能做到大规模生产。

我国武汉工业大学材料复合新技术国家实验室于 1999 年经过 sol-gel 法工艺成功制备出锐钛矿型 TiO_2 纳米粉体。TiO_2 粉体由 40～80 nm 的球形颗粒组成。

以钛酸丁酯[$Ti(OC_4Hg)_4$ 化学纯]为原料,准确取一定量的钛酸丁酯溶于无水乙醇中,缓慢加水,使钛酸丁酯水解,得到稳定的凝胶状 TiO_2,$n(Ti(OC_4Hg)):n(EtOH):n(H_2O)=3:4:5$。

TiO_2 凝胶在 100℃ 干燥 5 h 后,放入马弗炉内,在 500℃ 保温 10 h,取出自然冷却到室温,研磨后即得 TiO_2 纳米材料。

用溶液-凝胶法制备的锐钛矿型 TiO_2 粉的比表面积明显大于化学试剂 TiO_2 粉体的比表面积。更易于在水溶液中分散,悬浮,有更大的比表面积与反应物接触,因而活性较大。

3 非金属纳米材料

3.1 非金属纳米材料的重要性

纳米材料和纳米结构是当今新材料领域中最富有活力、对未来经济和社会发展有着十分重要影响的研究对象,也是纳米科技中最为活跃、最接近实用的重要组成部分。

纳米材料中最重要的组成部分就是无机纳米材料,而非金属纳米材料就是无机纳米材料的主体。

纳米材料制备和应用研究中所产生的纳米技术将成为 21 世纪前 20 年的主导技术。纳米材料诞生 20 年来所取得的成就及对各个领域的影响和渗透一直引人注目。进入 21 世纪,纳米材料研究的内涵不断扩大,领域逐步拓宽。一个突出的特点是基础研究和应用研究的衔接十分紧密。实验室成果的转化速度之快出乎人们预料,基础研究和应用研究都取得重要进展。

中国科技工作者在纳米材料和纳米结构制备应用和理论研究上取得了长足进展,理论研究排名世界第四。而实际应用在纳米碳管;纳米棒、纳米丝、纳米电缆;纳米金刚石、纳米半导体;纳米陶瓷材料等方面都在国际上产生重要影响。从 1996 年开始实验室的转化,目前已形成了具有自主知识产权的几十家生产纳米材料的企业。

而其中非金属纳米材料的研究和发展对我国经济建设具有十分重要的意义。

3.2 纳米材料的主要特殊物理化学特性

纳米材料因为颗粒变小达到原子簇和宏观体交界的过渡区域,具有一系列重要特性,主要是表面界面效应、小尺寸效应和量子体积效应。这些特性给纳米粒子带来一系列特殊物理化学性质,这些特殊的物理化学性质会给各个领域带来诸多的光、声、电、磁、热重要特性。这些特性有些已被人们认识和应用并引起极大重视,有些还在不断认识过程之中。现在我们已经掌握的重要特性有以下几种:

3.2.1 光性能

3.2.1.1 透明性

当填料粒子粒径变小达到微米级水平时，就具备一定的光性能。当粒子粒径达到 1 μm 甚至小于 1 μm 时出现了光的转移性，如可吸收紫外光的能力。例如粒子粒径达到可见光波长(400～700 μm)的一半时即 0.2～0.35 μm 就具有一定的遮盖性，可具备吸收紫外光的能力。

而粒子粒径继续变小，达到纳米级时，则没有遮盖性。例如粒径为 10～50 nm 的 TiO_2 粒子，则没有遮盖性，可透明可见光及散射波长更短的紫外光。因此又称为"透明二氧化硅"。这一透明性给予涂料和塑料薄膜带来十分出色的光性能。

3.2.1.2 颜色效应

纳米级非金属矿填料粒子粒径很小，具有透明性，因而不仅容易传播可见光，还能阻隔紫外光，同时还具有十分奇妙的"颜色效应"。即与其他颜料有很好的协同效应。例如纳米级二氧化钛，锐钛矿型 TiO_2 粉能吸收波长 389 nm 的电磁波，金红石型 TiO_2 粉能吸收波长 415 nm 的电磁波。这样就能产生颜色效应。当纳米 TiO_2 粒子与闪光铝粉或云母珠光颜料并用于涂料体系时，能在涂层的照光区呈现一种金黄色亮光，而在两侧侧光区反射出蓝色乳光，蓝色侧光衬托着金黄色亮光因而能增加金属面漆颜色的丰满度和视角闪色性。图 4 就是著名的"颜色效应"图。

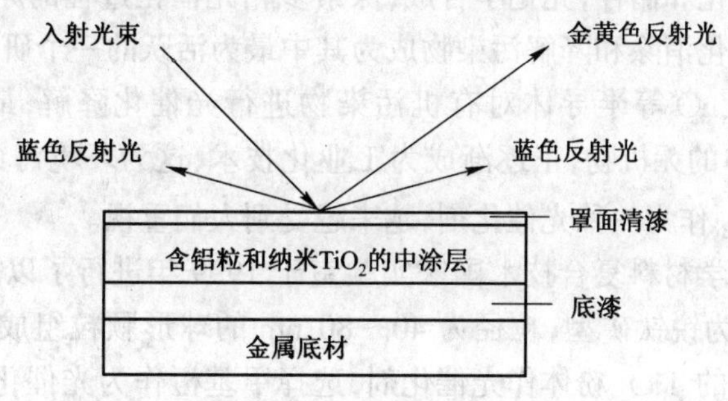

图 4 纳米 TiO_2 的颜色效应图

纳米二氧化钛与其他颜料的协同效应，使汽车装饰面漆富丽堂皇，具有宝石光彩。正是这一独特超群的光学性能，才使纳米二氧化钛备受汽车漆专家的青睐，一跃成为当今世界上最高档次的效应颜料。表 8 是国外纳米 TiO_2 的性能指标。纳米材料的光颜色效应，已经从汽车漆的应用转移到塑料工业上的应用。利用纳米颜色效应已经生产出"彩虹颜色母料"，即使产品具有跳动的颜色。德国巴斯夫公司已开辟出 ED1478、1479、1480 等牌号的产品。详见笔者论文《纳米色母料(彩虹颜色)——纳米技术的颜色效应在塑料中的应用》。

表 8 国外纳米性能

企业名称 / 性能指标	迪高沙公司 P-25	卡伯特公司
外观	绒毛状白粉	绒毛状白粉
$w(TiO_2)$/%	>99.5	>99.5
平均粒径/nm	21	30

续表 8

性能指标 \ 企业名称	迪高沙公司 P-25	卡伯特公司
比表面积/$m^2 \cdot g^{-1}$	50±15	50～70
表面性质	亲水	亲水
晶型	80%A+20%R	80%A+20%R
密度/$g \cdot cm^{-3}$	约 3.7	
湿度(2h,105℃)/%	<1.5	
灼烧失重(2h,1000℃)/%	<2.0	
pH(4%水分散液)	3～4	
w(HCl)/%	<0.3	
w(筛分残余)/%	<0.05	

注:A—锐钛矿型,R—金红石型。

3.2.1.3 光催化性

1972 年日本学者滕岛和本田在美国《自然》杂志上发表的关于 TiO_2 电极上光分解水的论文开始,标志着一个多相光催化新时代的开始。从那时起,来自化学、物理、材料等领域的学者围绕太阳能的转化和储存,光化学合成,探索多相光催化过程的原理,致力于提高光催化的效应。目前光催化消除和降解污染物成为其中最为活跃的一个研究方向。

利用纳米 TiO_2、ZnO 等半导体对有机污染物进行光催化降解,最终生成无毒无味的 CO_2、H_2O 及一些简单的无机物,正逐渐成为工业化技术,这为环境污染的治理又开辟了广阔的前景。纳米 TiO_2 作为一种光催化剂,越来越受到人们重视。

我国武汉工业大学材料复合技术国家实验室于 1999 年进行了以溶液-凝胶法(sol-gel)制备纳米 TiO_2(颗粒为锐钛矿型,粒径为 40～80 nm 的球形颗粒组成)作为光催化剂的试验。用这种方法制备的 TiO_2 粉体作光催化剂,选择甲基橙作为光催化降解的模型化合物。甲基橙是一种较难降解的有色化合物,是染料化合物的代表物。空白实验表明,甲基橙溶液仅光照而不加 TiO_2,或者将甲基橙溶液加入 TiO_2 放置暗处,都没有发现甲基橙溶液脱色现象。对比试验表明,加入纳米 TiO_2 和化学试剂普通 TiO_2 经光照 1 h 后甲基橙液的颜色全部消失。且纳米级 TiO_2 的光催化性要比化学试剂 TiO_2 高一倍以上。这就说明纳米 TiO_2 化学试剂 TiO_2 的颗粒比表面积加大、表面活性增大、分散性好,在溶液中具有良好的光催化性。

3.2.2 热性能

在塑料等高分子材料中,加入无机填料会产生种种性能,试验表明,无机纳米材料作为一种高热导性(320 W/(m·K))和低热延展性(3.5×10^{-5}℃,<200℃)的材料加入塑料基体后,会使塑料热膨胀系数降低,导热系数增加。

一般的阻燃填料加入塑料中之后,都会在增强阻燃能力的同时,使基体力学性能下降。国外研究纳米材料阻燃性,使用膨润土-尼龙 6 复合纳米材料进行添加试验。试验结果表明,加入复合纳米材料黏土-尼龙 6 的基材和未加填料的纯基材,对比试验发现,在热流为 35 kW/m^2 时,加入填料的最高 HRR(热释放速度)只有纯树脂的 32%。同时加入纳米填料的基体其拉伸强度提高 40%，拉伸模量提高 68%，弯曲强度提高 60%，弯曲模量、冲击强度提高 126%。总之，加入纳米填料后，高分子材料不仅阻燃性能提高，而且力学性能也大大提高。

3.2.3 力学性能

非金属纳米材料作为工业填料，使用到塑料、橡胶等高分子材料中去起到改善力学性能作用是纳米材料应用的最重要的发展方向，也是未来塑料改性的发展方向，更是非金属矿深加工的方向。

在塑料改性发展历史中，以橡胶粒子为代表的有机弹性体增韧理论使塑料工业得到巨大的发展。1988 年中国李东明等人用断裂力学分析能量耗散的途径，在国内首次提出用刚性粒子填充高分子聚合物提高增韧、增强理论，张云灿等人提出无机刚性粒子增韧理论。指导着超细非金属矿填料的深加工的发展。1999 年刘伯元、刘英俊、于建、徐凌秀等人在论文《超细重钙在塑料中的应用》一文中在对以微米材料为填料进行充填的试验和理论中揭示了微米粒子以其巨大的比表面积和表面性质，可以使塑料基体材料增韧、增强，并开发出应用于聚丙烯、聚乙烯、聚氯乙烯基体的不同微米级新型填料，这一工作极大地丰富了无机刚性粒子增韧理论并在实践应用中更上一层楼。

在中国研究纳米粒子增强、增韧的理论有以下两种表述。

其一，纳米粒子分布在基体中微观结构一般可分为 3 种：

(1)无机粒子在聚合物中形成链式的第二聚集态。在这种情况下，如果结合良好，则这种形态结构有很好的增强效果，无机粒子如同刚性链条一样对聚合物起增强作用。

(2)无机粒子以无规的分散状态存在，有的聚集成团，有的个别有分散，这种分散形式既不会增强，也不会增韧。

(3)无机粒子均匀而个别的分散在基体中。在这种情况下，无论有无良好的界面结合，都会产生明显的增强，增韧效果。

在实际工作中都希望得到第三种情况。这就说明在研究开发纳米材料工作中，如何解决分散问题，成为纳米粒子发挥巨大潜能的重要关键。

其二，在对纳米填料增强塑料基体的研究中我们发现，一般材料的实际强度远远低于由化学键计算出的理论值。这是因为材料的本身有许多缺陷(微裂纹等)，一旦受到外力冲击，这些裂纹会扩展，其能量就转化成产生新裂纹的表面能。当裂纹超过一定长度时，开裂速度就大大加快，最终导致破坏。

聚合物中加入无机纳米粒子，实际上起到蓄能作用。另外纳米粒子表面有大量的缺陷态，不仅具有蓄能作用，而且与分子链之间有较强的范德华力作用。无机纳米粒子进入高分子聚合物的缺陷内，使基体的应力集中发生了改变。因此无机纳米粒子的改性增强、增韧作用机理理论为：

(1)无机纳米粒子的存在产生应力集中效应，易引发周围树脂产生微裂纹，吸收一定的变形功。

(2)无机纳米粒子的存在使基体树脂裂纹扩展受阻和钝化，最终终止裂纹，不至发展为破坏性开裂。

(3)随着纳米粒子粒径的减小、粒子比表面积增大、填料与基体接触面积增大，材料受冲击时产生更多的微裂纹，吸收更多的冲击能。

纳米技术如何在塑料工业中得到应用，笔者认为塑料制品作为结构性材料，其力学性质由三个方面组成：刚性、强度、韧性。一般加入无机填料会提高刚性，但会降低强度，特别会损害韧性。我们希望加入纳米材料会使刚性、强度、韧性三个方面都不要降低，最好出现不同程度的增长。如何做到这一点，并不是简单的加入纳米材料为填料就能做到。对纳米填料不加处理即加入到塑料中，往往是什么结果也不会出现。笔者认为，塑料中加入纳米材料一定会大大改善塑料制品的力学性质。问题是要对纳米填料进行预处理，进行改性。

如何改性？要建立起理论，要找到行之有效的方法。笔者认为，对纳米材料的改性，要从以下三个方面入手。毫无疑问，纳米材料的使用，首先应该重视分散问题，主要是从电性能入手，如何减少纳米材料表面能。现在研究的分散剂有：金仿、高碳醇。其次，黄锐教授指出，对纳米材料进行传统的表面包覆是不行的，原因是纳米材料最重要性质之一是表面性质：表面原子数量增多。把表面包覆起来，还能发挥纳米材料优点吗？所以对纳米材料的使用在进行表面改性时，只能使用能增加纳米粒子表面活性基团的改性剂，而不是传统的偶联剂，更不是硬脂酸。这方面的研究还要深入进行。最后，传统改性设备对于纳米材料也不合适。当粒子细到纳米级时，重力的作用大大减小，而根据重力设计的高速搅拌机桨叶不能把纳米粒子赶入限制区，它漂浮在空中，高速搅拌机不能实现分散与混合，因而需要更好的改性设备。

以上所述这些都是理论性探讨，而对于各种纳米填料对高分子聚合物增强、增韧的试验工作，近 10 年来中国又有了许多可喜的进展，例如：

(1)熊传汐等人用纳米 Al_2O_3 对聚苯乙烯进行增强、增韧试验，发现当 Al_2O_3 粒径小于 100 nm 时，对 PS 有很好的增强效果。当粒径小于 50 nm 时，还可以使 PS 韧性提高。且粒径越小，Al_2O_3 对 PS 的增强、增韧效果越好。

(2)黄锐等人研究纳米级 SiC/Si_3N 粒子(平均粒径为 20 nm)填充 LDPE，试验证明，纳米级 SiC/Si_3N 粒子对 LDPE 有较大的增强、增韧作用，冲击强度提高 203%，伸长率提高 500%。

(3)欧玉春等人利用纳米 SiO_2 填充 PA6，用量在 5%时，复合材料性能大幅度全面上升。冲击强度提高 18 倍，拉伸强度提高 10%，伸长率提高 1.5 倍，模量提高 10%。

(4)郭卫红用纳米 TiO_2 填充 PMMA(聚甲基丙烯酸甲酯)，当 TiO_2 用量为 5%时，PMMA 的弯曲强度和冲击强度都提高，但拉伸强度下降，透光率下降。

(5)叶林忠研究 1.8 μm、100 nm、10 nm 等 3 种沉淀碳酸钙对 PVC 的增韧作用，结果发现 10 nm 的 $CaCO_3$ 对 PVC 的增韧作用最好。

(6)风雷等人用 10 nmSi_3N_4(非晶质)对聚甲醛进行改性，加入 3%时聚甲醛的冲击强度和拉伸强度达到最大值，分别为原先纯聚甲醛的 260%和 125%，并给出强度和填充量的对应关系。

(7)朱德亮用 30～300 nm 的 SiC 添加到聚甲基丙烯酸甲酯(PMMA)中去，所得复合物表明，随着温度的升高，复合材料的低温相对电阻率表现逐渐增大的趋势，复合材料的断裂韧性随着纳米 SiC 粒子的粒径减小而增大。

以上仅为 1990～2000 年中国的部分试验结果。

应该说，纳米粒子的种类、形状、粒度、用量、表面特性、分散状态种种因素对填充体系的性能都有影响，但最具有影响的是塑料改性的理论和方法。

1998 年中国塑料加工协会改性塑料专委会组织编写塑料改性专业书籍——《塑料的填充改性》(由刘英俊、刘伯元任主编),对塑料的填充改性作了权威和传统的叙述。应该指出,由于生产力发展水平的限制,当时只是在普通粒径范围内(400 目)填充改性。到了 1999 年由刘伯元、刘英俊合作的论文《超细重钙在塑料中的应用》和于建的论文《聚烯烃复合 $CaCO_3$ 技术》的发表,对传统的塑料改性方法都提出疑问。对微米级粒子填充增强、增韧,分别提出了偶联剂-助偶联系统,化学接枝和有机包复 $CaCO_3$ 等理论和方法。已经开始对传统的偶联剂、传统的塑料改性方法进行改进,进行探索。

应该指出,到了纳米材料阶段,纳米粒子增强、增韧理论刚刚提出,纳米级的试验在中国刚刚开始,对于超细粒子如何分散,如何改性,上述的国内试验工作仅仅是使用传统的偶联剂、传统的塑料改性方法,因而只能取得有限的成果。今后如何使用纳米粒子塑料改性新方法,如何建立把纳米粒子的分散性解决好的新理论和找到实现这种新理论的试验方法及工业化进程等问题是摆在我们面前的新课题。希望通过中国科技工作者不断努力,使得我们的工作,能够有所突破,能跃上一个新的台阶。

再说一下增强耐磨性问题。

聚合物与聚合物通过原位复合技术也可以制成纳米复合材料。清华大学赵安赤教授多年来研究液晶大分子原位复合技术。采用液晶聚合物与聚四氟乙烯制成的高耐磨聚四氟乙烯合金就是重要的一例。

由于液晶聚合物的液晶微区在受热的情况下产生热迁移,形成微纤结构,微纤直径约 50~60 nm。冷却固化时这种微纤结构被原位固定下来,形成网状结构将聚四氟乙烯基体包络起来,极大地消除和限制了聚四氟乙烯原有的典型的“带化”磨损,因而大大提高了耐磨性。据测定用这种方法生产的合金其耐磨性比纯聚四氟乙烯提高 100 倍。

最后说一下,典型的橡胶补强剂——白炭黑。如前面所述,白炭黑由于它是纳米级材料,因而它的补强作用是任何粒子,哪怕是微米粒子都是无法比拟和取代的。因而才具备那么多优良特性,故应用领域有 10 个方面之多。要想赶上白炭黑,只有在材料的细度上实现纳米级才有可能。这种纳米级补强材料,现在全世界年使用量达 10 万 t 以上,我国近年来已有 3 所工厂自行生产,年用量已达近 5000 t。这说明非金属纳米材料已经在中国大地上生根、发芽和茁壮成长。

3.2.4 吸收性和生物利用度

人类、生物都离不开对钙的吸收。碳酸盐是地球上最古老的岩石。碳酸钙是最廉价、最易得的钙源。但是碳酸钙结构稳定,一般很难被生物吸收。人们不得不求助于其他盐类,如磷酸二钙等等。想直接磨细碳酸钙人们从 400 目一直加工到微米级,人还是不能吸收钙。

近 10 年来,生物技术的发展使得人类可以直接吸收碳酸钙,主要原因是因为纳米级碳酸钙的出现。许多试验表明粒径小于 50 nm 的碳酸钙可以直接用于人体补钙。粒径越小,钙的吸收率越高。

人体补钙所需碳酸钙一方面要求平均粒径小于 50 nm,另一方面要求各种有害物质如重金属盐类含量不能超标,不能含有有机化合物,还不含氧化钙,不含氯离子等,因此往往使用离子钙。

一种新型的制备人体吸收用的纳米级沉淀碳酸钙方法,是将碳酸钠或碳酸钾溶液喷淋加入含有分散剂的氯化钙或硝酸钙溶液中,在均质搅拌下充分发生化学沉淀反应,再经沉降、过滤、洗涤而制成。其产品为白色粉末，粒径小于 50 μm，$CaCO_3$ 含量≥99.5%。

下面讲一下纳米技术在医学中的应用。

药物制剂是医药学的关键产品，它经历了 4 个发展阶段：(1)普通剂型。如丸剂、片剂、胶囊剂和注射液等；(2)缓释制剂和前体药物，在普通剂型基础上增加了溶出度试验；(3)控释制剂给药系统，再增加生物利用度试验；(4)靶向给药系统，让药物能定时、定速、定量、定向集中于病灶(靶部位)，不伤害其他健康组织。

药物加工过程可由下图表示：

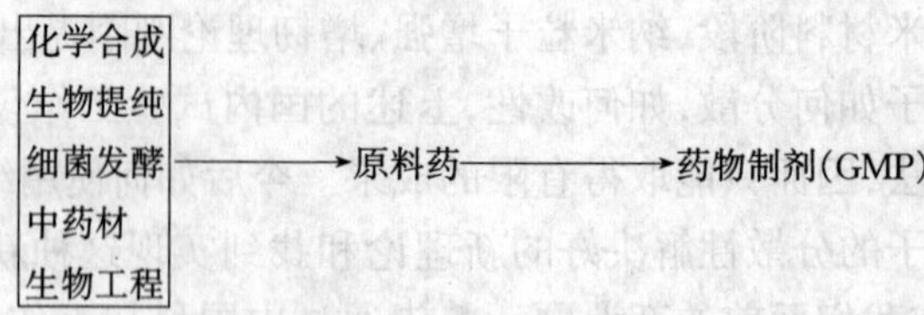

例　速尿缓释骨架片的制备。

处方：

成分	用量/g
速尿	25.0
Tris	25.0
PEG6000	5.0
硬脂酸镁	0.5
硅胶 200	0.2
微孔聚丙烯	44.3

制法：将上述各组分分别粉碎，粒径小于 200 μm，混合均匀后压成片剂。药片直径 12 mm，片形双凸片，片重(224.6±3.6) mg。

体外溶出速率测定：在 pH=6.8 磷酸盐缓冲液中 8 h 释放 93.6%。

纳米药物制剂的出现，使现代医学又上了一个新的台阶。由于纳米材料比微米材料颗粒变得更细和更小；同时由于纳米材料的小尺寸效应和界面效应，表现出众多优异物理化学性质，因而在药物制剂方面发挥出巨大作用。

(1)提高生物利用度　最近美国科研人员利用"纳米药物制剂"新工艺，将水溶性不高或难溶药物加工成纳米颗粒，从而大大提高某些药物的生物利用度。已经开发成功的药物有：高效价的"阿酶素"注射剂(Doxid)，"克霉唑"制剂，"戊聚糖多硫酸酯"，"阿糖肥苷"和用于器官移植的"拉派霉素"口服液。用于高效透皮释放剂：治疗焦虑症的"丁螺旋酮"贴膜剂，戒烟用的"尼古丁-美加明"贴膜剂等。

(2)提高吸收性　对于糖尿病患者，主要药物是胰岛素注射液。口服胰岛素给药系统是当今世界医学界研究热点。胰岛素口服要解决胃内酸降解、胃肠中酶水解、穿透胃肠黏膜和肝脏作用 4 个问题。胰岛素普通制剂直接口服，吸收率只有 1%，因而口服给药的关键是提高吸收性。目前国际上这一领域有以下进展：1)微球制剂：Morishita 等将胰岛素用 Eudragitl 100 制成微球制剂，口服有效率提高到 3.6%；2)粉末吸入剂，将胰岛素制成粉末吸入剂，用于肺部给药已取得重大进展。目前国外已进入一期和二期临床试验；3)纳米囊：Damge 将胰岛素制成聚氰基丙烯酸异丁酯纳米囊，以 25～100 国际单位/kg 为计量，用于临床，降糖效果可持续 6～8 天。这些是胰岛素非注射途径最具有实用价值的突破。试想一下，一个每天都要注射 1～3 次胰岛素的糖尿病患者，现在不用打针，只需每 6～8 天服用一粒丸药，就可达到降糖效果，那对于病人该有多好。

3.2.5　抗菌剂载体

随着海尔抗菌冰箱、小鸭纳米洗衣机、抗菌电话机、健康空调等为先导的抗菌系列产品问世，标志着我国抗菌制品新世纪的来临。抗菌织物如江苏红豆集团推出的抗菌防臭内衣行销全国。抗菌陶瓷可以自动消灭大肠杆菌等等。

抗菌产品的技术原理是将抗菌材料按比例添加到陶瓷或搪瓷釉料中，连同坯体一同煅烧后即可制成具有抗菌保健功能的陶瓷制品，如大便器。将抗菌材料按比例添加到塑料或纤维基料或涂料中去，或制成母粒再与塑料、纤维基、涂料复合后即可生产出抗菌塑料、抗菌织物、抗菌涂料。

这种抗菌材料，经研究是将抗菌剂(如银离子等)加入纳米级载体才能实现。如加入微米级材料做载体则达不到要求。这又是纳米材料一显著特点。

这种纳米级材料就是使用纳米非金属材料，如纳米黏土、纳米有机膨润土可以承担抗菌剂。例如山东潍坊正元纳米材料公司使用稀土和有机纳米复合黏土复合，成功地开发出既耐高温又能产生负离子的抗菌陶瓷。经测定这种陶瓷在无光照条件下对金黄色葡萄球菌的杀抑率高达 99.7%。还可以使陶瓷表面附近的空气中负离子浓度显著增加，具有清新空气的能力。

3.2.6　韧性

纳米材料由于其所具有的表面，界面效应，小尺寸效应和量子效应，因而具备传统材料所不具备的新颖特殊的物理化学性质。例如某些材料并不具备韧性，可是它的原材料若能达到纳米级，则产品可以具备韧性。这一点对于陶瓷工业的发展尤为重要。我们已经知道，若将陶瓷原料(黏土等)的粒度细小到 1 μm，则陶瓷制品的抗折性能要比普通粒径的陶瓷制品高出 7 倍。

当陶瓷原料达到纳米水平时，其抗折强度将比微米水平的陶瓷高出更多。如 TiO_2 的纳米陶瓷在常温下具有奇特的韧性。在 180Y 时经受弯曲不断裂。CaF_2 纳米材料的塑性在 80～180Y 下提高 100%。英国著名的材料专家称：这是解决陶瓷脆性的战略突破，使材料科学家们奋斗了近一个世纪的梦想成真。纳米陶瓷增韧理论中裂纹尖端搭桥被认为是纳米陶瓷复合材料主要增强机理之一。研究表明：小而脆颗粒的包裹体在裂纹尖端后面很短的距离处产生裂纹尖端搭桥，这一机理导致韧性出现，且 R-曲线非常陡峭，后者使纳米复合材料产生很高的断裂强度。

3.2.7　其他

纳米材料还有许多新颖理化特性。

例如：熔点，纳米金属的熔点比普通金属低了几百摄氏度。再如磁性质，纳米磁性材料的磁记录速度可以比普通磁性材料提高 10 倍。

再如纳米材料颗粒与生物细胞的物化作用很强，我们可以开发生物纳米材料和生物纳米技术。

3.3　主要纳米非金属材料

3.3.1　白炭黑

前已叙述，纳米 SiO_2 又称白炭黑，是国际上最早使用的橡胶补强剂。通常用气相法生产，又称 Aerosil 法，它的主要功能见表 5。它的应用达 10 个方面。

3.3.2 纳米 TiO_2

纳米氧化物，如 TiO_2、Al_2O_3、ZrO_2 等，以 TiO_2 为代表。它主要用在涂料工业上，主要应用它的光学性能，如透明性，颜色效应。汽车漆中最豪华的涂料就是含有纳米 TiO_2 的组合漆。近来又把纳米 TiO_2 的光催化性应用到处理有机物的污染，以治理环境。

3.3.3 金属单体及其氧化物

金属及其氧化物的纳米材料制备方法分为两大类，一类是机械法，另一类是物理化学法。方法很多，见表 9。

表 9 金属及其氧化物纳米材料的制备方法

生产方法			原材料	粉末产品			粉末形状
				金属粉末	合金粉末	化合物粉末	
物理化学法	还原	碳还原 气体还原 金属热还原	金属氧化物 氧化物及盐类 金属氧化物	Fe,W W,Mo,Fe,Ni Ta,Nb,Ti,Zr	Fe Mo,WRH Cr-Ni		铁:海绵状 钨粉:球形
	还原化合	碳化或与金属氧化物作用 硼化或硼碳化 硅与金属氧化物作用	金属粉末或金属氧化物			碳化物 硼化物 硅化物 氮化物	
	气相还原	气相氢还原 气相金属热还原	气态金属卤化物 气态金属卤化物	W,Mo	Co-W,W-Mo	W/UO_2	细、球形
	化学气相沉积		气态金属卤化物			碳、硼、硅、氮化物和相应涂层	
	冷凝解理	金属蒸气冷凝 羟基物热解理	气态金属 金属羰基物	Zn,Cd Fe,Co,Ni	Fe-Ni		球形 球形
	液相沉淀	置换 溶液氢还原 熔盐中沉淀	金属盐溶液 金属盐溶液 金属熔盐	Co,Sn,Ag Cu,Ni,Co Zn,Bi	Ni-Co		细球形
	电解	水溶液电解 熔盐电解	金属盐溶液 金属熔盐	Fe,Cu,Ni,Ag Ta,Nb,Ti,Zr	Fe-Ni Ta-Nb	碳、硼化物等	树枝状
	晶间腐蚀	晶间腐蚀 电腐蚀	不锈钢 任何金属合金	任何金属	不锈钢 任何合金		粒状
机械法	机械粉碎	机械研磨 旋涡研磨冷气流粉碎	脆性金属合金 人工增脆材料 金属与合金 金属与合金	Sn,Cr,Mn 高碳铁 Fe-Al Fe	Fe-Al, Fe-Si, Fe-Cr Fe-Ni, 不锈钢,超合金		角状(脆性材料)、片状(韧性材料)
	雾化	气体雾化 水雾化 旋转圆盘雾化 旋转电极雾化	熔融金属与合金	Sn,Pb,Cu,Fe Cu,Fe Cu,Fe 难熔金属	黄铜,青铜 不锈钢,合金钢,铝合金,钛合金,超合金		球形不规则 球形 球形

现在介绍金属粉体制备所特有的一种制取方法——雾化法。雾化法是将熔融金属或合金直接碎成细的液滴，冷凝成粉末。最常用的雾化法是借助于高压水流或气流的冲击破碎液流，称为二流雾化。

3.3.4 ZrO_2,$ZrSiO_2$,Si_3N_4,SiC 等纳米陶瓷材料

ZrO_2 基微粉是制备特种陶瓷最重要的原料之一,它可以制备多种功能陶瓷元件如氧传感器、高温固体燃料电池、压电陶瓷、热释电陶瓷、透明电铁陶瓷、合成宝石等,还能制造多种增韧结构陶瓷产品如陶瓷刀具、模具、阀门、轴承及发动机零件。同时也是超高温发热体、高级耐火材料和热障涂层的重要原料。

纳米陶瓷,以其高韧性和低温塑性变形能力,已成为改善陶瓷材料脆性的新的战略性途径。

北京航空材料研究所陈大明、孟国文等人使用化学共沉淀-凝胶法制备纳米 ZrO_2 取得成功,已经完成试验室试验到工业化生产的转化。

共沉淀-凝胶法是在化学共沉淀法和溶液-凝胶法(sol-gel)的基础上改进创造的新方法,其工艺特点为:

(1)本方法不用昂贵的金属醇盐,而采用共沉淀法使用的廉价原料。

由于配制溶液过程中加入了合适的分散剂,可以有效地防止沉淀,成胶过程及凝胶脱水,干燥和煅烧过程中二次粒子的团聚,经最后煅烧晶化后可以直接获得膨松状态的高分散性纳米 ZrO_2。

(2)本方法取消了共沉淀法繁琐的多次脱水洗去氯离子的工序,而以简易新方法在脱除分散剂过程中直接清除氯离子,从而达到减少用水,降低污染、节约成本、提高效率的目的。

(3)本方法实际上是一种制备纳米级氧化物的通用生产工艺。可以生产多组分的陶瓷微粉,如 ZrO_2-Y_2O_3、ZrO_2-Ce_2O_3、ZrO_2-CaO、ZrO_2-MgO,还可以制备 γ-Al_2O_3、α-Fe_2O_3、TiO_2、NiO 等纳米粉体。

先将 Y_2O_3 粉用盐酸溶解得到 YCl_3,加蒸馏水配制大于 1 mol/dm^3 浓度 $ZrOCl_2$ 水溶液,并加入有机分散剂 FG 和无机分散剂 FL,溶解后在 60℃ 温度下滴入氨水形成共沉淀物,经凝胶化采用合适的脱水、干燥、煅烧工艺,即可得到膨松态 ZrO_2-Y_2O_3 纳米粉末。其粒子粒径分布极窄,平均粒径为 10 nm,晶体呈四方晶相,分散性好,无团聚。目前已在焦作市化工总厂形成工业化生产,并形成批量生产和供货能力。

另外,河北省石家庄市依斯特专利技术发展公司采用等离子体气相合成工艺,可以工业化生产纳米级 Si_3N_4、SiC 超细粉。年产量可达 30 t。产品平均粒径 50~100 nm。价格:纳米氮化硅为 300~400 元/kg。

纳米碳酸钙前已叙述,这是数量最大的纳米材料。

3.4 纳米复合材料

非金属纳米材料的代表产物是纳米复合材料。

纳米复合材料(Nanocomposites)一词是在 20 世纪 80 年代由 Roy 和 Komarneni 提出来的。它可以是无机、有机或者两者结合。应该说纳米复合材料广泛地存在于自然界之中,如非金属矿物、生物体(如植物和骨质),真正人工合成的纳米复合材料比较稀少。

西南工学院彭同江、万朴等人利用扫描电镜发现多种非金属矿晶体,具有纳米尺寸的结构。我们可以指出以下几种:

(1)沸石,其内通道直径为 0.3~1.3 nm。

(2)条纹长石、月光石、日光石,其晶体间隔为 20 nm。

(3)膨润土、高岭土、海泡石其层间晶体,层与层的距离为 2 nm 等。

(4)鳞片石墨经高温膨化后形成蠕虫石墨,形成网状结构,其孔直径为 10～100 nm。

纳米复合材料的产生,首先是认识上的飞跃、观念上的革新。过去人们不认识纳米材料,不知道自然界存在着具有纳米结构的物质,不知道非金属矿物许多就是由微小的纳米材料组成。反而一个劲去想如何用化学方法合成纳米材料,把纳米材料、纳米科学当成距离我们十分遥远的东西。

现在我们首先发现,许多层状矿物,例如黏土就是由具备纳米结构的微小晶体组成。

其次,我们发现,只要对这些层状矿物进行加工、改造就可以产生许多的新型的纳米材料如纳米复合材料。

最后,我们才认识,我们之所以取得许多成就,是我们向自然界学习的结果,是应用了仿生学。今后我们还要进一步制造新的类似有机物-黏土纳米复合材料。可以认为非金属矿物开发成纳米材料将成为纳米技术领域中重要应用领域。在这个领域里,我们将大有可为,将会开发出世界一流的纳米材料。

黏土矿物大多数属于 2:1 型的层状或片状硅酸盐矿物。拿代表性矿物蒙脱石来说,它们的晶体结构是由两层硅氧四面体片之间夹着一层铝(镁)氧(羟基)八面体构成晶层。晶层之间距离为 2 nm,主要是范德华力起作用。晶层内的四面体片和八面体片可以有广泛的类质同象替代。例如四面体中的 Si^{4+} 被 Al^{3+} 取代。八面体中的 Al^{3+} 被 Mg^{2+},Fe^{2+},Ni^{2+} 等替代,从而使晶体内带净负电荷。因此,水合离子(Na^{+},K^{+},Ca^{2+},Mg^{2+})可以占据层间域以补偿这种电荷。各种有机阳离子(如烷基铵离子,阳离子表面活性剂等)也可以通过离子交换反应来置换黏土矿物层间原有的水合阳离子。从而使通常亲水的黏土矿物表面变为疏水性。有机阳离子的加入还能降低原矿物的表面能,同时改善矿物与有机物之间的润湿作用。因此使有机黏土同高分子聚合物有很好的相容性。另外有机阳离子还包含各种能同聚合物发生化学反应的官能团,进一步提高无机物与高分子材料之间的界面粘结作用。

“聚合物-黏土”复合材料,就是典型的纳米复合材料。它是利用层状黏土矿物的吸附性、离子交换性和膨胀性的特点,将许多单体或聚合物嵌入到矿物的层间域而得到。

这种纳米复合材料具有独特的纳米晶体结构特征和表观协同效应。从而使这种新型的纳米复合材料一方面表现出黏土矿物优良的强度、尺寸稳定性和热稳定性,另一方面又具有聚合物的韧性、可加工性和介电性能。

这种新方法可以通过 3 种途径来实现:

(1)将聚合物单体嵌入黏土矿物层间域,接着在层间域进行原位聚合。

(2)将聚合物直接嵌入到黏土物的层间域。

(3)将黏土矿物的晶层均匀地分散到聚合物基质之中。

这些方法都能使这些矿物组分单元的可重排性所得到的纳米尺寸的二维排列。正是由于这个特点,才有可能通过特有的加工方法将众多数量的矿物晶层组装成高度有序的结构,并均匀分布在聚合物相中,形成性能优异的有机-无机纳米复合材料。

聚合物-黏土矿物纳米复合材料可分为嵌入杂化物和层离杂化物两种。前者是在黏土矿物的层间嵌入一层伸展的聚合物链,从而获得聚合物层与黏土矿物晶层交替叠加的高度有序的多层体。层离杂化物是黏土矿物晶层层离并分散在连续的聚合物基质中。

这类复合材料的合成通常采用单体嵌入,然后原位复合,或是把聚合物从溶液中直接嵌入到层间域。

现在的做法是聚合物直接熔融嵌入，先用有机阳离子对黏土矿物改性，然后将聚合物和改性后的有机黏土矿物混合，在聚合物软化点以上对混合物进行热处理。例如 Vaia 等将烷基铵蒙脱石与聚苯乙烯粉末混合，压成球团，然后在高于聚苯乙烯玻璃转变温度（90℃）下加热球团，从而直接制备出二维纳米结构的聚苯乙烯-有机蒙脱石复合材料。

日本丰田公司合成黏土/尼龙 6 nm 复合材料，作为填料添加到尼龙材料中去，不会降低抗冲击性，强度和模量提高很大，热变形温度还提高二倍多。

聚合物-黏土矿物纳米复合材料已经成为日本、美国、法国等发达国家近年来材料科学研究的热点。聚合物-黏土矿物纳米材料作为新型功能填料，只要添加很少份量，就可以使得聚合物基体获得很高的强度、刚度和热稳定性以及加工性能和介电性能。

应该指出，早在中国宋朝，人们在制作陶瓷时，就采用将高岭土浸在人尿（尿素）之中，进行预处理。用这种有机物-黏土复合纳米材料制出了精美无比的宋代瓷器——“宋代官窑瓷器”。

还应该重视鳞片石墨的深加工，经膨化后得到的蠕虫状石墨同样可与聚合物构成聚合物-石墨纳米复合材料。

由上述可知：

(1)非金属纳米材料是无机纳米材料的主体，是纳米材料中最重要的一类。

(2)具有纳米微观结构的非金属材料，具有可重排性，一方面可以保持纳米结构，另一方面又可以组装成大尺寸材料，典型的就是黏土。

(3)非金属纳米材料来源于大自然，可以经过人们加工成纳米复合材料如黏土-高分子材料，这就启示我们，一方面地矿学者努力寻找具有纳米结构的非金属矿物，通过电子显微镜对其进行表征、研究。另一方面，高分子材料专家，可以把这些具有纳米结构的矿物如黏土与高分子材料进行复合，研制出多种复合纳米材料，最后推向应用领域。

(4)非金属纳米材料来源广泛，可以组合成多种复合纳米材料，具有广泛的应用市场。因而是一类具有无限前途的新型材料。在这个领域中，地矿、非金属矿、高分子等方面的专家都具有广阔的发展前途。

(5)非金属纳米材料是非金属矿深加工的最高级、最先进、最尖端的产品。拿黏土为例，最典型的黏土矿物——膨润土的开发与深加工的步骤是：

钙基膨润土→钠基膨润土→活性白土→（无机凝胶）有机膨润土

现在最新的开发就是在上述开发基础上进一步开发纳米材料：“膨润土-高分子”复合纳米材料。因而研究开发非金属纳米材料不仅具有理论意义，还具有巨大的市场潜力。

3.5 纳米碳管

3.5.1 纳米碳管的发现

碳是自然界普遍存在的一种元素，由于它独特的成键特点，人们只知道它可以形成石墨、金刚石、无定形碳三种形态。1985 年 Kroto（英国）和 Smalley（美国）用激光轰击石墨靶，用质谱仪分析结果，发现由 60 个碳原子构成与足球形状相同的中空球形大分子。这就是人们称为 C_{60}的分子。C_{60}是碳家族中一个全新分子。C_{60}的出现极大丰富了人们对碳的认识，从此世界上掀起了探索C_{60}微观结构和特殊理化性质的热潮。

1991 年日本 NEC 公司电镜专家 Iijima 在用高分辨电镜检查C_{60}分子时意外发现了一些完全由碳原子构成的直径为纳米级的管状物，后来人们就把这种管状物叫纳米碳管。

3.5.2 纳米碳管的结构及形成机理

进一步分析表明，纳米碳管是由单层或多层石墨六角形网面以某一方向为轴，卷曲360°形成两端封闭的纳米碳管。经测定，纳米碳管的直径为几纳米到几十纳米。长度一般为几十纳米到 1 μm，最长可达 0.2 mm。对于多层纳米管，相邻的管径为 0.34 nm，相当于石墨的层间距。由于纳米碳管的直径与C_{60}分子的直径相当，所以要把纳米碳管看成拉长的C_{60}分子。纳米碳管外形和结构有单层、多层、直线、弯曲和螺旋形几种。高纯单层纳米碳管最能代表纳米碳管。

通过电镜可以看出纳米碳管顶部都是密封的。多层纳米碳管形成机理是：最内层管首先成核并生长，第二层以其内层为基形核后生长。以此类推，逐层由里往外成核生长。

3.5.3 纳米碳管主要研究方向

纳米碳管的研究主要有以下几个领域：

高纯及高产率纳米碳管的制备；纳米碳管结构及缺陷的研究；单根纳米碳管电导特性的研究；纳米碳管的开口及填充等。

3.5.4 纳米碳管的制备

(1)石墨电弧法：这是最早发现纳米碳管的方法。

(2)催化分解法：(CVD 法)这是制备碳纤维方法，也用来制备纳米碳管。

(3)热分解法：在 1400℃石墨炉中由纳米粉原位合成纳米碳管。

(4)激光蒸发法。

(5)离子(电子束)法。

3.5.5 纳米碳管的后续处理

(1)纳米碳管的提纯、分离、开口。

(2)纳米碳管的填充。

3.5.6 纳米碳管的性能及应用

(1)纳米碳管的力学性能及应用。纳米碳管强度比碳纤维还要高。

(2)纳米碳管的电学性质及应用。纳米碳管可制作成单分子晶体管、导体-半导体结。

(3)纳米碳管的虹吸效应及应用。可作为分子水平的粒子吸附剂、优良的催化剂。

作为碳家族一员新星，纳米碳管以其特有的结构和性能引起物理、化学、材料科学专家的高度重视。目前纳米碳管的理论研究、制备、提纯、开口、填充、功能开发、实际应用都在进一步深入发展。

4 结　论

(1)纳米材料是处在原子簇和宏观物体交界的过渡区域的材料，具有表面效应、小尺寸效应和量子效应。

(2)人类认识和获得(制备)纳米材料经历了气相合成法、水热法、沉淀法、喷雾干燥法、溶液-凝胶法等具有历史里程碑式的发展。

(3)非金属纳米材料概念的提出,一方面强调作为无机纳米材料的主体地位,另一方面是人类认识升华、观念提高。非金属纳米材料存在于大自然,取之不尽,可以开发出最先进的产品:纳米复合材料如纳米黏土-高分子材料。这是一个处女地,具有广阔的市场前景,有待非金属矿研究者耕耘开发。

(4)纳米材料的新颖独特的理化性质是引导着纳米材料应用发展的关键。我们已经认识的新颖性质如光特性(光的颜色效应,光催化性等)、热性能、磁性能、抗菌剂载体、吸收性和生物利用度等性能已经开发出纳米抗菌材料、纳米药物、纳米色母料、纳米汽车漆、纳米电子材料、纳米环保材料等等,随着纳米科学的发展,人类还会发现纳米材料更多的新颖性能,还会开发出更多的纳米产品,纳米材料将要引发新的工业革命。

(5)纳米材料的力学性能是材料科学关注的焦点。塑料工业期待纳米材料能使塑料制品在刚性、强度和韧性三个方面都得到提高。为此国内做了许多试验,取得一定成果。但是关键在于如何实现纳米材料的改性,如何建立理论,找到有效方法,如何设计出适合工业化生产的新型改性设备。这些问题解决之后,纳米材料的运用将会出现一个飞跃。笔者提出的三个意见希望起到抛砖引玉的作用。

非金属粉体粒度测试技术

张福根
（珠海欧美克科技有限公司）

1 导 言

现在，我们可以越来越清楚地看到，粉体工业将成为21世纪最重要的基础产业之一。其中非金属粉体工业占据重要地位。粉体的粒度测量是粉体研究和生产的重要辅助手段。粉体样品由成万上亿个颗粒组成，这些颗粒大小不同，形状各异，要测量一群颗粒的大小，自然是抽象、复杂的。同样的粉体样品，用不同的仪器测量，往往会得出不同的结果。"横看成岭侧成峰，远近高低各不同"，这虽然是描写山水的诗句，却也生动、形象地表达出粉体粒度测量结果的不可比性。

虽然如此，粉体粒度的测量方法还是可以概括为如下两点：

(1) 将各个不规则的颗粒以某种原则等效成球体，用球的直径代表颗粒的大小，称为粒径。

(2) 对样品各颗粒的大小进行统计，得出各种大小的颗粒在样品中所占的百分比，称作粒度分布。

运用粒径和粒度分布的概念就可以较为全面地描述粉体的颗粒大小情况。

随着科学技术的进步，现在已出现了多种集光、机、电和计算机于一体的粒度测量仪器。本章首先介绍粒度测试理论，然后叙述各种粒度测试仪器的原理和性能特点，最后探讨如何正确使用各种粒度测试仪器。

"工欲善其事，必先利其器"，非金属粉体加工企业，只有掌握粒度测试技术，做好在线检测和产品质量检测，才能生产出优质的粉体产品。

2 粒径的概念

在此，我们将颗粒的大小称为"粒径"。在一些文献或测试报告中，又称为"粒度"或者"直径"。

如果颗粒是圆球形的，那么粒径的物理含义是非常清楚的，它就是颗粒的直径。然而对于绝大多数粉体材料而言，颗粒的形状是不规则的，"粒径"如何描述呢？有关文献作了如下定义："通过颗粒重心，连接颗粒表面两点之间的线段的大小"。因此，在这种情况下，直径不是单一的，而是一个分布，即连续地从一个上限值变化到一个下限值，这时的直径只能是所有这些直径的统计平均值。

根据现实的各种粒度测量仪器的工作原理，不妨将"粒径"定义如下：

当被测颗粒的某种物理特性或物理行为与某一直径的同质球体（或其组合）最相近时，

就把该球体的直径(或其组合)作为被测颗粒的等效粒径(或粒度分布)。

该定义包含如下几层含意：

(1)粒度测量实质上是通过把被测颗粒和同一种材料构成的圆球相比较而得出的。

(2)不同原理的仪器选不同的物理特性或物理行为作为比较的参考量,例如:沉降仪选用沉降速度,激光粒度仪选用散射光能分布,筛分法选用颗粒能否通过筛孔等等。

(3)将待测颗粒的某种物理特性或物理行为与同质球体作比较时,有时能找到一个(或一组)在该特性上完全相同的球体,有时则只能找到最相近的球体。由于理论上可以把"相同"作为"相近"的特例,所以在定义中用"相近"一词,使定义更有一般性。

(4)将待测颗粒的某种物理特性或物理行为与同质球体作比较时,有时能找到某一个确定的直径的球与之对应,有时则需一组大小不同的球的组合与之对应,才能最相近(例如激光粒度仪)。

3 粒度分布及其表述

上一节介绍了粒径的概念,它是一个颗粒大小的量度。而粉体样品是由成万上亿个颗粒组成的,颗粒之间大小互不相同。此时,其大小需要用粒度分布来描述。所谓粒度分布,就是粉体样品中各种大小的颗粒占颗粒总数的比例。

3.1 粒度分布的表达

为了表达粒度分布,通常从小到大(也可以从大到小)按一定的规则选多个代表粒径 $x_0, x_1, x_2, \cdots, x_m$,组成相应的粒径区间:

$$[x_0, x_1], [x_1, x_2], [x_2, x_3], \cdots, [x_{m-1}, x_m]$$

各区间内的颗粒的相对质量:

$$w_1, w_2, w_3, \cdots, w_m$$

就组成了粒度的质量分布。在此,

$$\sum_{i=1}^{m} w_i = 1$$

上述用各粒径区间上的颗粒质量表示的粒度分布称为粒度的微分分布或频度分布。在实际应用中,也有用累积值表示粒度分布的,称为累积分布。它表示粒度从无限小到某代表粒径之间的所有颗粒质量占总质量的百分比,用

$$W_1, W_2, \cdots, W_m$$

表示,式中,

$$W_i = \sum_{j=1}^{i} W_j$$

$i=1,2,\cdots,m$;表示粒径小于 x_i 的所有颗粒的质量占总质量的百分比。这种累积方式称作从小到大累积。

累积方式也有从大到小进行的,表示所有大于 x_i 的颗粒的质量占总质量的百分比,用 W_i'表示:

$$W'_i = \sum_{j=i+1}^{m} W_j$$

显然

$$W_i + W_i' = 1$$

上述以质量为单位表示的粒度分布称为质量分布。通常,样品中的所有颗粒有着相同的真密度,所以质量分布与体积分布一致,故又称体积分布。在没有特别说明时,仪器给出的粒度分布一般指质量或体积分布。

有时也用颗粒个数表示粒度分布,即

$$n_1, n_2, \cdots, n_m$$

在不考虑归一化问题时

$$W_i = n_i \bar{x}_i^3$$

$i = 1, 2, \cdots, m$;其中

$$\bar{x} = \sqrt{x_{i-1} x_i}$$

通常,代表粒径 x_i 是按对数等间隔原则选取的,即:

$$x_1 / x_0 = x_2 / x_1 = \cdots = x_m / x_{m-1}$$

对粒度分布范围较小的情况,例如 $x_m / x_0 \leqslant 20$,也可以是简单等间隔的,即:

$$x_1 - x_0 = x_2 - x_1 = \cdots = x_m - x_{m-1}$$

3.2 列表法与图示法

粒度分布最常见的表达方式是表格和曲线,分别称为粒度分布表和粒度分布曲线。表 1 是粒度分布表的例子。在该表中,第 1、4、7 列表示粒径;2、5、8 列表示微分分布;3、6、9 列表示累积分布。见第 4、5、6 列的第 8 行(阴影线覆盖部分),表示 5.81μm 至6.88μm之间的颗粒质量占总质量的 13.25%,小于 6.88μm 的颗粒占总数的 21.09%。粒度分布曲线(图 1)与分布表相对应。分布表给出了详尽的定量数据,分布 曲线则以形象、直观的方式给出了粒度分布。

表 1 "粒度分布表"示例

粒径/μm	微分分布/%	累积分布/%	粒径/μm	微分分布/%	累积分布/%	粒径/μm	微分分布/%	累积分布/%
0.20			2.21	0.00	0.00	22.4	7.23	95.17
0.24	0.00	0.00	2.50	0.00	0.00	26.5	4.07	99.24
0.28	0.00	0.00	2.96	0.00	0.00	31.3	0.76	100.00
0.33	0.00	0.00	3.51	0.00	0.00	37.1	0.00	100.00
0.39	0.00	0.00	4.15	0.00	0.00	43.9	0.00	100.00
0.46	0.00	0.00	4.91	1.76	1.76	52.0	0.00	100.00
0.55	0.00	0.00	5.81	6.08	7.84	61.5	0.00	100.00
0.65	0.00	0.00	6.88	13.25	21.09	72.8	0.00	100.00
0.77	0.00	0.00	8.14	14.63	35.72	86.1	0.00	100.00

续表 1

粒径/μm	微分分布/%	累积分布/%	粒径/μm	微分分布/%	累积分布/%	粒径/μm	微分分布/%	累积分布/%
0.91	0.00	0.00	9.64	11.75	47.47	101.9	0.00	100.00
1.08	0.00	0.00	11.41	8.28	55.75	120.6	0.00	100.00
1.28	0.00	0.00	13.50	9.54	65.29	142.8	0.00	100.00
1.51	0.00	0.00	15.98	12.77	78.06	169.0	0.00	100.00
1.79	0.00	0.00	18.91	9.87	87.93	200.0	0.00	100.00

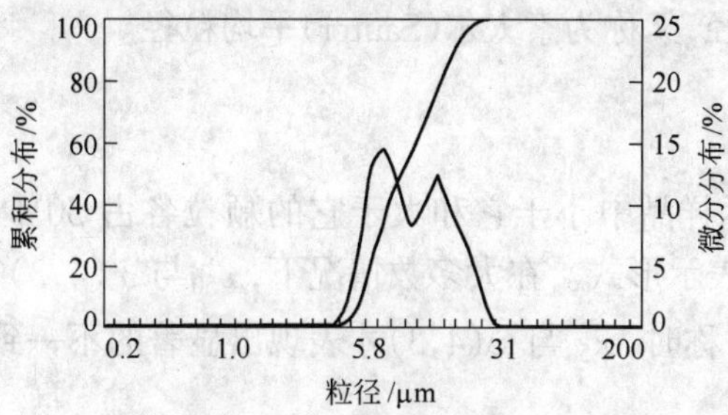

图 1 粒度分布曲线示例

4 粉体粒度的简约表征——特征粒径

粒度分布可以比较完整、详尽地描述一个粉体样品的粒度大小,但是由于它太详尽,数据量较大,因而不能一目了然。在大多数实际应用场合,只要确定了样品的平均粒径和粒度分布范围,样品的粒度情况也就大体确定了。我们把用来描述平均粒度和粒度分布范围的参数叫做特征粒径。

4.1 平均粒径

平均粒径 $x(p,q)$的一般定义如下:

$$x(p,q) = \left(\sum_{i=1}^{m} n_i \bar{x}_i^{\,p}\right) \Big/ \left(\sum_{i=1}^{m} n_i \bar{x}_i^{\,q}\right)$$

式中,$n_1, n_2, \cdots, n_m$ 表示粒度的颗粒个数分布,$\bar{x}_i = \sqrt{(x_{i-1} x_i)}$,代表第 i 粒径区间上颗粒的平均粒径。

4.1.1 体积(质量)平均直径 x(4,3)

当 $p=4, q=3$ 时,

$$x(p,q) = x(4,3) = \left(\sum_{i=1}^{m} n_i \bar{x}_i^{\,3} \cdot \bar{x}_i\right) \Big/ \left(\sum_{i=1}^{m} n_i \bar{x}_i^{\,3}\right)$$

由于 $n_i \bar{x}_i^3$ 正比于 i 粒径区间上颗粒的总体积(质量),所以 $x(4,3)$表示粒径对体积(质量)的加权平均,称为体积平均粒径或质量平均粒径。

4.1.2 颗粒数平均粒径 x(1,0)

当 $p=1, q=0$ 时,

$$x(p,q) = x(1,0) = \left(\sum_{i=1}^{m} n_i \bar{x}_i\right) \Big/ \left(\sum_{i=1}^{m} n_i\right)$$

表示粒径对颗粒个数的加权平均,称为颗粒数平均粒径。

4.1.3 表面积平均粒径 $x(3,2)$

当 $p=3, q=2$ 时,

$$x(p,q) = x(3,2) = \left(\sum_{i=1}^{m} n_i \bar{x}_i^2 \cdot \bar{x}_i\right) \Big/ \left(\sum_{i=1}^{m} n_i \bar{x}_i^2\right) = 1 \Big/ \left(\sum_{i=1}^{m} \frac{1}{\bar{x}_i} w_i\right)$$

由于 $n_i \bar{x}_i^2$ 正比于第 i 粒径区间上颗粒的表面积,故 $x(3,2)$ 表示粒径对表面积的平均粒径,称为表面积平均粒径,又称为索太尔(Sauter)平均粒径。

4.2 中位径

中位径记作 x_{50},表示样品中小于它和大于它的颗粒各占 50%(参考图 2)。可以认为 x_{50}是平均粒径的另一种表示形式。在大多数情况下,x_{50}与 $x(4,3)$很接近。只有当样品的粒度分布出现严重的不对称时,x_{50}与 $x(4,3)$才表现出显著的不一致。

4.3 边界粒径

边界粒径用来表示样品粒度分布的范围,由一对特征粒径组成,例如:(x_{10}, x_{90})、(x_{16}, x_{84})、(x_3, x_{94})等等。

为便于阐明其物理意义,先假定粒度分布是质量分布,并且累积方向是从小到大的。这时 x_y 就表示粉体样品中,粒径小于 x_y 的颗粒质量占总质量的 y%(见图 2)。一对边界粒径大体上概括了样品的粒度分布范围。以(x_{10}, x_{90})为例,表示小于 x_{10}的颗粒占颗粒总数的 10%,大于 x_{90}的颗粒也占颗粒总数的 10%(=100% − 90%),即 80% 的颗粒分布在区间 $[x_{10}, x_{90}]$内。

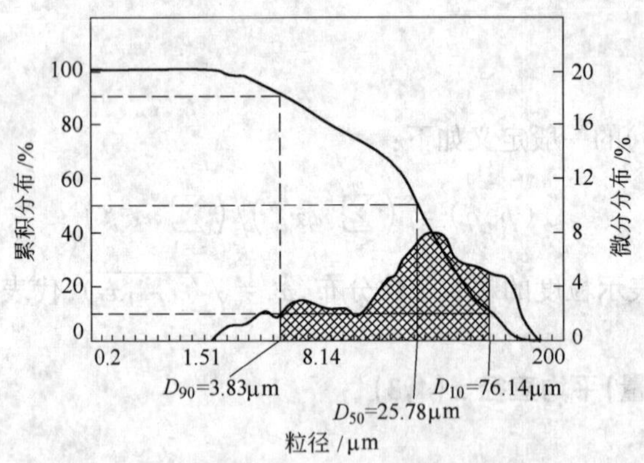

图 2 中位径和边界粒径的物理含义

有的仪器用户希望用最大颗粒描述样品粒度分布的上限,实际上这是不科学的。从统计理论上说,任何一个样品的粒度分布范围都可能小到无限小,大到无限大,因此我们一般不能用最小颗粒和最大颗粒来代表样品粒度的下、上限,而是用一对边界粒径来表示下、上限。

4.5 比表面积

粉体样品的比表面积(SSA)是指单位质量(体积)的样品中所有颗粒的表面积之和。

当样品颗粒是圆球形时,只要我们测出粒度分布,就可以计算出样品的体积比表面积。对直径为 x_i 的颗粒,其表面为 πx_i^2,体积为 $\pi x_i^3/6$,当样品的颗粒数分布为 $n_1, n_2, \cdots, n_m$ 时,样品颗粒的表面积之和为:

$$S = \sum_{i=1}^{m} n_i \pi \bar{x}_i^2$$

总体积为:

$$V = \sum_{i=1}^{m} n_i \pi \bar{x}_i^3/6$$

比表面积为:

$$\begin{aligned} S_{SSA} &= S/V \\ &= 6 \times \Big(\sum_{i=1}^{m} n_i \bar{x}_i^2\Big) \Big/ \Big(\sum_{i=1}^{m} n_i \bar{x}_i^3\Big) \\ &= 6\Big(\sum_{i=1}^{m} w_i/\bar{x}_i\Big) \\ &= 6/[D(3,2)] \end{aligned}$$

其中 $w_i = n_i \bar{x}_i^3, i=1,2,\cdots,m$;表示样品粒度的质量分布,并有

$$\sum_{i=1}^{m} w_i = 1$$

上面求得的比表面积是体积比表面积,如果需要质量比表面积,则需用上述值除以样品的密度,即

$$S_{SSA} = 6/[\rho D(3,2)]$$

上面的讨论表明,比表面积与表面积平均粒径 $D(3,2)$成反比,即粒径越小,比表面积越大。

该式是在颗粒为圆球形的假定下得到的。如果颗粒为非球形,则比表面积应为

$$S_{SSA} = K/[\rho D(3,2)]$$

K 称为形状系数,当颗粒为理想球形时,$K=6$。几何学告诉我们,在相同的体积下,圆球形物体的表面积最小。所以

$$K \geqslant 6$$

可见只要形状系数确定,比表面积由表面积平均粒径决定。由于表面积平均粒径是粒度分布的导出量,所以比表面积也是粒度分布的导出量。在实际测量中,K 可以通过实验方法获得。

5 激光粒度仪原理和性能特点

激光粒度仪运用了激光技术、现代光电技术、电子技术、精密机械和计算机技术,具有测量速度快、动态范围大、操作简便、重复性好等优点,现已成为全世界最流行的粒度测试仪器。另外,其原理——光散射理论及光能数据分析算法等都比较复杂,因此,本文专辟一节

讨论该仪器的原理和性能特点。

5.1　激光粒度分析仪的光学理论

光的散射(衍射)现象

光在行进过程中遇到颗粒(障碍物)时,将有一部分偏离原来的传播方向,这种现象称为光的散射或者衍射。颗粒尺寸越小,散射角越大;颗粒尺寸越大,散射角越小(参见图 3)。激光粒度仪就是根据光的散射现象测量颗粒大小的。

众所周知,光是一种电磁波。散射现象的物理本质是电磁波和物质的相互作用。传统上,当颗粒大于光波长时,这种现象称为“衍射”;当颗粒小于光波长时,称为“散射”。为了便于以后叙述,在此特别说明:散射和衍射对应于同样的物理现象和物理本质,本文一般都称“散射”。在涉及光学理论时,“散射”是指用严格的电磁波理论,即米氏散射理论描述这一现象;“衍射”则指用衍射理论(基于惠更斯原理)描述这一现象。后面将看到,后者是一种近似理论。

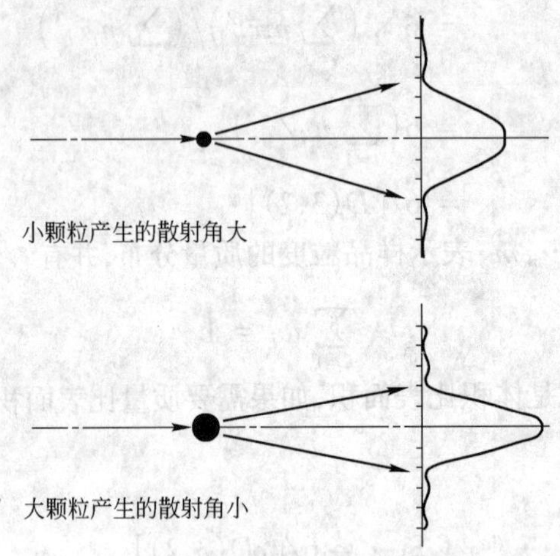

图 3　光的散射现象示意图

5.2　仪器的基本结构和工作原理

从经典的激光粒度仪可知,从激光器发出的激光束经显微物镜聚焦、针孔滤波和准直镜准直后,变成直径约 10 mm 的平行光束。该光束照射到待测的颗粒上,一部分光被散射。散射光经傅里叶透镜后,照射到光电探测器阵列上,由于光电探测器处在傅里叶透镜的焦平面上,因此探测器上的任一点都对应于某一确定的散射角。光电探测器阵列由一系列同心环带组成,每个环带是一个独立的探测器,能将投射到上面的散射光能线性地转换成电压,然后送给数据采集卡。该卡将电信号放大,再进行 *A/D* 转换后送入计算机。

图 4 是 Coulter 激光粒度仪的光学结构。为了测得大角散射光,该仪器采用了双镜头技术(专利)。此时测量下限可达 0.4μm(采用波长为 0.8μm 的半导体激光)。为了进一步扩展下限,该公司又采用了称为偏振光强度差(PID)的专利技术,将测量下限延伸到 0.04μm。

图 5 是国产欧美克公司 LS-POP(Ⅲ)型激光粒度仪的光学结构,采用了独创的球面接收技术(专利)。该结构也是一种逆向傅里叶变换系统,但是处于透镜焦平面的环形探测器

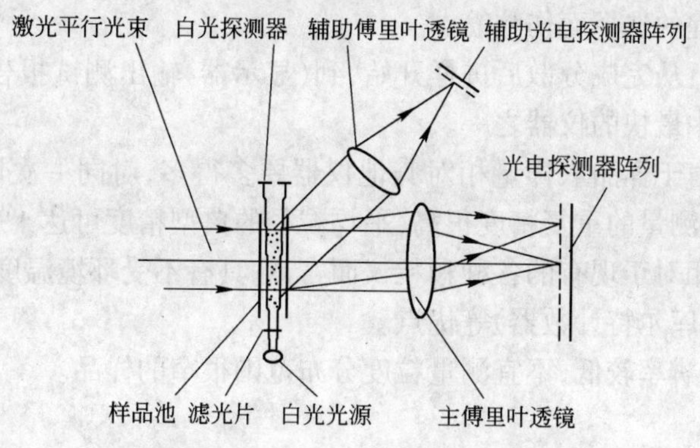

图 4 Coulter 仪器光学结构

阵列的最大接收角只有 5°,在此范围内散射光的聚焦良好。用以接收较大散射光的大角探测器离散地分布在球面上,该球面以样品池与环形探测器之间的部分光轴为直径。可以证明,散射光在任何探测单元上都能良好聚焦。在这种结构中,测量下限可达 0.2μm(采用波长为 0.63μm 的 He-Ne 激光),即达到前向散射结构的测量极限。

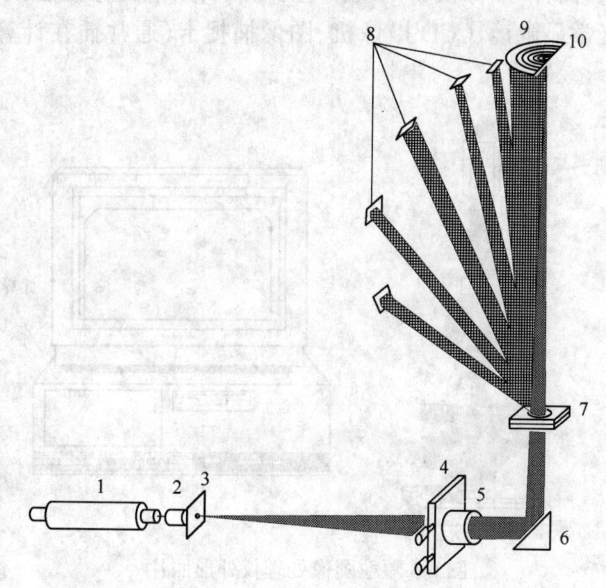

图 5 欧美克 LS-POP(Ⅲ)型仪器光学结构

1—激光器;2—扩束镜;3—针孔;4—对中装置;5—傅里叶透镜;6—反射棱镜;
7—测量窗口;8—大角探测器阵列;9—环形探测器阵列;10—中心探测器

5.3 激光粒度仪的性能特点

激光粒度仪自 20 世纪 70 年代问世以来,能迅速地成为全世界最流行的粒度测量仪器,是跟它特有的优异性能分不开的。其主要优点如下:

(1)测量的动态范围大:动态范围是指仪器同时能测量的最小颗粒与最大颗粒之比。动态范围越大使用时就越方便。早期的激光粒度仪就可达到 1:100 以上,已经超出了当时任何一种其他类型的颗粒仪。现在的先进的激光粒度仪更可以超过 1:1000。宽阔的动态范围使用户不必为量程的选择而伤脑筋。

(2)测量速度快:从完成分散后进样开始,到(显示器)输出测试报告只需大约 1 min,是现有的各种粒度仪中最快的仪器之一。

(3)重复性好:由于样品取样量相对其他仪器要多得多,对同一次取样又进行超过 100 次的光电采样,因而测量的重复精度很高,平均粒径的典型精度可达 1%以内。

(4)操作方便:相对于现有的各种颗粒仪而言,它具有不受环境温度影响(相对沉降仪)、没有堵孔问题(相对库尔特计数器)等优点。

其主要缺点:分辨率较低,不宜测量粒度分布范围很窄的样品。

6 其他常见粒度测量仪器的原理和性能特点

6.1 颗粒图像处理仪

6.1.1 工作原理

颗粒图像处理仪(简称“图像仪”)是现代电子技术、数字图像处理技术和传统显微镜相结合的产物。它由光学显微镜、CCD 摄像机、图像捕捉卡(通常插在计算机的机箱内)和计算机组成,见图 6。

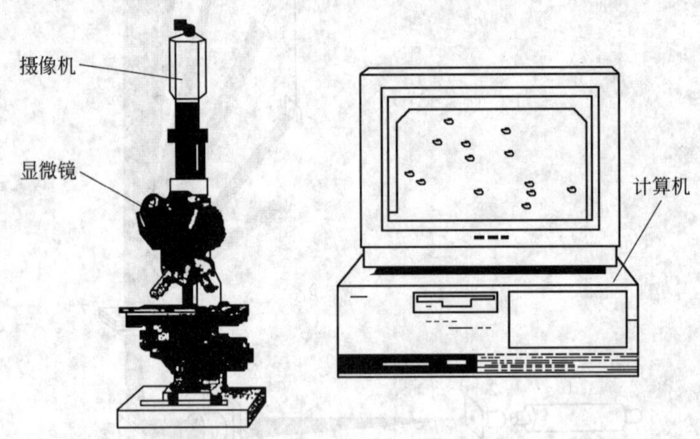

图 6 颗粒图像处理仪外形照片

光学显微镜首先将待测的微小颗粒放大,并成像在 CCD 摄像机的光敏面上;摄像机将光学图像转换成视频信号,然后送给图像捕捉卡;图像捕捉卡将视频信号由模拟量变成数字量,并存储在计算机的内存里。计算机根据接收到的数字化了的显微图像信号,识别颗粒的边缘,然后按照一定的等效模式,计算各个颗粒的粒径。一般而言,一幅图像(即图像仪的一个视场)包含几个到上百个不等的颗粒。图像仪能自动计算视场内所有颗粒的粒径,并统计形成粒度测试报告。当已经测到的颗粒数不够多时,可以通过调整显微镜的载物台,换到下一个视场,继续测试并累计。

在图像仪中,待测颗粒经过光学放大,成为光学图像,然后又经过摄像机变成视频图像,中间经过了两次变换。每次变换都使颗粒形貌信息有所损失,对图像仪而言,主要表现为颗粒边缘的逐渐模糊。真实边缘的确认和合理修正,是图像仪技术的关键之一。处理不好时,会造成同一颗粒在不同光学放大倍率下测试结果不同的现象,严重影响测试结果的可靠性。

6.1.2 性能特点

优点:除粒度测量外可以进行一般的形貌特征分析,直观、可靠,既可直接测量粒度分布,也可作为其他粒度仪测试可靠性的评判参考仪器。

缺点:操作相对比较繁琐、测量时间长(典型时间为 30 min)、易受人为因素影响、取样量少、代表性不强,只适合测量粒度分布范围较窄的样品。

扩展的功能:(1)处理电子显微镜图片的功能;(2)进行高级图像分析的功能。

6.2 电阻法(库尔特)颗粒计数器

6.2.1 小孔电阻原理

电阻法颗粒计数器(以下简称“计数器”)又称库尔特(Coulter)计数器,是基于小孔电阻原理,见图 7。设小孔内充满电解液,其电阻率为 ρ,小孔横截面积为 S,长度为 L,当小孔内没有颗粒进入时,小孔两端的电阻为:

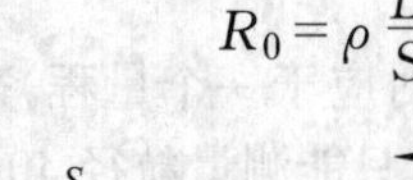

$$R_0 = \rho \frac{L}{S}$$

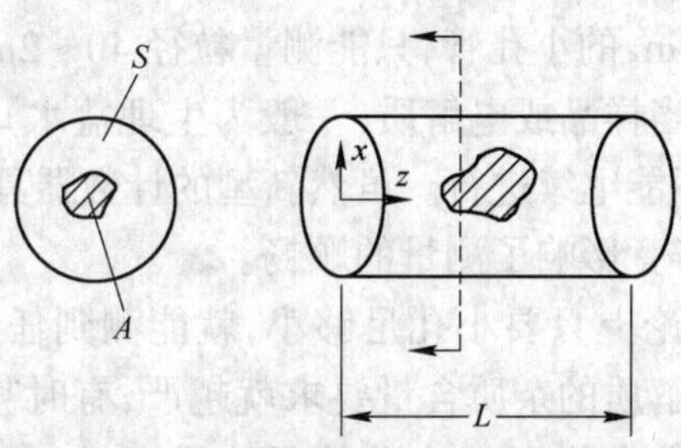

图 7 小孔电阻原理示意图

当绝缘颗粒进入小孔,占去一部分导电空间时,电阻将变大,其增量正比于颗粒体积。

6.2.2 仪器结构和工作原理

如图 8,小孔管浸泡在电解液中。小孔管内外各有一个电极,电流可以通过孔管壁上的小圆孔从阳极流到阴极。小孔管内部处于低气压状态,因此管外的液体将源源不断地流到管内。测量时将颗粒分散在液体中,颗粒就跟着液体一起流动。当其经过小孔时,两电极之间的电阻增大。当电源是恒流源时,两极之间会产生一个电压脉冲,其峰值正比于小孔电阻的增量,也正比于颗粒体积;在圆球假设下,可换算成粒径。仪器只要准确测出每一个电压脉冲的峰值,即可得出各颗粒的大小,统计出粒度分布。

6.2.3 性能特点

优点:

(1)分辨率高:由于该仪器类似于图像仪,是一个一个地分别测出各颗粒的粒度,然后再统计粒度分布的,所以能分辨各颗粒之间粒径的细微差别。分辨率是现有各种粒度仪器中最高的。

(2)测量速度快:测一个样品一般只需 15 s 左右。

(3)重复性较好:一次要测量 1 万个左右的颗粒,代表性较好,测量重复性较高。

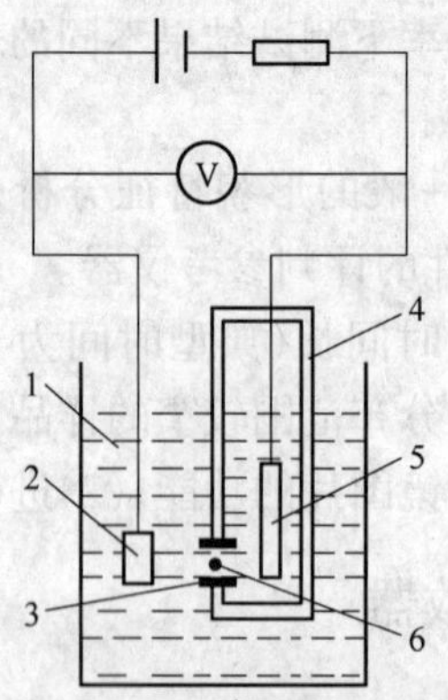

图 8　电阻法颗粒计数器原理图

1—电解液;2—阳电极;3—小孔;4—小孔管;5—阴电极;6—颗粒

(4)操作简便:整个测量过程基本上自动完成,操作简便。

缺点:

(1)动态范围较小:对同一个小孔管(对应于一个量程)来说,能测量的最大和最小颗粒之比约为 20:1,例如,对 100μm 的小孔管,只能测量粒径 40～2μm 的颗粒。

(2)容易发生堵孔故障:当样品或电解质(一般为生理盐水)中含有大于小孔的颗粒时,小孔就容易被堵住,使测量不能继续进行。虽然新型的计数器具有自动排堵功能,但测量进行到一半被迫停下来排堵,毕竟影响了测量的顺畅。

(3)测量下限不够小:理论上只要小孔足够小,就能测到任意小的颗粒。实际上不然。小孔越小,越容易堵孔,对电解质的杂质含量要求就越严,有时甚至空气中飘浮的尘埃掉进电解质,就会引起堵孔。现实中能用的小孔管最小孔径为 60μm 左右,因而测量下限为 1.2μm 左右。

7　如何正确使用粒度仪器

7.1　全面评价粒度仪性能

用户在比较和选购粒度测量仪器时,最关心的是性能价格比。在性能方面,以下指标对粒度仪是非常重要的,即重复性、真实性、易操作性和测量范围。下面分别加以论述:

(1)重复性:又称再现性或精度,是指仪器对同一样品进行多次测量所得结果的重复误差,误差越小,重复性越好。粒度仪的重复误差有其特殊性,表现在:

1) 粒度仪测得的基本结果是粒度分布,是一组数,而不是一个数。从道理上说应考察每个数的重复误差,才能全面评价仪器的重复性。然而这样做是很繁琐的,也不能给人以明确的结论。现行的激光粒度仪国际标准建议,用 D_{50}(或 $D(4,3)$)、D_{10} 和 D_{90},即平均粒径、下限粒径和上限粒径的重复性来衡量仪器的整体重复性,作者认为这一评价方法也适用于其他粒度仪。

2) 一般来说样品的分布宽度越宽,则重复性越差。如果有人告诉你,他的仪器重复误差小于 1%,而不说明样品的分布宽度,处于量程的哪一段,是哪项指标。那么这个重复误差的含义是不明确的,参考价值不大。激光粒度仪的现行国际标准推荐,如果用分布宽度小于10(即最大粒与最小粒之比)或分布的离散度小于50%,且粒度处于仪器量程的中段的样品作检验样品,只要 D_{50}的重复误差小于±3%,D_{10}和 D_{90}的重复误差小于5%,那么仪器就是合格的。另外还指出,如果粒径小于10μm,那么上述指标可以翻倍。后面对小粒子的补充说明是考虑到粒径越小,在绝对误差相同的情况下相对误差就越大。

3) 如果检验样品是实际粉末,那么上述误差还包含了取样和样品预处理的误差。这时即便仪器本身没有任何误差,不同次取样的测量结果也会有差别,这主要是因为不同次取样是有差别的,分散条件也不尽相同。为考察仪器重复性的真实情况,应设法减小取样和样品处理误差。激光粒度仪可以用标准粒子板作检验样品,以排除取样和样品处理的误差。

(2)真实性:前文谈到粒度测量不宜引用"准确性"这一指标,但不意味着测量结果可以漫无边际地乱给,如果这样就失去了测量的真实性。不同仪器之间测量结果的差别,应在合理的范围之内。何谓合理?目前还没有系统的研究,但有一些零星的结论,例如:各种原理的粒度仪对标准球形颗粒的粒度测量结果都应该一致;激光粒度仪测量的结果有一个合理的分布展宽等等。也有一些测量结果不真实的例子,比如非针状颗粒过筛后测得的粒径上限,比筛孔宽度大得多;测量10μm单分散的球形标准粒子时,在1μm附近出现一个分布峰;测量下限为0.1μm的仪器却不用米氏散射理论等等。

(3) 易操作性:仪器是否便于操作,是其性能好坏的重要软指标之一。

(4) 量程和动态范围:量程和动态范围是两个相互关联的重要指标。量程是指仪器能测量的总的粒径范围。大多数粒度仪的量程是分档的。一档能测量的粒度范围称为动态范围。沉降仪、颗粒图像仪和电阻法计数器的动态范围都在1:20左右,激光粒度仪则大于1:100,高的可达1:1000。动态范围越大,使用越方便。

有的仪器用"0~××"来表示量程,是不妥当的。因为0代表无限小,哪一种仪器也不可能测到无限小。

相对来说测大颗粒要比测小颗粒容易,例如激光粒度仪只要把傅里叶透镜的焦距拉长,就能测到较大的颗粒。测小颗粒就要难得多。对激光粒度仪而言,当粒径小于0.2μm时,单光束照明的前向散射光能分布基本上是不变的,所以只能接收前向散射光的仪器不可能测到0.2μm以下的粒子。又如沉降仪,如果只采用重力沉降,那么当粒径小于2μm时,布朗运动对沉降过程的影响已达到难以忽视的程度,如果用来测更小的颗粒,会有很大误差,或根本不可能。

对用户来说,要验证测量下限是困难的,原因是多数情况下用户不知道自己的粉体产品的粒径下限究竟是多少 。用户应尽可能多地了解仪器的原理,并要求制造商解释他是如何去扩展测量下限的,然后用户根据自己掌握的知识判断制造商解释的可信程度。

7.2 测试结果可靠性的判断

古人说,"全信书不如不读书"。同样的道理,盲目地相信仪器不如没有仪器。任何一种仪器都不是绝对可靠的,不论是科学仪器还是医学仪器。对初次从事粒度测量的人士来说,最容易犯的错误是,测到结果就算万事大吉。实际上轻率地把一个测试结果作为最终结果是会犯错误的。测到结果之后,还应作可靠性判断。应考虑下列因素:

(1) 仪器性能及状态的适宜性的确认:在判断测量结果的可靠性时,首先应检查仪器的工作状态(如接地、空白信号等)是否正常,其性能特点(如动态范围、分辨率)是否适合你要测的样品。

(2) 测量中是否遵守了测量规程及操作条件? 每种仪器都有特定的操作规程(如测量开始前的预热、背景(空白)的测量)、适用的环境条件(如温度、湿度、电压)和测试条件(如样品浓度),都是应该遵守的。

(3) 重复性:重复性既是衡量仪器自身性能的重要指标,也是衡量测量结果可靠性的重要参数。当然,仪器自身的重复性是测好样品的前提,但是当操作不当,或样品较难测量时即使有好的仪器,也未必能测出真实的结果。如果重复性不好,结果是不可靠的,必须找出影响重复性的因素并加以排除。测量参数(如折射率、数学模型)、样品的分散、浓度、仪器状态、环境等因素都会反映到结果的重复性上。

(4) 良好的分散:测量之前样品必须经过充分的分散处理。样品分散不良时,测到的结果偏大,有时还不稳定。显微镜(或颗粒图像处理仪)是观察分散好坏的有用工具。

7.3 对粒度仪及其测量结果认识上的误区

在同用户的长期接触中,我们发现用户对仪器性能的认识存在几个误区,分别叙述如下:

(1) “谁更准”的误区:准确性是指测量值相对真值的偏差;偏差的绝对值越小,说明测量的准确性越高。因此通常的测量仪器都有“准确性”这个指标。然而粒度测量仪器却是个例外,因为除了少数标准粒子之外,绝大多数实际粉体颗粒都是非球形的,而非球形颗粒的粒径事实上没有真值,粉体样品的粒度分布也没有真值,所以对它的测量也谈不上“准确性”。理论上可以通过球形的标准粒子将所有的粒度仪器的量值校准成一致,但对于非球形的实际样品,不同仪器的测量结果仍然是不一样的,我们不能说其中的哪个结果“准确”,其余的不准确。

(2) “以洋为准”的误区:很多人都想当然地认为外国的仪器一定比国产的好。国产仪器测得的结果与进口仪器的结果不同时,就会认为国产仪器不准,其实不一定。以激光粒度仪为例,我国经过近 20 年的发展,基本性能与国外产品相比已不相上下,差距只在外观及附件的齐全和完备上。相反地,国外的早期产品的性能就比不上国产的新产品;国外的最新产品如果配置、使用或维护不当,也会导致错误结果。

(3) “先入为准”的误区:人们在潜意识中总认为先接受的知识或经验就是正确的。粒度测量中比较典型的例子是碳酸钙的双 90 中的粒度指标,即小于 2μm 的颗粒要多于 90%。实际上这一指标是针对沉降仪来说的。在正常条件下(合适的遮光比,不加人为的坐标移动),激光粒度仪测的结果肯定比这个结果要粗,即达不到 90%,这时用户就会说激光粒度仪不准。实际上 2μm 附近或以下的颗粒由于受布朗运动影响,用沉降法测量时颗粒下沉的平均速度比 Stokes 公式预言的速度要低,因此测量结果并不是真正意义上的沉降结果。要说不“准”,应该是原来的“90”不准(即测试条件偏离了 Stokes 原理要求的条件),正确结果本该小于“90”。

(4) 最大粒的测量:在有的行业(例如磨料),很关心最大粒。经常问:你的仪器能否测最大粒,或者说“某某”仪器能测量最大粒。最大粒理论上是测不到的。任何一个样品的粒度分布都是有一定的宽度的,即各种大小的颗粒按一定的比例(概率)分布着。按照概率论,再大的颗粒都可能存在，只是出现的概率极低而已。所以理论上的最大粒是无限大。要想测到某一产品的最大粒，就要把粉体产品的所有颗粒都拿来测量才能办到。否则，因为最大粒出现的概率近乎零，只测部分样品是不可能有代表性的。因此可以说，最大粒的提法本身就不科学。

最大粒事实上是不能测量的。你如果想表达粉体产品的粒径上限，应该用 D_{90}、D_{95}、D_{97}、D_{99}等等（如果是从小到大累积）来表示，不过应该清楚下标越大，测量值的可靠性也越差，误差越大。如果最大粒需要特别关注，应该通过生产工艺控制，而不是通过测量来监视。

粉体表面改性

刘伯元

(中国塑料加工协会改性塑料专业委员会
中国非金属工业协会碳酸钙专业委员会)

1 表面改性作用

1.1 概述

粉体表面改性是根据需要,对粉体的表面特性进行物理、化学、机械等深加工处理,使粉体的表面物理化学性质,诸如晶体结构和官能团、表面能、表面润湿性、电性、表面吸附和反应特性等发生变化,以满足现代新材料,新工艺和新技术发展的要求。

表面改性为改善粉体的性能,提高其使用价值和开拓应用领域的发展具有重要的实际意义。因此表面改性是粉体最重要的深加工技术之一。

1.2 粉体表面改性的目的

(1) 在塑料、橡胶、胶黏剂等高分子材料工业及复合材料领域,粉体特别是无机非金属矿物填料占有很重要的地位。这些材料,如碳酸钙、炭黑、白炭黑、高岭土、滑石、石英、云母、硅灰石、玻纤、工业废渣等,不仅可以降低复合材料的成本,还能给复合材料以功能性特性如提高材料的刚性、硬度、尺寸稳定性、耐磨性、熔点以及赋予材料等一些特殊的物理化学性能,如耐腐蚀性,阻燃性和绝缘性等。但由于粉体材料与高分子材料基材之间存在巨大差异,主要为:1)粉体在高分子材料中难以分散;2)粉体表面呈亲水性,高分子聚合物表面呈亲油性,这种油水不相容的现象将阻碍两者的结合,粉体与高分子材料存在明显的界面,力学性能差;3)粉体与高分子材料热膨胀系数不同,两者相差十几倍至上百倍。当外界温度反复变化等因热膨系数不同产生应力,导致复合材料破坏。基于上述原因,除对粉体有一定的粒度和粒度分布要求外,还必须对粉体进行表面改性,以改善其表面物理化学特性,增强粉体与高分子材料的相容性,提高分散性,改善其界面性质,以达到提高复合材料的力学性能和综合性能。

(2) 在涂料中,提高涂料或油漆中颜料(粉体)的分散性并改善涂料的光泽,着色力,遮盖力、悬浮力和耐候性、耐热性、保光性、保色性等是粉体表面改性的第二个目的。涂料的着色颜料和体质颜料,如钛白粉、锌钡白、碳酸钙、重晶石、石英、滑石、云母、高岭土、硅灰石、铁红、铁黄、石墨等无机粉体,为了提高其在有机质油漆涂料中的分散性,必需要对其进行表面改性。在新发展的具有电、磁、声、光、热、防腐蚀、防辐射,特种装饰等功能的所谓特种涂料中的填料和颜料不仅要求粒度超细,而且要求对其进行表面处理。

(3) 当今许多高附加值产品，要求有良好的光学效应或视觉效果，使制品更富色彩。就需要对粉体进行表面处理，如云母粉经氧化钛处理后表面可镀上一层氧化物薄膜，由于折射率的提高和薄膜的存在，增强了入射光通过透明或半透明薄膜在不同深度的各层面反射，从而产生珠光效果。改性云母粉用于化妆品、涂料、塑料中，因珠光效果大大提高了产品的档次。又如将二氧化钛通过沉积反应镀膜的方式涂覆在白色颜料如碳酸钙、高岭土、滑石上面生产出优质的钛白粉代替品。

(4) 造纸工业中，用改变颗粒表面电荷性质，增加其与带相反电荷的纤维结合强度，从而提高纸张强度和造纸过程中填料的留着率是造纸用粉体表面改性处理的主要目的。

(5) 为保护环境和健康，对有害物质粉体如石棉用无害的化学物质包覆改性可消除污染。另外对石英砂进行表面涂覆改性可提高其在精密铸造和油井钻探时使用的黏结性能。对珍珠岩粉体进行表面涂覆可提高其在潮湿环境下的保温性能。对膨润土进行阳离子覆盖改性可提高在弱极性或非极性溶剂中的膨胀，吸附触变等性能。

1.3 塑料、橡胶等高分子材料中粉体表面改性的作用

1.3.1 分散作用

由于粉体间普遍存在着范德华力和库仑力，粉体的细化过程实质上是以粒子的内部结合力不断被破坏，体系总能量不断增加的过程。因此从热力学角度来看，粉体有自发凝聚的倾向，而且颗粒越细小，团聚越严重。因此如何使团聚体解聚，使颗粒均匀分散成为首要问题。研究表明，影响粉体分散的主要原因是：(1)液桥力：当粉体受潮时，此力最大；(2)范德华力：当粉体间距离为 50nm 时，此力就起作用；(3)静电力：不同电荷吸引力是粉体团聚的第三大因素。对于粉体在高分子材料中的分散，一是常温下的分散混合，二是熔融状态下的分散混合，这两个过程都要求做到分散均匀。

由于表面改性是依靠改性剂在粉体表面进行吸附、反应、包覆或成膜来实现的表面改性，它可以降低粉体表面能。因而表面改性起到的第一作用是使粉体在高分子材料中得到迅速、均匀的分散。此时表面改性剂也起到分散剂的作用。

1.3.2 降黏作用

粉体进入高分子材料中，在熔融状态下会形成在高分子介质中的悬浮体，如何制成高稳定性，低黏度的悬浮体系尤为重要。试验表明，当粉体进入高分子介质中，会使体系黏度急剧上升，当粉体添加量增加时，黏度上升极大，粉体加入量达到一定份量时，体系会承受不了，将粉体“吐出”。我们采用液体石蜡来模拟熔融状态的合成树脂。试验表明，当重钙、轻钙、高岭土、滑石等粉体加入到液体石蜡中，当添加份量与液体石蜡质量比达到 30∶60，60∶60 时体系黏度达到极大值达到 100 以上。此时添加的粉体会“吐出”。当使用表面改性剂对粉体进行表面改性后，体系黏度会降到 0.405 Pa·s，0.270 Pa·s，0.575 Pa·s，0.39 Pa·s 和 1.08 Pa·s。不同的改性剂降黏效果有差异，见表 1。

表 1 铝酸偶联剂处理各种无机填料、颜料的降黏效果

项目 / 填料	液体石蜡与填料质量比	偶联剂 DL-411-A 添加量(按填料质量计)/%	填料/液体石蜡体系原来的黏度/Pa·s	添加偶联剂后体系黏度/Pa·s
沉淀碳酸钙	60∶30	1	>100	0.405
重质碳酸钙	60∶60	1	>100	0.270

续表 1

项目 填料	液体石蜡与填料质量比	偶联剂 DL-411-A 添加量(按填料质量计)/%	填料/液体石蜡体系原来的黏度/Pa·s	添加偶联剂后体系黏度/Pa·s
高岭土	60:60	1.2	>100	0.575
石棉粉	60:40	1	>100	0.390
滑石粉	60:60	1	>100	1.080
粉煤灰微珠	60:100	0.6	>100	1.400
粉煤灰	60:140	0.46	>100	1.560
二氧化硅粉	60:90	0.82	>100	0.255
玻璃粉	60:100	0.96	>100	0.640
硫酸钡	60:70	0.54	>100	0.190
石膏粉	60:80	0.98	>100	0.250
炼铝红泥(未洗)	60:80	1.5	>100	2.000
钛白粉	60:50	0.65	>100	0.820
氧化锌	60:40	1.6	>100	0.325
三水合氧化铝	60:90	0.65	>100	1.700
氧化铝	60:30	1	>100	1.120
硅藻土	60:30	1.2	>100	1.100
磷酸钙	60:40	1.9	>100	0.940
立德粉	60:60	1.3	>100	0.380
铁红	60:80	1.4	>100	0.210
膨润土	60:70	1.2	>100	0.800
硅灰石粉	60:30	0.2	>100	0.450
云母粉	60:30	1	>100	0.250
叶蜡石粉	60:40	1	>100	0.665
海泡石粉	60:30	1.2	>100	0.960

1.3.3 增填作用

经表面改性处理后的粉体在有机分散介质中的填充量可以大幅度提高。不同的改性剂对提高幅度的影响有所不同,但均显著高于未处理的粉体。图 1 说明,未加处理轻钙其添加比例最大只为 0.4,而表面处理后的轻钙的添加量可以达到 0.8、1,甚至达到 1.2。

1.3.4 界面力学作用

粉体不加处理加入到高分子材料中去,填料与聚合物之间存在明显的界面,如同在基体树脂中存在许多空洞,在外力作用下能承受外力的有效截面积减小,填充材料的力学性能变差。

经过表面改性后的粉体加入到高分子中去会有着良好的结合,首先是粉体被浸润,液态

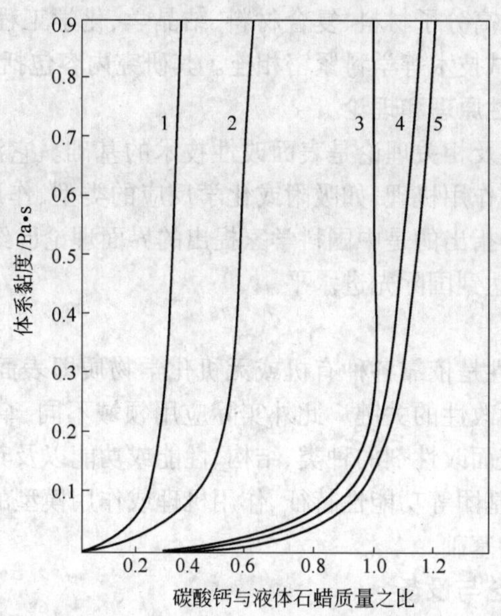

图 1　碳酸钙/液体石蜡体系黏度与碳酸钙填充量关系

1—未经任何处理轻质碳酸钙；2—2.7%脂肪酸类包覆处理轻质碳酸钙；
3—1%DL-411-A 处理轻质碳酸钙；4—1%钛酸酯偶联剂处理轻质碳酸钙；
5—1%DL-451 处理轻质碳酸钙

树脂对粉体良好的浸润产生物理吸附，然后是改性剂的化学键将有机体和粉体通过改性剂的非极性基团深入到基体内部或形成化学链，从而形成界面缓冲层。图 2 是偶联缠结模型。

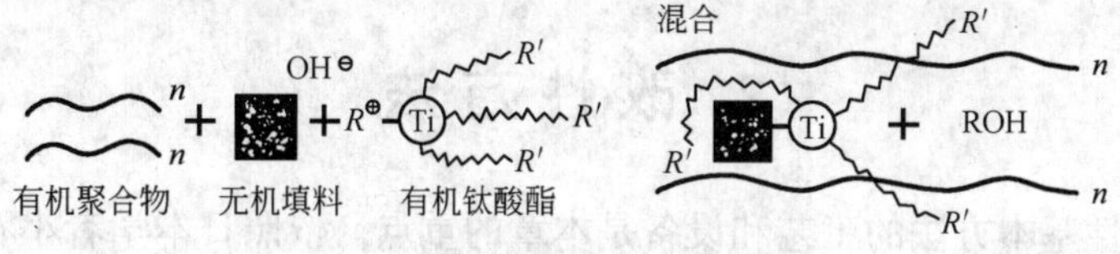

图 2　偶联缠结模型

通过表面改性使粉体填料与基体树脂之间形成的良好界面结合，可以大大提高复合材料的力学性能。

值得指出的，并不是所有的高分子材料使用同一种改性剂都能得到界面的力学性能，例如硬脂酸对大多数高分子材料来说，均不能提高其力学性能，而要区别对待。针对不同高分子材料能够提供良好力学性能的改性剂大致有下述三大类：(1)橡胶中的粉体填料，一般表面改性使用硅烷偶联剂；(2)聚烯烃类，如聚乙烯、聚丙烯、聚苯乙烯中的粉体填料，一般表面改性使用钛酸酯偶联剂或铝酸酯偶联剂；(3)聚氯乙烯树脂可以使用硬脂酸作改性剂。

正是由于表面改性所起到的如此巨大的作用，使得粉体的表面改性成为材料学研究和高分子材料及复合材料产业中的重要技术手段。

1.4　粉体表面改性技术研究内容

粉体表面改性技术与许多学科，如粉体工程、表面物理化学、胶体化学、无机化学、高分子化学、无机非金属材料、高分子材料、复合材料、结晶学、化学工程、矿物工程、光学、电学、磁学、现代仪器分析与测试技术等学科紧密相连。其研究内容包括以下四个方面。

1.4.1 粉体表面改性原理和理论

粉体表面改性的原理及相关理论是表面改性技术的基础。它涉及到粉体的表面性质,粉体的表面与表面改性剂作用机理,如吸附或化学反应的类型、作用力或键合力的强弱,热力学性质的变化等。值得指出的是中国科学家提出的界面理论已经成为指导中国粉体表面改性技术的依据,并使之达到国际先进水平。

1.4.2 表面改性剂

通常,粉体的表面改性是依靠各种有机或无机化学物质即表面改性剂来实现的。因此可以说表面改性剂是表面改性的关键。此外实际应用领域不同,牵涉到的表面改性剂也不同。因而对各种类型的表面改性剂的种类、结构、性能或功能以及其分子结构、分子量大小、烃链长度、官能团或活性基团等功能性特征、作用机理或作用模型的了解与掌握更是指导表面改性剂的用法和用量的基础。

1.4.3 表面改性工艺与设备

工艺和设备是最终实现按应用需要改变粉体表面性质的基础技术环节。它的研究内容包括不同类型,不同用途粉体表面改性的工艺流程和工艺条件,影响表面改性效果的因素,设备类型与操作条件等等。

1.4.4 表面改性过程的控制与产品检测技术

这一研究领域涉及表面改性或反应过程的温度、浓度、酸度、时间、表面包覆率以及表面包覆层的晶体结构、电性能、光性能、热性能等的检测方法。此外,还包括建立控制参数与质量指标间的对应关系,以及过程的计算机模拟和自动控制。

2 改性方法

粉体表面改性基本方法的工艺和设备是本章的重点。依照日本学者小石真纯提出的分类方法介绍以下6种改性方法。

2.1 包覆处理改性

包覆,也称涂覆和涂层,是利用无机物或有机物,主要是表面活性剂、水溶性或油溶性高分子化合物及脂肪酸皂等粉体表面进行包覆以达到改性的方法。如包括利用吸附、附着及简单化学反应或沉淀现象进行的包膜。如石英砂表面用酚醛树脂或呋喃树脂涂覆,可以提高其作铸造砂的粘结性能,并使铸件表面光洁,无需进行机械打磨。涂覆呋喃树脂的0.84~0.42mm球形高纯石英砂,在石油井孔内经高温固化,可以在裂隙中形成过滤层,提高滤油性,增加石油产量。用荧光涂料涂覆的石英砂作示踪矿物,可代替放射性示踪粒子,且对生物无害。包覆处理是对矿物粉体进行简单改性处理的一种常见方法。

2.2 沉淀反应法

利用化学反应并将生成物沉淀在粉体表面形成一层或多层“改性层”的方法,是湿法改性的主要方法,称为沉淀反应改性方法。矿物粉体涂覆 TiO_2,ZrO_2 和 ZnO 等氧化物的工艺,就是通过沉淀反应改性方法实现的。其中最典型的实例就是云母钛珠光颜料和钛白粉代用品——各类矿物复合钛白的加工合成。

2.3 表面化学改性

这是表面改性最重要,最常用的方法。表面化学改性通过表面改性剂与颗粒表面进行化学反应或化学吸附的方式完成。表面化学改性主要用于橡胶、塑料行业中以补强目的添加的非金属矿物填料,也用于其他行业,如在粘结永磁体的生产中,使用锆类偶联剂对亲水性的磁粉进行表面改性,可增加与亲油性载体的粘合作用。

表面化学改性方法除利用表面官能团外,还利用游离基反应、螯合反应、溶胶吸附和偶联剂。

采用表面化学改性,常用的表面改性剂是偶联剂,高级脂肪酸及盐,不饱和有机酸和有机硅等。偶联剂是最常用的矿物表面改性剂。按化学结构分为硅烷类、钛酸酯类、铝酸酯类、锆酸酯类和有机络合物等类型。高级脂肪酸及其盐是最早使用的矿物粉体表面改性剂,特别适合表面含金属活性离子的矿物。但结合能力差。偶联剂等改性剂对粉体进行表面改性及应用主要有预处理法和整体掺合法两类。预处理法是将粉体先进行表面改性,再加入到基体中形成复合体。一般做法是将粉体先在高速搅拌机组中进行表面改性,再加入到双螺杆挤出机去混炼、塑化、造粒。整体掺和法是将塑料加工工艺与粉体改性工艺相结合,直接将粉体改性剂、树脂、其他助剂加入到双螺杆挤出机中混炼,塑化制造成复合材料。但一般不用此方法,原因是分散不开,偶联剂分解等原因。

2.4 机械力化学改性

在粉体进行超细粉碎同时实施表面化学改性,利用粉碎机械力效应可以促进和强化改性效果。粉碎过程中施加的大量机械能,除消耗于颗粒细化外,还有一部分用于改变颗粒的晶格与表面性质,从而呈现激活现象。激活的颗粒极易于与改性剂发生反应。此外,在粉碎过程中不断出现新鲜的颗粒表面,也易与改性剂发生反应,这就是机械力化学效应。

由于机械力化学改性可以实现非金属矿物超细粉碎和表面改性技术的结合,提高加工效率,简化生产工艺,因而具有良好的研究与应用价值。值得指出的是超细振动球磨机在机械力化学改性中效果较好。原因与高频振动有关。此外还有球磨机、搅拌磨等设备适用于机械力化学改性。

2.5 高能处理改性

利用紫外线、红外线、电晕放电和等离子体照射和超声波等方法进行粉体的表面改性方法称为高能处理改性。高能处理改性一般作为激发手段用于聚烯烃在粉体表面的接枝改性。主要用在纤维方面,如玻纤和 Al_2O_3 粉体经 γ 射线照射,可实现苯乙烯单体在其表面的聚合接枝。

2.6 胶囊化改性

胶囊化改性是在粉体表面覆盖均质且有厚度膜的一种表面改性方法。由药品药效的缓释性需求而出现的固体药粉的胶囊化是胶囊化改性的最初发展起因。它的另一特点是能够将液滴固体化(胶囊化)。

采用 in situ 聚合法可制成聚甲基丙烯酸酯包覆的钛白粉胶囊改性粉体。利用气流冲击可实现聚甲基丙酸甲酯(PMMA)在尼龙-12 上的包覆。

胶囊化改性工艺中,一般称内藏物为芯物质或核物质(core material)包膜物为膜物质(wall materials)。胶囊的作用是控制芯物质的释放条件,即用胶囊控制调节芯物质的溶解、挥发、发色、混合以及反应时间。可以对反应物质起隔离作用,对有毒物质起隐蔽作用。

粉体的微胶囊化是正在发展的领域。微胶囊的壳体直径为 1～100μm,壁厚从 1μm 到几分之一微米。

2.7 改性装置与设备

粉体表面改性设备各式各样,大多数是从化工设备引用过来,有密炼机、开炼机、Z 型捏合机、高速混合机、螺杆挤出机、气流冲击式改性机、三筒式改性机、流态化床、能流磨、针状磨和反应釜等。本文重点介绍三种改性机械。

2.7.1 高速搅拌机和低速搅拌机组

在中国使用最为广泛的是高速加热混合(捏合)机和冷却搅拌机组成的高冷搅机组。一般为 500L(高搅)+1000L(冷搅)机组和 200L(高搅)+500L(冷搅)机组。这是中国填料干法表面化学改性主要设备。其工艺流程为:

填料——加热、干燥——加入改性剂——打散、降温——改性产品

高速混合机是由回转盖、混合锅、内外夹层、叶轮搅拌装置、折流板、电机、机座等装置构成。高冷搅机组通过内层加热,使粉体干燥脱水,在达到一定温度如 80～110℃时使改性剂如硬脂酸和偶联剂溶化雾化使粉体吸附。高速旋转的叶轮借助表面与物料的摩擦力和侧面对物料的推力使物料沿叶轮切向运动,由于离心力物料被抛起,由于重力当上升一定高度后又落回。折流板形成窄流区产生涡流形成分散混合。物料改性后送入冷搅,边降温边打散大颗粒。

2.7.2 高速气流冲击式表面改性机

HYB 高速气流冲击式表面改性机是日本奈良公司制造。主要由转子、定子、循环回路、翼片夹套等装置组成。物料在转子、定子等部件作用下被迅速打散,同时不断受到以冲击力为主的压缩、摩擦和剪切力作用,在极短时间内完成包覆改性工作。

2.7.3 三筒连续表面改性机

瑞典 AGMW 公司制造的用于碳酸钙等表面改性三筒连续高速强烈混合表面改性机(HSTP-3/1000)主要是物料和改性剂依次经过三个强烈混合室由转子叶片和定子与粉体物料的冲击、剪切和摩擦作用使改性剂能迅速连续与物料混合改性,所以包覆效果好。

2.8 表面改性剂

粉体的表面改性,主要是依靠改性剂在粉体表面吸附、反应、活化、包覆或包膜实现的,所以,表面改性剂对于粉体的表面改性具有决定的意义。

2.8.1 硬脂酸或盐

这是最古老的改性剂,国外主要用于碳酸钙的改性,可用于 PVC 粉料。但对聚乙烯、聚丙烯 、ABS 等树脂,因其不能形成有效的力学界面,而作用不大。

现在四川大学发明高碳醇如十八、廿、廿二碳醇作为改性剂,其力学性能优于硬脂酸。

2.8.2 偶联剂

偶联剂是一种两性结构物质,分子中的一部分极性基因(亲水性)可与粉体表面的各种官能团反应,形成强有力的化学键合。另一部分非极性基因(疏水性)可与有机高分子发生化学反应或物理缠绕,从而可以将粉体(无机矿物)和高分子基体这两种性质差异很大的材料通过界面层牢固地结合在一起。

2.8.2.1 硅烷偶联剂

硅烷偶联剂的通式为 $RSiX_3$。其中 R 代表与聚合物分子有亲和力或反应能力的有机官能团,如氨基、硫基、乙烯基、环氧基、氰基和甲基丙烯酰氧基等。X 代表可水解的烷氧基。

硅烷偶联剂的研究开发始于 1945 年。首先运用在橡胶工业中对补强填料白炭黑、半补强填料炭黑、填料如陶土,轻钙的改性技术上。至今还是橡胶工业首选的改性剂。

除氨基取代基偶联剂外,20 世纪 60 年代又开发出叠氮硅烷偶联剂和重叠氮硅烷偶联剂。

在进行偶联时,首先 X 基水解形成硅醇,然后再与粉体填料表面上的羟基反应,形成氢键并缩合成 SiO—M 共价键(M 表示无机填料表面)。同时,硅烷各分子的硅醇又相互缔合齐聚形成网状结构的膜覆盖在填料表面,使粉体填料有机化。

硅烷偶联剂可用于各种矿物填料的表面处理,其中对含硅酸成分较多的硅酸盐矿物如石英粉、玻纤、白炭黑等效果最好。对高岭土、水合氧化铝等效果也好,但对不含游离酸的碳酸盐矿物如碳酸钙、白云石等效果不佳。

应该记住,水解反应是硅烷偶联剂作用的基础,偶联剂水解后才能与填料表面上的羟基发生反应。因此在使用硅烷偶联剂时常用水作为稀释剂配成硅烷溶液使用。

硅烷偶联剂的用量为粉体质量的 0.5%～1.2%。

2.8.2.2 钛酸酯偶联剂

钛酸酯偶联剂是美国杜邦公司在 20 世纪 70 年代开发出的一类新型偶联剂,至今已有几十个品种。它是无机填料和颜料应用最为广泛的表面改性剂。

钛酸酯偶联剂的分子结构可划分为 6 个功能区,每个功能区都有特点,在偶联剂中发挥出各自的作用。

钛酸酯偶联剂的通式和 6 个功能区如下:

偶联剂无机相　　　　亲有机区

$$\overset{1}{(ROS)_M}—\text{Ti}—(\overset{23}{OX}—\overset{4}{R'}—\overset{56}{Y})_N$$

式中,1≤M≤4;M+N≤6;R——短链烷烃基;

R'——长碳链烷烃基;　X——C,N,P,S 等元素;

Y——羟基,氨基,环氧基,双键等基团。

功能区 1—$(RO)_M$ 为与粉体起偶联作用的基团。

功能区 2—Ti—O 为酯基转移和交联基团。

功能区 3—X—联结钛中心的基团。该基团包括长烷氧基、酚基、羧基、磺酸基、磷酸基、焦磷酸基等。这些基团决定钛酸酯偶联剂各自的特性与功能。

功能区 4—R 为长纠缠基团。长的脂肪族碳比较柔软,能和高分子材料进行弯曲缠绕,增强和基料结合力,提高它们的相容性。

功能区 5—Y 为固化反应基团。

功能区 6—N 为非水解基团数,钛酸酯偶联剂中非水解基团数在两个以上。由于分子中多个非水解基团作用,可以加强缠绕,还可降低黏度。

钛酸酯偶联剂按其化学结构可分为三种类型:单烷氧基型、螯合型和配位型。

2.8.2.3 铝酸酯偶联剂

1983 年由中国福建师范大学章文贡教授等人发明了铝酸酯偶联剂。这种偶联剂具有与无机矿物填料表面反应活性大、色浅、无毒、味小、热分解温度较高,适用范围广,使用时无需稀释以及包装运输方便等特点。在 PVC 体系中使用会有很好的热稳定协同效应和一定的润滑增塑效果。铝酸酯偶联剂有许多牌号如 DL—$411_{A,B,C,D}$、$DL412_{A,B}$、DL414、DL812、DL492 等。将使用铝酸酯偶联剂的碳酸钙 A—$CaCO_3$ 与未处理碳酸钙 $CaCO_3$ 对照分别填充 HDPE,发现 A—$CaCO_3$/HDPE 比 $CaCO_3$/HDPE 更易塑化,加工流动性好,制品表面光泽,断裂伸长率及抗冲击性能提高。表 2 是具体数据。

表 2 $CaCO_3$/HDPE 与 $CaCO_3$/HDPE 物理力学性能比较

性能 / 体系	断裂伸长率/%	维卡软化点/℃	收缩率/%		拉伸强度/MPa	冲击强度/kJ·m^{-2}
			横	纵		
$CaCO_3$/HDPE	88	88.5	1.80	1.84	9.05	7.99
A—$CaCO_3$/HDPE	105	88	1.85	1.85	9.08	9.07

2.8.2.4 其他

(1)锆类偶联剂是美国 Cavendon 公司 1983 年开发的一类新型偶联剂。它由含有铝酸锆的低相对分子量无机聚合物在分子主链上络合两种有机配位基组成。

锆类偶联剂有 7 种,分别适用于聚烯烃、聚酯、环氧树脂、尼龙、丙烯酸类树脂、聚氨酯、合成橡胶等高分子材料。在碳酸钙、二氧化硅、陶土、氧化钛、三水合氧化铝等填料中均有较好的偶联与改性效果。

(2)有机铬偶联剂

有机铬偶联剂即络合物偶联剂,开发于 20 世纪 50 年代。为不饱和有机酸与三价铬原子形成的配价型金属络合物。

有机铬偶联剂用于玻纤增强的聚酯塑料中效果最好,且成本低廉。但品种单调,适用范围不广效果不佳。

(3)不饱和有机酸

不饱和有机酸分子中带有一个或多个不饱和双键及一个或多个羟基。其碳原子数在 10 以下,常见的不饱和有机酸是丙烯酸、甲基丙烯酸、丁烯酸、肉桂酸、山梨酸、马来酸等。酸性越强越容易形成离子键,故多选用丙烯酸和甲基丙烯酸。

不饱和有机酸改性剂来源广泛,价格便宜用来处理含碱金属离子的矿物填料,具有较好效果。

(4)有机硅

高分子有机硅又称硅油,是以硅氧键链(Si—O—Si)为骨架,硅原子上接有机基团的一类聚合物。常用于处理无机矿物填料。

此外尚有聚烯烃低聚合物，如无规聚丙烯和聚乙烯蜡及过氧化物等。

3 改性机理

3.1 改性剂与粉体表面的相互作用

3.1.1 硅烷偶联剂

解释硅烷偶联剂与粉体表面的相互作用主要有化学反应、物理吸附、氢键作用和可逆平衡等理论，其中共价键吸附机理最为流行。

按共价键理论，硅烷偶联剂与粉体间的作用可表述为下：

(1)水解。

(2)缩合。

(3)与粉体表面羟基作用生成氢键，然后脱水，由氢键转换为共价键。

硅烷偶联剂与玻纤表面形成化学键得到了红外光谱和气相色谱手段的证实。经硅烷处理后，玻纤表面的红外谱图上出现了硅烷与玻纤之间形成的键合基团 Si—O—Si 的吸收特征。现代表面分析技术证明，附着在矿物表面的硅烷偶联剂不是简单的单分子层结构，而是以复杂的多分子层结构存在。含有化学键合的硅烷聚合物和化学吸附与物理吸附的硅烷低聚体。

3.1.2 钛酸酯、铝酸酯、硬脂酸

钛酸酯也是通过与粉体表面羟基之间形成化学键的方式进行吸附反应的。研究表明钛酸酯偶联剂 KR9S 在铁氧体表面上的等温吸附线呈兰米尔(Langmuir)型，因此被认为是单分子层的化学吸附。

经电子探针显微分析扫描，经铝酸酯改性的碳酸钙，扫描轨迹上随 A—$CaCO_3$ 颗粒出现而呈现钙元素和铝元素的高峰，这表明铝酸酯偶联剂对 $CaCO_3$ 的处理，确实是化学结合在 $CaCO_3$ 表面上。即使经过 HDPE 的熔融和高剪切加工后仍未脱落。用质量测定铝酸酯偶联剂在 $CaCO_3$ 表面上化学键合偶联量为 0.5%，换算为含铝量为 0.0172%，这与用铝试剂比色法实测结果(0.0174%)相当吻合。

用 XPS 测试硬脂酸处理 $CaCO_3$，认为 $CaCO_3$ 的表面形成了硬脂酸的碱式盐，吸附属化学反应。

改性剂在填料表面的吸附覆盖率也是研究内容之一。采用热重—差热分析法测出硬脂酸在 α—Al_2O_3 上的吸附量为 0.012g，覆盖率为 55.1%。以同样的方法计算出铝酸酯偶联剂在 $CaCO_3$ 表面上的吸附覆盖率为 94.12%。

3.2 改性剂与高分子基体之间的相互作用

粉体经改性后与高分子基体之间是如何结合的有许多理论，主要有浸润效应理论、化学键理论、可变形层理论和约束层理论等。偶联剂对玻纤表面处理的成功使化学键理论目前最盛行。

3.2.1 浸润效应理论

在复合材料形成过程中，液态树脂对粉体的良好浸润，对提高材料力学性能意义重大。

如果能获得良好浸润,那么树脂对粉体表面的物理吸附将提供超过树脂内聚强度的粘结强度。高分子材料中填料的有机化改性可用这理论解释。

3.2.2 化学键理论

化学键理论认为偶联剂的有机基团与高分子基体会产生较强的化学结合,这是最古老和最重要的理论。当粉体树脂间具有可反应的官能团以及使用恰当的偶联剂场合下无疑是正确的。

3.2.3 可变形层理论

偶联剂处理过的粉体表面会形成一层塑性层,它能松弛和减少界面应力。相间区域的不均衡固化可能导致一个比偶联剂在聚合物与粉体间的单分子层更厚的挠性树脂层,这一层即称之为可变形层,该层能松弛界面应力,阻止裂缝的扩展。

3.2.4 约束层理论

约束层理论认为:在高模量粉体和低模量树脂之间的区面区域,若其模量在两者之间,则可最均匀地传递应力。

按这一理论,偶联剂的功能在于将粉体和改性剂约束在相界面区域内。其非极性基团会深入到基体内部缠结或形成化学键,从而形成界面缓冲层。

3.3 界面理论

界面理论是指导粉体表面改性最基本的理论。

粉体与树脂基体界面的形成分为两个阶段。首先是液态树脂与粉体的接触与浸润,第二阶段是树脂的固化过程。这时粉体填料与树脂之间必然要形成一个新的界面区域,见图3。

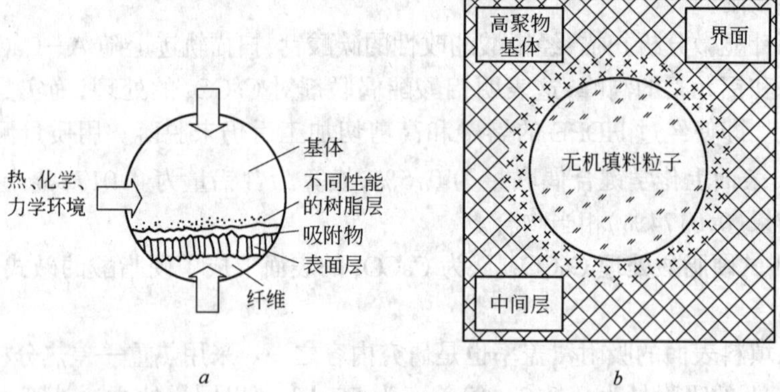

图3 填充塑料的界面模型

早期人们曾认为粉体填充塑料构成复合材料其界面是二维边界。现在的研究已经证明,它既不是填料与基体简单结合的二维边界,也不是所谓单分子层,而是包含两相表面之间过渡区而形成的三维界面相。在界面区域里的化学组分,分子排列,热性能,力学性能可以表现为梯度变化,也可能呈突变的特征。使界面区域产生复杂变化的原因如下:

(1)界面区树脂的密度。填料的表面吸附作用导致树脂密度在界面区与树脂本体不同。通常吸附在填料表面的树脂分子,排列得更加紧密,形成所谓“约束层”,分子排列紧密程度随着远离填料表面逐渐下降,直到与基体树脂密度一致。

(2)交联度。靠近填料表面有最大的交联度,逐渐下降。

(3)界面区树脂的结晶。粉体可成为晶核,促进树脂结晶。靠近填料表面会有更高的结晶度,产生横晶,横晶使填料(特别是纤维)与树脂有良好的粘结。而远离填料表面的一侧会出现球晶。球晶区有较低的断裂伸长率和断裂能。

(4)界面区化学组成。界面区的化学组成不均是明显的。当树脂中没有加入任何助剂时,由于填料表面的选择性吸附,造成差异。若加入增塑剂、润滑剂、稳定剂等加工助剂情况变化更大。当加入偶联剂后其界面结构就会更加复杂。由于偶联剂的两亲结构,其分子一端与填料表面形成化学键,另一端与树脂形成化学键或形成较强的物理结合,如吸附、锚嵌、链段缠绕。这样化学键结合就构成了界面结构层的一个特征。故在界面区的分布是有梯度的。

偶联剂在填料表面实际上不是单分子层,相反是多分子层。偶联剂分子在树脂中会有一浓度渐变的扩散层。扩散的分子还会同树脂产生接枝反应,形成互穿网络,见图 4。

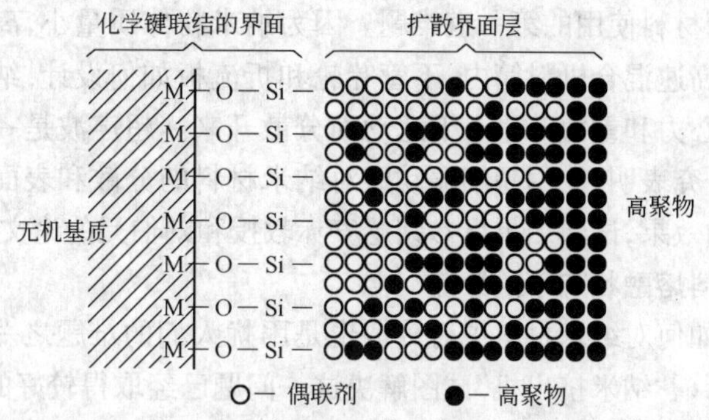

图 4 加有偶联剂的填充塑料界面扩散层模型

界面区对粉体表面改性的贡献如下:

(1)通过界面区使填料与基体树脂结合成一个整体,并通过它传递应力。所以只有良好粘结的界面区才能均匀地传递应力,保证力学性能。

(2)界面区的存在有阻止裂纹扩展和减缓应力集中的作用。换言之,起到松弛作用。

(3)在界面区,复合材料若干性能产生不连续性,因而导致复合材料可能出现某些特殊功能。

此外关于界面破坏机理如内聚破坏和脱黏破坏以及界面设计理论也都是粉体表面改性的基础理论。

4 表面改性新进展

自从 1980 年中国改性塑料工业问世后,20 多年,不仅粉体表面改性取得巨大进步,建立了以界面理论为基础的理论研究,还独立开发出中国特有的铝酸酯偶联剂。改性设备也从单纯依靠高冷搅拌机组进而引进一些连续改性设备。至今表面改性技术已成为材料学中重要的一页。

不仅如此,在高新技术领域,表面改性又取得一系列重大进展。

4.1 纳米材料的改性

超细粉体达到纳米尺度后，作为纳米材料会产生诸多新颖物理化学性质，引起人们极大的关注。而纳米粉体的应用更是人们关注的焦点。从纳米材料的制备到应用，首先要解决的是纳米粉体的分散和表面改性问题。只有处理好这些问题，纳米材料才能发挥出巨大的功能。

4.1.1 纳米材料的表面改性

纳米材料的表面改性不能看成是简单的包覆，不能把纳米材料的表面全部包覆起来，否则会将纳米材料特性破坏。原因很简单，纳米材料具有的表面性质如物质集中在表面，巨大的表面能不能被包覆破坏掉。最好的做法是数点包覆，不对整个表面，只在表面几个点上进行包覆，即所谓"救生衣"式的包覆。

4.1.2 纳米材料常温下的分散

分散问题是纳米材料使用的第一道难题。因为纳米粉体质量小，离心力和重力对它已不起主要作用，放在高速混合机料筒内，不管叶轮和折流板如何设计，纳米粉体大部分会悬浮在空中，不会因离心力和重力产生上下运动而分散开来。超声波是一种优于高冷搅拌机组的设备。最近的研究表明，使用超细振动磨对纳米材料的分散和表面处理取得优于高冷搅拌机组和超声波的效果，试验结果可参阅赵安赤教授和刘伯元的论文。

4.1.3 纳米材料熔融状态下的分散

当树脂熔融时，如何对纳米材料进行分散也是困扰人们的难题之一。最近青岛远东塑料工程公司研制的所谓"纳米挤出机"试图解决这一问题已经取得较好的成果。所谓纳米挤出机是指新设计的一种磨盘式挤出机。在挤出机的前端增设一磨盘装置，这装置上刻有由外向内的阿基米德螺线，由于增加这一装置，纳米粉体得到很好的分散，还要加上空腔换位器进行分散。2001 年底，该公司使用上海卓越粉体公司生产的 30nm 沉淀碳酸钙，在粉体聚丙烯中添加 30% $CaCO_3$，实现了很好的分散，制成纳米母料。电镜显示，分散效果良好。

4.1.4 纳米二氧化钛的表面改性

纳米 SiO_2，首先作为气相法生产的纳米材料称为白炭黑被应用到橡胶轮胎工业上作为补强剂取得巨大的成功，经 50 年的应用而不衰。同样，各种氧化物如二氧化钛、ZnO 的表面改性具有典型的代表意义。特别是二氧化钛作为白色颜料的代表，发展纳米二氧化钛产品意义重大。

首先要掌握 TiO_2 表面性质。二氧化钛的性质由组成的钛和氧原子及其结构决定。它可以认为是两性氧化物，在相应的环境中可起到广义的酸和碱的作用。它们的表面电荷以及表面羟基的酸碱性均受到由羟基引起的多种表面特性的影响。TiO_2 中 Ti—O 键的极性较大，表面吸附的水因极化发生解离，容易形成羟基。这种表面羟基可提高 TiO_2 作为吸附剂的性能，为表面改性提供方便。纳米二氧化钛用于涂料时，其表面酸碱性与涂料介质密切相关。当纳米二氧化钛在树脂介质中，TiO_2 颗粒表面的聚合物吸附层形成的空间阻碍将成为主要的稳定因素。纳米二氧化钛在干粉状态时带静电荷，纳米二氧化钛颗粒在液体介质中因表面带电荷而形成扩散双电层。纳米二氧化钛的表面改性方法分为物理法和化学法，现介绍化学改性的六种方法。

4.1.4.1 水溶液沉积干燥法

此法常用于纳米二氧化钛的无机物包膜处理，即在纳米二氧化钛表面沉积一层金属氧化物或含水金属氧化物，以降低其化学活性，提高耐候性。通常包膜厚度为 4～5nm，并在150℃下干燥处理。研究表明，Al_2O_3 包膜可增加纳米二氧化钛表面的正电荷，并提高其亲油性。用 SiO_2 处理可增加耐候性。表 3 是常用的包膜类型。

表 3 纳米二氧化钛无机物包膜类型组成和用途

类 型	用 途	组 成			
		Al_2O_3	SiO_2	TiO_2	ZnO
$Al_2O_3 \cdot SiO_2 \cdot ZnO \cdot TiO_2$	高光泽、高耐候性	2～4			0.5～1
$Al_2O_3 \cdot TiO_2$	高光泽、高耐候性	2～4			
$Al_2O_3 \cdot SiO_2 \cdot TiO_2$	通用	2～3	0.5～1	0.5～1	
Al_2O_3·高密度 SiO_2	高耐候性	2～3	3～7		
$Al_2O_3 \cdot SiO_2$	中浓度乳液用	2～4	2～4		
	高浓度乳液用	2～4	5～8		

4.1.4.2 表面活性剂法

根据纳米二氧化钛粒子表面电荷的性质，可采用阳离子或阴离子型表面活性剂来改性，可在其表面形成碳氢链向外伸展的包覆层。例如用水合氧化铝来包覆纳米二氧化钛，由于 Al_2O_3 等电点较高，在中性水分散系统该粒子表面呈正电性，此时加入阳离子表面改性剂可使纳米二氧化钛表面亲油化。此外，将纳米二氧化钛分散体与表面处理剂或其溶液的乳液混合，通过三种方法可对纳米二氧化钛表面进行亲油处理：

(1)加入阴离子表面活性剂，使氢键破坏；

(2)加入凝结剂，使表面电荷中和；

(3)加热脱除溶剂，使乳液破坏。

4.1.4.3 偶联剂法

利用钛酸酯或硅烷偶联剂处理纳米二氧化钛和粘结剂组成的分散体系，不仅改善分散体系的分散性和稳定性，而且可以提高纳米二氧化钛颜料的白度和遮盖力。硅烷偶联剂可与纳米二氧化钛表面羟基迅速反应，在粒子表面形成硅烷的单分子膜：

$$\text{Ti—OH} + X_nSiR_{4-n} \longrightarrow \text{Ti—OSiR}_{4-n} + HX_n$$

实验表明，在纳米二氧化钛表面上吸附两个三甲基硅烷基，就可以将表面转变为亲油性。

4.1.4.4 聚合物包膜法(微胶囊法)

由聚合物包膜处理纳米二氧化钛的方法可分为两类：一类是纳米二氧化钛表面吸附单体并使其发生聚合(离子型聚合或自由基聚合)。另一类是将聚合物溶解在适当溶剂中，当纳米二氧化钛加入后聚合物逐渐被吸附在纳米二氧化钛粒子表面，排除溶剂后即可形成包膜。

例如，用聚三乙二醇醚或聚四乙二醇醚处理包覆纳米二氧化钛，可改善其分散性和光学性。采用 AB 嵌段型聚合物作为纳米二氧化钛的改性剂也能得到满意的效果。聚合物的 A 段是能强烈吸附而多点锚固在纳米二氧化钛表面，极性基团 B 段，是低分子量亲油的共聚物,对涂料基料具有优异的相容性。这类嵌段聚合物可依据纳米二氧化钛表面性质和基料的性质,选择不同的A段和B段,从而使A段通过物理或化学吸附锚固在纳米二氧化钛表面,而B段则包覆在纳米二氧化钛表面,形成溶剂阻碍层,有效地阻隔纳米粒子因布朗运动而相互团聚。

4.1.4.5 化学沉析法(CVD法)

利用等离子体的化学沉析和在常压或减压加热的条件下将金属卤化物,烷氧化物等化学沉析在纳米二氧化钛表面,也能达到改性的目的。例如利用金属氯化物气相法处理纳米二氧化钛,在粒子表面形成极为致密的包膜。由于化学沉析法可使纳米二氧化钛表面形成无定形的特殊薄膜层,可以在表面产生特殊的光、电、磁等功能。因此,在将纳米二氧化钛开发为功能性材料方面,化学沉析法是大有可为的。

4.1.4.6 表面反应法

在纳米二氧化钛表面,除OH^-,Ti^{4+}和O^{2-}外,尚可利用表面的还原点,碱性或自由基的特征点进行表面反应,结果形成可以交换的离子。根据表面反应的原子和原子团的性质,可形成具有新的表面物性或化学反应性材料。在这类表面改性的反应中,最常应用的是表面羟基的反应,可以通过酯化,胺化,卤化和环氧化等反应达到表面改性的目的。

醇与纳米二氧化钛表面羟基反应形成酯。经醇处理过的纳米二氧化钛,不仅表面亲油性显著增强,而且由于表面酸的强度和数量降低,有利于纳米二氧化钛—聚氯乙烯复合材料的稳定性。与醇相似,胺也可与纳米二氧化钛反应而用于表面改性。尤其采用4碳以上的直链烷基胺处理时,可有效地中和纳米二氧化钛表面的酸性点,呈现疏水亲油的特性。用三乙醇胺和羟烷乙胺的羟酸盐处理纳米二氧化钛时发现:NH_2基较OH基活泼,而优于OH基与表面酸点反应。氨也有与纳米二氧化钛表面反应的特性。当纳米二氧化钛在NH_3气中加热至500~900℃时,就可产生一种可制成导电材料的均匀的产品。

由于纳米二氧化钛表面的两亲特征:

$$TiOH^- \rightleftharpoons Ti^+—OH \rightleftharpoons TiO^- + H^+$$

各种酸也可对纳米二氧化钛进行表面改性。例如:醋酸、安息香酸和三氟乙酸的反应结果表明酸性强度最弱的醋酸反应量最大,安息香酸的反应量略低于表面羟值,但使TiO_2表面具有很好的亲油效果。

除上述使纳米二氧化钛粒子亲油化的表面处理反应外,随着水性涂料体系的发展,纳米二氧化钛粒子水性化的表面处理研究也广泛发展。除用硅酸、硅铝酸改性外,还可采用部分氟化的方法使其表面水性化。例如:当纳米二氧化钛粒子用HF,NH_4HF,NH_4HF_2NaF的各种稀释液处理后,纳米二氧化钛粒子因氟化而且有酸性。但继续氟化处理,该酸性下降,并使表面稳定,耐候性提高。对于包覆有SiO_2和Al_2O_3膜的纳米二氧化钛,可用$CClF_3$气相连续处理,达到改性的目的。

目前在颜料的应用中,已经很少使用未经表面处理的纳米二氧化钛,几十年来,纳米二氧化钛表面性质及改性的研究已促进了纳米二氧化钛的工业生产和广泛的应用。无疑它将为进一步开发纳米二氧化钛的新品种和特殊功能提供理论和实际的依据。对纳米二氧化钛的研究有以下结论:

(1)二氧化钛的改性与表面性质密切相关。因而,二氧化钛的表面结构,组成及其活性特征的理论与实际应用是一项基础工作。现在已用现代表征手段,借助分子设计的方法达到表面设计的目的。

(2)利用纳米二氧化钛的许多特殊功能,开拓新的应用领域,创造高附加值的钛系产品,已成为当今世界各国纳米二氧化钛改性的活跃课题。对适应高功能的需求,要求提供高分散度,耐热,耐光的耐久型新品种,因而已采用多种表面反应或反应剂及多段处理来达到。

(3)纳米二氧化钛具有透明性,紫外线吸收性,离子交换性,静电性等特殊功能,有利于开发新品种。同时纳米二氧化钛是一种典型的 N 型半导体,具有独特的光催化活性,可用作光化反应催化器更引起环保行业的重视。

1998 年由中国塑料加工协会改性塑料专业委员会组织编写,由刘英俊、刘伯元任主编的改性书籍《塑料的填充改性》,对粉体的表面改性作了权威和系统的简述。由于生产力的发展,最近几年表面改性又取得可喜的进展。对于粉体的表面改性中国科学家分别提出“偶联剂—助偶联剂”系统,化学接枝主要是马来酸酐的接枝和有机包覆三元共混体系等理论和方法已经产生巨大的影响,现简要叙述如下。

4.2 偶联剂和助偶联剂系统

清华大学于建教授研究复合材料界面形态时发现,使用传统的表面改性剂如偶联剂可以将粉体与高分子材料基体界面结合改善,有一定的力学效果,但不足以形成有效的力学作用来改善体系的冲击韧性。他设想能添加一点辅助材料,主要是高分子材料,加强粘结性,特别是形成更有力的链段缠结以达到这个目的。经过多次试验后终于找到这种辅助材料,他称为助偶联剂。当应用偶联剂和助偶联剂后,由于使用助偶联剂(或反应型助偶联剂)构成新的体系可以实现偶联剂分子链的延长,更好地促进基体树脂发生屈服和塑料形变,使复合材料出现令人惊奇的增韧效果。

实例 1. 使用偶联剂和助偶联剂系统用于 1250 目重钙对聚丙烯和聚乙烯填充。当 $CaCO_3$添加量达 30%～40%时,复合材料韧性还是提高很大,缺口冲击强度从纯树脂的 $39kJ/m^2$提高到$440kJ/m^2$,达 11 倍。

实例 2. 使用偶联剂和反应性助偶联剂用于 1250 目硅灰石填充聚乙烯填充牌号 2200JHDPE 时,当硅灰石填充量为 10%～50%时,复合材料的拉伸强度和冲击强度均高于一般偶联剂体系。其中特别是冲击强度要高出 5 倍以上。

4.3 化学接枝

聚乙烯是常用的聚烯烃树脂,在非极性的 PE 分子链上接枝极性化合物称为化学接枝。最重要的是用聚乙烯接枝马来酸酐即 PE—g—MA. 应用这个方法不仅可以共混增容还可填充增强. PE 接枝马来酸酐的生产方法有以下几种:

(1) 溶液接枝法;

(2) 密炼机接枝法;

(3) 普通挤出机接枝法;

(4) 反应式挤出机接枝法。

其中前三种方法接枝率低,残留 MA 多,会产生强烈气味和加深颜色。反应式挤出机设有排气口,这种排出 MA 单体的装置效果最好,而普通挤出机加入的 MA 的接枝反应只有 30%,其余不起作用,一般接枝 MA 的用量为 1%,引发剂使用过氧化三异丙苯(DCP)。

兰州临洮化工厂原料厂使用 PE—g—MA 接枝,成功用于聚乙烯涂料桶和热水瓶外壳中。当填料 $CaCO_3$ 粉体增加填充量一倍时(达 40%),仍保持有较好的制品强度。

4.4 有机包覆三元共混体系

4.4.1 理论的建立

4.4.1.1 有机增韧理论

在塑料改性技术发展的过程中,使用橡胶粒子与塑料进行共混改性。即使用有机粒子-弹性体作为增韧剂,达到增韧的目的,产生 SBS 等一大批新材料,已经在工业上获得广泛的应用,如弹性鞋底材料,防水卷材等。已经成为较为成熟的有机增韧理论。但是有机弹性体增韧塑料虽然获得巨大成功,取得理想的韧性,却损害了宝贵的刚性和强度,恶化了加工流动性和耐热变形性。提高了成本,因而有一定的局限性。

4.4.1.2 无机刚性粒子增韧理论

随着无机粒子的超细化,特别是微米粒子和纳米粒子出现以后,人们已不再把碳酸钙当作价廉的填料,人们在寻求超细粒子是否能够增韧。人们认为无机超细粒子的存在使基体树脂裂纹扩展受阻和钝化最终阻止裂纹不致发展成裂缝。无机刚性粒子的存在,产生应力集中效应,易引发周围树脂产生微裂纹,吸收一定的变形功,随着无机粒子的超细化,粒子的比表面积加大,填料与基体树脂接触面积增大,材料受冲击,产生更多的微裂纹,吸收更多的冲击能,使材料不致被破坏,这就是所谓无机刚性粒子增韧理论。这个理论目前已被人们接受,但是在实际运用中还没有取得较大的突破,还不能直接加工生产出某种产品。但给出结论是只有超细粒子才能增韧,400 目大粒子不能增韧。

4.4.1.3 有机包覆三元共混体系理论

这时,我们思考这样的问题,能不能把这两个理论的优点结合起来,克服它们的缺点,形成一个更好的理论?生产出新的产品,特别是把无机粒子的作用加大?顺着这个思路我们从三个方面着手:

(1) 橡胶共混塑料,其有机橡胶粒子是柔软的,可压缩性很大。一个粒子在外力作用下可以压缩到其本身体积很小的部分如 1/10,当外力消失后,它又可恢复原状。它的缺点是它的柔软性太好了,用它制成的制品,遇外力迅速压缩变形,带动整个制品刚性和强度下降。能不能把这个柔软性太好的缺点改进呢?例如这个粒子当受外力作用时,它的形变不要太大,例如保持在原体积的 4/5 以下时。这样一来,当遇外力作用时,它可以变形小一些如原体积的 1/5,借此释放冲击能量保持韧性,另一方面较小的收缩变形不会影响整个制品的刚性和强度。

(2) 上述思路指导我们设计出一种“复合粒子”,其表面是橡胶层,占总体积 1/5,其内部是刚性无机粒子,占总体积的 4/5。由于是球形,外面是壳,里面是核,即所谓壳—核结构。

(3) 上述设计完成的关键技术有两个,首先是用少量橡胶,助剂来包覆较大数量的无机超细填料,这种技术称为有机包覆技术。其次是将有机包覆完成后的壳—核材料或称具有无机填料硬核和橡胶柔软层的二元填料加入到某种基体树脂中去。(如果基体是 PVC,则无需造粒)。这样一来,由于橡胶的使用,已从聚合物的填充改性变为聚合物的共混改性。由于无机填料、橡胶、塑料三者的存在构成三元体系。所以说这种新型的材料可以称做为“有机包覆,三元共混体系”材料。

4.4.2 模型的建立

对于有机包覆三元共混体系,我们着手建立模型如下:

(1)普通塑料改性微观结构见图 3。

(2)三元共混体系中填料分散情况:在无机填料、橡胶、塑料构成三元共混体系中,填料如何分散,可看出有四种情况。

1)填料、橡胶各自分散于基体相中;

2)橡胶相分散于基体相中,填料既进入橡胶相,又进入基体相;

3)填料集中在橡胶相的表面;

4)橡胶包覆填料,然后分散在基体相之中。

其中,第 1)、2)、3)类分散都是普通型,效果不好。而第 4)类就是我们希望看到的有机包覆三元共混体系。它具有显著的增韧,增强效果。

(3)有机包覆三元共混填料加工示意图。有机包覆三元共混填料是怎样加工出来的?图 5 是其加工示意图。

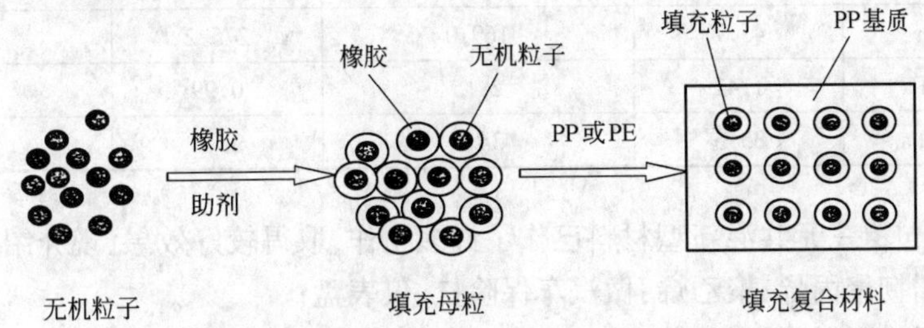

图 5　有机包覆三元共混填料加工示意图

4.4.3 建立有机包覆三元共混体系,生产新型增韧填料的方法

建立有机包覆三元共混体系,生产新型填料的工业化方法必须解决以下三个方面问题。

(1)选择橡胶。在选择何种橡胶做柔软壳材料时,所遵循的原则是相容性原则,即选择和基体树脂相容性好的橡胶品种来作壳的材料。我们指出:对 PP、PE 选择三元乙丙橡胶;对 PVC 选择丁腈橡胶。

(2)实现软壳/硬核微观结构的方法。实现壳/核结构是整个技术的核心,国外有许多大公司都在做。常见的方法见表 4。

表 4　实现微观结构的方法对比

常用方法	增强增韧填充母粒方法
溶液包覆法:大量的溶剂需要后处理	没有后处理过程
乳液法:由于破乳分离困难,橡胶类弹性体不能作壳材料,对高分子材料增韧而言,不能制备这种粒子	可以制备出硬核—软壳结构
多步熔融法:制备环节多,加工周期长	加工环节少,周期短,加工成本低
反应性加工法:粒子形态不易控制,复合材料性能不稳定,操作过程技术性强,工作量大,不易掌握	结构、性能和加工工艺稳定,普通加工机械可加工,可操作性强

(3) 母料法关键技术问题。

1）用少量橡胶包覆大量超细无机粒子。

2）在位形成刚性粒子—硬核/橡胶—软壳特定结构粒子。

3）通过双螺杆挤出机实现填充母料连续化生产。

4）填充母料重新在高分子基体中迅速均匀分散。

解决这些关键技术的条件分别是：表面自由能、极性和化学作用的匹配；体系各组分黏度调节；加工设备和加工工艺控制。

4.4.4 有机包覆三元共混新型的效果和推广

有机包覆三元共混新型填料具有显著的增韧增强效果。当新型母料达40%（填料含量达30%）时，各项力学指标均有所提高。其中冲击强度提高最大，达3～4倍。具体情况见表5。

表5 力学性能表

性能	均聚聚丙烯	母料填充均聚聚丙烯	共聚聚丙烯	母料填充共聚聚丙烯
拉伸强度/MPa	35.7	25.7	26.4	20.2
冲击强度/$J\cdot m^{-1}$	45.7	169.0	275.2	673.4
弯曲模量/GPa	1.41	2.15	0.99	1.69
弯曲强度/MPa	35.5	34.3	23.6	24.5

对于有机包覆三元共混新型材料已作了许多工作，取得较好效果，现介绍几种：

(1)增强增韧聚丙烯、聚乙烯：做汽车保险杠、仪表盘；

(2)增韧无机阻燃剂母料：用于$Mg(OH)_2$、$Al(OH)_3$增韧；

(3)PPO(聚苯硫醚)与尼龙合金增韧剂；

(4)增韧PVC填料。

二　非金属矿在各个领域中的应用

中国造纸无机矿物颜料发展现状与走向

宋宝祥
（中国制浆造纸研究院）

自 1992 年以来，中国纸和纸板产量 10 年间增长了 1 倍，带动了非金属矿加工业的技术进步和消费量的增长。滑石、高岭土和碳酸钙三大颜料，已成为中国现代造纸业不可缺少的重要矿物原料。

1　中国造纸业的发展对非矿加工业的影响

1.1　中国造纸业概况

自 1992 年以来中国机制纸和纸板产量连续 9 年稳居世界第 3 位，消费量自 1995 年跃居世界第 2 位。1991 年产量和消费量（不含台湾省）分别为 1478.69 万 t 和 1589.29 万 t，2000 年达到 3000 多万 t 和 3530 万 t，年均增长率分别为 9% 和 10.8%（见图 1）。

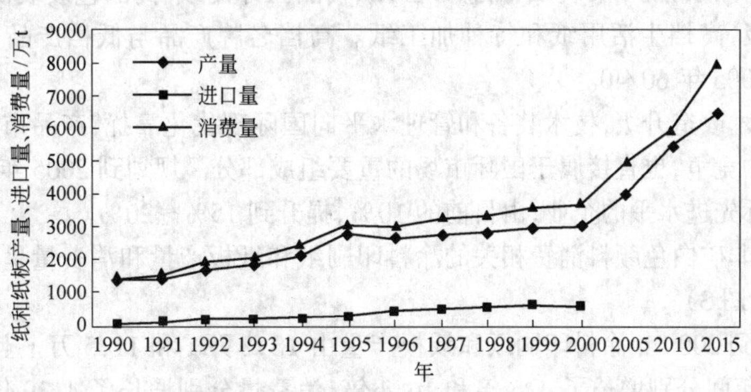

图 1　1990～2015 年纸和纸板产量、进口量和消费量（单位：万 t）

中国不仅是生产大国和消费大国，也是高档纸张进口大国，1990～1999 年，进口量从 96.2 万 t 上升到 652.25 万 t，增长 5.8 倍，占消费量的 20%，在世界纸和纸板净进口量排行榜上仅次于美国，位居第 2 位。2000 年总进口量 597.14 万 t，与 1999 年比增长率为 -8.44%，首次出现负增长。

进入 21 世纪，中国造纸业将继续保持持续稳定发展态势，这在 2010 年和“十五”政府规划中已得到确认，并且制定出扶持产业发展的相关政策。中国是世界上最大的发展中国家，人口众多，人均纸和纸板消费量 1999 年只有 28.3 kg 不足世界人均 54.9 kg 的一半，因此中国纸业市场发展潜力巨大。目前造纸业仍然是国家工业体系中为数不多的短缺行业之一。到 2005 年总产量将达到 3800～4000 万 t，年递增 4.8%～5.9%；消费量 5000 万 t 以上，年均增长 6.8%。2010 年，纸和纸板产量计划达到 5000～5500 万 t；消费量 6000 万 t 以上。2015 年，消费总量 8000 万 t 以上，年均递增 4.8%；即时产量预计达到 6500 万 t；估计需要投资 590 亿美元，年均 39.4 亿美元。为此政府已制定了鼓励外资投资，调整融资结构和优惠税收政策措施。中国造纸业不仅有广阔的市场前景，同时具有良好的投资环境和发展前景。近年，一些有经济实力和远见的国外公司在中国相继建成一批具有现代化装备水平的大型造纸企业。

1.2 中国造纸业面临的考验

中国造纸业正面临加入 WTO 的考验，同时步入了企业重组、产品结构调整和高速发展时期。主要特点表现在：

(1)纸和纸板产量在 10～15 年甚至更长一段时期保持稳定的持续增长速度。但依然不能满足国内高档纸消费需要，高档纸进口量的依存度将高于目前的 20%。

(2)企业结构全面调整，企业规模扩大，经济类型多元化。加入 WTO 后，装备落后的小型企业将会加速淘汰，估计受冲击面可能到 60%。到 2010 年国内纸厂将由现在的 6000 余家缩减到 3000 家，10 万 t 以上企业由 2000 年 44 个(其中 30 万 t 以上 6 个)，发展到 2005 年 60 个(其中 30 万 t 以上 20 个，100 万 t 以上 3 个)。2015 年 10 万 t 以上企业发展到 100 个，其中 30 万 t 以上企业 45 个。

(3)高技术含量纸张品种多样化发展，增加市场有效供给，适应多元化消费结构需求。重点发展高档新闻纸、胶印书刊纸、信息办公纸、食品医疗用纸、商品包装装潢纸和纸板、涂料印刷纸和纸板、高档生活用纸和特种加工纸。高档名牌产品与低档产品比例由目前的 45/55 上升到 2005 年 60/40。

(4)企业技术改造升级，技术装备和管理水平向国际现代化靠拢，产品市场不仅是国内生产厂家之间的竞争，也直接属于国际市场的重要组成部分。规划到 2005 年技术装备和管理水平达到国际先进水平的企业，由目前的 10%，提升到 15%～20%。

(5)与造纸非矿白色颜料消费相关的涂料印刷纸和纸板产量和消费量呈现创历史的高速增长(见图 2、图 3)。

从 1991 年到 2000 年涂料印刷纸和纸板产量由 18.2 万 t 和 11.5 万 t 上升到 102 万 t 和 200 万 t，10 年间分别增长了 4.6 倍和 16.4 倍；消费量分别增长了 4.29 倍和 23.84 倍。根据行业规划 2005 年中国涂料纸和纸板产量分别达到 240 万 t 和 280 万 t，年均增长率分别为 27.1% 和 8%。为满足进口量和消费量增长需要，1999 年政府批准了 20 多项国债贴息重点建设项目,涂料纸改建和新建项目13个,总生产能力203万t(其中轻涂纸100万t);涂料纸板项目8个,总生产能力115万t。新的建设项目技术含量高、装备先进,轻量涂料纸成为热点,多数建设项目可在2004年前投产。目前中国现有涂料纸生产能力约300万t,涂料纸板330万t。预测2010年涂料纸和纸板生产规模可能分别保留在400万t和550万t。

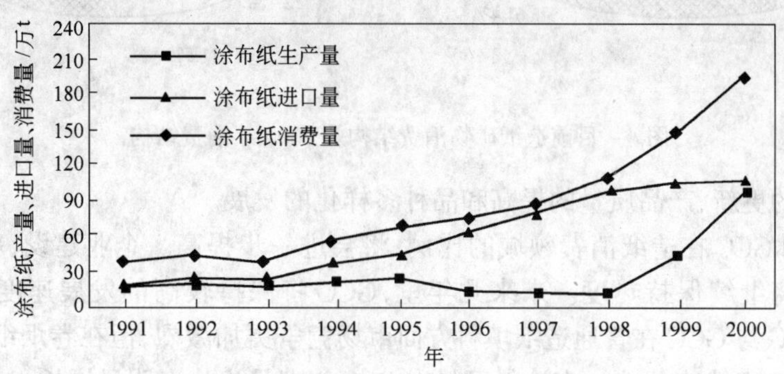

图2 1991~2000年涂布纸生产量、进口量和消费量(单位:万t)

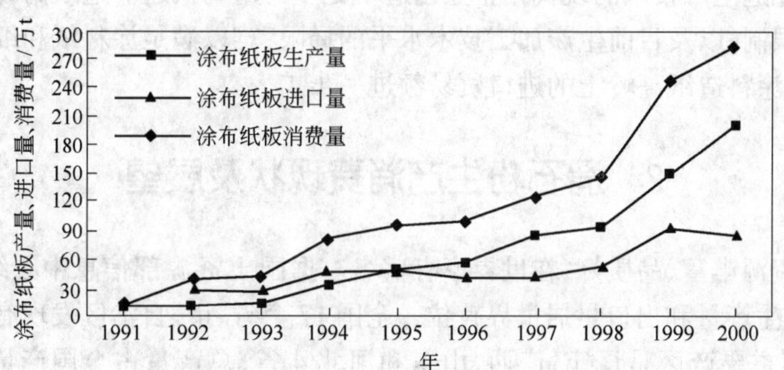

图3 1991~2000年涂布纸板生产量、进口量和消费量(单位:万t)

1.3 造纸业对非金属矿工业的影响

造纸企业的重组和产品结构的调整以及未来发展趋势对中国非矿加工业的拉动效应将产生重要影响。主要有以下几个方面:

(1)纸品产量的持续增长继续拉动造纸非矿填料和颜料消费量的稳定增长。其中碳酸钙受碱性造纸和涂料纸产量增长的推动,消费量增长幅度将超过高岭土和滑石粉,并有望最终成为中国造纸业消费量最大、最重要的无机白色颜料。滑石粉的消费将呈缓慢增长态势。

目前国内造纸矿物原料总消费量约230~240万t,约占纸和纸板产量8%,随着造纸技术的进步,不仅这一比例会提高,各种无机矿物消费比例也将改变。预测2005年总消费量超过340万t,其结构比例见图4。

(2)造纸企业规模的扩大,使造纸非矿加工业规模相应扩大。政府将以更加优惠开放的政策,鼓励吸收国外先进技术和资金。建设造纸专用非矿加工企业和大型纸厂合为一体的卫星式生产供应系统,是今后非矿加工业的重要发展模式。

(3)先进造纸技术的进步、高档纸品产量增长和品种多样化发展,将推动造纸非矿颜料

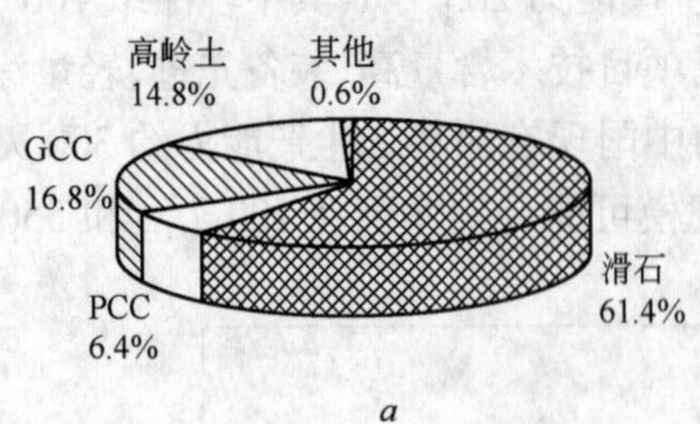

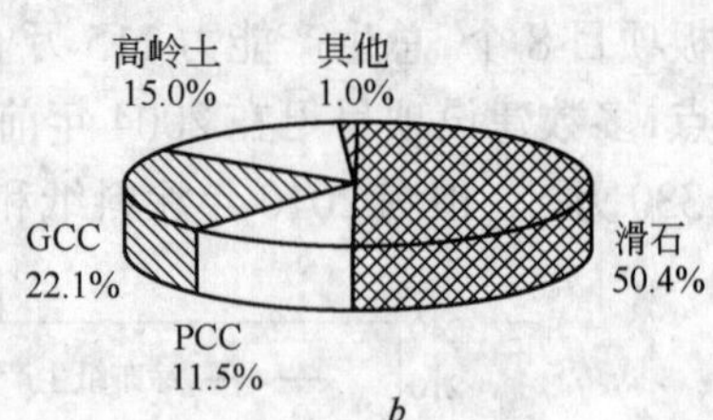

图 4　目前造纸矿物消费结构及 2005 年消费结构

生产加工技术的更新、产品质量的提高和品种多样化的发展。

(4)PCC 和 GCC 在造纸消费领域的比例，将会进一步提高。企业建设、新产品开发和技术更新方面将继续保持热度。未来几年里，GCC 将保持较高的发展速度，消费量高于 PCC。虽然 PCC 与 GCC 在普通造纸填料方面市场竞争更加激烈，但在卷烟纸填料、高质量低克重纸方面 PCC 占有优势。在涂料颜料中 PCC 消费量也将有明显增长。

(5)中国加入 WTO 后，预期造纸滑石和碳酸钙市场受国外的冲击和影响不会很大，相反为那些采用先进生产技术的现代化企业创造了更多的市场机遇。造纸高岭土受国内资源储量和品质的限制，以及目前生产加工技术水平的局限，难以满足涂料纸和纸板产量增长的需求，高品质面涂料造纸高岭土的进口贸易额进一步扩大。

2　滑石粉生产消费现状及展望

中国滑石资源丰富、品质好，在世界享有盛名。据国土资源部信息中心统计，滑石基础储量 2.56 亿 t，生产量和出口量居世界首位。全国 17 个省、市、自治区发现有不同储量和品质的滑石，目前主要产区是辽宁、广西、山东和河北 4 省，总产量占全国产量的 96% 以上。全国开采和加工企业超过 340 家，绝大多数是万 t 以下小型企业。过去 10 年，开采和加工产量最高达到 1995 年的 500 多万 t，其中出口 159.28 万 t，贸易额 8343.3 万美元。1996 年以后由于中国实行滑石出口许可证制度，以及出现亚洲金融危机和世界范围内滑石造纸填料市场份额减少等多种因素，导致出口下降到 1999 年 71.33 万 t(见图 5)。

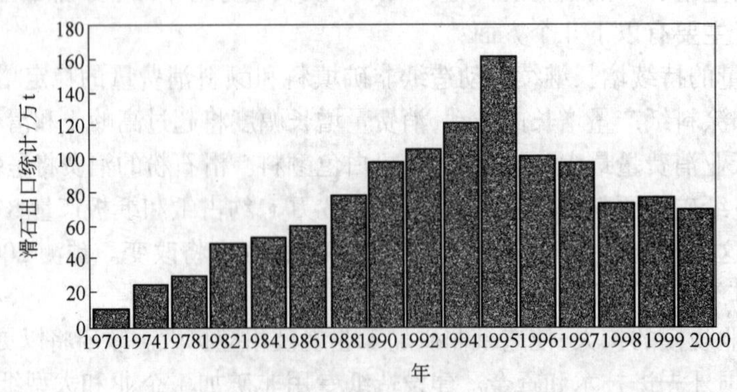

图 5　1970～2000 年中国滑石出口统计(2000 年的数量为估计量)

然而出口贸易量的急剧下降,并未对国内市场造成大的影响,高档滑石加工产品的进口量反而由 1995 年的 0.5 万 t 上升到 1999 年的 1.02 万 t(见图 6)。主要原因是中国的造纸、建筑材料、橡胶、塑料产量有了高速增长,使滑石产量自 1997 年以来一直稳定在 400 万 t 左右。

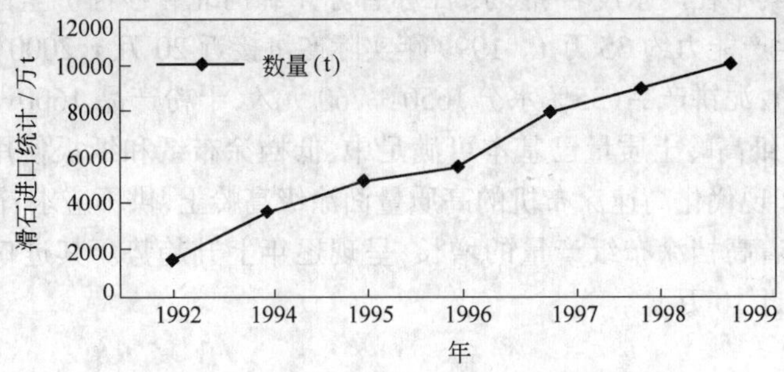

图 6　1992～1999 年中国进口滑石数量

中国 50%以上的滑石粉用于造纸业,也是目前造纸消费量最大的传统白色矿物原料。主要用于造纸填料、树脂吸附剂,少量用于造纸涂布颜料。近两年消费量估计在 130～140 万 t。预计今后 10 年,随着碱性造纸技术的普及,优质价廉的 $CaCO_3$ 在造纸填料中的用量明显增长,以致滑石粉消费增长速度减慢。预计年平均增长率在 4%左右,远远低于 1992～1998 年间 10%～11%的年均增长率。但滑石粉作为造纸填料的主导地位 5 年内不会改变。其原因是:(1)国内优质滑石资源丰富、白度高、磨耗低,可赋予纸张优良性能,更适合现代高速纸机生产高档纸张使用。(2)目前众多的中、小纸厂大多仍在沿用传统的酸法造纸生产技术,向碱性造纸转化需要较长时间。(3)价格便宜,目前国内造纸填料级滑石粉售价 300～560 元/t。

值得注意的发展动向是:(1)为适应大型现代化造纸集团对滑石质量和供应量的要求,专业化大型生产企业将会诞生。目前已投产的最大的造纸滑石粉生产企业是韩国在中国辽宁丹东的韩松矿产加工有限公司,年产量 6 万 t,全部返销韩国。(2)中国非矿产品加工行业已把开发造纸涂料用滑石粉列入发展规划,并争取 5 年内实现工业化生产。目前阻碍造纸涂料用滑石粉发展的主要障碍:一是加工技术和设备不成熟,生产成本高;二是使用技术不完善,由于滑石具有较大的形态比,近年对它用在造纸涂料颜料上的评价在增加。国内高品质造纸高岭土资源短缺,开发滑石替代品,对合理利用资源,提高产品附加值有重要实用意义。但预计短期内造纸涂料用滑石粉的总消费量不会很大。

3　造纸高岭土发展现状及展望

中国高岭土精加工制品 80%以上用于造纸涂料,很少用于造纸填料,原因是国内生产造纸高岭土的原料多为风化型砂性高岭土,自然白度低,杂质含量高,达到造纸技术要求的生产工艺复杂、成本高,更愿意使用储量大,白度高,成本低的滑石和 $CaCO_3$ 填料。

根据加工方法和产品特性的不同,造纸涂料用高岭土颜料分为水洗高岭土和煅烧高岭土。

3.1 水洗高岭土

中国高岭土资源储量名列前茅,但适合造纸涂料使用要求,并具备大规模工业开采价值的矿山不多。全国 9 个省区已发现不同规模可用于造纸涂料的矿点,并已形成工业开采和加工能力的地区,集中在广东茂名、湛江,江苏省苏州和河北省沙河。全国共有造纸瓷土生产企业 35 家,总生产能力约 35 万 t。1999 年实际产量接近 20 万 t,2000 年产量约 25 万 t。国内售价(人民币):泥饼产品(35%水分)650～760 元/t,干粉产品 1600～1850 元/t。经过 20 年努力,国产造纸高岭土质量已基本可满足中、低档涂布纸和纸板使用需要。但适合高固形物含量涂料和现代化高速涂布机的高质量面涂级高岭土,供不应求,需从美、英、巴西等国进口,进口量随着高档涂布纸产量的增长,呈现逐年上升趋势。其进口量和贸易额见图 7;估计 2000 年接近 10 万 t。

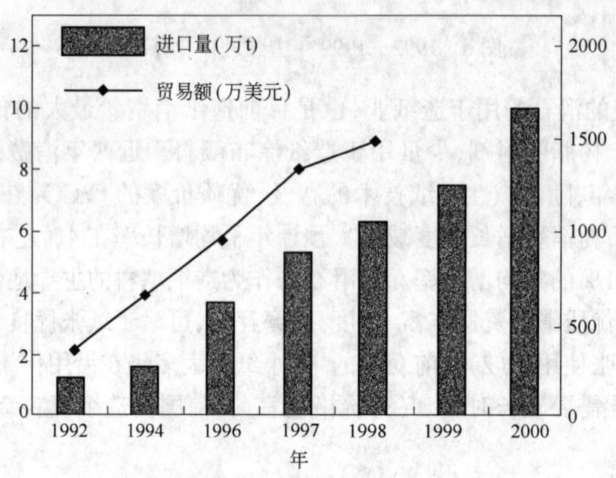

图 7　1992～2000 年高岭土进口量和贸易额

中国造纸高岭土发展面临的主要问题是:(1)优质资源短缺。老的造纸高岭土生产基地,多数面临着优质原料供应不足的困惑。至今未发现新的高品质高岭土大型矿山。现有矿区有计划投资开采的很少,资源浪费严重。(2)生产企业规模小、技术装备落后。产品质量稳定性和使用性能差,与进口高品质面涂级高岭土比较,其差距主要表现在:1)黏度大,稳定性差,在一定程度上限制了高固含量刮刀涂料使用;2)白度低、色差大;3)粒子粗,粒度分布不合理。使纸张涂层光泽度偏低。根据中国出版印刷、商品包装等相关行业预测,涂料纸和纸板的需求量如下(单位:万 t):

	2005 年	2010 年
涂布纸	202	297
涂布纸板	230	360
总计	432	657

按涂料印刷纸和纸板规划产量预测,到 2005 年需要涂料级高岭土 50～60 万 t,2010 年为 80 万 t。国产造纸高岭土无论从质量还是产量上都难以满足高速发展的造纸工业需要,特别是适合高车速涂料使用的优质面涂级高岭土,扩大和依赖进口的局面不可避免。

3.2 煅烧高岭土

中国煅烧高岭土生产区域主要集中在山西、内蒙古、河南、陕西等北方地区。使用的原料与国外不同,大多是与煤炭伴生的煤系高岭岩。经过10多年努力,已初具规模,并以高昂的开发代价形成独立知识产权和技术特点的生产工艺。现有企业近30家,多数为年产量数百吨到几千吨的小型加工厂,主要以生产中、低档产品为主,设计能力1万t以上企业8家,在建和扩建万吨级企业4家。目前能够稳定提供满足造纸涂料技术要求的企业不多,主要有:山西忻州金洋高岭土公司,设计能力1.2万t/a,内蒙古三保准格尔高岭土有限公司,设计能力2万t/a,白度≥92%,细度$D_{90}2\ \mu m$产品国内售价人民币3200~3700元/t。

煅烧高岭土目前主要消费市场在国内,少量出口。出口离岸价格:半成品200~350美元/t,精加工品380~460美元/t。

由于以往纸和纸板产品多以中、低档纸为主,价格较高的煅烧高岭土在造纸业消费量很少。1999年高档涂料纸和纸板产量的增长,促进了煅烧高岭土消费量增长。1999年中期到2000年底达到6000~7000t,根据造纸业未来发展估计,随着高质量纸张和品种的扩大,特别是低克重轻量涂布纸、低光泽纸和高档涂料纸板产量的大幅度增长,煅烧高岭土的地位将日益受到重视,消费量呈增长趋势,预计2005年消费量在3万t/a左右。

4 碳酸钙的发展现状与展望

1999年全国有碳酸钙生产企业340多家,其中PCC企业200余家,年生产能力280万t,实际产量220万t;GCC生产企业140多家,年生产能力250万t,实际产量200多万t。造纸业是继塑料、橡胶行业之后的第三大消费领域,2000年消费量接近60万t。据中国海关统计2000所进口$CaCO_3$总量56237.917t,贸易额1925.0688万美元,其中造纸用产品约8500t。主要进口地区和国家依次为:台湾省、马来西亚、法国、日本、巴西、美国、德国、韩国、英国。

PCC在中国造纸业的应用已有40多年历史,价格便宜,使用技术成熟,可以满足以往纸厂技术装备和生产一般质量要求纸种需要。20世纪70~90年代初PCC主要用于造纸涂布颜料,部分用于造纸填料,并一度占领造纸$CaCO_3$市场的统治地位。90年代GCC开始进入造纸业,并得到快速发展,使PCC在造纸市场份额下降。1999~2000年间PCC年消费量估计12~17万t,主要作为造纸填料用于卷烟纸和中性施胶的文化用纸和涂布原纸,部分用于造纸涂料。导致PCC消费量比例下降的主要原因是:现有PCC产品品种单一、白度低、粒子粗、分散性差,达到面涂级颜料细度要求的生产成本高于GCC。由于国内大型纸厂少,PCC卫星式供应系统尚未普及。PCC生产企业规模小,由多家供应商采购的PCC质量稳定性差。在使用技术上,国外PCC和GCC在填料和涂料中,往往按一定比例混合使用,以获得最佳的应用效果和经济利益,而国内大多单一使用,在一定程度上影响了PCC的消费。

就造纸技术和高档纸未来发展趋势看,PCC仍然是不可缺少的重要原料,具有较大的发展前景。PCC若想在造纸消费领域占有更大的份额,得到更大的发展,面临着技术更新和扩大规模的挑战。依托大型造纸企业,建立高品质造纸专用PCC卫星式供应系统,是今后的主要发展方向。最近几年国内一些企业正在谋求引进外资和技术建设高质量造纸

PCC 生产线，美国、欧洲、日本和亚太地区一些有实力的公司也瞄准了中国造纸业的潜在市场，形成一股 PCC 热。目前已投产的最大 PCC 卫星式生产线是美国 SM 公司在江苏镇江建设的 11 万 t/a 造纸专用生产线。预计 2005 年前另外 4 座年产 3 万 t 以上的现代化 PCC 生产线将投入使用。这将根本转变 PCC 消费市场的困惑局面，使造纸 PCC 消费量有望达到 35 万 t 左右。

中国进口造纸 PCC 逐年下降，近两年只有 5000～7000t，主要用于卷烟纸和低定量信息纸填料和轻涂颜料。中国卷烟纸用 PCC，目前年消费量 5～6 万 t，过去主要依靠进口，近两年，由于 PCC 生产技术取得突破，产品质量提高，90％以上由国内生产商供应，预计不久的将来可以全部实现国产化。

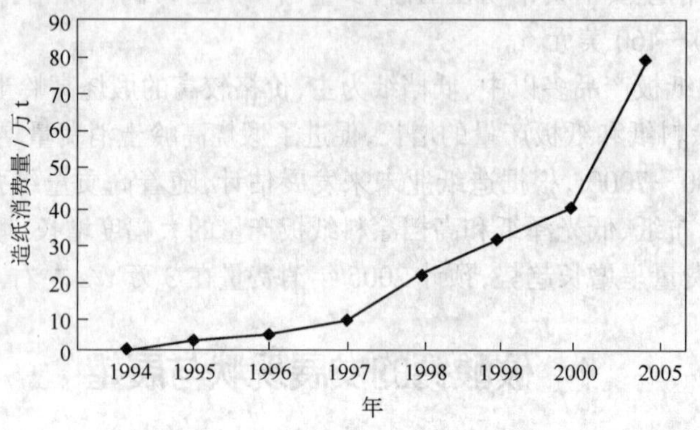

图 8　1994～2005 年造纸 GCC 消费量

GCC 近年的发展是惊人的(见图 8)。1995 年造纸 GCC 消费 4.2 万 t，2000 年超过 40 万 t，5 年间增长了 9 倍，成为中国发展最快的无机白色矿物颜料。预计今后 5 年这一增长趋势不会改变，2005 年有望超过 80 万 t。GCC 最终会成为中国造纸业消费最大、最重要的白色颜料。这首先得益于我国有分布广泛、储量丰富的高品质方解石。据资料统计，已发现的高品质方解石储量超过 6 亿 t，主要分布在安徽、四川、广西、福建、广东、湖南、湖北、甘肃、新疆、内蒙古、辽宁、黑龙江、河南等省。消费量得到较快增长的第二个原因，是 GCC 的生产技术和装备近年取得突破，相关助剂、研磨介质已国产化，使生产成本逐年下降，产品质量进一步提高。第三，1999 年中国涂布纸和涂布纸板产量大幅度增长，过去涂布颜料使用的碳酸钙大部分使用 PCC，近年随着现代化高固含量大型涂料纸和纸板生产企业的相继投产，90％以上的碳酸钙颜料改用 GCC。涂料印刷纸和纸板基纸使用的填料，在新建纸厂中也大部分采用 GCC 为填料的碱性抄纸技术。第四，依附于大型纸厂的卫星式供应系统的建成投产，使销售价格由 4 年前的 1200～1800 元/t，降低到目前填料和涂料级产品的 550～950 元/t。目前，采用国产设备建设一条 10000t/a 湿法 D_{90}产品卫星式生产线投资只需要 15 万美元。如此低的投资和售价，无疑带给消费者极大的吸引力和实惠的经济利益。第五，GCC 既可作造纸填料又可制造涂料颜料，目前国内最大用量是造纸填料。根据国外消费比例和国内碱性造纸发展趋势预测，GCC 填料发展潜力巨大，设想如 60％纸厂转变为碱性造纸，填料 GCC 消费量将达到 90 万 t 以上。

我国造纸用高岭土资源供应不足，高质量滑石原料成本高，特别加工到涂料级细度，生产成本还不能降到GCC和高岭土水平，而且使用技术复杂。而方解石资源丰富、价格便宜，促使中国造纸业有可能走欧洲大量使用GCC的发展道路。这些因素都决定了GCC在造纸非矿白色颜料领域的竞争优势。

据不完全统计中国已建成的造纸GCC生产企业30余家，总生产能力(含外资独资、合资企业)约53万t/a。其中早期用国产设备装备的万t/a以下的小型企业，产品质量稳定性差，市场竞争能力低，多数面临淘汰。目前国内3万t/a以上企业有8家，最大的卫星式生产企业是镇江大港APP集团22万t/a生产线。其次为江苏申兴化工机械有限公司的两个子公司"胜兴化工有限公司"和"山东晨鸣申兴重钙厂"，总生产能力10万t/a。产量最大的商品GCC生产企业是安徽ECC(现已被法国IMERYS收购)的"英格瓷"公司。预计2003年将有计划中的另外4～6条2万t/a以上规模卫星式生产线投入运营。

4年前，中国造纸业高质量GCC主要依靠进口。尽管目前国内造纸研磨$CaCO_3$总体装备水平落后于国外先进装备10～15年，但采用国产小型设备生产填料级、底涂级和一般技术要求的面涂级GCC产品，已不存在大的技术困难。但在生产更高固形物含量的高质量面涂级产品和窄粒度分布产品，以及湿法研磨干燥产品的技术和大型设备质量方面，自动化控制程度方面，尚有一定差距，这些技术困难预计2005年前，基本可以克服。届时，中国造纸GCC生产技术和产品质量将会有更大的提高，服务体系将更加完善。中国造纸无机矿物颜料整体工业生产水平一定会以更加崭新的面貌展现于世界。

非金属矿在陶瓷工业及耐火材料工业中的应用现状及发展前景

姚治才
（咸阳陶瓷研究设计院）

1　非金属矿在陶瓷工业中的应用现状与发展前景

1.1　陶瓷工业现状

据全国第三次工业普查资料，全国建筑卫生陶瓷及相关企业共3214家，其中建筑陶瓷生产企业2859家，卫生陶瓷生产企业236家。这些企业主要分布在广东、福建、河北、河南、山东、浙江、四川等省。

1997年全国建筑陶瓷产量18.4亿 m^2，产量居世界第一位；全国卫生陶瓷产量5400万件，产量居世界第一位。

1997年我国陶瓷砖出口2219万 m^2，占世界陶瓷砖出口量的2.8%；我国卫生瓷出口172万件，占世界卫生瓷出口量的4.8%。

以上说明，我国建筑卫生陶瓷生产企业多而规模偏小，产量大而档次低。是世界建筑卫生陶瓷生产大国而不是强国。

我国建筑卫生陶瓷工业的工艺技术与装备水平与国外先进国家相比有10年的差距。产品能耗高，燃料结构不合理，资源的有效利用率低，大量的工业废渣、低质原料、环境废弃物没有得到有效开发和利用，环境污染严重。

我国建筑卫生陶瓷跨世纪发展面临可持续发展、新技术革命、国际竞争的严重挑战。我国已进入WTO，市场竞争将更加激烈，同时也为我国建筑卫生陶瓷工业的发展带来了前所未有的机遇。

陶瓷行业未来的发展必须在原料、能源、环保、制品诸方面，依靠科技进步，建立自主工艺技术及装备的创新体系。面对国际、国内两个市场，首当其冲的是原料问题。

1.2　非金属矿在陶瓷工业中的应用现状

1.2.1　非金属矿物原料在陶瓷工业中的消耗量

我国是陶瓷生产大国，1997年陶瓷墙地砖产量达到18.4亿 m^2，卫生陶瓷产量5400万件；日用陶瓷100亿件；电瓷10万t，生产上述三类陶瓷所需的非金属矿物原料虽没确切的数字报道，但可根据产量进行推算。

按陶瓷墙地砖20 kg/m^2，卫生陶瓷15 kg/件，日用陶瓷0.3 kg/件及电瓷10万t计算，约4070万t，加上各种损耗（运输、加工以及化学反应等），按每吨瓷1.5t原料计算，则每年三大陶瓷产品最低消耗非金属矿物原料应当在6000万t以上，这包括坯用原料和釉用原料

(每吨产品需用釉 0.12～0.07t)。此外,每年出口陶瓷原料 500～800 万 t。

1.2.2 主要非金属矿品种、质量要求以及在配方中所占比例

三大陶瓷产品的基础原料为塑性原料、瘠性原料和熔剂原料三大类。

塑性及半塑性原料主要是指黏土类矿物原料,有高岭土、硬质高岭土、叶蜡石、碱石、页岩等;瘠性原料主要是指石英类矿物原料,有石英、石英砂、石英岩、硅藻土等;熔剂性原料主要是指长石及其代用矿物原料,有长石(钾长石、钠长石)、伟晶花岗岩、霞石正长岩、锂云母、锂辉石、滑石、绿泥石、蛇纹石、硅灰石、透辉石、透闪石、锆英石、方解石、石灰石、萤石、磷灰石等。

最基本的原料为高岭石、石英、长石。

叶蜡石、滑石、硅灰石、透辉石、透闪石又称为陶瓷低温快烧原料,是今后的发展方向。

以下重点介绍陶瓷工业坯釉用 10 种非金属矿物的质量标准及其在配方中所占比例。

1.2.2.1 高岭石($Al_2O_3 \cdot 2SiO_2 \cdot 2H_2O$)

(1)标准化学成分(质量分数%):Al_2O_3 39.5;SiO_2 46.5;H_2O 14.0。

(2)用途:陶瓷坯料、釉料、耐火材料。

(3)质量标准:

1)国家标准 GB/T 14563—93(1994.7.1 起实施):高岭土及其试验方法。该标准将高岭土分为造纸工业用、搪瓷工业用、橡胶工业用、陶瓷工业用四类。

陶瓷工业用高岭土又分为四级:

优质高岭土(TC-0)用于电子元件、电瓷及陶瓷釉等;一级高岭土(TC-1)用于电子元件,光学玻璃坩埚、砂轮、电瓷及陶瓷釉料;二级高岭土(TC-2)、三级高岭土(TC-3)用于电瓷、日用陶瓷、建筑卫生陶瓷坯釉及高级匣钵料。

以上 4 级产品含水要求为:

膏状≤35%;块状≤18%;粉状≤15%;喷雾干燥粉≤2%。

化学成分应符合表 1 标准。

表 1 陶瓷工业用高岭土化学成分指标(质量分数%)

牌 号	Al_2O_3(不小于)	Fe_2O_3(不大于)	TiO_2(不大于)	SO_3(不大于)
TC-0	36.00	0.50	0.20	0.30
TC-1	35.00	0.80	0.20	0.30
TC-2	32.00	1.20	0.40	0.80
TC-3	28.00	1.80	0.60	1.00

2)国家标准(报批):建筑卫生陶瓷工业用黏土。

该标准将黏土分为软质黏土(RN)和硬质黏土两大类各 4 等级。

标准中的相对含水量(质量分数%)要求为:膏状 22;软质块 18;硬质块 15;粉状 8。

化学成分应符合表 2 标准。

表 2　建筑卫生陶瓷工业用黏土化学成分指标(质量分数%)

牌　号	Al_2O_3(不小于)	Fe_2O_3(不大于)	TiO_2(不大于)	SO_3(不大于)
RN-1-1	35	0.8	0.2	0.3
RN-1-2	20			
RN-2-1	30	1.2	0.8	0.5
RN-2-2	18			
RN-3-1	25	1.5	1.2	0.5
RN-3-2	15			
RN-4	18	无要求	无要求	1.0
YN-1-1	37	0.5	0.5	0.3
YN-1-2	18			
YN-2-1	35	0.8	1.0	0.8
YN-2-2	15			
YN-3-1	30	1.2	1.2	0.8
YN-3-2	13			
YN-4	18	无要求	无要求	<1.0

3)部颁标准 QB900—83:日用陶瓷用高岭土。

该标准将高岭土分为高岭土和富硅高岭土两类各 3 等级。其化学成分应符合表 3 标准。

表 3　日用陶瓷用高岭土化学成分指标

化学成分 w/%	高岭土			富硅高岭土		
	一级	二级	三级	一级	二级	三级
Al_2O_3	≥35	≥32	≥28	≥20	≥18	≥14
Fe_2O+TiO_2	≤0.8	≤1.2	≤1.8	≤0.5	≤0.7	≤0.9
TiO_2	≤0.2	≤0.4	≤0.6	≤0.1	≤0.2	≤0.3
CaO	≤0.8	≤0.8	≤1.0	≤0.8	≤0.8	≤0.8
MgO	≤0.8	≤0.8	≤1.0	≤0.8	≤0.8	≤0.8
SO_3	≤0.3	≤0.3	≤0.3	≤0.2	≤0.2	≤0.2
吸湿水分	≤15	≤15	≤15	≤15	≤15	≤15

4)部颁标准 JB/T 5893.3.91;电瓷用高岭土。

5)企业标准 Q/BZ—J01—(01～12)—91。

01～12 是 12 家企业标准编号。

(4)在配方中所占比例

1)卫生陶瓷

坯:45～60(质量分数%);釉:一般 3～8(质量分数%),最多 10(质量分数%)。

2)陶瓷砖

瓷质砖坯:20～30(质量分数%);炻质砖坯:30～40(质量分数%);陶质砖坯:20～65(质量分数%);最多 85(质量分数%);一次烧地砖坯:25～40(质量分数%);低温快烧砖坯:20～30(质量分数%);陶瓷砖釉:不大于 10(质量分数%)。

1.2.2.2 叶蜡石($Al_2O_3 \cdot 4SiO_2 \cdot H_2O$)

(1)标准化学成分(质量分数%):Al_2O_3 28.3; SiO_2 66.7; H_2O 5。

(2)用途:陶瓷、耐火材料。我国产的叶蜡石约60%用于陶瓷。日本每年需要150万t以上叶蜡石,主要用于耐火材料。预计到2000年美国的叶蜡石需求量约100万t。日、美两国所需叶蜡石多靠进口。

(3)陶瓷工业对叶蜡石的一般成分要求:$Al_2O_3>18\%$;$SiO_2<75\%$;$Fe_2O_3<0.7\%$;$(K_2O+Na_2O)<1.2\%$。

(4)陶瓷砖配方比例:

釉面砖坯:20~30(质量分数%),最多达50(质量分数%)左右;陶质面砖坯:50~60(质量分数%);低温快烧面砖坯:30~40(质量分数%);釉用熔块:5~20(质量分数%)

1.2.2.3 石英(SiO_2)

(1)用途:陶瓷、耐火材料。

(2)质量标准:

1)部颁标准QB901—83:日用陶瓷用石英和石英砂。

该标准中的石英和石英砂各分3级。其化学成分应符合表4规定。

表4 日用陶瓷用石英和石英砂化学成分指标(质量分数%)

品 种	SiO_2	$Fe_2O_3+TiO_2$	其中TiO_2
石 英	一级 ≥99	≤0.10	≤0.02
	二级 ≥97	≤0.20	≤0.05
	三级 ≥95	≤0.30	≤0.10
石英砂	一级 ≥98	≤0.20	≤0.05
	二级 ≥96	≤0.30	≤0.10
	三级 ≥94	≤0.50	≤0.15

2)陶瓷工业对硅质原料的质量要求:

$SiO_2>98.5\%$;$(Fe_2O_3+TiO_2)<0.5\%$

(3)在配方中所占比例

1)卫生陶瓷

坯:20~25(质量分数%);釉:SiO_2 55~70(质量分数%),主要以石英引入。

2)陶瓷砖

瓷质砖:20~40(质量分数%);釉面砖白坯:10~20(质量分数%);陶瓷砖:10~15(质量分数%);一次烧面砖:10~15(质量分数%);低温快烧面砖:10~15(质量分数%);釉:30(质量分数%)左右;熔块:20~40(质量分数%)。

1.2.2.4 长石

(1)标准化学成分(%):钾长石($K_2O \cdot Al_2O_3 \cdot 6SiO_2$):$K_2O$ 16.9; Al_2O_3 18.3; SiO_2 64.8。

钠长石($Na_2O \cdot Al_2O_3 \cdot 6SiO_2$):$Na_2O$ 11.8; Al_2O_3 19.4; SiO_2 68.8。

(2)用途:陶瓷用量最多的是钾长石和钠长石。长石的代用原料有伟晶花岗岩、霞石正长岩、釉石、细晶岩等。

(3)质量标准

1)部颁标准 QB902—83:日用陶瓷用长石。

该标准规定日用陶瓷用长石分为 3 级。其化学成分应符合表 5 规定。

表 5　日用陶瓷用钾长石和钠长石化学成分指标

项目		$Fe_2O_3+TiO_2$	其中 TiO_2	K_2O+Na_2O	其中 K_2O	其中 Na_2O
钾长石	一级	≤0.20	≤0.05	≥13.0	>10.0	
	二级	≤0.30	≤0.10	≥12.0	>8.0	
	三级	≤0.50	≤0.20	≥10.0		$K_2O>Na_2O$
钠长石	一级	≤0.20	≤0.05	≥10.0	不限	>8.0
	二级	≤0.30	≤0.10	≥9.0	不限	>7.0
	三级	≤0.50	≤0.20	≥8.0		$Na_2O>K_2O$ 含量

2)地矿部提出的建筑卫生陶瓷、日用陶瓷配料用长石的成分指标。

$(K_2O+Na_2O)>10\%\sim15\%$；$(Fe_2O_3+TiO_2)<1\%$；$K_2O/Na_2O>2$。

(4)长石及其代用品在配方中所占比例

1)卫生陶瓷

坯:20～30(质量分数%);釉:60～70(质量分数%)。

2)陶瓷砖

瓷质砖坯:30～60(质量分数%);炻质砖坯:25～45(质量分数%);陶质砖坯:5～15(质量分数%);釉用钾长石:50(质量分数%)左右;釉熔块用钠长石:20～40(质量分数%);乳浊釉熔块:16～20(质量分数%)。

1.2.2.5　滑石($3MgO\cdot4SO_2\cdot H_2O$)

(1)标准化学成分(质量分数%):MgO 31.7; SiO_2 63.5; H_2O 4.8。

(2)用途:陶瓷(建筑卫生陶瓷、日用陶瓷)及耐火材料。

(3)质量标准

1)部颁标准 JC160—82:工业原料滑石标准。

该标准将工业原料滑石分为 5 级,其化学成分应符合表 6 规定。

表 6　工业用原料滑石技术标准

化学成分 w/%	GL－特	GL－1	GL－2	GL－3	GL－4
SiO_2	≥61.00	≥58.00	≥53.00	≥41.50	≥35.00
MgO	≥31.00	≥30.00	≥30.00	≥29.00	≥28.00
Fe_2O_3	≤0.50	≤1.00	≤1.50	≤2.50	—
Al_2O_3	≤1.00	≤1.50	—	—	—
CaO	≤0.50	≤1.20	≤2.50	≤3.50	—
Na_2O+K_2O	≤0.30	≤0.50	—	—	—
TiO_2	≤0.20	≤0.50	—	—	—
	≤6.00	≤8.00	≤12.00	≤20.00	≤25.00

2)部颁标准 QB970—86:日用陶瓷用滑石粉。

该标准将滑石分为 2 级。其化学成分应符合表 7 规定。

表 7　日用陶瓷用滑石粉化学成分指标

化学成分 w/%	一　级	二　级
$Fe_2O_3 + TiO_2$	≤0.20	≤0.50
TiO_2	≤0.02	≤0.04
MgO	≥31.00	≥30.00
CaO	≤0.50	≤1.00
Al_2O_3	≤1.00	≤1.50
烧失	≤6.00	≤8.00

(4)陶瓷砖配方比例：滑石质低温快烧釉面坯料：40(质量分数%)左右；叶蜡石及硅灰石质低温快烧釉面坯料：2～5(质量分数%)；炻质砖：5(质量分数%)；陶质砖：10～15(质量分数%)；地砖：40(质量分数%)左右。

1.2.2.6　*硅灰石*($CaO·SiO_2$)

(1)标准化学成分(质量分数%)：CaO 48.25；SiO_2 51.75。

(2)用途：陶瓷墙地砖坯料。

目前世界硅灰石需求量大约在百万吨以上，60%用于陶瓷工业。

(3)质量标准

建筑卫生陶瓷对硅灰石的质量要求：SiO_2 34%～57%；CaO≥33.5%；Fe_2O_3≤1.5%；CO_2≤6%；灼减量<1.5%；硅灰石≥60%；石英≤20%，方解石≤13%。

(4)陶瓷砖配方比例：叶蜡石质坯体硅灰石占 15～30(质量分数%)；硅灰石质坯体占 20～60(质量分数%)；熔块占 5～20(质量分数%)。

1.2.2.7　*透辉石*($CaO·MgO·2SiO_2$)

(1)标准化学成分(%)：CaO 25.9；MgO 18.5；SiO_2 55.6；

(2)用途：陶瓷墙地砖坯料。

(3)质量标准：($Fe_2O_3 + TiO_2$)<0.5%

(4)在配方中所占比例：釉面砖坯料用量 20～50(质量分数%)。若用于釉可以取代硅灰石，减少锆英石和 ZnO 用量以降低生产成本。

1.2.2.8　*透闪石*($2CaO·5MgO·8SiO_2·H_2O$)

(1)标准化学成分(%)：CaO 13.8；MgO 24.6；SiO_2 58.8；H_2O 2.8

(2)用途：多用于陶瓷釉面砖。

(3)质量标准：同透辉石。

(4)在配方中所占比例：釉面砖坯料用量 30～40(质量分数%)。

1.2.2.9　*锆英石*($ZrO_2·SiO_2$)

(1)标准化学成分(%)：ZrO_2 67.1；SiO_2 32.9 锆英石经常含 HfO_2 0.5～3.0；ThO 2～20。

(2)用途：建筑卫生陶瓷釉及乳浊剂，锆质陶瓷及锆质耐火材料。

日本每年消耗锆英石 15 万 t 以上，70%用于耐火材料，15%左右用于陶瓷。

我国用的锆英砂有相当一部分从澳大利亚进口。

(3)质量标准

1)部颁标准 YB834—75：该标准将锆英石分为 3 级，1 级品又分为两类。其化学成分应符合表 8 规定。

表8　锆英石化学成分指标(质量分数%)

项　目		$Zr(Hf)O_2$ 不小于%	TiO_2	P_2O_5	Fe_2O_3 不大于%
一级品	一类	65	0.5	0.15	0.30
	二类	65	1.0	0.30	0.30
二级品		63	2.0	0.50	0.70
三级品		60	3.0	0.80	1.00

2)卫生陶瓷对锆英砂的成分要求：$ZrO_2 \geqslant 65.5\%$ $SiO_2 \leqslant 33.0\%$ $Fe_2O_3 \leqslant 0.04\%$ $TiO_2 \leqslant 0.15\%$。

(4)在配方中所占比例

1)陶瓷砖

乳浊釉熔块9～12(质量分数%)，平均10(质量分数%)。国内此项年用量大约在2万t左右。

2)锆质餐具

坯：最多60(质量分数%)；釉：16～17(质量分数%)。

1.2.2.10　锂辉石($Li_2O \cdot Al_2O_3 \cdot 4SiO_2$)

(1)标准化学成分(%)：Li_2O 8.07；Al_2O_3 27.44；SiO_2 64.49。

(2)用途及用量：陶瓷墙地砖低膨胀釉；卫生瓷坯体，可取代部分霞石正长岩、钾长石、钠长石、细晶岩。其用量为3%～5%。此外还用于耐热瓷坯体。

目前，使用的多为澳大利亚产品。

1.3　非金属矿在陶瓷工业中的发展前景

目前，我国建筑卫生陶瓷产量已出现了供大于求和总量过剩的状况，产品结构不合理，高档产品少(只占总产量的10%～15%)，中低档产品过剩。因此，国家建材局在1998年8月提出了3年“控制总量，调整结构”的具体目标。

到2000年卫生陶瓷总产量应控制在5500万件，与现产量持平，在总产量不增加的基础上调整产品结构，使高档产品占总产量的20%～25%左右。

到2000年建筑陶瓷总产量应控制在10亿m^2以内，大约是现产量的50%，大力压缩低档产品。

建筑卫生陶瓷市场，一方面是国内住宅产业不断发展，需求增加；另一方面是面临控制总量调整结构，同时面临可持续发展、新技术革命、国际竞争的严重挑战。

而与陶瓷发展紧密相连的非金属矿工业则面临高档原料的日益减少甚至枯竭；新原料、低质原料以及工业废渣、尾矿等的开发利用能力和水平差的现状。是挑战当然也是机遇。

今后非金属矿工业要与陶瓷工业联手一起做好以下三方面的工作抓住机遇接受挑战。

1.3.1　陶瓷原料的专业化、系列化、标准化、商品化生产

陶瓷用原料的稳定性是生产出质量高的陶瓷产品的第一关口。国外发达国家早在20年前就已经做到了，而我国却只停留在专家建议阶段。

目前可以从生产卫生陶瓷最急需的可塑黏土的专业化、系列化、标准化、商品化生产开始，逐渐扩大品种。

1.3.2 工业废渣、废料、尾矿、低质原料的开发利用

1.3.2.1 工业废渣、废料、尾矿生产陶瓷砖的开发利用

这方面可开发利用的有：

高炉矿渣、粉煤灰、煤矸石、磷矿渣、明矾石氨浸渣、金矿尾矿、铜矿尾矿、珍珠岩尾矿、废玻璃等等。

1.3.2.2 低质原料生产陶瓷砖的开发利用

这方面可开发利用的有：

镁质黏土、大青土、绢英岩、绿泥石以及各类地方性、地区性原料。

1.3.2.3 环境废弃物的有效利用

国外已开发城市垃圾及下水道污泥焚烧灰用于生产透水瓷砖以及建筑用砖的技术。

1.3.2.4 低温快烧原料的开发利用

低温快烧原料有：

硅灰石、透辉石、透闪石、叶蜡石、滑石、绿泥石等。

1.3.3 国内市场的国际竞争

作为陶瓷原料的我国非金属矿物原料正面临国际竞争的严重挑战。

以高岭土为例，我国老牌高岭土公司苏州瓷土公司面临优质苏州土日益减少、价格不断提高的局面。而新发展起来的福建九州龙岩高岭土公司生产的高岭土的质量、产量尚难与苏州土相比。与此同时，香港嘉窑陶瓷原料公司，香港联盛陶瓷原料开发有限公司在广东省新会市加工生产陶瓷用高岭土加入了竞争行列。英国著名的原料公司 WBB 在广东清远市成立了 WBB 清远华建陶瓷矿物有限公司，以高水平生产技术和高质量产品加入竞争行列。WBB 华建公司所提供的产品不仅保证化学成分的稳定，同时保证原料的矿物组成、颗粒分布的稳定，并且提供原料的干燥强度、烧成收缩、吸水率、可溶性盐数据以及对解胶剂的要求等，将竞争提高到新的水平和高度。

2 非金属矿在耐火材料工业中的应用现状与发展前景

2.1 耐火材料工业现状

我国耐火材料工业现状是总产量过剩，高档产品及部分品种依赖进口；生产工艺及装备相对落后；产品质量不稳定，使用寿命短。

我国耐火材料应用大户是钢铁、冶金工业。绝大部分耐火材料生产企业均隶属于原冶金系统。目前耐火材料年产量在 1000 万 t 以上。其中黏土质耐火材料占 50%～60%；高铝质耐火材料占 10%～20%；不定形耐火材料占 15%～20%；其他材质占 10%～15%，冶金工业消耗量约占总产量的 70%。

2.2 非金属矿在陶瓷用耐火材料工业中的应用现状

目前专业生产陶瓷窑用耐火材料的厂家并不多，有一定生产规模的企业不足 10 家。陶瓷窑用耐火材料主要有窑体、窑车、窑具耐火材料。建筑卫生陶瓷用耐火材料主要是堇青石-莫来石系列和碳化硅系列耐火材料。而碳化硅系列耐火材料又分硅酸盐结合（黏土或氧化物

结合)、氮化硅结合及重结晶碳化硅。

2.2.1 陶瓷窑用耐火材料对非金属矿的需求

根据卫生陶瓷和建筑陶瓷总产量及各品种消耗耐火材料的统计数据估算,每年需要耐火材料最低在70~75万t,实际消耗量在100万t以上。其中堇青石-莫来石质耐火材料占50%以上,碳化硅系列耐火材料占30%左右,其他占20%左右。碳化硅系列中黏土结合的占25%,氮化硅结合的占65%,其他占10%。

2.2.2 陶瓷窑用耐火材料主要应用的非金属矿品种及质量要求

耐火材料用原料分为骨料和结合剂原料。本部分介绍碳化硅、高铝质、堇青石-莫来石质系列耐火材料及窑具用骨料及结合剂的主要原料。以下按矿物品种介绍。

2.2.2.1 碳化硅(SiC)

碳化硅俗称金刚砂又称碳硅石,自然界很少,工业应用的多为用硅砂和碳或石油焦合成原料,分α型和β型。

碳化硅耐火材料在钢铁、化工、陶瓷、砂轮、磨料行业都有应用。应用不同对其质量要求也不同,作为高档SiC耐火材料或窑具的骨料原料一般应满足下列纯度要求。

SiC>98.0%;Fe_2O_3<0.5%; SiO_2<0.5%; Si≤0.1%; C≤0.3%。

SiC在碳化硅系列耐火材料中所占比例为70%~99%。

2.2.2.2 黏土矿物

耐火材料用的黏土矿物主要是耐火黏土和高岭土。

高岭土是以高岭石为主的黏土,有关质量标准在陶瓷应用部分已有介绍。高级耐火材料用的高岭土中Al_2O_3成分是有益成分,希望含量高些;Fe_2O_3≤0.8%;K_2O在一定范围内是有益的,一般要求K_2O≤2.8%。

用作耐火材料的黏土称为耐火黏土,其耐火度大于1580℃。耐火黏土的主要矿物是高岭石,其次为伊利石、水铝石及蒙脱石。

耐火黏土分为硬质黏土和软质黏土。

我国黏土原料,不论是硬质黏土、软质黏土或半软质黏土,主要是高岭石型的。

质量标准:

主要是钢铁工业用不定形耐火材料及少量用于陶瓷用耐火材料。

部颁标准:YB4032—91:蓝晶石、硅线石、红柱石。

该标准适用于高级耐火材料、技术陶瓷和硅铝合金用三石精矿,其化学成分指标示于表9。

表9 蓝晶石、硅线石、红柱石化学成分指标

项目		指标/%						
		蓝晶石		硅线石		红柱石		
		LJ-58	LJ-55	GJ-58	GJ-54	HJ-58	HJ-55	HJ-52
Al_2O_3	不小于	58	55	58	54	58	55	52
Fe_2O_3	不大于	0.8	1.5	1.0	1.5	1.0	1.5	2.0
TiO_2	不大于	1.5	2.0	1.0	1.0	1.0	1.0	1.0
K_2O+Na_2O	不大于	0.3	0.5	0.5	1.0	0.5	0.8	1.2
灼减	不大于				1.5			

国内硅线石、蓝晶石、红柱石矿产情况及应用现状：

世界三石(硅线石、蓝晶石、红柱石)矿石储量 10 亿 t 以上。中国三石矿石储量 6.5 亿 t 左右,其中硅线石约 6000 万 t,蓝晶石约 4000 万 t,红柱石约 5.6 亿 t。

我国三石耐火材料主要应用于冶金工业,陶瓷工业用量尚少,且处于起步开发阶段。

国内硅线石矿著名的有黑龙江鸡西硅线石矿、黑龙江林口硅线石矿;蓝晶石矿著名的有江苏沭阳蓝晶石矿、河南南阳蓝晶石矿;红柱石矿著名的有河南西峡红柱石矿、新疆库尔勒红柱石矿、陕西眉县红柱石矿。

其应用等详细情况请参阅林彬荫教授著的《蓝晶石、红柱石、硅线石》。

2.3 非金属矿在耐火材料工业中的发展前景

无论是冶金工业用耐火材料还是陶瓷工业用耐火材料都处在低档产品过剩、优质产品不足、品种短缺的现状。就冶金工业用耐火材料而言应大力发展三石耐火材料;就陶瓷工业用耐火材料而言应全力开发优质堇青石-莫洛石耐火材料。而耐火材料用非金属矿物原料面临的共同问题是:原料的深加工、发展合成原料、开发利用未应用原料。当然,也需要走向专业化、标准化、系列化、商品化生产。

2.3.1 原料的深加工

作为陶瓷用耐火材料用原料的深加工主要是原料的提纯、超细。

(1)高纯　重点是精选出高纯度粗颗粒矿物原料。

例如:三石耐火材料是今后发展方向之一,但缺少粗颗粒(>1mm)的硅线石和红柱石产品。

(2)超细　目前陶瓷用耐火材料及窑具朝向细颗粒多级配方向发展,制作工艺之精和复杂程度不亚于生产陶瓷。其结合剂原料的细度一般在 20～5μm。特殊高级耐火材料制品还加入纳米级粉以提高其性能。所以,传统的小于 0.071mm 粉则显得太粗了。

在超细粉制备中要重视表面活性剂的作用。

2.3.2 发展合成原料

堇青石-莫来石质耐火材料是陶瓷工业用耐火材料的主要品种,是发展方向。它所需要的骨料——堇青石、莫来石、莫洛凯特(煅烧黏土熟料),国内目前尚不过关,尤其是莫洛凯特还要从英国进口,大约 5000 元/t。

国内目前存在问题是:第一、不重视;第二、工艺不合理。国外是湿法工艺,高温煅烧,级配合理。

2.3.3 开发替代原料

替代原料做得好可以起到事半功倍的作用。例如:绿泥石替代滑石;红柱石或硅线石替代合成莫来石;煅烧煤系高岭土替代莫洛凯特等。

所谓煤系高岭土则是我国特有的高岭土资源。它属于沉积高岭土矿,主要存在于煤层的底顶板和煤层夹矸。

质量标准:

部颁标准 YBQ42001—85:耐火材料用结合黏土。

该标准将用作结合剂的黏土中软质黏土分为 4 级;半软质黏土分为 3 级。其质量应符合表 10 规定。

表 10 耐火材料用结合黏土技术要求

类　型	品　级	Al_2O_3（不小于）/%	Fe_2O_3（不大于）/%	耐火度（不小于）/℃	灼减（不大于）/%	可塑性指标（不小于）
软质黏土	特级	33	1.5	1710	15	4.0
	一级	30	2.0	1670	15	3.5
	二级	25	2.5	1630	17	3.0
	三级	20	3.0	1580	17	2.5
半软质黏土	一级	35	2.5	1690	17	2.0
	二级	30	3.0	1650	17	1.5
	三级	25	3.5	1610	17	1.0

但一般工业要求还应增加下列条件：

$(K_2O+Na_2O)<1.5\%\sim2.0\%$

$(CaO+MgO)<0.6\%\sim1.5\%$

(1)滑石($3MgO\cdot4SiO_2\cdot H_2O$)与绿泥石($5MgO\cdot Al_2O_3\cdot3SiO_2\cdot4H_2O$)

1)标准化学成分(%)：

	MgO	Al_2O_3	SiO_2	H_2O
滑石	31.7	—	63.5	4.8
斜绿泥石	36.1	18.4	32.5	13.0

2)用途。滑石和绿泥石主要用作堇青石耐火材料。绿泥石与滑石相比其 MgO 含量高且含 18.4%的 Al_2O_3，在应用时可减少加入工业 Al_2O_3 粉的量，既有利于生产堇青石又有利于降低成本。

3)质量标准。目前还没有耐火材料用滑石和绿泥石的质量标准。可参照表 6 工业用原料滑石技术标准。但对 Fe_2O_3、TiO_2 特别是 CaO 等有害成分要求其含量越低越好，一般要求$(K_2O+Na_2O)\leqslant0.3\%$；$CaO<0.7\%$，也就是特级滑石标准。因为 Al_2O_3 是有益成分，所以不限制滑石中的 Al_2O_3 含量，对于绿泥石来说 Al_2O_3 越高越好，一般要求大于 10%。

4)在配料中所占比例：

合成堇青石：滑石或绿泥石加入量在 40%～43%。

堇青石-莫来石耐火材料：堇青石占 30%～70%。

(2)硅线石、红柱石、蓝晶石($Al_2O_3\cdot SiO_2$)

1)标准化学成分(%)：Al_2O_3 62.9；SiO_2 37.1。

2)用途：

硅线石：主要用于钢铁工业、玻璃工业及陶瓷窑炉(内衬砖及窑具)。

红柱石：主要是钢铁工业和陶瓷工业用耐火材料。

非金属矿物填料在塑料、橡胶及造纸工业中的应用现状与发展前景

刘英俊

（中国轻工总会塑料加工应用研究所

中国塑料加工工业协会改性塑料专业委员会）

我国非金属矿产资源极为丰富，已探明储量的非金属矿就达 80 多种，其中石墨、滑石、萤石、重晶石、硅灰石、硭硝、沸石等的储量居世界首位，而且大部分种类的非金属矿都已开采和投入应用。

随着改革开放和社会主义市场经济的到来，我国的矿产业也经历着深刻的变革，开发非金属矿产新的应用领域，提高产品的技术含量和附加值是非金属矿行业实行可持续发展战略，提高企业经济效益的必由之路。而将非金属矿产品进行深加工并应用于塑料、橡胶、涂料、造纸等新工业领域已被证明是最具发展潜力，见效最快，也最适合我国矿山行业实际的发展之路。

例如 1t 石灰石价格在数十元，如果能粉碎至几百目的粉末则价值升至 200 元左右，如果能粉碎并能分级，则超过 1000 目的粉末其价值也就升到千元以上，是矿石本身价值的几十倍。而如果以这种矿物粉末再进一步加工成塑料行业用填充母料，其中碳酸钙的成分达 80%以上，则产品的价格就是二千多元，三千多元甚至五千多元。而在许多塑料产品中都填充有碳酸钙，少则百分之几，多则百分之几十甚至几倍于塑料材料，按塑料制品的价格少则几千元 1t，多则上万元 1t 了。例如超细重质碳酸钙（其粒径要求 10 μm 以下）填充到聚乙烯薄膜中制成垃圾袋可以出口给日本，其中碳酸钙含量日本要求必须达到 30%，其目的是为了焚烧时避免聚乙烯塑料流淌糊住炉箅子，保证焚烧效果。而这种填充 30%重质碳酸钙的聚乙烯薄膜本身的价值就已达 1 万多元 1t 了。

又如碳酸钙作为无机填料使用，其颗粒表面是亲水性的，在与高分子聚合物材料混合加工时，由于高分子材料是亲油性的，在碳酸钙颗粒与聚合物分子之间的界面就缺乏紧密的联系，我们称之为相容性差，亲和性不好，这不仅会影响碳酸钙颗粒在塑料基体中的均匀分散，而且会导致填充材料的物理、机械性能下降。为克服这一缺点最通常的做法是将碳酸钙表面的亲水性变为亲油性，称之为活化处理，而得到的碳酸钙称为活性碳酸钙。根据广东某厂的经验，采用机械混合方法将碳酸钙活化处理的用于塑料行业和橡胶行业的 Q_2G-Ⅱ型和 Q_2G-Ⅲ型活性钙其销售价分别为轻钙出厂价 + 650 元/t 和轻钙出厂价 + 900 元/t，毛利分别为 200 元/t 和 300 元/t，而采用水溶性活化剂在碳化器中或碳化后的熟浆中加入而实现活化处理的 Q_2G-Ⅰ型活化钙出厂价可达 1200 元/t，产品深受塑料行业聚氯乙烯电缆料生产厂的欢迎。

由此可见将一些非金属矿产品加以适当的深加工，按照下游行业的要求制成具有一定

细度和粒度分布、一定几何形状的粉末产品，在塑料、橡胶、造纸、涂料行业中作为填料使用是有着广阔的市场和丰厚的回报的。

1　矿石深加工技术的现状与进展

非金属矿矿石的深加工包括具有一定粒径和粒径分布的粉末制备和粉末的表面活化处理。

现在对一些粒径较小的粉末有叫超细的，有叫微细的，还有叫超微细的。在这方面按照粉末粒径大小大体上处于哪个范围，相应用何称呼还是应当达成共识。国外比较通行的说法是把粒径在 0.1 mm(即 100 μm)以下的颗粒状物质称之为粉末，而把粒径在 0.1～3 mm 之间的颗粒状物质称为粒子，同时又把粒径为 1～10 μm 的粉末称为精细粉末；把粒径小于 1 μm 的粉末称为超细粉末。另一方面我们还经常使用“目”的概念表述粉末的细度。我们希望非矿行业能将粉末细度的概念和表达术语统一起来并尽可能严格和严谨。例如过去称 -325 目，是指全部能通过 325 目的筛子，那么现在没有 800 目，1000 目的筛子，当我们说某种粉末的细度是 1250 目时，它的概念和含义是完全能通过那个假设存在的 1250 目筛网吗？这种目数的筛网现在并不存在，那它相应的概念是指这种粉末的粒径全部小于从理论上计算所得到的“10 μm”吗？有的生产企业用平均粒径达到 10 μm 作为产品是 1250 目的，这就不太严格，也不是下游行业所希望的。因为平均粒径并不表明粒径的分布情况，哪怕 0.5%(质量)的粗粒径颗粒也会对像塑料薄膜这类制品的外观和质量带来严重影响。

用雷蒙磨粉碎的设备与技术都已十分成熟，但产品仅能达到几百目。要想得到更细的粉末就需要另外的设备和粉碎技术，而超细粉碎技术与装备正是最近 10 年来发展最迅速的深加工技术之一，能够制造超细粉碎和精细分级设备的生产厂家已有几十家。同时国内已有数十项超细粉碎设备方面的新型专利或发明专利，如立式螺旋搅拌磨、管道式气流粉碎装置、环流离心磨、高精度锥体磨等等。在各种已工业化的超细粉碎设备中，气流磨生产厂家最多，机型也比较全，在抗磨损方面也取得较大进展。机械冲击式超细粉碎设备和搅拌球磨机都已出现并得到实际应用，如国产湿式搅拌磨已能在高岭土和方解石的超细加工中实现 2 μm 以下细度的占 90% 以上。与此同时精细分级设备也有很大发展和提高，不仅可满足用户对不同细度产品的需求，而且提高了粉碎机的效率和降低了能耗。正是这些加工技术的进展为塑料、橡胶、涂料、造纸等行业使用各种矿物填料提供了可能。

以石灰石为主要原料经煅烧、消化、碳酸化、脱水、烘干、筛分制备沉淀碳酸钙的设备与工艺在我国也已有悠久历史。10 年前碳酸钙行业提出粒径微细化、表面活性化、晶形多样化的三大目标现已都可实现。链状、球形等各种晶形的轻质碳酸钙都已经研制成功，初级粒子尺寸也可以达到 0.04 μm，尤其是表面活化处理已为众多轻钙生产厂家带来新的经济增长点，如广东省生产的 PVC 电缆料用活性碳酸钙深受用户欢迎，现已有 3 条年产 2000t 活性钙的生产线投产；江苏太仓电石厂转产活性钙后，现已形成年产 12000t 湿法活化碳酸钙的生产能力。

滑石的粉碎技术也已成熟，现在许多企业都可提供除细度为 325 目的传统老产品外的各种微细、超细粉末，最小粒度已可达到 1 μm。

高岭土的煅烧和超细粉碎技术已有很大进展，但因种种原因我国造纸用高岭土仍未能完全实现国产化，而在塑料行业有望使用高岭土的领域，目前还提不出对高岭土的技术性能指标要求，只能说有的能用，有的不能用。在塑料、橡胶中使用高岭土最为成功的是山西太原晋林非金属填料研究会，采用畅氏-5型隔焰煅烧炉加工出的以煤系高岭土（黑砂石）为原料的煅烧高岭土，此种高岭土在聚乙烯高保温农膜和塑料电缆料中应用已取得良好效果。

表面改性技术包括表面改性方法、改性剂、表面改性处理设备及改性效果评价与检测等方面。这些方面的进展也是有目共睹的，而且也基本上能适应生产的需要。研制质优价廉、处理活化效果更好的表面处理剂，开发新的表面处理工艺与技术，特别是对表面处理的效果如何更好地给予直接的评价，而不仅仅依赖于改性填料使用后的产品性能的间接评价，都是目前表面处理技术仍应努力探索的课题。

2　塑料用填料的要求与应用概况

我国塑料制品产量已接近800万t。按国际统计经验，塑料用填料占塑料制品产量的比例为10%左右，也就是说我国塑料制品中用上的各种非金属矿物填料总量至少在80万t以上。使用填料而达到各种改性目的或同时具有降低成本效果的塑料制品种类有编织袋、编织布、打包带、人造革、地板革、地板块、钙塑瓦楞箱、管材、板材、异型材以及近几年得到迅速发展的汽车和家电工业配套零、部件等。从另一方面看，据矿产行业和碳酸钙行业提供的统计数字看，重质碳酸钙产品卖到塑料行业方面去的每年20多万吨，轻质碳酸钙年产80万t，其中20%销售去向也是塑料行业，共20万t左右，滑石每年消费130万t，其中约有10万t用于塑料填充，此外高岭土、硅灰石、云母多少都有一定的数量。从填料生产行业统计数字看，塑料填充使用的各种矿物粉末总量也在50～60万t以上。从我国国情出发，一方面塑料制品总产量仍将以较高速率增长，另一方面填充改性技术的不断推广和对经济效益不懈的追求，在塑料制品中使用填料的比例肯定高于10%，有理由认为我国塑料行业使用矿物填料的总量在近几年内将突破100万t。

在塑料制品生产中使用的填料种类很多，但用量最大、使用最普遍、技术最成熟、效果也最明显的仍然是重质碳酸钙和轻质碳酸钙。

2.1　编织袋、编织布、打包带

我国塑料编织袋、编织布和打包带的总产量已超过80万t，对于塑料编织袋、编织布碳酸钙的填充量已从百分之几提高到百分之十几，而打包带中碳酸钙的含量也达到20%（机包带）到50%以上（手包带）。就此类产品来说，重质碳酸钙的用量就已超过10万t。对所使用重钙的要求是通过400目，白度越高越好，晶形以大方解石最好。

由于塑料编织袋、编织布和打包带使用的聚丙烯或聚乙烯原料均为颗粒状，为了使碳酸钙粉末与树脂颗粒能够混合均匀，而且有利于碳酸钙颗粒在塑料基体中均匀分散，必须把重质碳酸钙预先做成母料，即用少量树脂和大量的重钙与适量的助剂，经过适当的工艺加工成与聚丙烯、聚乙烯树脂颗粒大小相近的颗粒，我们称之为“填充母料”。目前国内填充母料产品中重钙的含量均达到80%以上，有的高达85%。分布在全国各地大大小小的填充母料生产厂有数百家，生产规模小的每年产量约产400～500t，生产规模大的每年产量从一千多吨到三千多吨，总生产能力超过20万t。

填充母料生产企业是重质碳酸钙的首要用户。由于重钙质量问题在重钙生产厂与填充母料厂之间也发生过多次纠纷。1996 年下半年中国塑料加工工业协会改性塑料专业委员会针对目前尚无国家标准或行业标准,而现有的技术标准并不适合塑料行业使用的情况,组织重钙生产厂和填充母料厂共同讨论起草了“塑料填充母料用重质碳酸钙技术要求”,统一技术术语,统一检测方法和检测仪器,科学合理地规定技术性能指标,使重钙生产企业和用户都能有据可依,用科学的方法评价重钙质量的好坏。

为慎重起见,该技术要求仅适用于生产编织袋、编织布和打包带等塑料制品的填充母料用重质碳酸钙,见表 1。

表 1　塑料填充母料用重质碳酸钙技术要求

项目名称、单位	技术性能指标	
	优质品	合格品
碳酸钙含量/%	≥98	≥94
细度(400 目筛余物)/%	≤0.01	≤0.1
白度/%	≥95	≥92
水分及挥发物含量/%	≤0.3	≤0.5
密度/g·cm^{-3}	2.71～2.72	2.71～2.72
硬度(莫氏)/度	≤3	≤3.5
吸油值①/ml	≤65	≤65
pH	8.3～9.0	8.3～9.0
盐酸不溶物/%	≤0.1	≤0.3
铁含量/%	≤0.1	≤0.1

①吸油值为每 100g 填料吸收增塑剂邻苯二甲酸二辛酯 DOP 的毫升数。

2.2　地板、地板革

地板包括拼接地板异型材、半硬质塑料地板块及地板革(包括普通贴面革和发泡芯层贴面革等)。在原材料配方中都使用碳酸钙,前者通常使用重质碳酸钙,而后者至今仍使用轻质碳酸钙。

对半硬质塑料地板块来说，原、辅材料主要是聚氯乙烯树脂、增塑剂和填料以及必须的各种助剂。由于对地板材料主要要求是耐磨、尺寸稳定和有一定的凹陷度，并不需要多高的机械强度，故在保证成型和铺设安装前提下可大量使用填料。通常重质碳酸钙的用量与聚氯乙烯树脂重量之比可达到 2.5∶1 甚至 3∶1，重钙在地板革质量中占 65%以上，也是使用重钙填料的大户。在硬质拼接地板异型材中，由于主要用于公共交通车辆等受力、受冲击较多的场合，加之异型材截面为中空多腔型，成型加工有一定难度，故使用填料的份数较少，一般只能填加 10%～20%。在具有一定柔性的地板革中，根据生产方法不同，在作为主体层的聚氯乙烯材料中，不管发泡与否，通常都使用 25%左右的轻质碳酸钙。为什么使用轻钙而不使用重钙这和塑料行业的历史和技术来源有关。我国橡胶行业起步和发展都早于塑料行业，橡胶行业使用填料历来都是轻质碳酸钙，和橡胶行业关系密切但后发展的塑料行业直至20世纪70年代，仍然认为轻质碳酸钙是惟一可使用的填料。塑料行业真正使用重质碳酸钙为填料是从80年代研制填充母料和宣传引进日本钙塑材料技术开始的。但由于习惯，很多塑料制品厂还没有放弃使用轻钙，而且部分厂家使用价格更为低廉的重钙后发现总的物料体积减少了，对于不按重量出售而按面积或体积出售的产品使用重钙似乎并不合算。

2.3 人造革

聚氯乙烯人造革目前仍然是我国塑料行业的重头产品。根据生产工艺不同PVC人造革有涂刮法、压延法和挤出法等种类。涂刮法人造革使用乳液聚合而成的PVC树脂,也称之为糊树脂。由于此种加工工艺是先将树脂、增塑剂和填料以及必要的助剂调制成糊状,然后再涂布到棉布、化纤布等基材上经塑化而成,因此可填加较多的填料。如果以PVC树脂为100份,碳酸钙填料可使用30份到50份。如前所述人造革行业直到今天仍然大量使用轻质碳酸钙并不合理,这主要是轻质碳酸钙的吸油值在众多填料中显著地高,高达140 mL,而重质碳酸钙只有40～60 mL。吸油值高将会在聚氯乙烯人造革中耗费本来用于增塑聚氯乙烯树脂的增塑剂,造成原材料成本加大(达到同样增塑效果时)或质量下降(使用同样多增塑剂时)。我国以草纤维为原料的造纸厂碱回收时排出的废渣称之为白泥,通过分析此种白泥的主要成分是碳酸钙,由于它的生成过程类似于轻质碳酸钙,因此有可能代替轻钙作为塑料填料使用。白泥经烘干筛分后其粒度及粒度分布与普通轻钙接近,但吸油值仅及轻钙的1/3,在用于人造革试验中发现,填加62份白泥的人造革和填加50份轻钙的人造革其性能没有差别,表明吸油值小的填料在保证塑料制品性能不变前提下有利于提高填料使用量从而降低原材料成本。

2.4 钙型瓦楞箱

钙型瓦楞箱较纸箱比因具有抗压性强、防潮、不霉变等优点,前些年着实红火了一阵。从以塑代纸、减少环境污染的角度看,以聚乙烯和碳酸钙为原料的钙塑瓦楞箱仍是有前途的。在钙塑瓦楞箱中按重量计聚乙烯树脂和轻质碳酸钙各占一半,现在有的厂家为降低成本,增强竞争力甚至将轻钙用量提高到60%。由于轻钙本身结晶呈纺锤形,有一定的长径比,通过实验表明在钙塑瓦楞箱中使用轻钙,产品的性能特别是抗压性优于使用同样份数的重钙产品。

2.5 管材、异型材

聚氯乙烯管材有很多用途,如建筑排水管、落水管、给水管、化工原料输送管、农田水利输水管、电线电缆保护套管等等。聚氯乙烯异型材更是大显身手,近年来塑料门窗、室内装修用材料都是PVC异型材。按照“九五”规划,到本世纪末PVC管材和异型材的总产量可达80万t以上,即使按填料用量5%计算,其填料总用量也可达到几万吨。国内有一些部门从保证塑料制品质量出发,不主张在PVC管材中使用任何填料,而且从一般填料的填充效果看,随着填料用量增加,填充材料的拉伸强度、断裂伸长率和冲击强度都明显下降,因此能否使用填料是值得十分重视和探讨的。

我国塑料门窗用异型材和各种装饰装修材料的生产技术大多是国外引进的。在引进的门窗用异型材的原辅材料配方中都包括有5%左右的碳酸钙，只是要求这种碳酸钙必须是超细的，必须是经过表面活化处理的。研究表明，使用表面活化处理的超微细轻质碳酸钙，在用量5%左右时，填充材料的拉伸强度和冲击强度不仅没有下降，还能大大高于不含填料的PVC材料，而且填充PVC材料的刚性还有所提高。

对于各种用途的PVC管材和异型材应从实际出发，从材料最终使用要求出发确定应达到的物理机械性能，再决定填料的使用量。例如对于埋设在地下的电缆保护管主要要求耐压性好，可以多使用一些填料以增加其刚性和降低成本，而对建筑排水、给水管可从设计管壁薄厚入手尽量少使用树脂以降低成本而不一定多使用填料。在装饰装修材料中大量使用碳酸钙填料是可能的，如聚氯乙烯百叶窗叶片中重钙的用量就达到50%，在聚氯乙烯墙壁护板中重钙的用量也已超过50%。

现在最为关键的任务是针对产量越来越增加的门窗用异型材研制专门的活化钙。我国门窗异型材引进的和国产的生产线大大小小已达五百多条，年生产能力达二十多万吨，但至今还未有一种完全适用于PVC门窗异型材的活性碳酸钙产品问世，这是需要在技术上进一步加以研究，在产品性能标准方面也需要进行探讨的。如果在门窗异型材产品上活化碳酸钙产品用量提高到20%，那填料行业对塑料行业的贡献就很可观了。

2.6 聚乙烯薄膜

前面已提到日本要求垃圾袋薄膜中碳酸钙含量必须达到30%(质量)以利于焚烧。研究结果表明，重钙加到30%并不难，关键是还要保持薄膜有足够的强度以利于装填垃圾和搬运。此外要使碳酸钙在0.05 mm厚度的薄膜中均匀分散，保持良好的外观和手感，必须使用粒径在10 μm以下的超细碳酸钙和独特的分散技术。我们研制的垃圾袋薄膜用碳酸钙填充母料已成功地应用于生产垃圾袋，碳酸钙在母料中的含量为75%，填充的聚乙烯薄膜力学性能也已达到日本同类产品水平。

在多种包装袋薄膜中适当使用一些碳酸钙填料有利于降低原材料成本，并不影响使用效果，如化肥包装袋的内衬袋、各种商品的包装袋、甚至购物袋等都可适当填加碳酸钙填料。根据有关方面的统计北京市每天使用的各种包装袋、购物袋(指聚乙烯薄膜制成的生活日用袋)多达1000万个，为了保护环境，在使用后丢弃至垃圾场能够自行破坏，希望使用降解塑料，在微生物作用下50天后可变成小碎片，一年内可变成砂粒状的微粒。试想在这种袋中加入少量碳酸钙，在塑料袋降解后残存的碳酸钙也不会给环境和土壤带来任何危害。

近年来各种矿物填料在农用棚膜中的应用研究极为活跃，这方面的进展也很值得重视。

农用塑料薄膜是我国保证农业实现稳产、高产的重要物资。1996年我国农膜总产量为68万t，其中棚膜为25万t，预计到本世纪末农膜总产量将达到100万t，其中棚膜将达到40万t。如果在农膜中推广使用矿物填料，其数量也是相当可观的。

大家知道太阳光白天到达地球表面的照射能量98%集中在0.3～3.0 μm的波长范围内，夜晚从地球表面向大气层散热的辐射能量90%集中在7～25 μm的波长范围内，峰值为11～13 μm。如果棚膜对波长为7～25 μm红外区辐射有阻隔作用就可将白天集聚到棚内的热量保留下来，从而提高棚内温度，对发挥塑料大棚的保温功能和促进农作物生长极为有利。研究表明普通聚乙烯棚膜对7～25 μm波长范围的红外光透过率约为70%～80%，而许多种矿物填料特别是硅酸盐类矿物填料对红外光都有阻隔作用。当它们加入到塑料薄膜中后，将大大提高塑料薄膜对红外光的阻隔性。目前国内研制的矿物填料填充的农用塑料棚膜 7～25 μm 的红外光透过率可降至 36%～50%，而德国 CONSTAB 聚合物化学有限公司采用粒径小于 2 μm 具有特殊性能的黏土填充的厚度为 0.12 mm 的聚乙烯薄膜，其 7～14 μm 波长范围的红外光透过率可降至 25%以下。

矿物填料的加入有可能影响塑料薄膜的可见光透过率（透明度），而且随矿物填料的种类及添加量的变化会有很大的差异，这是不利的一面；但另一方面由于矿物和塑料对光的折射率不同，聚乙烯薄膜的雾度将会增加，当可见光照射到这种薄膜上时，由于矿物填料的多次折射作用，到达棚内的光线多以散射光出现。实验表明纯聚乙烯棚膜的可见光透过率和散射光透过率分别为 91%和 19%，而加入适量矿物填料的聚乙烯棚膜其可见光透过率虽有所下降（填料分别为滑石粉、高岭土和云母），达 85%～90%，但散射光透过率则可提高到 50%～55%。由于在太阳辐射的总能量中分为直接辐射和散射辐射两部分，直接辐射中红-橙光较多、散射辐射中蓝-紫光较多，早上和傍晚时，太阳的散射辐射相对增强，直接辐射相对减弱，因此具有漫散射特性的聚乙烯农用棚膜，不仅可增加对散射光的透过率，使早晚时间棚内光照强度提高，而且可使部分直射光在透射过程中变成散射光，形成均匀漫散的辐照环境，有利于农作物在整个白天或阴云天气光合作用的进行，也有利于棚内不同位置、边缘地区及中央地区农作物的均衡生长。

2.7 工业配套用零部件

汽车、家电工业大量使用塑料材料，1 辆 1t 重的小轿车，塑料制部件的重量已达 100 多千克，国外有的厂家甚至已达到 200kg。这些塑料部件中有 20%是改性聚丙烯，而碳酸钙和滑石粉是用于聚丙烯改性的主要填料。按我国汽车发展规划，到 20 世纪末将年产 130 万辆小轿车，需用改性聚丙烯 3 万 t，如果填料用量按 30%计算，单此一项就需要将近 1 万 t 的填料。家电和许多产品的外壳、内部构件用塑料制作的也很多，日本 CALP（意即塑料中的钙）公司来华技术交流时带来许多实物和照片，他们以碳酸钙、滑石粉、木粉、重晶石粉等为填料专门用于对聚丙烯填充改性，制成耐热高刚性型、高比重型、高流动型、阻燃型等 10 几大类 300 多个牌号的改性聚丙烯专用料，其目的是代替价格较高的 ABS 塑料，而日本所使用的填料大多是从我国进口并进行深加工的。我国目前还不能实现 ABS 塑料自产自足，每年使用的 ABS 塑料达 60 多万吨，其中 90%是进口的，如果其中一部分用改性聚丙烯来代替是完全可能的，不仅能创造巨大的经济效益和社会效益，而且也为无机矿物填料的应用开辟了新的领域。

营口洗衣机总厂选择具有较高熔体流动速率的聚丙烯树脂，加入增韧改性剂 EPDM，填充经铝酸酯偶联剂表面处理的 800 目滑石粉，经高速捏合、双螺杆挤出机混炼挤出造粒得到具有高刚性、硬度、耐热性、尺寸稳定性和耐蠕变性都较好的改性聚丙烯专用料，用于生产干衣机中的风扇，在（80±5）℃环境下连续旋转运行效果良好。该种风扇扇叶形状复杂以增加换热面积和提高换热效果，担负着将湿衣物中蒸发出来的水蒸气聚集凝结成水排出机体外的任务，其形状属于薄壁长流动距离制品，因此要求其改性聚丙烯专用料必须耐热性好、刚性好的同时还要求具有良好的加工流动性。

下面列出此种滑石粉填充改性聚丙烯专用料的熔体流动速率及物理力学性能。

熔体流动速率	(10±1)g/10min
拉伸强度	32～34 MPa
弯曲弹性模量	2100～2500 MPa
维卡软化点	154℃
IZOD冲击强度	23℃ 60～70 J/m
	−20℃ 20～30J/m

中国科学院化学所为奥托和夏利轿车仪表板研制的改性聚丙烯材料也是通过用特选的聚丙烯树脂与滑石粉和三元乙丙橡胶(EPDM)三元共混而实现材料的高韧性和高模量刚柔并存的目的。他们认为热塑性弹性体包覆了填料粒子形成填料与基体树脂之间的柔性界面层,实际上等于增加了弹性体的有效体积分数。这种用较少量的热塑性弹性体形成柔性界面层,达到刚性粒子增韧的效果,已达到了国内外先进水平。

中科院化学所还研制了硫酸钡($BaSO_4$)填充聚丙烯材料,在填充量较大时,该种材料仍能保持高伸长率和高韧性,见表2。研究中还发现质量百分数60%的$BaSO_4$填充聚丙烯的熔体流动速率、断裂伸长率及冲击韧性大大超过了质量百分数40%的滑石粉改性聚丙烯(由于$BaSO_4$的密度为4.5 g/cm^3,故$BaSO_4$和滑石粉的重量百分数分别为60%和40%时,它们的体积百分数是相同的)。

表2 中科院化学所$BaSO_4$填充改性聚丙烯专用料的性能

性能 \ $BaSO_4$含量/%	0	5	12	20	30	40
熔体流动速率/g·(10min)$^{-1}$	3.3	3.35	3.65	4.2	4.65	4.3
拉伸强度/MPa	21.9	21.3	20.8	20.0	18.8	17.5
断裂伸长率/%	>500					
缺口冲击强度/J·m^{-1}	594.5	628.6	682.4	490.2	630.8	628.0
弯曲强度/MPa	27	28	29	28	28	27
弯曲模量/GPa	920	1015	1080	1145	1260	1435

云母填充改性聚丙烯可使其刚性、耐热性、尺寸稳定性和成型收缩率得到显著改善。表3列出国内几个单位研制的云母填充改性聚丙烯材料的物理机械性能。这种材料多用于制作汽车仪表板,前灯保护圈、电机风扇等零部件,还可以制作音响部件。

表3 云母填充聚丙烯材料的性能

性能	河北轻化工学院	天津汽车研究所 DTSM551E	保定汽车厂 刚性仪表板
熔体流动速率/g·(10min)$^{-1}$	4.3		2～5
拉伸强度/MPa	38.5	≥35	≥35
断裂伸长度/%	20	≥3	≥2
弯曲强度/MPa	59.7		≥50
弯曲模量/GPa	2.9	3.0	2.5
悬臂梁冲击强度/J·m^{-1}	47.4	≥15	≥30
热变形温度/℃	139		130

除上述各种塑料制品中可使用碳酸钙填料外，还有一些地方使用，如聚氯乙烯板材、压滤机板框用的改性聚丙烯、塑料鞋、塑料日用品等。在回收塑料再生加工时也常常使用碳酸钙和滑石粉，经塑化模压成桶、盆和小农具等。制作玻纤增强聚酯片状模压料(SMC)，团块模压料(BMC)时 $CaCO_3$ 的使用量可达 150 重量份以上。

在塑料行业中使用如此众多品种和数量的矿物填料，那么塑料行业对矿物填料的要求是怎样的呢?

(1)首要的是价格。在市场经济的今天，产品的价格有时成为胜败的关键。目前华北地区大量使用广西产的重质碳酸钙，除交通运输条件好、产品白度高、服务及时等因素外，主要是价格低。过去北方地区主要靠浙江建德地区供应重钙的局面已经一去不复返了。与此同时四川宝兴的重钙以其白度高享誉塑料行业，但因运输困难，尽管出厂价不高，但运到华北地区已比广西产品每吨高出 100 多元，使很多塑料厂不得不把目光转向广西。

(2)其次化学组成、矿物组成、晶形、比表面积、吸油值等物理、化学因素和特征也是塑料行业使用碳酸钙的考虑因素。除前面提到的一些外，我们还遇到一些情况。如北方的重钙除白度不如广西外，使用中还发现聚丙烯扁丝分丝刀片磨损特别严重，查其原因原来是重质碳酸钙中硅化合物含量高，造成对刀片的磨损。又如为什么大家都用碳酸钙而不用碳酸镁呢？为什么都知道用方解石研磨成重质碳酸钙，而不用白云石研磨呢?

白云石理论化学成分为 CaO 30.4%，MgO 21.7%，实际上是碳酸钙、镁盐。白云石在建材、陶瓷、玻璃、冶金、农业等领域已有成熟的使用技术。作为化工产品白云石可用于生产硫酸镁和轻质碳酸镁，轻质碳酸镁还可分解为氧化镁。

从理论上讲碳酸镁应当和碳酸钙一样可用做塑料、橡胶、涂料等的填充剂，但从已得到的文献资料看，除个别地方提到碳酸镁分解成氧化镁和二氧化碳的温度(730～760℃)低于方解石(900℃)和霰石(825℃)，有利于塑料的阻燃外，没有任何碳酸镁作为填料使用的研究报道。白云石中含有碳酸镁，也未看到白云石加工成粉末并用做填料使用的报道。如果想打开白云石矿深加工并进入填料市场的道路，白云石矿行业需要与各行业密切配合找出未能在该行业应用的原因。有的白云石矿颜色洁白，如北京房山和山东莱州都有很好的白云石矿，作为石材出售后的碎渣质地纯净、颜色洁白，非常有开发价值。此外以白云石为原料生产轻质碳酸镁，剩下的副产物轻质碳酸钙也是很好的资源，对其进一步加以利用是非常必要的研究课题。

(3)再次是粒度。非金属矿石通常都需要经过粉碎制成粉末才能作为填料使用。粉碎和粒径分级其能耗和设备投资都要影响填料的加工成本，即粒径越小，价格越高。而填料的用途不同对填料本身粒径大小的要求也是不相同的，并非粒径越小越好。如塑料用填料，粒径越小表面处理越困难，在塑料基体中的均匀分散也越难；同时粒径越小，成型加工时熔融物料的黏度也越大，不仅会消耗更多的能量，有时甚至会因流动性不好而不能成型加工。当然在某些应用领域，对填料的粒径有严格的要求，同时填料达到一定细度后，只要处理得当，还会使填充材料的性能发生质的飞跃。

在注意粒径的时候，还要注意粒径的分布。从填充堆砌理论讲，具有一定分布的不同粒径大小的颗粒才能达到最大堆砌系数，而单一粒径的颗粒堆砌的最为松散、空隙最大。我们在要求填料的粗细应有一个统一的说法的时候，其着眼点是控制最大粒径的颗粒不能有或不能多，而对于在此粒径之下的可以是大小不同粒径的颗粒，单一或分布狭窄的颗粒对塑料填充的效果以及填充材料的成型加工流动性并没有什么好处。

(4)对填料的要求还有色泽。填料的色泽越白越好，这不仅是外观问题，白度越高将来对塑料制品着色带来的影响就越小，着的色也正。有些工业废渣可作为塑料填料使用，作为变废为宝保护环境是可取的，但由于色泽问题大大限制了这些工业废渣的推广使用。

3 橡胶用矿物填料概况

橡胶和塑料一样属于高分子化合物。在塑料、纤维和橡胶三大类高分子材料中，橡胶占的比重不足1/5，但橡胶工业自始一直大量使用各种填料，如炭黑、碳酸钙、高岭土等。

碳酸钙在橡胶工业中应用所起的作用为：

(1)增量、降低成本；

(2)改进加工性能，便于其他助剂加入；

(3)改进硫化胶性能，起半补强或补强作用。

碳酸钙在一些橡胶制品中的用量如表4所示。

表4 橡胶制品中碳酸钙用量

制品名称	含 $CaCO_3$ 质量百分数
鞋(底、沿条、包头、鞋面等)	50～60
胶塞	44
桌椅脚护套	44
皮球	40～50
热水袋	35

对在橡胶中使用的碳酸钙或白云石粉要求含铁、铜、锰等金属元素的量越低越好，特别是锰必须严格限制。如轻钙国标(GB4794—84)中规定铁含量必须低于0.10%，而锰含量必须低于0.008%(二级品)和0.0045%(一级品)。

重钙和轻钙都可作为橡胶制品的填充剂使用，但由于历史原因目前橡胶工业中仍习惯用轻钙。有人曾在丁苯橡胶、丁腈橡胶、顺丁橡胶以及氯丁橡胶加工中试用重钙(0.044 mm粒径)等量代替轻钙，发现填充橡胶的加工性能及制品物理机械性能并不降低，而且重钙吃料速度比轻钙快、易分散，且重钙比轻钙价格便宜，很有推广价值。在此研究工作中发现的主要问题是同等生胶混炼工艺条件下，重钙混炼的可塑度不如轻钙，混炼胶的体积小、表面粗糙，给橡胶制品的成型带来麻烦。

研究表明使用活化碳酸钙可以在鞋底胶料生产中代替立德粉和钛白粉。1～3号天然胶为基料、活性碳酸钙和活性硅粉各50份，与不使用填料而用15份钛白粉与60份立德粉时生产的胶鞋底料性能上无显著差别。

一般的轻钙和重钙仅起填充作用，对填料表面活化可以改善填料的分散性，提高填料的用量而不至于影响制品性能，以及产品的外观光泽好、细腻柔软，加工时不粘辊，硫化时不粘模具等等都与塑料填充时有共同的作用。但在橡胶中如果使用超细碳酸钙，则可显示出明显的补强作用。

广东广平化工实业有限公司生产的白燕华系列超细活性碳酸钙产品其粒径 0.04～0.08 μm,在制造过程中加入表面活性剂进行活化处理(含活性剂量 2%～5%),同时具有很高的白度(94%～98%)。该种产品在天然橡胶中从填充 60 份以内的拉伸强度和定伸强度看,可显示出一定补强效果,而对丁苯橡胶等非自补强性的合成橡胶,补强效果更加明显,其效果达到或接近日本同类产品白艳华,可替代部分或全部白炭黑使用。

甘肃古浪化工厂开发生产的 GG 型超细碳酸钙其粒径在 0.03～0.1 μm,在自行车内胎中使用比同样条件下使用普通轻质碳酸钙,其制品的拉伸强度和撕裂强度均有明显提高,超细钙用量达 40 份时,耐撕裂强度提高 32%。此种超细碳酸钙在天然橡胶中还可代替半补强炭黑。通过等量对比试验,填充橡胶的拉伸强度高于普通轻钙而略低于半补强炭黑。在夹布胶管外层胶料中使用 GG 型超细钙可代替部分半补强炭黑,而和通用炭黑的补强性相比则更好一些。该厂还在胶鞋料中用 GG 型超细钙代替立德粉,不仅补强性好,而且可节约胶 1.36%。

烟台义鸿华侨有限公司生产的超细钙粒径为 0.02～0.08 μm,为六面正方体结晶。经试验 G_4G 超细钙和软质炭黑比较,填充橡胶的扯断强度相近,而伸长率和永久变形优于软质炭黑,且硬度、定伸都较低,而与沉淀法白炭黑相比扯断强度、伸长率匀优,硬度、永久变形相近,仅定伸略低。该公司产品已在汽车内胎中应用代替原配方中的半补强炭黑,使用份数达 50～100 份(烟片胶与丁苯胶为 100)生产成本有所降低。此外在胶鞋大底上也应用良好。

在橡胶电缆中使用煅烧高岭土可获得良好的绝缘性。沈阳电缆厂 1992 年以前一直靠进口煅烧高岭土生产潜油泵电缆和高压橡套电缆、LKY 船用电缆等。经过试验太原八一填料联合厂生产的新型煅烧高岭土已完全能够替代进口产品。

4　造纸工业使用填料的概况

纸由多层相互交错的纤细的纤维组成,但完全由纤维构成的纸因纸面粗糙或太透明不利于书写和印刷。矿物填料填充在纸中或涂覆在纸表面上,可以提高纸面的平滑度、提高纸的白度、降低透明度,还可使纸表面有光泽感并改善纸张对油墨的亲和性,同时还可降低纸的成本。

世界上造纸工业使用的矿物大约有 100 多种,我国目前使用的也有许多种,如作为填料使用的有滑石粉、轻钙、重钙、高岭土、沸石、硅藻土等;作为表面涂布使用的有高岭土、叶蜡石、滑石、方解石、白炭黑等;用于化学反应的有硫酸铝、硫酸钡、烧碱等;造纸机械零部件和矿物有关的有花岗岩石刀、刮水板、耐温材料等。此外还有一些矿物用来制作特种纸如云母纸、隔热纸、石棉滤纸等等。

滑石粉大量用做填料,少量用于表面涂布和做树脂吸附剂。日本每年所消耗的滑石粉中 70%是用于造纸的,而在我国造纸用的滑石粉占全部产量的一半左右。滑石粉的优点是改善平滑度效果好、磨耗小,对酸性抄纸、碱性和中性抄纸都能适应,其缺点是散射系数低。

涂布用的滑石粉要求 −2 μm 的达 70%以上,白度不得小于 87%。近年来国外用于凹版涂布的滑石粉白度要求更高,至少 90%,−2 μm 需达 85%～95%。

许多国家造纸大量使用高岭土,美国的高岭土消费中有 60%用于造纸,其中将近一半用于涂布。我国高岭土资源丰富本应成为出口大国,但由于细度、白度等问题,造纸用的高岭土每年还需进口数万吨。1996年我国机制纸和纸板产量约2500万t,占世界第4位,人均消费纸约20 kg,而达到世界人均消费水平总产量需达到5500万t。对刮刀涂布工艺,所用高岭土要求白度大于或等于86%,粒度-2 μm占86%~90%,黏浓度68%~70%,磨耗值≤2 mg/2000次;对于中低档气刀涂布工艺,要求白度大于或等于85%,粒度-2 μm占80%~86%,黏浓度大于或等于65%,磨耗≤10 mg/2000次。目前国际上对造纸用高岭土的要求更高,白度大于90%,黏浓度大于70%,粒度-2 μm>95%,磨耗值小于1 mg/2000次。

纸中使用填料的多少根据纸的用途分类可填充百分之几到百分之十几,如新闻纸可填充8%,纸板可填充10%,而印刷纸和书写纸可填充10%~20%,最多可达30%。

随着造纸工艺从酸性上胶转变为碱性上胶,碳酸钙被大量用做造纸填料。目前北美造纸工业中碳酸钙填料的使用量已上升到30%,涂布用的也已上升到10%,在西欧高岭土占造纸涂料的65%,填料的55%,而碳酸钙已分别占到30%和35%的份额。

根据前10年的统计,1989年全世界造纸用矿物总量为2000万t,按年增长量7%计算到目前全世界造纸用矿物年消耗量为2800万t。据预测今后的增长速度也不会太低,下个世纪初全世界造纸用矿物的年消费量将达到3000多万吨。造纸工业发达的美国、日本、加拿大、德国和芬兰分别占有世界造纸用矿物总消耗量的30%、16%、9%、8%和8%。

我国按照年产纸张2200万t计算,约需高岭土150万t,其中涂布级高岭土需求量为50万t。

由于造纸工艺由酸性造纸向碱性造纸转化,用碳酸钙这种碱性填料代替高岭土已成为一种趋势,因为碳酸钙比高岭土便宜、白度更高、油墨吸收性和通气性更好、填充和涂布的纸张抗腐蚀性和耐久性更好。目前北美碱性造纸工艺已达到一半以上,未来几年有可能达到90%,碳酸钙在造纸矿物中的份额也会随之大幅增加。世界的这种总变化趋势迟早也会在我国出现,我们应当为此做好充分的准备。

表5列出了唐山东矿化工厂开发生产的造纸涂布用重钙技术性能指标及与美国同类产品比较情况。

表5　中美两国造纸涂布用重钙技术指标比较

产　地	粒度分布/%			平均粒径/μm	磨耗/mg·(2000次)$^{-1}$	325目筛余物/%	pH	黏度/cp		
	<10μm	<2μm	<1μm					60r/min	30r/min	12r/min
东　矿	100	100	95	0.64	2.8	0.01	9.0	352	630	540
美　国	100	85	33	1.40	6.8	0.01	9.2	455	802	1675

5　结束语

非金属矿物深加工技术的进步和社会各界对非金属矿自身的价值与潜在的价值越来越深刻的认识必将给非金属矿行业带来美好的发展前景,但也必须看到发展道路上的困难和目前存在一些问题。我们衷心希望非矿行业的主管部门认真组织,开展一系列带有方向性的全行业共同面临问题的研究工作,并与下游应用行业紧密配合,采取切实可行的措施,为非矿产品在塑料行业以及其它应用领域开拓市场,取得良好的经济效益和社会效益而努力!

橡胶工业用非金属矿粉体材料的改性

吕百龄

（北京橡胶工业研究设计院）

1 引 言

橡胶工业是国民经济中的一个重要部门，它的发展与工业、农业、交通运输和国防建设有密切的关系。

橡胶工业中大量使用非金属矿物材料作为填充剂。比如含碳酸钙的大理石、石灰石、白垩、贝壳；含碳酸镁的白云石；含硅酸钙的硅灰石；含硅酸镁的滑石、海泡石；含氟铝酸钠的冰晶石；含无定形碳的石墨、煤粉；含硅酸盐的石棉、叶蜡石、煤矸石、油页岩、粉煤灰、凹凸棒黏土、红黏土、赤泥、硫酸盐的重晶石、石膏以及天然陶土（黏土或高岭土）、硅藻土（粉石英）等等，其用量约为30万t。

非金属矿物材料加入橡胶，主要起填充增容作用，有时兼有补强、隔离、脱模或着色的作用。

加入这些材料的目的，主要是为了降低成本，有时也能改善加工工艺，提高生产效率。高性能橡胶制品对填料提出了更高的要求，仅通过粉碎达到一定细度已不能满足使用要求，必须进行表面改性，使其提高品级档次，才能适应日益发展的高新技术橡胶制品的需求，这些需求促使粉体技术不断发展、创新。

非金属矿物粉体材料未经改性直接用于填充橡胶，会降低胶料的加工性能和硫化胶的力学性能，经过表面改性处理，使其性能得到显著改善，亦可使之由非功能型转变为功能型。故改性技术成为当今粉体材料深加工重要技术之一，近年来受到了前所未有的关注。

2 改性原理和方法

非金属矿物粉体材料加入橡胶，由于彼此之间极性差异较大，相容性差，界面结合力小，不易分散，故胶料性能较差。改性的目的就是要通过物理的、化学的或机械力化学的作用，减小其界面极性差异，改善相容性，提高其界面结合力，从而改善胶料的性能。

曾有人将改性方法分为表面包覆法、表面化学法、机械力化学法、沉淀反应法、外膜层（胶束）法和高能表面改性法等6种。这种分类法虽然直观，但随着改性技术的发展，分下去会越分越细，过于繁杂。

本文按照改性原理将改性方法概括分为以下3类。

2.1 物理法

凡是不用改性剂而对粉体材料进行表面改性的方法称之为物理改性法。该法包括聚合物涂敷改性和高能表面改性等。

涂敷改性采用聚合物或树脂对粉体材料进行涂敷，如用聚乙二醇对硅灰石进行包覆，改性产品用于填充聚丙烯，能有效提高其耐冲击强度和耐低温性能。

高能改性是利用红外线、紫外线、电晕放电和等离子体等手段对粉体材料进行表面改性的方法。例如碳酸钙表面通过高能辐射，大大改善了它和聚乙烯之间的相容性，使其填充物拉伸强度和冲击韧性有明显提高，加工性能也有所改变。此法由于工艺复杂，成本高，目前尚未实现工业化应用。

2.2 化学法

凡是利用各种改性剂通过化学反应或化学吸附对粉体材料进行改性的方法统称为化学改性法。该法包括表面化学改性、化学气相沉积和酸碱处理等。这是目前最有效的改性方法。

改性剂用得最多的是表面活性剂和偶联剂，两者改性机理很相似，都是其分子一端的极性基团与粉体材料表面发生物理吸附或化学反应而连接在一起，另一端的键烃基团与聚合物基体产生物理缠绕，将极性不同、相容性差的两种物质桥联起来，从而增强其相互作用，改善制品性能。不同的是偶联剂具有多种基团，有更广泛的适应性和更强的功能性。常用的表面活性剂为硬脂酸及其盐类、酯类等。常用的偶联剂有硅烷、钛酸酯、铝酸酯、硼酸酯、磷酸酯和锆酸酯等。总之，用含—COOH，$=$CO，—NH_2，—$Si(OP)_3$，—H(OR)等基团的活性剂、偶联剂对粉体材料进行处理，都能取得明显的改性效果。

例如碳酸钙补强性能极小，用脂肪酸钙，能均匀分散于橡胶，增加橡胶与碳酸钙颗粒表面的湿润程度，进而显著提高其对橡胶的补强性能。这种经表面活化处理的碳酸钙称为“白艳华”。其粒径为0.03～0.08 μm，比表面积为22～50 m^2/g以上，其补强性能可与白炭黑比美。

用硬脂酸、硫基硅烷、乙烯基硅烷、氨基硅烷及钛酸酯对陶土进行改性，使其表面增加疏水性，能提高硫化胶的拉伸强度，定伸应力，降低发热及压缩永久变形，其补强性能与白炭黑相当，耐老化性能较好。

此外用脂肪酸及其盐改性碳酸钙、硅灰石、氢氧化铝；用锆铝酸酯改性石英、黏土和碳酸钙都取得良好的效果。

2.3 机械力化学法

凡是利用某种机械方式在粉体材料表面引发的机械力化学效应来实施改性的方法统称为机械力化学改性法。该法系通过粉碎、磨碎、摩擦等机械作用使粉体材料晶格结构、晶型发生变化，使其内能增长，温度升高，促使粉体粒子熔解、热分解，产生游离基或离子，增强其表面活性，使之和其他物质发生化学反应或相互附着，达到表面改性的目的。

在生产实践中，材料的超细粉碎和改性是两道独立的工序。如在粉碎的同时加入改性剂，则可充分利用粉碎过程产生的机械力化学效应来强化改性效果。两道工序合二为一，可简化工艺、降低生产成本，是很有实用价值的高效改性方法。在介质搅拌磨中使用硬脂酸对重质碳酸钙进行表面改性和对硅灰石进行表面改性将属于这类复合改性方法。

3 偶联剂改性粉体材料

在物理法、化学法和机械力化学法3类改性方法中,对非金属矿物粉体材料改性最常用、最有效的是化学改性法。诸多化学改性剂当中,最适用的是各种偶联剂,尤其是硅烷偶联剂和钛酸酯偶联剂。表1给出这两种偶联剂适用范围及改性效果。

表1 改性剂适用范围及效果

改性剂类型	粉体材料	适用聚合物	应用效果
硅烷偶联剂	二氧化硅、碳化硅、硅灰石、硅酸盐、氧化铝、氢氧化铝、云母、蛭石、滑石粉、膨胀性黏土、石棉、海泡石	天然橡胶、丁苯橡胶、顺丁橡胶、异戊橡胶、氯丁橡胶、丁腈橡胶、丁基橡胶、乙丙橡胶、聚氨酯及树脂	改善橡胶力学性能、耐热性能和电性能
钛酸酯偶联剂	碳酸钙、硅灰石、石膏、氢氧化铝、氢氧化镁、二氧化硅、陶土、滑石粉、钛白粉、石墨等	聚乙烯、聚丙烯、聚苯乙烯、聚氯乙烯、酚醛树脂、环氧树脂、及聚酯等	改善耐冲击性能、老化性能、低温柔性;但降低抗张强度、抗弯强度和模量

3.1 硅烷偶联剂

结构式:Y—R—Si—X_3

式中 X——可水解的基团,如甲氧基、乙氧基、乙酰氧基。

Y——有机官能团,通过烷基R与—Si—连接起来。

如CH—550(A—1100)

结构式为:$H_2NCH_2CH_2CH_2Si(OCH_3)_3$

所有硅烷都可以与水或醇反应,反应速率取决于硅烷的种类。硅烷必须与水反应后才能在粉体材料表面起偶联作用。整个过程分为两步,首先硅烷的硅氧基部分水解产生三硅醇基,然后此硅醇基再与粉体材料表面缩聚形成化学键或氢键。

经硅烷改性处理的粉体材料可以显著改善胶料的加工性能及硫化胶的力学性能,也能改善橡胶和骨架材料的粘合性能及产品的外观。

例如用硅烷偶联剂处理漂白硅灰石粉,可替代立德粉或钛白粉用于白色胶料。用硅烷处理海泡石粉,其补强性能接近白炭黑。

硅铝酸盐类矿粉经超细粉碎,用硅烷处理制得的补强剂6851系列产品,补强性能接近半补强炭黑,可部分替代半补强炭黑用于各类橡胶制品,尤其适用于丁基内胎、胶管、胶带、电线、电缆、自行车轮胎,在乙丙橡胶胶料中可部分替代快压出炉炭黑,在不影响力学性能的前提下提高了耐热性能,改善了工艺性能。使用补强剂6851的一个显著优点是能在保持原配方胶料力学性能的基础上,大幅度降低生产成本,提高经济效益。

由硅灰石粉经表面改性处理制得的FD系列补强剂用于部分替代炭黑或白炭黑,也有较好应用效果。

橡胶工业常用硅烷偶联剂品名、牌号及厂家见表2。

表 2　橡胶工业用硅烷偶联剂

化学名称及结构式	商品牌号(国别及厂家)
乙烯基三乙氧基硅烷 $CH_2 = XHSi(OCH_2CH_3)_3$	A－151 (美国 Union Carbide Corp;Osi;Specialties, Inc.)
乙烯基三(2-甲氧基乙氧基)硅烷 $CH_2 = CHSi(OCH_2CH_2CH_3)_3$	A－172 (美国 Union Carbide Corp;Osi;Specialties, Inc.)
γ-甲基丙烯酰氧基丙基三甲氧基硅烷 $CH_2 = CHSi(OCH_2)3Si(OCH_3)_3$	KH－570(中国南京曙光化工厂) A－174(美国 Union Carbide Corp;Osi;Specialties, Inc.) Z－6030(美国 Dow Corning Corp) KBM－503(日本信越)
γ-硫基丙基三甲氧基硅烷 $HSCH_2CH_2CH_2Si(OCH_3)_3$	KH－590(中国南京曙光化工厂) A－189(美国 Union Carbide Corp;Osi;Specialties, Inc.) Z－6011(美国 Dow Corning Coep.) GF－70(德国 Wacke Chemic Gmbh Div.) KBM－803(日本信越)
γ-氨基丙基三乙氧基硅烷 $H_2NH_2CH_2CH_2Si(OC_2H_5)_3$	KH－550(中国南京曙光化工厂) A－1100(美国 Union Carbide Corp;Osi;Specialties, Inc.) Z－6011(美国 Dow Corning Coep.) KBM－903(日本信越)
双(3-三氧基硅烷基丙基)四硫化物 $H_5C_2O-Si(OC_2H_5)_2-(CH_2)_3-S_4-(CH_2)_3-Si(OC_2H_5)_2-OC_2H_5$	KH－845－4(中国南京曙光化工厂) A－1289(美国 Dow Corning Coep.) Si－69(德国 Degussa AG)

3.2　钛酸酯偶联剂

该类偶联剂有以下几种类型：

单烷氧基型易水解，要求粉体材料含水率在0.4%以下；

焦磷酸酯型适合于处理具有物理或化学结合水的粉体材料；

螯合型具有高度水解稳定性，可用于很潮湿的物料以及聚合物的水溶液体系中。

常用钛酸酯偶联剂类型、牌号及厂家见表3。

表 3　常用钛酸酯偶联剂

类　型	商品牌号(国别及厂家)
单烷氧基型	NDZ－101(中国南京曙光化工厂) KR－TTS(美国 Kenrich Petrochemicals, Inc.)
单烷基氧磷酸酯型	NDZ－102(中国南京曙光化工厂) KR－12(美国 Kenrich Petrochemicals, Inc.)
单烷氧基不饱和脂肪酸型	ND2－105(中国南京曙光化工厂) KR－TTS(美国 Kenrich Petrochemicals, Inc.)

续表 3

类　型	商品牌号(国别及厂家)
单烷氧基脂肪酸型	ND2－109DN2－130(中国南京曙光化工厂) KR－9　KR－TTS(美国 Kenrich Petrochemicals,Inc.)
焦磷酸型	ND2－201(中国南京曙光化工厂) KR－38(美国 Kenrich Petrochemicals,Inc.)
配位亚磷酸酯型	ND2－401(中国南京曙光化工厂) KR－41B(美国 Kenrich Petrochemicals,Inc.)
螯合焦磷酸酯型	DN2－311　DN2－311W①(中国南京曙光化工厂) KR－138　KR－238　KR－238T① (美国 Kenrich Petrochemicals,Inc.)

①此为同牌号产品经技术处理制成的水溶性偶联剂。

4　改性工艺及设备

粉体材料的改性工艺显著影响改性效果。应当根据材料特性及应用目的合理选择改性工艺。可以将粉体材料的改性工艺归纳为表面处理法,复配造粒法及彩色母粒法 3 种。

4.1　表面处理法

表面处理法分为干法和湿法 2 种。

干法是将改性剂直接混入粉体材料,或将改性剂溶入惰性溶剂后喷淋于粉体料表面,充分混匀后进行干燥或其他处理。该法具有操作简单、耗能少、改性剂用量可以精确控制等优点,是目前普遍采用的工艺方法。如使用硅烷偶联剂作为改性剂时,既可将硅烷直接喷洒在搅拌的粉料中,又可用水或水/醇混合物稀释成 25% 的溶液处理粉料。使用稀释液能使其分散更均匀,并减少硅烷损失。处理后粉料在 120℃ 下烘干 15min。使用钛酸酯偶联剂作改性剂时,先将粉料加入混合器中,加热搅拌,升温到 50℃ 左右,然后均匀加入偶联剂或其非水溶剂稀释液,加完后继续搅拌 10～15min。

偶联剂用量为粉料重量的 0.1%～3.0%,最佳用量配比由试验确定。如同时使用硅烷和钛酸酯作为复合改性剂,即可产生协同效应,获得超过两者单用性能叠加效果。

湿法是将改性剂直接加到粉体材料的浆料中,常用脂肪酸等水溶性改性剂。该法的优点是改性处理比较均匀;缺点是工艺烦琐、效率低、成本高。如轻质碳酸钙的改性即可在制备过程中或在浆料中进行。

表面处理法使用的设备为高速搅拌机,配以喷洒改性剂的装置;有时也使用介质搅拌磨,如用硬脂酸对硅灰石粉进行改性即可用此设备进行。

4.2　复配造粒法

借助于物理混合与包覆,使两种或多种粉体材料按定量配比均匀混合为一体的方法称为复配法。粉体材料加入造粒剂制成球形、棒形、片形产品的方法称为造粒法。通过复配和造粒可以使粉体材料多功能化和高效化,发挥不同组分配合的协同效应,还可以防止粉料在使用中飞扬污染环境,便于实现自动称量投料。这是当今粉体材料剂型改进的方向。

通常复配造粒结合进行,复配产品以粒状形态供应。

复配造粒法使用设备为混合造粒机,根据物料性能及造粒形状选择造粒机形式。如物料呈熔融态则可选用熔融冷却式造粒机。

4.3 彩色母粒法

粉体材料使用中的一个大问题是容易飞扬,造成计量不准和污染环境,加上易吸附于容器内壁,难以使用自动称量系统。为了解决这一问题,造粒工艺应运而生。虽然造粒能解决飞扬问题,亦能适用于自动称量系统,但在混炼中不易分散均匀。为解决上述诸问题,发展了彩色母粒工艺,即以高分子材料作载体,与粉体材料按一定比例制成母炼胶,切成粒状。为了便于配料工识别,可加入少许颜料制成彩色母粒。这一工艺不仅消除了粉体材料的飞扬污染,便于自动称量系统准确称量投料,还能在混炼过程中迅速分散均匀。不但缩短了混练时间,节约了能耗,还能提高粉体材料的有效功能。

彩色母粒工艺设备宜选用密闭式混炼机和挤出切粒机。载体材料种类和造粒形状大小均可按用户要求改变。

5 结束语

在橡胶工业中,大量使用非金属矿物粉体材料作为填充剂。

直接使用经超细粉碎未改性的粉体材料,由于其极性与橡胶的差异,使之在橡胶中不易分散均匀,掺入后会降低胶料的工艺性能和硫化胶的力学性能。通过改性的粉体材料,由于减小了其极性与橡胶的差异,可以提高胶料的工艺性能和硫化胶的力学性能。

非金属矿物材料在橡胶工业中的应用

吕百龄

（北京橡胶工业研究设计院）

1 引 言

在橡胶工业中，大量使用非金属矿物材料作为填充剂，如按生胶消耗量为100，炭黑用量为50，无机填料为25，无机填料中非金属矿物材料占60%的比例估算，全世界生胶消耗量为1500万t，炭黑消耗量约为750万t，无机填料耗用375万t，其中非金属矿物材料为225万t。我国耗胶量为140万t，无机填料耗用35万t，其中非金属矿物材料占21万t。

非金属矿物材料加入橡胶，主要起填充增容作用，某些品种也兼有补强、隔离、脱模或着色的作用。

加入矿物材料的目的，主要是为了降低成本，有时也能改善加工工艺，提高生产效率。

橡胶工业对用作填料的矿物材料有一定的要求，如颗粒大小、形状和表面性质等。符合这些要求的材料，就能在橡胶工业中发挥应有的作用。

高性能橡胶制品，对矿物材料提出了更高的要求。矿物材料仅通过粉碎研磨分级已不能满足使用要求，必须通过表面处理、活化改性等方法，使其提高品级档次，才能适应日愈发展的高新技术橡胶制品的性能要求。只有作为使用部门的橡胶工业界和矿物材料生产部门之间的密切合作，才能加快这一适应过程，促进双方共同发展。

2 对填料的要求

2.1 一般要求

(1)化学活性不高与橡胶不起化学作用；

(2)不影响硫化胶化学性能，即耐候性、耐酸性、耐碱性和耐水性；

(3)不明显降低硫化胶的力学性能；

(4)在橡胶中易混入、易分散、可大量填充；

(5)价廉易得。

2.2 性能要求

(1)颗粒大小：颗粒愈细，与橡胶接触面积愈大，补强效果愈好，但必须分散均匀，如果分散不均匀，即使颗粒很细，补强效果亦不好。

(2)颗粒形状：矿物固体粉料分无定形和结晶型2种。结晶型又分异轴结晶和等轴结晶2种，前者三轴有显著差异，各向异性；后者三轴相似，各向同性。在常用矿物填料中，陶土、石墨、硅藻土属异轴结晶系,碳酸钙为等轴结晶系。

要求耐磨和耐撕裂性能好的橡胶制品,不宜用异轴结晶型材料。

颗粒形状以球形较好,扁形或针形填料在硫化胶拉伸时容易产生定向排列,致使永久变形增大,抗撕裂性能降低。

(3)颗粒表面性质:填料混入橡胶,其粒子被橡胶分子包围,粒子表面被橡胶湿润的程度,对补强效能有很大影响。不易湿润的颗粒,在橡胶中不易分散,容易结成小团,降低其补强效能。但这种状况可以通过加入某种有助于增加湿润的物质获得改善,比如补强效能很小的碳酸钙,加入脂肪酸后,降低了表面张力,增加了湿润程度,提高了补强效果。

3 矿物填料的作用及常用品种

3.1 在橡胶中的作用

天然无机矿物材料在橡胶中主要用作非活性填充剂或增量剂。橡胶中大量填充这种材料主要目的是降低含胶率,进而降低生产成本,有时也能改善加工工艺性能,比如提高压出、压延速度,使压出压延胶料表面光滑。矿物填料比表面积达到 20 m^2/g 以上时,对非结晶型橡胶有一定补强作用。在某些情况下,还能起隔离剂、脱模剂、差色剂或表面处理剂的作用。

3.2 常用品种

3.2.1 陶土

陶土包括高岭土、瓷土、白土、皂土或纯净黏土。是橡胶工业用量最大的矿物填料,用量约占矿物填料总量的59%。其主要成分为氧化铝和氧化硅的结晶水合物。

按其粒径大小可分为:

(1)硬质陶土:粒径≤2 μm 的占 80%以上,≥5 μm 的占 4%~8%,比表面积为 22~26 m^2/g,在橡胶中有半补强作用,能改善硫化胶的力学性能。

(2)软质陶土:粒径≤2 μm 的占 50%~74%,≥5 μm 的占 8%~30%,比表面积为 9~17 m^2/g,在橡胶中无补强作用,硫化胶力学性能差。

(3)高级陶土:粒径≥1 μm,含少量有机物,微具吸湿性。

使用陶土应严格控制其水分含量。水分高不易分散,硫化胶容易起泡。经过煅烧的陶土,胶体性质起了变化,失去了可塑性,不再适合橡胶工业使用。

加入陶土对胶料性能有如下影响:

随着用量增加,硬质陶土胶料可塑性下降,软质陶土影响不显著。但两者都能减小收缩率,使表面光滑。

随着用量增加,扯断强度、耐磨性、定伸强力均提高,用量为 20 份最好。伸长率则随用量增加而下降。

由于陶土属异轴结晶系,各向异性,耐撕裂性能差。但用于丁基橡胶却能改善其耐撕裂性能,硬质陶土比软质陶土耐撕裂性能好。

由于硬质陶土粒径比软质陶土小,其胶料生热比软质陶土高。

胶料的回弹性软质陶土高于硬质陶土。

软质陶土胶料比硬质陶土胶料永久变形小。

硬质陶土胶料的龟裂增长比软质陶土胶料慢。

3.2.2 碳酸钙

碳酸钙是橡胶工业中用量仅次于陶土的矿物材料，其用量约占无机矿物填料总量的27%。由天然大理石、石灰石、白垩、方解石、白云石或牡蛎、贝壳等经粉碎、风选到一定细度制得。

按粒径大小可分为：

(1)重质碳酸钙：又称重钙。粒径在10 μm左右。用于橡胶主要起填充增容作用，无补强效能。

(2)轻质碳酸钙：又称轻钙。粒径在0.5～6 μm之间，由沉淀法制得，有半补强效能。

(3)超细碳酸钙：粒径在0.01～0.1 μm之间，有较高的补强效能。

3.2.3 其他矿物填料

(1)滑石粉：由天然滑石经干法、湿法粉碎或高温煅烧而得，是六方或菱形结晶颗粒，粒径为1.3～149 μm。其化学组成为水合硅酸镁。用作橡胶填充剂、增容剂、隔离剂及表面处理剂。

(2)硅灰石粉：由天然硅灰石经选矿、粉碎制得，粒径为3.5～75 μm。其化学成分为偏硅酸钙。用作橡胶填充剂和白色颜料。

(3)云母粉：由天然云母矿石经干法、湿法研磨制得。其化学成分为硅酸钾盐。用作橡胶填充增量剂。绢云母有补强效能，可替代部分半补强炭黑使用，还可用作隔离剂。由于它属单斜晶系，其结晶呈薄片状，能提高橡胶的阻尼性能。它有良好的耐热、耐酸性能和电绝缘性能，还有防护紫外线和放射性辐射的功能，可用于特种橡胶制品。

(4)石棉：由天然石棉矿加工制成，其化学组成为含镁、铁、钠的硅酸盐，呈纤维状结晶。它对橡胶有补强作用。突出的优点是隔音、隔热、耐酸、耐碱和绝缘，也可用作隔离剂。

(5)长石粉：由天然花岗石经浮选，除去二氧化硅、云母后再经研磨制得。其化学成分是无水硅酸铝，随其钠、钾、钙氧化物含量不同分别有钠长石、钾长石和钙长石，用于胶乳不破坏皂液性质，能防止附聚作用。亦可用作丁苯橡胶和聚氨酯橡胶的填充剂。

(6)煤矸石粉：由天然煤矸石经研磨而得。其化学组成类似高岭土，即为氧化硅和氧化镁的混合物，惟挥发成分高达27%。有半补强效能，俗称硅铝炭黑。易混入橡胶，分散性好，可替代部分炭黑作补强剂使用。

(7)海泡石粉：由天然硅酸镁黏土矿经精选、深加工制得。其化学成分为氧化硅和氧化镁的水合物，含少量铝和铁氧化物。在浅色橡胶制品中用作补强剂，性能仅次于白炭黑。

(8)凹凸棒黏土粉：由蒙脱石等硅酸铝镁类矿物精选加工制得。其化学成分为硅、铝氧化物，含少量铁、钙、锰氧化物。白色纤维状结晶，表面有凹凸沟槽，故得此名。是半补强类型填充剂，能使压出压延胶料表面光滑。

(9)白云石粉：由天然白云石粉碎加工制得。化学成分为碳酸钙镁。用作橡胶填充剂，也可用作白色颜料的增容剂。在橡胶中易分散，能增加胶料挺性。

(10)重晶石粉：由天然重晶石经研磨、水洗、干燥及风选制取。其主要化学成分为硫酸钡(占90%以上)。用作橡胶填充剂、着色剂，多用于浅色橡胶制品。

(11)冰晶石粉：由天然冰晶石经粉碎研磨制得，主要化学成分为氟铝酸钠，是橡胶、胶乳用填充剂。

(12)石墨:由天然或人造石墨经粉碎加工制得。是碳的片状结晶物。能传热、导电、耐高温,用作橡胶填充剂,能改善胶料的加工性能和动态力学性能,显著提高阻尼性能。

4 发展前景

非金属矿物材料用于橡胶工业一个最大的优势是价廉易得。我国地大物博,资源丰富,非金属矿物资源遍及全国。如何进一步开发利用好这些资源,是广大科技工作者应当十分关注的重大课题。

4.1 根据矿物材料特性开拓应用领域

几乎所有非金属矿物材料都能用于橡胶工业,最普遍的用途是作为橡胶的填充增量剂,应用效果是能降低含胶率,进而降低生产成本,增加企业效益。

但各种矿物材料由于化学组成不同,结构不同,导致性能不同。比如滑石粉由于有滑感,用于混炼胶片之间、半成品之间防粘作隔离剂即用此特性。石棉用其隔热特性制造耐热橡胶制品。云母、石墨用其片状结晶结构特性,制造高阻尼橡胶减震制品。各种矿物材料据其色泽不同用作着色剂或颜料增容剂等。

4.2 根据橡胶制品性能需要对矿物材料进行改性

天然矿物材料经过表面处理或化学改性,性能大幅度提高。

(1)碳酸钙补强效能极小,如用脂肪酸进行活化处理,使其表面形成脂肪酸钙,能均匀分散于橡胶,增加橡胶与碳酸钙颗粒表面的润湿程度,就能显著提高其对橡胶的补强效能。这种经表面活化处理的碳酸钙,称为“白艳华”,其粒径为 0.03~0.08 μm,比表面积为 22~50 m^2/g 以上,其补强性能可与白炭黑相比美。

(2)用硬脂酸、硫基硅烷、乙烯基硅烷、氢基硅烷及钛酸酯偶联剂对陶土进行改性,使其表面增加疏水性,可提高胶料的拉伸强度、定伸应力,降低生热和压缩永久变形,其补强性能与白炭黑相当,防老化性能较好。

(3)用硅烷偶联剂处理漂白硅灰石粉,可替代立德粉或钛白粉用于白色胶料。

(4)用硅烷处理海泡石粉,其补强性能接近白炭黑,价格仅为白炭黑的一半。

总之,用含—COOH,═CO,—NH_2,—$Si(OR)_3$,—$Ti(OR)_3$ 等基团的活性剂、偶联剂对矿物材料进行处理,都能显著提高其对橡胶的补强效能。

非金属矿物填料、颜料在涂料中的应用现状和发展趋势

杨宗志

（化工部涂料工业信息中心　化工部常州涂料化工研究院）

1 前　言

在涂料配方中，应用两类非金属矿物的加工产品：一类是天然碳酸钙（重钙）、高岭土（瓷土）和滑石粉等，其折射率在1.70以下，因而是基本上没有遮盖力的白色或近白色产品，主要用作填料；另一类是云母氧化铁、天然红土、赭石、黄土、石墨等有遮盖力的彩色产品，主要用作防锈、着色和其他特种功能的颜料。

前者种类众多，应用量大、面广，在涂料工业中具有重要意义；后者在涂料中应用量小、面窄，仅有较小的重要性。

无机填料又称体质颜料，有时也称颜料增量剂，可分为非功能性填料和功能性填料。前者主要起增量作用，借以降低涂料的原材料成本；后者除具有增量作用外，还具有改进涂料或涂膜的某些性能的功能，如控制流变性、改进附着力、控制光泽、提高遮盖力、防止腐蚀和优化颜料体积浓度等。

涂料是无机填料的三大主要用户之一。目前世界涂料产量约2300万t/a，共消费填料约600万t/a，其中非金属矿物填料占有极大的比例。我国已成为世界上的涂料生产大国之一。据化工部统计，1996年化工部门的涂料产量达168万t/a，再加上非化工部门生产的建筑涂料约150万t/a，共约300万t/a，大约消费无机填料80～100万t/a。

迄今为止，我国涂料的产品档次和质量无法与发达国家相比，对无机填料的应用比较粗放，相比之下，发达国家为提高质量和降低成本，对无机填料的选用十分严谨，大量采用微细化和超微细化以及化学预处理（表面改性）的精细填料。

随着我国涂料工业的发展，估计到21世纪，我国涂料工业必然将会像目前发达国家的涂料工业一样，对无机填料提出更高的技术要求，这会促进我国的无机填料工业进一步发展。为着眼于未来，了解一下涂料工业，特别是发达国家的涂料工业应用无机填料的现状和发展趋势，是有益的。

2 对无机填料的一般要求

不同的涂料品种和等级对填料的技术要求是不一样的，但一般而论，涂料用的填料，应当具有如下的一些共同性能。

第一，白度（明度）应高，特别是在对涂膜颜色要求很高的涂料中，明度一般都要求在90%以上。这就要求填料中的有色金属杂质含量要低，粒度及粒度分布要好。

第二，填料质地要柔软，易分散程度应高。这不仅有利于涂料生产商降低研磨分散过程的能耗和时间，更重要的是有利于涂料性能的发挥，因为填料和颜料分散好坏，对涂膜性能（光泽、颜色、耐久性等）有直接的影响。

第三，吸油量要尽可能低，因为只有较低的吸油量，才能提高涂料的临界颜料体积浓度（CPVC），从而节约更多的树脂基料，多用廉价的无机填料，才能适应符合环保要求的现代高固体分涂料的要求；才能制备出含量更高的预分散填料浆；才能与吸油量日趋降低的颜料（特别是钛白粉）相配套。常用非金属矿物填料的吸油量如表1。

表1　涂料用非金属矿物填料的吸油量(g/100g)

填　料	吸 油 量	填　料	吸 油 量
重晶石粉	8～15	含碳酸钙滑石粉	39～42
白垩粉	12～22	云母粉	45～90
晶体碳酸钙	10～22	石英粉	14～25
白云石粉	10～22	硅藻土	60～100
瓷土	30～60	片状滑石粉	35～72
纤维状滑石粉	37～42		

第四，能使涂料具有良好的流变性（流动性、流平性、悬浮性、增稠性等），以使涂料在储存时不沉降，便于施工成膜，形成光滑平整的涂膜。

第五，应当与涂料中的基料、颜料和其他添加剂有良好的相容性，但同时应当有一定的惰性，不与上述成分发生化学反应。

第六，要具有适宜的比表面积，因为它影响着涂料的黏度、流动性、分散稳定性、沉降性和吸油量等技术指标。

第七，要具有确定的粒子形状和晶型，因为只有确定的粒子形状，才能保证填料在涂料中有应当发挥的功能；只有确定的晶型，才有确定的折射率等光学性能。

第八，也是最重要的一点，应当有确定的粒径和狭窄的粒径分布，超尺寸的大粒子（筛余物）应尽可能低。现代涂料要求填料在许多应用领域里具有微细化甚至超微细化的粒径，其绝大部分粒径能与所配套的颜料粒径相比较，只有这样，才能发挥它在涂膜中的空间位隔作用，使涂膜中的颜料粒子均匀分布，从而最大限度地发挥颜料的遮盖（如钛白粉）、着色（如彩色颜料）和防锈（如防锈颜料）等潜力，起到部分节代颜料的作用。

与国外相比，我国涂料工业对非金属矿物填料的技术要求不高。我国涂料工业对某些非金属矿物填料的技术要求，见化学工业出版社1992年出版的《涂料工业用原材料标准手册》。

最后，涂料工业对非金属矿物填料的一项经济要求，是填料售价尽可能要低，特别是深度加工的填料和功能性填料，价格一定要能为涂料厂家所接受，对于大宗填料，就近供应原则也是必须考虑的。

3　几种非金属矿物填料在涂料中应用概况

3.1　天然碳酸钙（C.I颜料白18，NO77220）

天然碳酸钙简称重钙，包括方解石、大理石、白垩、石灰石，国外甚至包括白云石。

由于白度(明度)高,吸油量低,密度不大,微细粒子具有很高的空间位隔能力,再加上价廉易得,重钙是世界涂料的第一大填料,特别是西欧,涂料工业消耗重钙的数量达到70万t/a左右,美国也有20~25万t/a的水平。随着水性涂料产量的增大,重钙的用量会进一步提高。

重钙可用于各种各样的内用和外用涂料中,但最适宜于水性涂料中的应用。由于其耐酸性差,妨碍了它在外用涂料中的应用,因为日趋严重的酸雨会破坏这种涂膜。在一般涂料中,重钙的加量为10%~35%,在各种浮雕花涂料中含量高达50%。

涂料工业采用重钙除用于增量外,主要用于部分取代TiO_2(最大30%,一般10%~20%)和彩色颜料,取代轻钙和沉淀硫酸钡,防腐蚀以及部分取代防锈颜料,当然重钙还具有改善涂料流变性以及提高CPVC等诸多功能。

国外涂料工业除采用部分粗粒级重钙用于特殊场合之外,大量采用微细化和超微细化重钙,因为只有它们才能部分取代TiO_2和彩色颜料以及取代轻钙和轻钡。除此之外,还采用化学预处理的重钙(增加疏水性和亲油性)和固体分70%~78%的重钙水浆产品(降低粉尘,方便作业,提高涂料质量)。

涂料用重钙填料的发展方向是微细化和高明度化。新型低挥发性有机化合物(VOC)涂料的发展要求它能与新型树脂具有更好的相容性。世界著名的Omya重钙在涂料中的应用情况见表2。

表2 Omya牌重钙在涂料中的应用

产品牌号	特性						用途 平光								半光				高光					功能				
	平均粒径/μm	最大粒径/μm	白度/%	吸油量/mg·g⁻¹	矿物类型	表面处理	内用乳胶	外用乳胶	金属底漆	木器底漆	防腐底漆	原子灰	粉末涂料	浮雕涂料	丝光乳胶	中间涂料	路标漆	粉末涂料	乳胶漆	瓷漆	烘漆	油墨	粉末涂料	取代部分钛白	取代轻质碳酸钙	取代沉淀硫酸钡	防腐蚀	取代部分防锈颜料
Violet Label	2.4	20	85	17	白垩	无	●					●																
BSH	2.4	20	83	14		有						●																
Albarex	5.5	30	89	14	石灰石	有					●																●	●
Millicarb	2.7	12	91	16		无			●	●						●	○											
Hydrocarb	1.6	7	94	17		无	●	●							●	●												
Omyacarb1T	1.7	8	94	16	大理石	有			●		●					●												
Omyacarb1	1.7	8	96	19		无										●												
Omyacarb2	2.7	12	95	17		无	●			●		○	●					○										
Omyacarb5	4.8	20	95	15		无	●			●		○	●					○										
Omyacarb10	9	50	94	14		无								●														
Durcal/Granicalcium														●														
Omyacarb-Extra	0.9	5	93	20	大理石	无	●	●							●				○					●	●	●		
Calcigloss	0.9	4	95	21		无									●		●	●	●	●	●	●	●	●	●	●		

注:●建议使用;○适合使用。

3.2 滑石粉(C.I 颜料白 26,NO77718)

滑石粉是溶剂型涂料用的一种通用型填料,由于更细级别的滑石粉问世,使它进入了水性系统,目前在各种底漆、中间涂料、路标漆、工业涂料以及内外用建筑涂料中应用,用量甚大,美国和西欧的涂料工业每年大约消费 20 万 t 左右。由于货源充足和多年来涂料品种以溶剂型为主,我国涂料工业消费滑石粉填料的比重较大。

涂料中广泛采用滑石粉,主要是因为它质地柔软和磨蚀性低,此外还因为有良好的悬浮性和分散性。片状结构的滑石粉能使涂膜具有很高程度的耐水性和瓷漆不渗性,主要用于底漆和中间涂料的纤维状滑石粉,吸油量更高些,并且具有良好的流变性,可改善涂料的诸多性能,如防储存时沉降和涂刷时流挂,改进施工性能等。含有各种不同形状粒子的滑石粉,可形成不起泡的涂膜,并且因为莫氏硬度更大些和在涂膜中的堆积程度更高些,而使涂膜耐磨性得以提高。

滑石粉的一个缺点是吸油量偏高,因此,在需要低吸油量的场合,它必须与吸油量低的填料如重晶石粉配合。滑石粉的耐磨性不高,因此,在需要高耐磨性的场合,要加入其他填料以弥补之,含有其他非金属矿物的滑石粉,因杂矿易与酸(如酸雨)反应,故不适合于要求高耐候性的外用涂料中。工业滑石粉因含有有色杂质而白度下降,因此,对填料明度要求很高的场合,一般不用滑石粉作填料。滑石粉具有消光性,故它一般不用于高光泽涂料中。

涂料工业采用各种滑石粉作填料,如普通粒度的滑石粉(-325 目)、微细级(-20 μm 和-10 μm)滑石粉、超微细级滑石粉(-5 μm)、化学预处理的滑石粉等,其中微细级和超微细级的具有重要意义,因为它除了能改进涂膜性能外,还具有空间位隔能力,部分取代 TiO_2 等颜料。化学预处理的滑石粉也可取代 TiO_2 等颜料。

3.3 瓷土(C.I 颜料白 19,NO77005)

高岭石型瓷土是国外涂料工业广泛采用的填料之一,以美国用量为最大,近年为 30 万 t/a 左右,其中煅烧瓷土为 10 万 t/a 以上。

涂料工业采用各种瓷土,如水合瓷土和水合片状瓷土及它们的水浆产品,煅烧瓷土和化学预处理瓷土等。瓷土可用于各种涂料中,但以水性建筑涂料为主,特别是内墙用乳胶漆,因为瓷土耐候性较差些。它在涂料中含量约为 5%~10%。涂料中采用瓷土的主要目的是部分节代 TiO_2 的其他彩色颜料,可节代 TiO_2 等颜料的瓷土主要是微细化和超微细化瓷土(空间位隔能力所致)和煅烧瓷土(微泡遮盖原理及因煅烧折射率的提高——由 1.56 提高到 1.62——所致)。

美国 Bugelhard 公司 20 世纪 80 年代中期开发的超细水合瓷土 ASP Ultrafine 平均粒径 0.2 μm,为一般超微细化粒径的 50%。在有光建筑涂料中的用量,一直保持 10% 的年增长率,主要因为它可节代 10%~12% TiO_2 以及 5%~10% 彩色颜料,预计今后用量仍以两位数的增长率增长。国外涂料工业也少量采用表面处理的瓷土,如在海事工程中应用的聚酯凝胶涂料(胶衣)中加入表面处理的瓷土与 TiO_2 配套应用,在海浪冲击的恶劣条件下,具有优异的抗起泡性、良好的分散性、很强的耐水渗透性和优异的保光性,同时还可以少用一部分 TiO_2。

3.4 天然二氧化硅(C.I颜料白 27,NO77811)

天然SiO_2包括各种石英粉、燧石粉、硅藻土、白硅石粉等。由于价廉,在国外涂料工业中的用量,在20世纪80年代的年增长率达到了10%。在美国,隐晶石英粉(无定形SiO_2)消费量的60%、晶体SiO_2(俗称石英粉)的45%,硅藻土的30%以及大部分的微晶SiO_2(白均密石英粉),被用于涂料中,美国涂料工业年消费天然SiO_2的量在10万t以上。

国外涂料工业用的无定形SiO_2可分为空气浮选级(粒径5.0~8.2 μm,明度85%~88%,吸油量29~31 g/100g)和微细化级(粒径2.1~4.4 μm,明度88~90.5,吸油量29~31g/100g)。前者主要用于内外建筑涂料及路标漆中;后者国外主要用于木材填孔剂以及低档次底漆、中间涂料和平光涂料中,并且在内用乳胶漆中可取代煅烧瓷土、片状瓷土和碳酸钙,还可部分取代TiO_2。微细级的还可用于要求耐磨和防滑的地板漆、停车场漆和船舶甲板漆中。

涂料工业用的晶体SiO_2在涂料中主要起增量和半补强作用,可用于各种工业涂料和建筑涂料,特别是底漆和中间涂料,细粒级晶体SiO_2在环氧和聚酯粉末涂料中可取代高达50%TiO_2。

天然微晶SiO_2吸油量为26~30g/100g,因粒子为球形而磨蚀性较小,可用于乳胶漆和各种油性漆中,产生良好的消光作用。

文献报道,德国与比利时两家公司合作,在1500℃加工石英粉而制成的白硅石粉(Crystobalite),白度达93%~95%,有粗粒、粉状、微细级和表面处理级产品,在内外墙涂料中可部分取代TiO_2达20%。

硅藻土由于具有各种不同的粒子形状和结构特征,再加上极高的(105~155g/100g)吸油量,涂料中用它作为消光剂,主要用于平光乳胶漆和清漆、底漆及某些混凝土涂料中,它还在涂料中用作增加遮盖性颜料遮盖力的填料,估计目前世界涂料用量在5万t/a上下。

3.5 重晶石粉(C.I颜料白 22,NO77120)

重晶石粉的吸油量极低(低达6g/100g),可用于在涂料中提高CPVC,有时与高吸油量的填料配套应用;它的密度很大(4.25~4.5g/cm^3),除在个别涂料中是一个优点被加以利用外,与当前涂料轻量化的趋势有悖,再加上它的价格较贵,在许多涂料中被重钙所取代。重晶石粉填料主要用于要求高涂膜强度、高填充力和高化学惰性的工业底漆和汽车中间涂料,也用于需要较高光泽的面漆中,微细级(2 μm,5 μm,10 μm)重晶石粉因可用于现代的高速分散机分散,应用比粒径20~55 μm粗粒级更广泛些。如可用于面漆中。由于吸油量比沉淀硫酸钡低,在一些涂料中可取代沉淀硫酸钡。在乳胶漆中,由于折射率高(1.637),微细级重晶石粉可具有半透明性白色颜料的功能。由于具有空间位隔能力,用在涂料中节代部分TiO_2。

3.6 硅灰石(未有 C.I. 名称和结构号)

硅灰石粉由于价格高、货源稀缺和磨蚀性较大(莫氏硬度4.5级),在涂料中的用量不大,粉状硅灰石涂料工业基本不用;针状硅灰石涂料工业仅用其产量的2%~5%。针状结构的硅灰石长径比为10:1~20:1,在涂料中可起平光剂作用,改进涂膜机械强度,有时在增强性涂料中代替有害的石棉，颜色亮白和折射率较高（1.63），可减小遮盖性颜料加量；吸油量低（20～26g/100g），可降低基料树脂的用量，高 pH（在水中 pH9.9）有助于中和系统酸度，防止铁储罐腐蚀和增大乳胶漆的储存稳定性。

涂料中一般多用较细粒级（如 325 目 + 0.6%）和微细级（10 μm）硅灰石粉。因为这有利于涂料遮盖力的发挥，可用于油性建筑涂料、吸声（隔音）涂料、路标漆、聚醋酸乙烯乳胶漆等。表面处理的硅灰石可用于工业醇酸、环氧等防腐蚀涂料中，提高金属底漆的防腐蚀性，并部分节代活性防锈颜料。

3.7 云母粉（C.I 颜料白 20，NO77019）

涂料工业主要应用白云母，也可小量应用金云母，主要利用它的高径厚比的片状结构、良好的耐热性、耐候性、透明性、耐化学性、紫外线屏蔽性等性能，涂料配方中可用干磨云母（其中包括气流粉碎机加工的微细级云母），湿磨云母以及表面处理的湿磨云母，主要用于一些特种油性和水性涂料中，其加量从工业涂料的大约 20% 到浮雕花纹建筑涂料的大约 40% 不等。

在长油醇酸铝粉漆中，325 目湿磨云母可取代高达 25% 铝粉，大大降低了涂料成本，在沥青屋顶铝粉漆中，325 目干磨金云母可取代配方中的 25% 铝粉，在有机富锌金属底漆中，用 325 目湿磨云母可取代 10%（体积）的锌粉，用高径厚比的大粒径干磨金云母，可取代有机富锌底漆中 10%～20% 锌粉，并且改进涂膜耐候性，这对于海洋油气钻井平台很有意义；在红丹防锈漆中加入 25 磅/100 加仑湿磨云母，抗海水浸泡性大有改进。能改进路标漆的附着力、耐候性和耐磨性。湿磨云母的一个重要应用领域，是用作珠光颜料的片基，世界云母系珠光颜料大约需要 7000t/a 湿磨云母，中国的相应数字大约是 600t/a。

3.8 其他

板岩粉（Slate power）是底漆、中间涂料和防污漆应用的最便宜的填料，适用于对涂膜颜色要求不高的场合。由于它的化学惰性好、吸油量低和水溶性低等优点，被大量用于输油管线沥青涂料中（占干基含量 25%～35%）。英国一家大型输油管线沥青涂料生产商每年耗用 5000t/a。在这种涂料中它优于滑石粉（不损害流变性）和重晶石粉及石英粉（不倾向于沉降）。微细级板岩粉可用高速分散机分散。

霞石正长岩粉（nepheline syenite）是一种亮白色粉末，密度 2.61g/cm^3，莫氏硬度 5.5～6.0，吸油量 22～28g/100g，非活性，无毒，结晶状球形粒子，由于价格低廉和能改进涂膜的耐久性，近年来在国外涂料中的用量增长迅速。

膨胀珍珠岩粉（expanded perlite）密度非常小（0.10～0.13g/cm^3），在涂料中主要作为花纹造型剂。用于浮雕花纹涂料中。由于有绝热性，可用于墙体涂料中作填料，少量用于涂料中作消光剂。

绿泥石粉（chlarite）是一种微晶铝硅酸镁，其粒子为平板状结构，美国 Cyprus 公司生产这种填料（200 目和 325 目普通级以及 20 μm 和 10 μm 微细级）在乳胶漆中可节代部分 TiO_2。

美国 RMC Minerals 公司生产的含有 $Mg(OH)_2$ 36.55% 和 $CaCO_3$ 63.29% 的镁白填料（Magnum-white）、密度 2.51g/cm^3，折射率 1.57～1.59，平均粒径 3 μm，最低明度 93%，可

用于内用建筑涂料和路标漆中节代 TiO_2 等颜料,还可部分或全部取代传统的阻燃剂。

浮石粉因质轻和有隔热性而用于墙体涂料中,其需要量近年有所增长,主要是因为国外不主张采用空心墙壁结构。

叶蜡石粉可用于浮雕花涂料中作花纹造型剂,美国用于这一用途每年约 2000t。

膨润土通过表面有机改性处理,形成有机膨润土,在涂料中用作触变剂(增稠剂、悬浮剂等),以美国 NL 工业公司的子公司 Rheox 公司生产的 Bentone 系列有机膨润土为代表,我国也能生产这种触变剂。

凹凸棒土可加工成低成本高效触变剂,如美国 Engelhard 公司生产的 Attagel 系列产品。

4 彩色非金属矿物颜料

天然云母氧化铁呈云母状片状结构,其赤铁矿粒子本身呈惰性,又具有屏蔽(吸收)紫外线能力,再加上在涂膜中形成多层平行于底材的叠层式结构,是一种重要的防锈颜料,用于保护钢结构,如铁塔、道桥、油气钻探设施等。著名的法国巴黎埃菲尔铁塔,从 1889 年建成以来,一直用这种颜料制造的防腐蚀涂料涂装,每隔 8~9 年重涂一次。

着色用的天然氧化铁颜料有红色的天然红土(赤铁矿,C.I 颜料红,NO77491)、黄色的褐铁矿(赭石、生黄土等,C.I 颜料黄 42,NO77492),棕色的天然铁棕(可分为 C.I 颜料棕 6,NO77499 和 C.I 颜料棕 7,NO77491)和黑色的天然铁黑(磁铁矿,C.I 颜料黑 11,NO77499)。

由于天然氧化铁彩色颜料价格低廉(只有合成品的 50%),经过微细化的产品(-20 μm)也能用于许多面漆和瓷漆中,所以在欧美各国迄今仍有较大用量,如美国 1994 年用量达 6.3 万 t,其中 40% 用于涂料中,涂料工业对微细化产品比较欢迎,因为可用节能的高速分散机分散。

天然石墨(C.I 颜料 10)颜料因具有片状结构和遮盖力良好的特点,可用于钢结构维护涂料中,它的良好的导电性和黑颜色,使它可用于电子计算机电屏蔽涂料中,这种涂料可含有高达 75% 的石墨。另一种用途是防静电地板涂料,它可用于耐热涂料、底漆、封闭涂料以及耐水涂料,由于耐光性好,可用于汽车面漆中,作为一种效应颜料。

5 我国非金属矿物填料发展趋势

长期以来,我国涂料工业十分落后,其中包括在填料应用方面的落后,改革开放以来,涂料产量是上去了,但品种和质量仍不尽如人意,这里面有原材料(其中包括填料)的保证方面。

21 世纪,我国涂料工业在应用填料方面前景如何呢?让我们简单回顾一下国外涂料工业所走过的路。

20 世纪 60 年代以前,涂料所用的基料基本上为植物油,所用的颜料和填料都十分单一。

60 年代以来,石油化工产品进入涂料工业,许多先进的树脂型基料需要更精细的填料配套，以汽车涂料和乳胶建筑涂料为代表的新型涂料的发展，需要采用更合适的填料，特别在应用量很大的水性乳胶漆中，填料对涂料的流变性、涂膜外观和其他涂膜性能具有特殊的作用。于是，填料的微细化和表面处理化开始崭露头角。

70年代，两次石油危机使高能耗的钛白价格成倍上涨，涂料生产商只有降低单位涂料的 TiO_2 用量，才能将过高的成本降下来，将过高的成本全部转嫁给涂料用户是非常不明智的。于是，各厂家普遍修改配方，利用空间位隔原理和微泡遮盖原理，用精细化的填料部分取代 TiO_2，这导致微细化填料和能产生微泡遮盖的填料更广泛的应用。

能源价格的大幅上扬，迫使涂料生产商采用更先进的节能型研磨分散设备，这要求填料生产商能提供分散性更好的填料，降低昂贵的分散剂需要量，并节省研磨分散时间和节省能源。

改进的涂料制造工艺尽量不采用粉状物料，这要求预先将各种粉状物料研磨成浓度甚高的色浆。为此，要求填料能具有更低的吸油量，以提高填料浆的固含量。

80年代以来，国外环保法规日趋强化，迫使涂料生产商不得不降低 VOC 的散发量，这就导致涂料产品由传统的溶剂型向高固体分、水性和粉末等低(无)污染的方向发展。这些涂料所用的一些新型树脂，要求填料生产商能提供适应这些树脂基料要求的填料，特别是低吸油量的填料和亲水性的填料。水性涂料的发展，要求填料除提供传统的吸油量数据外，还要提供吸水量数据和最低分散剂(表面活性剂)需要量数据，这一过程持续到90年代。

国外职业卫生安全法规的环保法规的强化，要求涂料生产商不采用有毒的颜料，并且在可能的条件下尽量采用无尘的浆化颜填料。

80年代以来，涂料向高光泽和高耐久性方向发展，这需要透明度高、粒度分布窄和分散性极好的填料。这导致微细化、超微细化和表面处理化填料的进一步发展。80年代，国外填料加工的微细化和超微细化工艺已经十分成熟，而表面处理已成为填料开发的新领域，最主要的领域。

80年代以来，西欧和北美为减轻运输压力，降低涂料产品的单位重量，涂料销售以体积计而不采用过去的以质量计。这一举措导致欧美涂料生产商采用密度更小的填料。

采用填料的最主要的目的是降低涂料成本。因此填料本身的成本很关键。为了降低利润率很低的涂料成本，国外在性能允许的条件下，大力采用价格低廉的填料，这就导致许多价廉填料的出现。

涂料是直接用于改善人民生活质量的产品，与发达国家涂料需求量早已饱和，因而涂料工业成为夕阳工业不同，我国目前人均涂料产量还很低，我国涂料工业进入21世纪也依然是朝阳工业。涂料产量的增加，需要消费更多的高档填料。

可以肯定地说，国外涂料工业在近些年来的发展中所遇到的一些问题，我国涂料工业在今后的发展中也会遇到。这就为我国填料工业提供了一个很大的发展空间。但是，也可以肯定地说，我国填料工业也会像国外填料工业一样，要经历十分激烈的竞争，天然非金属矿物填料与合成品的竞争、天然填料之间的竞争、无机填料与有机填料的竞争。在这些竞争中，非金属矿物填料只能以廉价和精细化取胜，未来中国非金属矿物填料的根本出路在于精细化。

非金属矿物材料在化学建材中的应用现状和发展趋势

沈申康
(中国建筑装饰协会化学建材委员会)

1 前 言

我国建筑业的飞快发展,促进了化学建材的发展和提供了广阔的市场,同时随着人民物质生活水平的提高,对建筑物的需要已从量的需求向质的提高转化。如果将化学建材作为一个新兴行业来扶植和发展的话,当前正面临着一个历史性的机遇,正如建设部叶如棠副部长在 1996 年 11 月全国地方化学建材协调组座谈会上所指出:"化学建材是住宅产业现代化的发展需要和建筑节能的需要。"

行业的发展是相互促进和联动的,建筑业的发展带动了化学建材的发展,化学建材的发展促进了化工、机械、非金属材料等相关企业的发展。所谓化学建材(这是我国特有的名字)广义上是指有机物材料和非金属矿物材料的复合材料。所以非金属矿物材料在化学建材中起到了量、质、功能等多方面的作用。反之非金属矿物材料的发展对推动化学建材的发展起到积极作用。

2 化学建材应用非金属矿物材料的现状

2.1 应用非金属矿物材料的种类

直接用非金属矿物材料:重、轻质碳酸钙、滑石粉、石英粉、重晶石、石棉、硅灰石粉、凹凸棒土、膨润土、云母、陶土、白云石、硅砂等。

加工后用非金属矿物材料:氧化物类颜料、钛白粉、涂覆超细碳酸钙、珍珠岩、蛭石等。

2.2 非金属矿物材料在化学建材中的作用

化学建材包括:建筑塑料(塑料门窗、塑料管材、塑料地板、塑料墙纸、保温材料、装饰性材料等);建筑涂料(内墙涂料、外墙涂料、防水涂料、防锈防腐涂料、保温防结露涂料等);防水材料(高分子卷材、沥青聚合物卷材、嵌缝材料、胶凝材料、发泡堵漏材料等);建筑胶粘剂(木材、地砖、面砖等胶黏剂)等四大类材料,数十个大品种,几百个产品。

非金属矿物材料在其中的主要作用有:

(1)增量作用。非金属物材料与有机材料相比,货源充沛、价格低廉,从降低成本出发,填充非金属矿物材料是必要的。

(2)补强作用。建筑用的高分子材料其物理机械强度、刚性、表面硬度相对较低,为了达到使用要求，填充非金属矿物材料能起到补强作用。

(3)提高冷、热稳定性作用。用于建筑的高分子聚合物(如 PVC、PE、PP)材料，由于本身的“热胀冷缩”现象存在；又经过热加工后分子链机械地拉长，但冷却后缓慢回缩；受紫外线、氧气、水分的侵蚀，高分子聚合物出现老化，分子链断裂再次回缩，所以在长期使用过程中，因不可避免地发生上述过程，致使材料冷、热稳定性降低，产品尺寸稳定性变差。为不使过早受到破坏，在高分子聚合物中加入非金属矿物材料，将其颗粒用机械方法嵌入到大分子链中去，限制分子链的自由活动，提高其冷、热稳定性。

(4)阻燃作用。由碳、氢、氧组成的高分子聚合物材料是极易燃烧的，且在燃烧过程中放出烟雾和有毒气体(如 HCl、Cl)，有损人体和污染环境。添加适量的非金属矿物材料和阻燃剂(如三氧化二锑结晶水化物)能提高产品的氧化数，抑止发烟量，使阻燃性得到提高。

(5)屏蔽作用。高分子聚合物材料的本身质量较小，分子链之间空隙较大，容易受紫外线和臭氧的侵袭，加入非金属矿物材料后，提高了材料质量，屏蔽了紫外线和臭氧从表面进一步向内部渗透的可能。

(6)保温隔热作用。众所周知，建筑物上大量采用保温隔热材料。能形成保温隔热性能的方法主要是制造泡孔(氮气泡孔)和加入多孔材料(如珍珠岩、蛭石等)。泡沫塑料是采用制造泡孔的方法；而保温涂料则是加入多孔材料生成的。

(7)改善施工性。建筑塑料中加入非金属矿物材料后，便于黏结、锯和钉；建筑涂料中加入非金属矿物材料(滑石粉)使涂料易涂刷；胶黏剂中加入非金属矿物材料后能增加黏度、稠度、增长储藏时间和缩短施工时间。

2.3 对非金属矿物材料的技术要求

2.3.1 钛白粉

钛白粉是塑料、涂料工业中最重要的一种颜填料，分为金红石型和锐钛型两大类。其技术指标见表 1。

表 1 钛白粉主要技术指标

指标名称	金红石型	锐钛型
外观	白色粉末	白色粉末
二氧化钛含量/%	>94	97
着色率/%	≥100	100
吸油量/%	<25	30
细度(320 目)/%	0.1	0.3
水分/%	0.8	0.5
pH	6.5～7.5	6.0～8.0

2.3.2 碳酸钙

碳酸钙是石灰石矿物。分重质、轻质和超细 3 种，是塑料、涂料中的主要填充材料，对白度要求不高的产品也充当颜料(如下水管道)和增量、补强材料，对阻燃和抑烟有一定作用。其技术指标见表 2。

表 2　碳酸钙主要技术指标

指标名称	重质碳酸钙	轻质碳酸钙
外观	白色粉末	白色极细粉末
碳酸钙含量/%	>96.5	95.0
水分/%	<0.5	0.5
吸油量/%		10～20
细度 325 目/%	0	0.1

2.3.3　滑石粉

滑石粉以片状和纤维状态混合存在，要求含杂质尽量少。其技术指标见表 3。

表 3　滑石粉主要技术指标

外　观	白色或灰色粉末
滑石含量/%	>80
细度/μm	<45
水分/%	<1
吸油量/%	20～40

2.3.4　重晶石粉

重晶石（天然硫酸钡）是半透明体，密度大，吸油量小，硬度好。其技术指标见表 4。

表 4　重晶石粉主要技术指标

外　观	白色或浅灰色粉末
硫酸钡含量/%	>90
细度(325 目)	<5
水分/%	<1.5
吸油量/%	7～15

2.3.5　石英粉

石英粉由天然石英石或硅藻土制成，质地坚硬，耐磨性好，吸油量小，有极好的抗腐蚀性。其技术指标见表 5。

表 5　石英粉主要技术指标

外　观	白色或浅灰色粉末
二氧化硅含量/%	>98
细度(100 目)	无
水分/%	<0.5
吸油量/%	15～25

2.3.6　其他非金属矿物材料

瓷土。天然高岭石粉，属铝硅酸盐矿物。质地松软、洁白，湿时有黏塑性，吸油量高，用作增强涂膜硬度，防止颜料沉降和填料。

云母。云母种类很多,主要选用白云母,是白色粉末或白色细片状,能防止紫外线和水分穿透,有防止龟裂和延迟表面粉化的作用。

凹凸棒土。具有层链状结构的含水镁铝硅酸盐矿物,晶体形状为棒状而得名。用于提高涂料耐擦洗性,改善涂料黏度及遮盖力,降低涂料分层率。

石棉粉。由天然矿物粉碎制得,分蛇纹石型和角闪石型,含结晶水和不含结晶水,只有在特种涂料中才用到它。

砂粒。它与高分子聚合物乳液混合,用于建筑装饰。砂粒可以是由天然颜色石材粉碎而成,也可以是将金属氧化物(颜料)与天然石英砂、瓷土等经高温烧结后再粉碎而成。

珍珠岩、蛭石。利用它的轻质和多孔性,制成保温隔热材料。

2.4 非金属矿物材料的适用范围和用量实例

2.4.1 塑料门窗型材

以PVC(聚氯乙烯树脂)为主要原料,加入抗冲改性剂(ACR或CPE)、稳定剂、润滑剂、抗氧剂、紫外光吸收剂、钛白粉、碳酸钙等,经高温高压挤出而成各种门窗型材,型材再按设计要求,组装成门窗。

型材中的钛白粉主要作用是增白和抗老化,碳酸钙是填充料,起到补强和降低成本作用。通常原料配合比是:PVC100份,钛白粉3~5份,碳酸钙7~12份。

2.4.2 塑料管材——上水管、下水管、电线穿管、煤气管

上水管。以PVC、PE(聚乙烯)、PP(聚丙烯)XLPE(交联聚乙烯)为主要原料,加入抗冲改性剂(ACR)、稳定剂、润滑剂、钛白粉、碳酸钙等,经高温高压挤出而成各种口径的管道。要求白色的管道加钛白粉,本色管道不加钛白粉。轻质碳酸钙在各类树脂中都用,只是加量多少不同。通常PVC中加量不大,PE、PP中可多加3~5份。

下水管。以PVC为主要原料,加入抗冲改性剂(CPE)、稳定剂、润滑剂、钛白粉、碳酸钙等,经高温高压挤出而成各种口径的管道。白色的管道加钛白粉,本色或灰色管道不加钛白粉。轻质碳酸钙加量可在10~18份。

电线穿管。以PVC为主要原料,同上述方法挤出各种口径的穿管。电线穿管大多埋入墙内,对其机械性能和抗老化要求较低,而对电性能要求较高。一般不用钛白粉或用少量国产钛白粉,填充料可用重质碳酸钙,用量稍偏高一些,可达15~20份。

煤气管。尚未得到大量推广应用,当前是试验性应用。主要原料是高密度和超高密度PE。煤气管要求有很高的机械物理性能和管壁的密实性,使用时埋设在地下,基本不考虑抗老化性,所以不加钛白粉和加少量轻质碳酸钙粉。

2.4.3 塑料地板

塑料地板有块状和卷材两种,前者以PVC为主要原料,加入稳定剂、润滑剂、增塑剂、大量填充料,经压延再层压而成。要求硬柔兼备,尺寸稳定,耐磨性优良,具有防烟蒂和阻燃性。填充料选用轻质碳酸钙、钛白粉、石英粉、石棉粉(现已不用)等。配比实例:PVC100,稳定剂5,润滑剂3,增塑剂33,轻质碳酸钙150。卷材地板以糊状PVC为主要原料,加入稳定剂、润滑剂、增塑剂、填充料,经涂刮、高温塑化、压延而成。填充料选用轻质碳酸钙、钛白粉、滑石粉等。

2.4.4 建筑涂料

建筑涂料在我国的需求量很大,随着建筑业的发展用量还在不断增加。采用不同的非金属矿物材料,可制成多品种、多功能性涂料,用于不同场合,为人类服务。涂料都以聚合物乳液为基料,加入颜料、特种填料、保护胶体、增塑剂、润湿剂、消泡剂、水以及防冻剂、防霉剂等,经过研磨或分散后而制成。

内墙乳胶漆。用于室内装饰的乳胶漆色彩是白色或浅色的,要求调和、细腻、丰满。涂膜致密、平滑,具有一定的耐水性、耐擦洗性、耐粉化性和良好的透气性。用于内墙涂料的品种很多,现在主要是乳胶漆,带有溶剂的涂料(如多彩涂料)和对环境有污染的品种(含游离醛的)已经被淘汰。内墙乳胶漆用的填料有碳酸钙、滑石粉、瓷土、凹凸棒土等,加碳酸钙对涂膜的流平性和稳定性有一定的影响,用得较少。滑石粉可使涂料的涂刷性、流平性、洗刷性有所提高,对颜料的沉淀有防止作用。经处理的瓷土和凹凸棒土增加涂料的黏性,防止颜料沉淀和提高触变性。采用不同的乳液制造内墙乳胶漆,其填料的加入量也不同,一般为涂料质量的25%～30%,过多的加入会影响涂料的质量,降低使用寿命。

外墙涂料。其功能是对建筑物的装饰和保护,起到防止渗漏水作用和延长使用寿命。外墙涂料要求色彩丰富多样,保色性优良,对建筑物有较长期的装饰效果。外墙长期暴露在大气环境中,对尘埃、酸雨、沾污物要有良好的耐沾污性;对日光、雨水、风沙、冷热变化等有良好的抵御能力,不至于在短期内发生涂层开裂、脱粉、剥落、变色等破坏性现象。外墙涂料有溶剂性和乳液型两类,随着合成化学技术的发展,乳液型将占主导地位。乳液型外墙涂料选用的填充料有钛白粉、重质碳酸钙、滑石粉、云母粉以及彩色砂粒等。典型配比举例:乙—丙乳液100,钛白粉3～5,硫酸钡10～20,滑石粉15～20,云母粉20～40,其他助剂10～20,水适量。彩砂涂料配比举例:乙—丙乳液100,彩砂400～500,增稠剂20,成膜助剂4～6,水适量。

防火涂料。有膨胀型和非膨胀型两种,涂料功能是隔离火源或空气;降低环境及可燃物表面的温度;降低周围空气中氧气的浓度。防火涂料采用难燃树脂、阻燃剂、成碳物质、脱水催化剂和膨胀发泡剂。选用的填料有:云母粉、滑石粉、石棉粉、瓷土、碳酸钙、钛白粉、氢氧化铝、硼酸锌、偏硼酸钡、氧化锑、氧化锌等。

防腐涂料。建筑物和构成建筑物部件(如混凝土、钢材等)都有遭腐蚀而提早破坏的可能,防腐涂料就是起到保护作用。防腐涂料采用抗腐蚀性较强的树脂(如环氧树脂等)和石墨粉、硫酸钡、瓷土、云母粉、辉绿岩粉等抗腐性能较好的填充料经加工而成。

保温隔热涂料。对建筑物起到反射热量,防止热损失和保温隔热功能。针对功能要求,选用的填充料有云母粉、珍珠岩、蛭石等。

防结露涂料。这种涂料用于地下建筑,隧道,高水气场合,目的是不让露珠滴落。涂料的涂层相对较厚,能在露点附近吸收更多的水分,填料要求轻质和多孔性,如珍珠岩、蛭石、轻质碳酸钙等。

2.4.5 防水材料

防水材料包括防水卷材、防水涂料、嵌缝材料等,建筑工程、市政工程、地下工程等大量使用。

防水卷材。以EPDM(三元乙丙)、CPE(氯化聚乙烯)、PVC、橡胶等为主要原料,加入加工助剂、填充料,经压延加工而成。防水卷材因直接暴露于大气中,要求有足够的机械物理强度、延伸性、耐老化性，对水和水气有很强的抵抗能力，不易被菌类所侵蚀。由于加工条件限制，填充料都用轻、重质碳酸钙、滑石粉等。配比实例：PVC100，稳定剂 2～4，润滑剂 3～4，增塑剂 20～30，轻质碳酸钙 80～100。

防水涂料。防水涂料以溶剂型为主，一般都用沥青和聚合物的混合物，目的在于增加厚度和降低成本。填充料选用低价格材料，如重质碳酸钙、滑石粉等，对特殊要求的可加云母粉、重晶石粉。

嵌缝材料。用于混凝土拼缝，构件接缝、窗户嵌缝、地下建筑嵌缝、幕墙玻璃嵌缝等，目的是防止渗漏水，保证建筑物完整和良好的使用。嵌缝材料以沥青、聚氨酸、硅酮，丙烯酸树脂为主要材料，加入助剂、防老剂、填充料后，经混合、研磨、罐装而成。嵌缝材料要求有良好的柔性、弹性、黏性、润滑性，颜色有黑、灰、白 3 种膏状体，视不同用途而定。选用的填料有钛白粉、炭黑、滑石粉、碳酸钙、瓷土等。

2.4.6 建筑胶粘剂

建筑胶粘剂用于木材之间、混凝土与面砖之间、砂浆增强改性等方面。原料以醋酸乙烯、聚乙烯醇、丙烯酸、聚氨酯为主，加入助剂、防老剂、填充料后，经混合、研磨、罐装而成。建筑胶粘剂是白色或本色，粘稠状液体，要求有良好的涂刮性和触变性，选用的填料有钛白粉、滑石粉、碳酸钙、瓷土等。

3 化学建材的发展前景和非金属矿物材料的发展趋势

3.1 化学建材的发展前景

根据国家化学建材推广应用“九五”计划和 2010 年发展规划纲要提出：

(1)2000 年，塑料门窗在全国建筑门窗市场占有率达 15%。其中东北、西北和华北采暖地区塑料门窗应用量占门窗市场的 50% 以上，沿海地区应用塑料门窗比例不小于 30%，有腐蚀性环境的建筑物要尽量采用塑料门窗。为此，需塑料门窗约为 3000 万 m^2。

(2)2000 年，全国新建住宅的建筑室内排水系统 50% 采用塑料管，电线穿管 50% 采用塑料管，外墙雨水管 20% 采用塑料管，约需各种管材、管件 12 万 t。对室内上水管、供暖管、热水管稳步推广应用。城市供水管道(直径 400 以下)30% 采用塑料管，村镇供水管道 60% 采用塑料管，约需塑料管 17 万 t。城市下水道、城市煤气管塑料管试点应用。

(3)2000 年，新型防水材料市场占有率达到 60% 以上。改性沥青油毡用量为 40%，用量 5000 万 m^2。新型高分子防水卷材用量达到 15%，约为 3500 万 m^2。新型防水涂料用量达到 5%，约为 4 万 t。

发展化学建材对国民经济的良性发展具有十分重要的意义。化学建材的发展从原料、生产制造到工程应用，涉及的行业较多，大力发展行业化学建材可以推动石油化工、塑料加工、建材、机电以及建筑业等相关产业的技术进步，优化产业结构，促进国民经济发展。化学建材不仅能大量代钢代木，替代传统建材，而且还具有节材节能、保护生态、改善居住环境、提高建筑功能和质量、降低建筑自重、施工方便等优点，所以发展化学建材具有显著的经济效益和社会效益。

3.2 非金属矿物材料的发展趋势

3.2.1 提高产品质量和性能开发新品种

用于化学建材的非金属矿物材料品种已经很多,但国产材料由于设备落后,中小企业占主要地位,使产品的纯度、白度和某些性能指标较差。国产钛白粉颗粒大而不匀,有结块现象,耐酸碱性差,白度和纯度不够,因此塑料门窗型材和高档建筑涂料都用进口钛白粉,美国杜邦公司从中获利不少。碳酸钙大都发黄泛红,水分含量过高,严重影响化学建材表观和内在质量。要发展非金属矿物材料首先要从纯度和质量抓起,只有抓住了国内市场,才能进军国际市场。

3.2.2 表面涂覆活化处理

以碳酸钙为例,经过表面涂覆活化处理后,可增加填充料的用量(增加一倍或更多),改善加工性能(熔体黏度下降,对模具磨损减少),具有更好的增强作用,降低生产成本。表面涂覆活化处理方法有:

(1)无机物表面涂覆处理。采用缩合磷酸对碳酸钙表面处理,使其表面形成缩合磷酸钙包覆层,提高耐酸性,扩大使用范围。

(2)用活性剂处理。用于表面活化的活性剂有脂肪酸或其盐,树脂酸或其盐,木质素及阴、阳表面活性剂等。通过处理使活性剂与钙离子发生活化化学反应,粉末的表面性能由亲水变为亲油。

(3)用偶联剂处理。比较典型的偶联剂是含硅或金属原子的有机化合物,其分子结构以金属原子为中心,一侧联结亲水基材,一侧联结亲油基团。偶联剂按金属原子的不同,分为硅烷系、钛酸系、铝酸脂系、锆铝酸脂系等,目前用得较普遍的是硅烷系偶联剂,用它处理碳酸钙可使其表面硅烷化,达到增加用量,提高性能的目的。钛酸系品种也开发得较早,它能和碳酸钙粉末表面和自由质子(如粉末表面的结合水、结晶水、化学吸附水或物理吸附水)结合形成化学键,使粉末表面覆盖一层分子膜,表面性质发生了根本的质变。用铝酸脂对粉末表面处理,可使粉末表面形成不可逆化学键,涂膜更加稳定,使用效果更好。

3.2.3 采用纳米科学技术提高非金属矿物材料性能

纳米科学技术是用单个原子、分子制造物质的科学技术,是世纪之交出现的一项高科技。由纳米粒子组成的新型材料,在催化、发光体、医学及生物工程等领域已得到广泛应用,化学建材方面还刚开始。

(1)黏结剂和密封胶。用纳米材料二氧化硅添加到粘结剂和密封胶中,使其粘结和密封性能大大提高。其作用机理是纳米二氧化硅的表面包覆一层有机材料,使之具有亲水性,加入胶中后很快形成一种硅石结构的小颗粒网络,抑止胶体流动,加快固化速度,提高粘结效果。

(2)建筑涂料。在各种建筑涂料中加入纳米二氧化硅可使其抗老化性、表面光洁度、机械强度成倍提高,使用寿命增加。

(3)建筑塑料。在建筑塑料中加纳米二氧化硅可使塑料材料变得致密,起到补强作用。塑料薄膜的透明度、强度、柔韧性、防水性大大提高,可用于特殊建筑工程上。

(4)塑料玻璃。可提高塑料玻璃的抗紫外线辐射能力和高温下的柔韧性。

(5)橡胶材料。纳米三氧化二铝加入到橡胶中去,能提高橡胶的介电性和耐磨性。用纳米二氧化硅粒子,控制其颗粒尺寸,可制备对不同波段光敏感程度不同的橡胶,用于国防建设。

(6)陶瓷。陶瓷中加入纳米二氧化硅其脆性大大降低,而柔韧性提高几倍至几十倍,表面光洁度也明显提高。

超细烧黏土(轻烧高岭土)在建筑、建材中应用的研究

李亚铃　王绍华
(北京虹鼎机械有限公司)

刘伯元
(冶金部华东地勘局矿产品开发研究所)

1　烧黏土的理化性质

烧黏土又称轻烧高岭石,是指一种主含高岭石的黏土(或称煤系高岭土或称煤矸石)经过煅烧后的材料。

北京市建委近年来使用的烧黏土,主要来源于北京市西郊门头沟煤矿区。北京门头沟硬煤(无烟煤)属于侏罗系煤层,其中煤矸石属于石炭系。该煤矿开采已有百年以上历史,煤层采掘过程排出大量煤矸石。煤矿坑口建有一座热电厂,建有沸腾炉,使用煤和煤矸石混烧,其最高温度约为1000℃,排出的尾渣(称轻烧高岭石)除去粉煤灰后称做烧黏土。这种黏土其化学成分见表1。

表1　北京门头沟烧黏土化学成分

成分	SiO_2	Al_2O_3	Fe_2O_3	CaO	MgO	K_2O	Na_2O	SO_3	TiO_2	烧失量
含量/%	54.4	30.95	4.87	1.53	0.88	2.97	1.68	0.30	0.13	2.26

由表1说明,它是一种典型的主含高岭石的矿物材料。表2是广西那龙所产黏土的化学成分表。

表2　广西那龙黏土的化学成分

成　分	SiO	Al_2O_3	Fe_2O_3	CaO	MgO	TiO_2	H_2O
含量/%	44.72	37.10	2.58	0.82	0.41	0.33	13.92

由表1、2可见,两种土化学成分大同小异是主含高岭石的黏土。

2　不同煅烧温度对高岭土的影响

图1是高岭土的差热曲线图。从图1可以看出,煅烧温度不同对高岭土的影响不同,在100～200℃有个吸热效应,排出水分并伴随失重。在450～700℃排除OH组分,产生脱氢氧组分吸热谷。加热到900～1000℃时,差热曲线上出现放热峰,高岭石转变为偏高岭石。

图2是烧黏土由不同的煅烧温度处理后得到的XRD光谱,由图可见,高岭石的晶体结

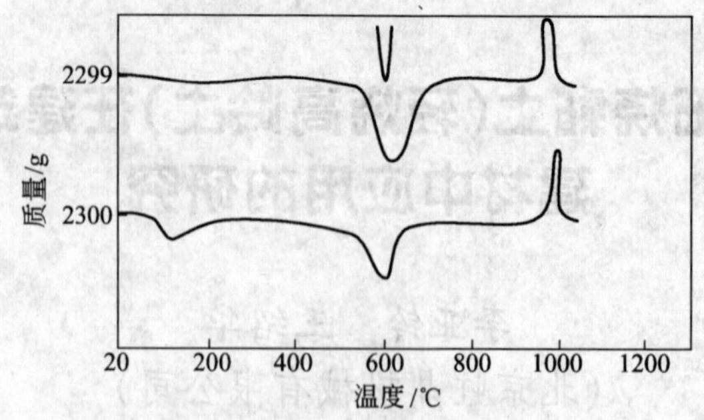

图 1　高岭土的差热曲线图

构在 500～1050℃之间已被破坏。这是由于高岭土脱水转化为不定形的偏高岭石所致。根据传统理论,不定形的二氧化硅、三氧化二铝具有潜在的水化活性。偏高岭石具有潜在活性的煅烧温度是在 500～1000℃之间,超过 900℃后水化活性下降。

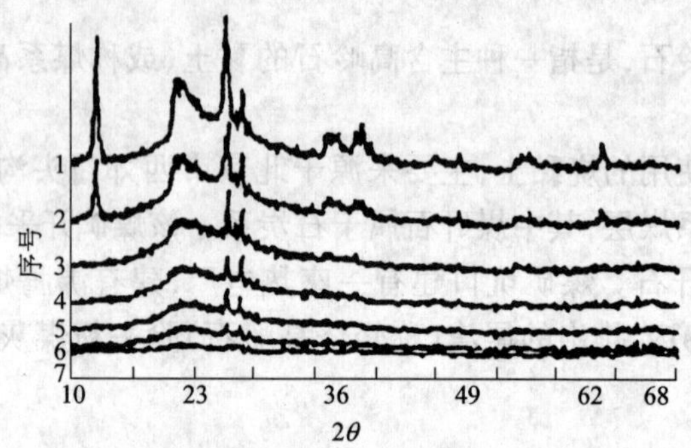

图 2　不同煅烧温度下黏土的 XRD 光谱

3　影响水化活性的原因

对于铝硅酸盐类不定形材料影响水化活性的主要原因,不少作者指出,材料中的 Al_2O_3 在碱溶液中的溶出量是该类材料的水化活性的判据。

图 3、图 4 分别是不同温度下偏高岭石在 NaOH,Ca(OH)$_2$ 水溶液中 Al 的溶出量。当 Al_2O_3 在碱溶液中溶出量达到最大值时,对应的胶凝材料的强度值最大。

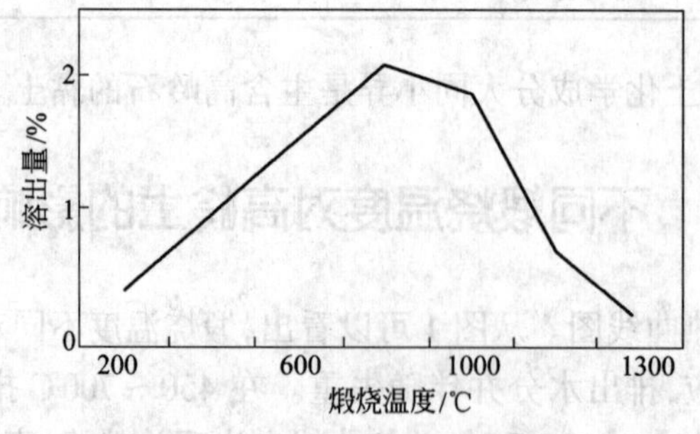

图 3　煅烧高岭土中的 Al 在 NaOH 溶液中的溶出量

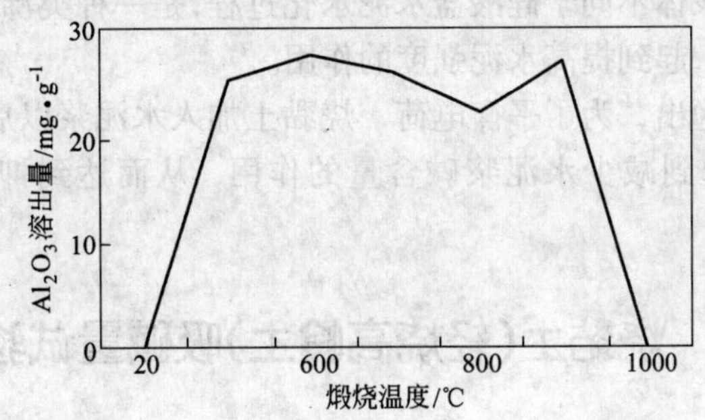

图 4 煅烧高岭土中的 Al 在 $Ca(OH)_2$ 溶液中的溶出量(90d)

相关资料认为,高岭石中的铝离子在 540～880℃主要为四次配对,在 470～540℃和 880～1050℃范围内为六次配对。显然,铝离子的逸出量与配位数有关,即四次配对时,相应温度范围是 540～880℃时,铝离子逸出量最大。

4 碱烧黏土水泥水化特征探讨

由上述分析可知,煅烧高岭土中的铝离子在碱烧黏土水泥水化形成水化水泥浆浆体时起了相当重要的作用,它有别于碱矿渣水泥,硅酸盐水泥以及它的石灰砂浆的水化过程,具有自身的特征。图 5 是 XRD 图谱。

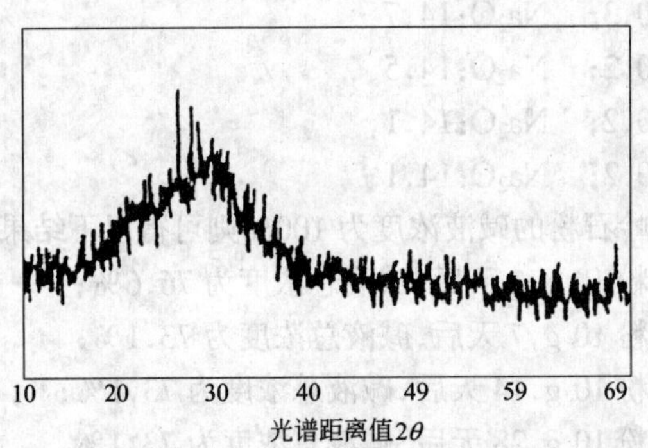

图 5 碱烧黏土水泥水化净浆 28d 试体的 XRD 图谱

从对碱烧黏土水泥水化净浆 28 天试样的 XRD 图谱的分析可以看出,其水化产物中没有 $Ca(OH)_2$,钙矾石,C—S—H 凝胶和杆沸石($Na_2O·Al_2O_3·3SiO_2·2H_2O$)等硅酸盐水泥和碱矿渣水泥的水化结晶产物。应该说,碱烧黏土水化浆体主要由一种类沸石的凝胶体产物组成。这种产物的微观结构接近于沸石结构,是一种非晶质体,该水化产物在一定条件下可转化为沸石晶体,因而可以认为属于沸石的前驱体。

将该水化产物置于 250℃的水热条件下 8h,得到方沸石晶体($Na\{AlSi_2O_6\}H_2O$),就可以说明这一论断。

众所周知,沸石中的铝离子为四配位,它占据在硅离子的位置上,由于铝离子为 3 价离子,在铝离子周围带负电荷,为了平衡电价,就要将带正电荷的钠离子吸附在其晶格之中。

可以认为,烧黏土对水泥的作用有两点:

(1)碱烧黏土水化浆体不同于硅酸盐水泥水化过程,是一种类沸石的凝胶体,它的存在加强了水泥的水化作用,起到提高水泥强度的作用。

(2)由于铝离子的逸出，为了平衡电荷，烧黏土加入水泥浆以后，会将钠离子吸附到其晶格中去，这样就起到减少水泥浆碱含量的作用，从而达到抑制碱骨料反应危害的目的。

5　烧黏土(轻烧高岭土)吸碱量试验

5.1　试验目的

考核在常温、常压下,在一定浓度的 NaOH 溶液中加入一定量的超细轻烧高岭石粉后,经过一定时间,溶液中碱浓度情况。

5.2　溶液测试

(1)对比基准溶液:将 1.60g NaOH(化学纯)溶入 40 mL 纯水中(准备同种溶液 6 份)。

火焰光度计实测值(单位:μg/mL):K_2O:0.4;Na_2O:19.2

(2)加入高岭石粉后溶液:分别向基准溶液中加入 10 g 轻烧高岭石粉,浸泡不同时间。

火焰光度计实测值(单位:μg/mL):

1)1 天后：　K_2O:0.3；　Na_2O:14.7

2)7 天后：　K_2O:0.2；　Na_2O:14.5

3)14 天后：K_2O:0.2；　Na_2O:14.1

4)28 天后：K_2O:0.2；　Na_2O:14.1

若规定未加超细高岭石粉的碱液浓度为 100%则可得以下结果:

1)加入超细高岭石粉 10 g,1 天后,碱液总浓度为 76.6%;

2)加入超细高岭石粉 10 g,7 天后,碱液总浓度为 73.1%;

3)加入超细高岭石粉 10 g,14 天后,碱液总浓度为 73.1%;

4)加入超细高岭石粉 10 g,28 天后,碱液总浓度为 73.1%。

说明 10 g 超细高岭石吸钠总碱量(Na_2O)为 0.42 g 相当于高岭石粉本身质量 4.2%。

(3)高岭石粉本身的含碱量:经实测,实测值为:

1)K_2O:2.86%;

2)Na_2O:1.48%;

3)总碱量($Na_2O+0.658K_2O$):3.37%

应该指出的是,虽然高岭土本身含有 3.37%的碱量,但是这些碱在常温,常压水溶液中是不溶的,也不参加化学反应。

5.3　结论

超细轻烧高岭石粉(烧黏土)在碱溶液中,能够吸纳碱使得碱溶液中的浓度降低,且其吸碱量为本身的 4.2%(北京市建筑工程研究院中心试验室化学组 2000 年 3 月 10 日)。

6　轻烧高岭土的应用试验

根据上述机理的探讨和吸碱量试验结果，表明轻烧高岭土（烧黏土）是一种优秀的矿物质材料，可以广泛用于混凝土施工。为此我们又做了轻烧高岭土的应用试验。

6.1　普通型轻烧高岭土

经球磨磨细到比表面积 4000 cm^2/g，取代 10% 水泥掺入到混凝土中其 7d 与 28d 强度要比不掺矿粉的混凝土强度高 6～7 MPa。表 3 是球磨普通型轻烧高岭土细度。表 4 是掺加矿粉试验对比。

表 3　轻烧高岭石细度（球磨机）

项　目	密度/$g·cm^{-3}$	比表面积/$cm^2·g^{-1}$	＜10μm	10～20μm	20～30μm	30～60μm	＞60μm
数　据	2.63	4030	40.99	21.95	17.81	15.99	3.27

表 4　掺加轻烧高岭土矿粉和不掺矿粉两种配比做成的混凝土对照

项目种类	水　泥	水	砂	石子	外加剂	轻烧高岭土	强度/MPa		
							7d	28d	28d 对比
不加矿粉	440	158	570	1290			42.0	48.9	100%
掺矿粉	395	158	570	1290	0.5%	45	48.6	55.9	114.3%

6.2　超细轻烧高岭土

当使用超细振动磨对烧粘土进行超细粉碎加工后可将物料比表面积提高到 6000cm^2/g，增强效果更好。表 5 是超细轻烧高岭土试验情况。

表 5　超细轻烧高岭土试验结果

项　目	比表面积/$cm^2·g^{-1}$	水泥用量/$kg·m^{-3}$	矿粉用量/$kg·m^{-3}$	坍落度/mm	抗压强度/MPa	
					7d	28d
超细轻烧高岭石粉	6000～7000	245	68	180	32	41.5

7　结　　论

(1)烧黏土（轻烧高岭土）是电厂烧煤矸石的尾渣，其主成分为高岭土。经煅烧后具有释放铝离子的能力。在 540～880℃ 温度范围内释放量最大。

(2)烧黏土（轻烧高岭土）一般球磨机粉碎，比表面积为 4000 cm^2/g 左右，使用超细振动磨机粉碎，比表面积可达 6000 cm^2/g 以上。经试验表明，超细物料比普通物料加入混凝土中效果更好。

(3)烧黏土的作用有两条，一是其水化产物是一种凝胶体，其结构应属沸石的前驱体，是一种非晶质体，可以称为一种类沸石的凝胶体。这种产物加入到水泥水化浆体之中会起到提高强度的作用。一般说来，其 7d、28d 强度都比不掺矿粉的混凝土强度高 6～7 MPa，在施工现场还因为其坍落度损失小，1 天和 3 天强度高，有利于加速脱模而受到工人欢迎。二是矿粉加入后，会吸收水泥浆中的钠离子，降低水泥浆中的总碱量，据测算，其吸碱量相当于自身质量的 4.2%。因而具有抑制碱骨料反应危害的作用。例如北京市普通水泥浆其总含碱量约为 4～5kg/m^3，属超标。使用烧黏土矿粉，每立方米混凝土使用 450 kg 水泥，50 kg 矿粉后，就可将总碱量控制在 3kg/m^3 以下，达到要求。

(4)超细轻烧高岭土(烧黏土)矿粉售价 350 元/t，适用于 C_{20}～C_{40}混凝土，Ⅰ型超细沸石粉售价 550 元/t，适用于 C_{30}～C_{50}混凝土。Ⅱ型超细沸石粉售价 850 元/t，适用于 C_{50}～C_{90}混凝土，是价廉物美的矿物质材料。

(5)烧黏土是燃煤工业废弃物，是尾渣。对这种二次资源进行开发综合利用有益于保护环境，维护生态平衡，属于绿色水泥范畴，值得大力推广。

超细粉碎技术在建筑、建材业中的应用

刘伯元　　　　谢尧生
(冶金部华东地勘局矿产品开发研究所)　(中国建材研究院)
张振平
(北京虹鼎机械有限公司)

1　超细粉碎技术在建筑、建材业中的技术进度

长期以来,中国的建筑、建材业主要使用水泥、石子、砂、水、外掺剂。水泥的细度为180目。随着科学技术的发展,传统建筑材料已经不能满足需要,矿粉的加入和超细水泥的出现以及超细工业废渣水泥就是3种最重要的新型建筑材料,它们就是超细粉碎技术在建筑、建材工业应用的最重要的3种实例。

1.1　矿粉

当前,不少学者的研究表明,在混凝土中适当掺用矿粉(如电炉硅灰、电厂粉煤灰、冶金高炉矿渣、天然沸石粉)有重要意义,矿粉已成为混凝土必不可少的组分,即除水、水泥、砂、石子、化学外掺剂之外的新型建筑材料——矿粉,即混凝土的第六组分。

但是,不同的矿粉各有什么特性,在什么条件下应该加何种矿粉,如何做到用其所长,避其所短,各得其所,相辅相成,这些问题人们认识还不一致,需要通过试验和工地实践给予回答,现将我们的研究结果报告如下:

(1)电炉硅灰。当硅灰比表面积达20万 cm^2/g 时,具有很高的分散度和活性。在混凝土中掺加适量硅灰,可以有效抑制ARR,并大大提高混凝土强度,这是当前世界各地不少研究者的共识。但是硅灰价格偏高,加之粉尘飞扬,在运输和工地使用及环保方面有诸多不便,因而目前还不能大量使用。

(2)电厂粉煤灰。近年来,我国电厂粉煤灰在工地混凝土中使用很多。粉煤灰供应充分,价格便宜,在混凝土中掺入粉煤灰的量可高达20%～30%,它可以改善混凝土的流动性和水泥的水化热。同时也降低混凝土中的总碱量,有利于抑制AAR。但是粉煤灰在混凝土中反应缓慢,且品质不稳定,因而在一些早期强度有要求的一些工程上不宜使用。

(3)矿渣。冶金高炉排放的矿渣,俗称水渣,也有类似粉煤灰的作用,可以大量使用于混凝土中。但同样存在着不足,特别在高强的混凝土中采用粉煤灰和高炉渣掺和料,人们不得不采取十分审慎的态度。

(4)天然沸石粉。近年来国内外对天然沸石粉在混凝土中的效能的研究有了很大的进展。特别是超细粉碎技术发展,可以把多种粉加工到5～10 μm(比表面积7000～8000 cm^2/g)水平,可更进一步发挥各种矿粉的优异理化性能,在建筑、建材领域获得进一步的应用。

(5)煅烧煤矸石。它又称烧黏土或轻烧高岭土,是煤矸石经过煅烧后的材料。由于其主成分是高岭石,经过煅烧后会释放铝离子,因而不但具有活性,加入混凝土后会增加强度,还因可以吸附钠离子,可以降低混凝土中的含碱量,达到提高混凝土耐久性的目的。

1.1.1 矿粉在抑制 AAR 危害中的作用

混凝土碱集料反应(AAR):指混凝土中的碱及环境中可能掺入的碱与混凝土集料(砂、石子)中的碱活性矿物成分,在混凝土固化后缓慢发生化学反应,产生凝胶物质因吸收水分后发生膨胀,最终导致混凝土从内向外延伸开裂和损毁的现象。

天然沸石以其特有的晶体结构和优良理化性质,特别是可将游离的钠离子吸附到其内穴中去,作为外掺剂可以有效地降低混凝土的总碱量和抑制 AAR 危害,并且可以提高混凝土强度。

在工业上使用矿粉作外掺剂来抑制 AAR 危害有两大类:

(1)对于早期强度要求不十分严格的一般混凝土工程,特别是要求低水热化的大体积混凝土构筑物应首选粉煤灰和钢渣取代 20%~30%的水泥,以减少混凝土中的总碱量,抑制 AAR 反应的危害。还可以使用煅烧煤矸石超细粉作外掺剂,一般用在 C_{20}~C_{40} 的混凝土中。此时 1 m^3 混凝土中,水泥用量为 450 kg 超细煅烧煤矸石粉为 50 kg。

(2)对高强混凝土 C_{30}以上混凝土,应采用沸石粉作为外掺剂。此时,1 m^3 混凝土中,水泥用量为 450 kg,沸石粉 50 kg。

1.1.2 矿粉必须经过超细粉碎

矿粉作为外掺剂使用,经多位学者研究必须进行超细粉碎。普通矿粉(粒度在 400 目以下,如 325 目,200 目,180 目,100 目等等),其外表面积在 4000 cm^2/g 以下,而 10 μm 的矿粉其表面积可达 7000~8000cm^2/g 以上,因而两者功能大不相同,试验表明,使用超细沸石粉的混凝土 7 天和 28 天的抗压强度均高于普通沸石粉和粉煤灰的混凝土。具体对比数据见表 1。

表 1 超细沸石与普通沸石粉掺入混凝土中对强度的影响

种 类	比表面积 $/cm^2\cdot g^{-1}$	水泥用量 $/kg\cdot m^{-3}$	矿粉用量 $/kg\cdot m^{-3}$	坍落度 /mm	抗压强度/MPa		
					7d	28d	%
超细沸石粉	>7000	540	60	210	60.5	75.5	110.1
普通沸石粉	<4000	540	60	215	54.5	66.5	96.6
普通粉煤灰	<4000	540	60	230	57	68.5	100

因而,当使用矿粉作外掺剂时,我们对其细度的要求是比表面积大于 6000~8000 cm^2/g 以上,这个标准相当于平均粒径为 10 μm 或 1250 目。

1.2 超细水泥

超细水泥是水泥新一代产品。由于水泥颗粒变小,实现超细化达到微米级,出现了崭新的理化性质,拥有众多优点,已被众多行业看好。

石油勘探和其他地质勘探过去使用常规水泥进行护壁堵漏,效果不好,使用化学药剂堵漏一是价格太高,二是易造成环境污染也不能大量使用。20 世纪 80 年代后从美国引进新的堵漏材料效果很好,经检测发现就是超细水泥。超细水泥这才开始在中国得到推广应用。

超细水泥是通过超细粉碎技术，以普通 525 号硅酸盐水泥为原料，二次加工出来的产品。其细度标准，石油勘探部门提出的标准为 $D_{90}=10\ \mu m$，中国建材科研院的标准为 $D_{max}<30\ \mu m$，$D_{50}=5\sim6\ \mu m$，为了提高活性，在用超细水泥的工地，还要加入 2%～3% 高效减水剂(表面活性剂)所以又称为改性超细灌浆水泥。当用超细水泥为基础，还可以生产速凝、快速堵漏、防水等特种水泥。

1.2.1 改性超细灌浆水泥的优点

改性超细灌浆水泥优点如下：

(1)可以使用普通水泥灌浆的技术和设备；

(2)比普通水泥灌浆具有更好的紧密性；

(3)可以代替化学溶液、凝胶体；

(4)良好的工作环境，没有中毒、环境污染问题；

(5)较高的耐久性；

(6)比化学凝胶体具有更高的强度，更好的和基体岩石的强度相匹配；

(7)与化学灌浆相比更经济，是化学灌浆的优质替代品。

1.2.2 改性超细灌浆水泥的性能

改性超细灌浆水泥性能如下：

(1)细度。经国家建筑材料检测中心检测水泥细度完全可以达到国外超细水泥的细度水平。最大粒径为：13.8 μm；平均粒径为：3.7 μm。

(2)强度。经国家水泥质量监督检测中心按 GB177 检测，改性灌浆水泥属早强、高强水泥，3 天强度已达 525 号水泥水平，28 天强度已近 725 号。

3 天　抗折强度：7.7 MPa；抗压强度：59.2 MPa；

28 天　抗折强度：9.3 MPa；抗压强度：74.8 MPa。

(3)微膨胀性。经国家水泥质量监督检验中心按 GB303 检测，线膨胀率为：

3 天　0.26%；

28 天　0.32%。

另外，众所周知，水泥有湿胀干缩性，细度越细，收缩越大，从表 2 看出：即使在潮湿条件下，纯磨细水泥硬化浆体随龄期增加，在 7 天出现了收缩，后期收缩更大，压力水条件下收缩更明显。而改性灌浆水泥有微膨胀，即使压力成形也有微膨胀。

表 2　纯磨细水泥和改性灌浆水泥的膨胀

水泥品种		纯磨细水泥 $W/C=0.1$		改性灌浆水泥 $W/C=0.1$	
		自由沉降	压力滤水	自由沉降	压力滤水
龄期/d	1	0.0045	−0.0079		0.0218
	3	0.0036	−0.0048	0.1521	0.0303
	7	0.0018	−0.0072	0.2103	0.0388
	14	−0.0014	−0.0072	−0.2521	0.0416
	21	−0.0031	—	0.2443	0.0461
	28	−0.0073	−0.0109	0.2351	0.0460

(4)浆体质感。三峡灌浆试验时,改性超细灌浆水泥浆体手感体细腻润滑,感觉不到颗粒,悬浮稳定性好。

(5)浆体可灌浆试验时,持续灌浆已到吸浆量为 0.3 L/min 的时候,连续测试 5 min,进浆和回浆的密度基本无变化。测试数据为:进浆 1.40,回浆 1.42;进浆 1.42,回浆 1.43,回浆 1.435。说明在进浆量已经很小时(即被灌体裂缝已很小时),浆体的可灌性仍很好,穿透力强,未出现进水不进浆的问题。

(6)已灌入 0.14 mm 的裂缝。从三峡灌浆试验大口径(ϕ1 m)钻取的岩芯上随机钻取得小样(ϕ70 mm)改性水泥已灌入 0.14 mm 的裂缝说明可进入微细裂缝。

(7)浆体结石密实。三峡灌浆试验扫孔取出改性超细灌浆泥浆体结石,用扫描电镜观察面区和微区水化产物的结构形貌多是 C—S—H 胶体物质,$Ca(OH)_2$ 晶体和钙矾石晶体很少,孔为微孔,断面呈板状,结构相当致密,用压汞法测试结石的孔分布,95%的孔为微孔,孔径小于 50 mm,为无害孔,这对提高抗渗性与耐久性相当有益。

(8)灌浆结石的水化产物。用 X 光衍射法测试了改性超细灌浆水泥结石的水化产物。水化产物中少量钙矾石和氢氧化钙,绝大部分水泥熟料都已水化,生成 C—S—H 凝胶。因此,结石强度高,而且有微膨胀。

(9)灌浆结石强度。将扫孔取出改性超细灌浆水泥结石切成 ϕ41 mm×41 mm 的试体 5 块,委托做抗压强度检测,结果是:

破坏荷载:182.33 kN,182.03 kN, 209.03 kN, 170.85 kN,201.60 kN

平均破坏荷载:189.17 kN

平均抗压强度:143.4 MPa

(10)改性超细灌浆水泥在泥化页岩夹层中的灌浆效果。以下是 1999 年在新安江大坝基础帷幕防渗灌浆试验时的灌浆效果:

1)与灌浆孔内岩屑、岩粉的黏结:改性超细灌浆水泥灌注的页岩夹层段,扫孔时不但取出了纯水泥结石,而且还从孔底钻出沉积在孔底的岩屑,岩粉被水泥胶结而成的结石,取出时敲击声响,表明改性水泥浆体的渗透能力以及与岩层的黏结强度都很好。

2)护壁作用好,解决了页岩泥化造成的塌孔问题:新安江 2,3 坝段岩层中,软弱夹层的页岩分布数量最多,在灌浆进程中,孔壁和孔底的页岩遇水软化,泥化,造成泥浆密度增加,而且泥化页岩易堵塞岩层裂缝,影响水泥浆的灌入。另外,分布在孔壁中软弱页岩层在钻孔或灌浆进程中若发生泥化还将造成孔壁塌孔,也会影响钻孔和灌浆的正常进行。

B21 和 B20 孔在 12.75~15.30 m 间为页岩。B21 孔钻第 6、第 7 和第 9 段时,3 次发生塌孔,曾用 1∶1 的普通水泥浆回填也未起作用。

B22 孔钻进第 6 段时也发生塌孔,第 7 段用改性灌浆水泥时,检查回浆中有页岩(灰白色或少许灰色片状物)。20 目筛的筛网上平均每分钟有 4 g 页岩粒屑(20 目以下未计),表明孔内有页岩软化和泥化。但是改性灌浆水泥灌浆之后,继续钻灌第 8、9、10 灌段时,再也没有发生塌孔,回浆中的页岩粒屑显著减少,灌第 8 段时,回浆中的粒屑(20 目)以上仅 0.2 g/min。说明改性灌浆水泥对页岩的渗透被覆作用好,致使页岩不再软化和塌落。

(11)耐蚀性能。改性超细灌浆水泥中掺有灌浆剂,其组成材料中 C_3A 和 C_3S 的含量比硅酸盐水泥高,加之水泥强度高,结构密实,抗渗性好,因此耐蚀性好。

1.2.3 工程应用

灌浆工程实践,人们已经认识到普通水泥浆液的稳定性差、灌入微细裂缝的能力低、抗化学和物理溶蚀的性能也差等等缺点,影响对细裂隙的可灌性,影响幕体的防渗和耐久性能。而采用化学材料灌浆,由于环保、价格以及施工技术等原因,其应用也受到限制。近些年来,一些国家十分重视超细水泥的研究和应用。水泥颗粒超细后辅以某些外加剂,其浆液类似溶液型,从而可以灌入普通水泥难以灌入的微细裂隙。通过工程试验和应用,越来越多的研究者认为,超细水泥对微细裂隙的灌入能力大体与化灌相同,而用超细水泥代替化灌,施工工艺简单,价格便宜,尤其重要的是对环境无污染危害。

“九五”高坝地基处理技术研究中,我们研究的改性灌浆水泥,水泥细度 $D_{90} < 30\ \mu m$,D_{50}为 5~6 μm。在新安江大坝帷幕防渗补强灌浆应用,均获得好的效果。针对三峡工程基础岩层细微裂隙情况,从细度等方面对改性灌浆水泥进行了改进,中国葛洲坝集团基础工程有限公司三峡指挥部在“三峡工程主体建筑物基础灌浆试验”中应用,结论认为在细微裂隙使用改性超细灌浆水泥是优越的。目前,正在用该水泥在唐山大黑汀水库,山西省万家寨引黄隧道工程进行帷幕灌浆试验。综上所述,改性超细灌浆水泥无毒、无污染、耐久性好、来源广阔、价格低廉、施工工艺简单,这是值得研究和推广的灌浆材料。

1.3 超细工业废渣水泥

充分利用工业废渣是节约资源、能源、保护环境的有效措施。建筑、建材行业因其本身的特点,可以大量利用工业废渣。在 21 世纪可以预料建材行业将是在废渣利用方面位居各行业首位,是名符其实的“吃渣”大户。那么实现这一目的、提高废渣利用率是摆在我们面前的重大课题。

1.3.1 建材行业利用工业废渣的特点

建材行业利用工业废渣特点如下:

(1)广泛性。几乎所有的工业废渣、尾矿,都可以在建材行业中找到应用。一般工业废渣中 SiO_2 及 Al_2O_3 含量较高,有一定的热历史和活性,可在水泥中作混合材使用,可在混凝土及其制品中作掺和料使用。现在我们提出新的口号,使用工业废渣生产绿色水泥,例如水淬钢渣、钢渣、粉煤灰、沸腾炉渣、钒渣、磷渣、镍渣、锂渣、硫酸渣等。

(2)用量大。目前,我国年产水泥 5.8 亿 t,可用以生产混凝土及其制品 29 亿 t,位居各种材料如钢材、有色金属材料、木材、陶瓷、高分子材料之首。如不算用废渣直接生产绿色水泥之外,仅各种水泥混合材掺加量按加权平均值 20%计算,单就水泥行业每年可利用工业废渣 1.16 亿 t。如计算用废渣生产的绿色水泥,一般它的用量比例是 40%,即生产 1 亿 t 绿色水泥,可以消耗工业废渣 4000 万 t,可见其用量之大。

1.3.2 存在的问题

存在的问题如下:

(1)细度太粗,掺量偏低。目前,建材行业本身水泥的细度只有 180 目,利用废渣作水泥混合材和混凝土掺和料也只达到 180 目,普遍存在细度太粗的问题,活性远未被利用,大多数只起到微集料作用,不仅掺用量低,而且效果差,起不到提高水泥和混凝土的强度的作用。

(2)认识不足,只重视降低成本,忽视其功能作用。目前水泥和混凝土行业使用工业废渣,大多数只是用来降低成本。对于掺入废渣后赋予水泥和混凝土许多新的功能认识不够,如粉煤灰和沸腾炉渣及煅烧煤矸石不仅可以提高长期强度,还可以抑制混凝土碱骨料反应危害,提高混凝土的耐久性。锂渣和磷渣可以提高混凝土的流动性等等。

(3)缺乏手段,如何利用好工业废渣的主要问题还是缺乏手段,没有好的办法。

1.3.3 超细粉碎技术是用好工业废渣的关键

工业废渣能否利用,关键是对其进行深加工,主要手段就是超细粉碎技术。工业废渣经过细加工,颗粒变小达到微米级,活性大大提高,出现了许多崭新理化性质,拥有众多优点:

(1)提高水泥强度,防止混凝土及制品表面泛白。活性超细矿粉中的活性 SiO_2 在水化过程中与水泥水化释放出的 $Ca(OH)_2$ 化合生成 C—S—H 凝胶,促进水化反应,增加 C—S—H 凝胶含量,从而提高水泥的强度并防止混凝土及制品表面泛白。

(2)提高密实度和抗渗性。超细矿粉在混凝土及制品中起到微观填充作用,同时矿粉中的活性 Al_2O_3 可与混凝土中的 $Ca(OH)_2$、SO_3 化合生成钙钒石。钙矾石具有一定的微膨胀作用,可补偿制品的化学干缩,进一步提高制品的密实度和抗渗性。

(3)吸碱能力强(沸腾炉渣、煅烧煤矸石、沸石)。在以硅酸盐水泥为胶结材料的制品中,可吸收 Na、K 等碱金属元素,抑制碱骨料反应危害。在以硫铝酸盐水泥为胶结材料的 GRC 制品中,可进一步降低碱度,提高玻纤的耐久性。在以氯氧镁水泥为胶结材料的制品中,可提高制品的防潮性能,防止混凝土及制品表面泛卤。

(4)提高耐久性。由于掺加超细矿粉,可使制品中 $Ca(OH)_2$ 和 Na_2O、K_2O 浓度降低,密实度和抗渗性能提高,有效抑制碱骨料反应的危害,从而大大提高了混凝土及制品的耐久性。

(5)降低成本。提起超细粉体,大多数人会认为东西是好东西,但成本太高,难以承受。其实,那是误解,是指前几年用气流粉碎机加工的粉体,生产成本上千元。这几年由于新技术的不断出现,特别是超细振动磨机,其效率高、电耗低,用超细振动磨生产的矿粉,售价可以接近普通水泥的价格,有些甚至比水泥价还低,混凝土及制品行业完全可以用得起,并可以降低成本。

(6)有利于节能、环保,使混凝土及制品成为绿色产品,走可持续发展的道路。大多数工业废渣都可加工成超细矿粉,用于混凝土及制品中,不仅提高了制品的性能,而且有利于对资源、能源和环境的保护,将是未来混凝土及制品的发展方向。

1.3.4 工业废渣水泥的技术进展

使用工业废渣制造水泥经过几年的努力已有以下技术进展:

(1)钢渣矿渣水泥。钢渣是冶炼钢后的废渣,化学成分主要是 SiO_2 和 CaO,矿物组成以 C_2S 为主,由于煅烧温度高,慢冷,C_2S 结晶尺寸较大,活性发挥较慢,作混合材使用在一般水泥中早期强度较低,但后期强度较高。现在钢渣经过超细粉碎加工后,晶体尺寸减少,活性大大提高。将它与硅酸盐水泥熟料、粒化高炉矿渣、石膏等按比例混合后用超细振动磨磨细到比表面积 4500～6000 cm^2/g 后,即可制成钢渣矿渣 425 号、525 号水泥。这种水泥完全符合国家标准,且具有耐磨性好、微膨胀性能。不仅用作建筑材料还可用作优质道路水泥。

(2)沸腾炉渣复合硅酸盐水泥。沸腾炉渣是燃烧劣质煤的沸腾炉炉底渣,化学成分主要为 SiO_2 和 Al_2O_3,其含量一般在 80%以上,煅烧温度在 900℃左右,所以具有很高的活性,是优质的水泥混合材料,将其与硅酸盐水泥熟料、粒化高炉矿渣、石膏按一定比例混合后使用超细振动磨磨细到 4000～6000 cm^2/g,即可制成复合 425 号、525 号硅酸盐水泥。该水泥完全符合国家标准,具有密实度高、碱性低等优点,可抑制碱骨料反应,提高耐久性,并且成本低,经济效益和社会效益较高。

(3)矾渣复合硅酸盐水泥。我国浙江、安徽两大钒矿,总产量占全国 90%以上。每生产 1t 明矾排出钒渣 1.82t,全年排出钒渣近 10 万 t。钒渣堆成渣山已达百年历史。现在经研究利用 625 号水泥熟料、矾渣、矿渣和石膏,按一定的比例混合后,用振动磨磨细到比表面积 4000~6000 cm^2/g,即可制成矾渣复合 425 号、525 号硅酸盐水泥。该水泥完全符合国家标准,并且有密实度高、抗渗性能强等优点。

(4)硫酸渣,钒渣水泥,煅烧煤矸石水泥,镍渣水泥。2000 年国家建材局建材研究院水泥所、北京虹鼎机械有限公司在甘肃金昌市使用镍渣制成镍渣固井水泥,并申报专利。现在正在江西安源研制煅烧煤矸石水泥,在安徽研制硫酸渣、钒渣水泥。

(5)提高水泥强度,改造中小水泥厂。使用活性高的工业废渣(或沸石)超细到比表面积 5000~6000 cm^2/g,按 5%掺入普通中小水泥厂熟料中去,一般可提高强度 6~10 MPa。一般来说不需要改变原厂设备,只需增加一条超细振动磨生产线,就可以把中小水泥厂的水泥提高一个标号,为水泥企业实施新标准,提供一条有效的技术途径。

2 超细粉碎工作原理

2.1 超细粉碎系统设计

生产超细水泥,必须使用超细粉碎技术,最主要的是建立超细粉碎、分级系统的设计工作,其中应考虑的物性因素有:

(1)原料粒度分布,代表粒度分布,代表粒径及测定方法。

(2)要求产品的细度、表征方法及测定条件、真密度、堆积密度及测定方法。

(3)物料的水分、吸湿性,物料与设备材质的磨耗性,物料的硬度、理论力学性能,内摩擦角、壁摩擦角、自然休止角及测定方法,综合流动性及喷流性,物料的热性质:比热、融点、软化点等等。

对于上述物质因素要有一个全盘的考虑,并制定相应的对策。

2.2 超细粉碎设备的选型

现在国内外开发多种多样的超细粉碎机和分级机。从众多设备中如何根据产品的具体工艺条件选择好相应的设备不是一件容易事情。像计算机一样,硬件需要软件配合。并非任何“超细”粉碎设备都能生产您所需要的产品,不仅要求质量合格,满足一定的加工数量,还要满足“成本合理”。这就是要求系统工艺的选定与设备必须配套。

在选择设备时应考虑以下几个方面的问题:

(1)粉碎氛围的选择。这主要是指干式粉碎和湿式粉碎。一般要尽可能选择湿式粉碎。然而对超细水泥来说,与水起水化作用,注定不选用湿式粉碎。还要考虑粉碎系统冷却问题,尽可能降低粉碎机的温度。

(2)粉碎机理与能耗。超细粉碎能量利用率低,在超细粉加工量大的情况下能量消耗将占加工成本中的很大比例。也就决定了加工成本的高低,因此,必须认真考虑设备的能量利用率。不同粉碎机理设计出的设备,其能量作用方式不同,所达到的粉体细度和能量消耗也有较大的差异,例如冲击粉碎机中作用时间短暂,能在脆性物料中瞬时形成许多微裂纹,具有较高的能量利用率,但对于微米级的粉碎能力就不够了。又例如气流粉碎机用高速气流碰撞物料,可以将物料碎至微米级,但能耗太大,每吨物料消耗的电力达上千度,仅此一项电费就高达 700～800 元/t,显然加工费用很高,对于高附加值的产品例如花粉、医药原料可以使用,但对附加值不太高的产品如重钙、水泥、滑石等就显得加工成本太高。又如球磨机借助于介质在重力场下的冲击和研磨完成粉磨作业,但当颗粒细化到数十微米的水平后大介质的冲击对进一步细化已无济于事。又如振动磨中可以选用较小的研磨介质在惯性力作用下对细小颗粒进行冲击研磨,产品可达到球磨机所不能及的微米细度。搅拌磨机和砂磨机还可以达到更小的细度。总之,每一种具体的超细粉碎设备对于不同的物料都有一定的粉碎极限,又都存在着一个最为经济的细度,我们不必追求极端,在一个稳定、节能的状态下工作是充分发挥设备特长的关键。

2.3 粉碎—分级系统

与其他粉碎处理过程相比，处理量大的超细粉碎作业应该采用连续作业方式，不采用批次作业方式。而对于连续作业的超细粉过程无论选用什么方式的超细粉碎机，在工作过程中都可以得到部分很细的微粉，过多微粉的累积有碍于粉碎过程的深入进行。另外排出磨外的粉体由于含有大颗粒而达不到产品的细度要求，所以，一个理想的超细粉碎生产系统应该是一个由超细粉碎机和分级机组成的闭路系统，将分级机作为一个质量控制单元。

根据实际工艺的特点,可以组成多种形式的闭路系统如下:

(1)产品检验型。这是最常用的系统方案,可以灵活调整产品的细度、控制大颗粒,粉碎负荷与分级机相同。工艺路线如下图。

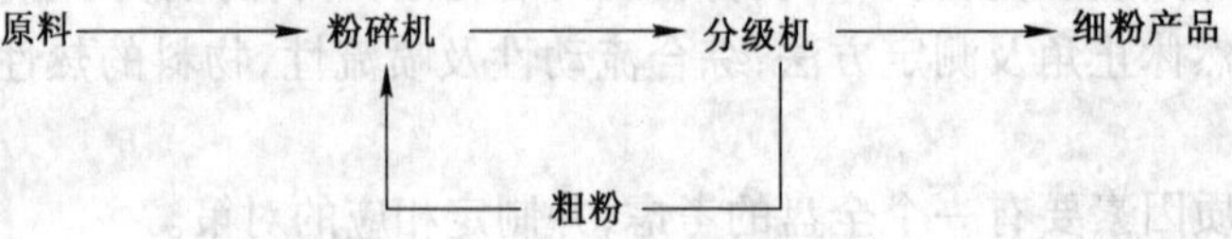

(2)原料预检型。适合于原料中细粉含量较高的情况,先将部分合格的产品取出,避免过粉碎现象,降低粉碎机负荷,但分级机负荷高于粉碎机。

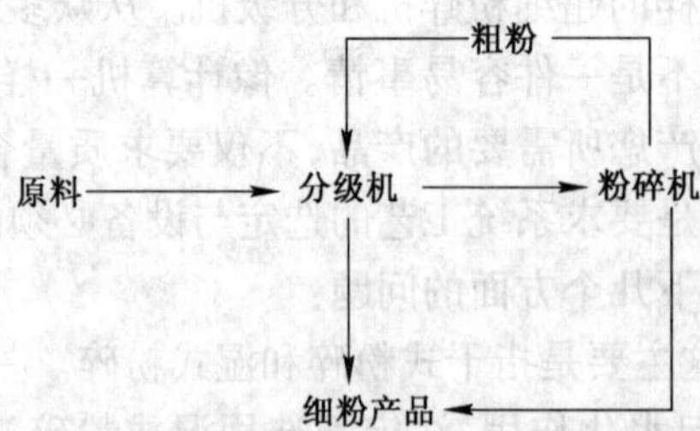

(3)多段型。当原料与产品粒径比太大,而不能由一个粉碎机一段完成的情况下,采用多段流程。选用产品检验型系统完成一段细粉碎,再采用原料预检型系统完成二段超细粉碎。该系统将一段产品中的超细粉作为产品取出,避免二段过粉碎。

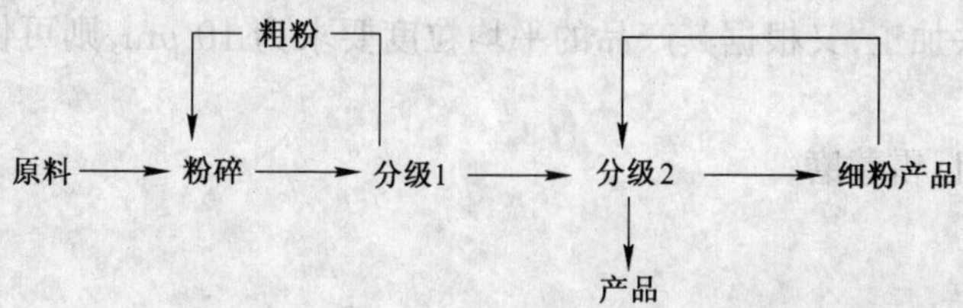

(4)一段多产品。本系统适合于对超细粉碎产品需要2个细度等级的情况。分级机1起到控制大颗粒的作用,而分级机2则可将产品分成2个细度等级或控制细粉含量获得窄粒度级别的产品。

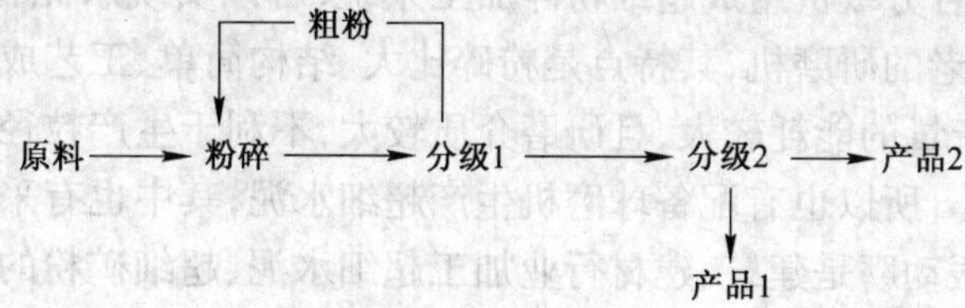

2.4 辅助设备

与超细粉碎、分级系统有关的辅助设备主要是物料的储存、给料、输送和捕集装置。这些辅助设备为系统提供一个稳定的输入和输出条件,保证了系统的稳定性。稳定、可控是对这些辅助设备的基本要求。

(1)储料仓配有料位检查装置,不能使物料发生架桥、堵塞、沟流偏析等现象。具体的对策是选用光滑衬里、合理的锥角及振动落料等手段来消除上述现象的发生。

(2)给料设备必须长时间稳定工作和可控,即在设定的转速(或激振电流)下,给料量稳定不变。改变设定值后给料量能随之增减。给料量与操作参数有密切的相关性,并做具体标定。宜采用电磁振动给料机或螺旋给料机。最新技术是采用气振给料机。

(3)在粉料输送过程中,尽可能缩短水平段输送距离,以免管道沉积堵塞。超细粉料在管道输送过程中易产生强烈的碰撞,对管壁磨损很大,一旦钢管造成泄漏,不仅污染环境,还因漏风、漏料会造成效率下降和产量下降。近年来中国塑料加工协会改性塑料专业委员会生产出超高分子量聚乙烯内衬管材,其耐磨性是钢材的10倍,可以克服管道泄漏的毛病。

(4)超细粉体捕集是一大难题,湿法生产可采用添加剂加以解决;在干法生产中气固相分离方面还存在不少问题。一般的方式是采用布袋除尘器,而且是配合旋风收尘器。近年来国外使用的针刺呢或聚四氟乙烯膜可以很好地完成气固分离。

(5)超细粉体产品的包装,是超细粉碎—分级系统中最后一个难题。粉体的超细化使得粉体包装极为困难,用普通的粉体包装机将无法控制其流动,包入包装内经过一段时间的放置堆积密度变大,包内空气逸出,原来的一包物料成了半包,解决方法是改革料仓和包装机,先将物料在料仓内密实化以后再包装或采用气固分离包装机。沈阳飞机研究所生产的国产气固分离包装机就可以解决这一难题。

2.5 超细水泥粉碎设备的选择

超细水泥的生产设备主要是超细粉碎设备和分级设备。其粉碎方式根据水泥物料的性质，只能适合于干法加工，又根据其产品的平均粒度要求为 10 μm，则可供选择的设备共有以下几大类：

(1)冲击式磨机，雷蒙磨；

(2)气流磨；

(3)球磨；

(4)振动磨。

第 1 类磨机由于超细加工能力不够而被淘汰。

第 2 类磨机由于费用高，也暂不考虑。

第 3 类球磨机配合分级机组成超细粉碎加工系统，可以实现水泥物料超细粉碎的加工要求。球磨机是最古老的研磨机，其特点是粉碎比大、结构简单、工艺成熟。但是，球磨机的粉碎效率较低，单位产量的能耗较大，且研磨介质较大，不利于生产粒径较小的产品，产品的平均粒径易大不易小。所以也有配备球磨机生产超细水泥，其中也有采用圆锥式球磨机的。

第 4 类磨机，即振动磨是建筑、建材行业加工超细水泥、超细矿粉的最佳选择，是我们推荐的磨机。

3　振动研磨机工作原理简介

3.1　简介

近年来，随着各行各业的技术进步，对各类非金属矿物超细粉的需求越来越多。而对这种大批量的矿物超细加工，非矿行业急需新型的设备和技术的支持，以适应各行业发展需要。

球磨机、管磨机在非金属矿等物料的大批量粉碎方面发挥着重要作用。但粉碎效率低、能耗大的缺陷，使其进一步的发展受到了很大限制，特别是用于超细粉磨方面，虽然国内外许多专家进行了多方面的研究与改进，仍未取得实质性突破。雷蒙磨虽以其结构简单，运转率高等特点受到广大用户欢迎，但该设备的制成品细度一般仅在 325～400 目的范围，远满足不了超细的要求。目前国内在干法超细工艺中多采用的是气流粉碎机，但由于非矿产品的特点是生产量大，加工成本要低，有时还希望表面活化、多种物料的混匀，从而决定了气流粉碎机难于实现非矿超细粉的大工业化生产。

目前国内研制生产的多用途振动研磨机是粉体超细研磨理想设备之一。该设备采用双电机同步驱动，空气弹簧柔性支承、高效率、大补偿弹性联接、电容节电、启动补偿等技术，其设备结构先进、工作可靠、高效节能，是各种非矿物料超细研磨的理想设备之一。

国内生产多用途振动研磨机主要厂商有北京虹鼎机械有限责任公司，该公司主要生产 MZ 系列多用途振动研磨机。该设备具有良好的工艺性，针对不同物料的特点、破碎比及研磨细度要求，可通过合理调整振动频率、振幅、振动强度、介质级配和充填率，达到满意的产品质量，同时，可通过选用不同的介质和衬板材料，满足非矿行业、陶瓷行业、建材行业、食品行业、化工行业的特殊要求，因而具有广泛的适用性。

目前，北京虹鼎机械有限责任公司开发出单筒型、双筒型多用途振动研磨机有 38 型、300 型、1000 型、1500 型、3300 型等不同规格、不同容积的系列产品，并已成功地应用于建材

(水泥、矿渣超细磨)、化工(沸石、钛氢蓝)、陶瓷(石英砂、长石、氧化锆)及食品加工行业,针对非矿行业对制成品的要求,将振动研磨机与大型超细分级机组成闭路粉碎-分级-改性系统,可将系统的平均粒径控制在5~10 μm,且不影响产品的纯度指标,是加工重质碳酸钙、硬质高岭土等矿物的理想设备。

3.2 基本工作原理

振动磨属于介质研磨加工设备,按其振动特点可分为惯性式、偏旋式;按筒体数目可分为单筒式和多筒式;按操作方式又可分为间歇式和连续式。双管连续式振动磨的结构:它由电动机、弹性联轴器、激振器与机架、磨管(上下2个)、空气弹簧以及空气系统、电控系统等部分组成。电机通过弹性联轴器带动激振器中的偏心块与电动机转子同步转动。从而使装有介质的上、下磨管与机架(统称参振系统)按给定的频率、强度及振幅进行高频率(一般在15~20 Hz)、小振幅(一般为4~8 mm)的振动。由于振动加速度($a\omega^2$)比重力加速度(g)大得多(一般在6~10倍),加之磨管壁的几何约束和运转传递,使磨管内的介质产生高强度的冲击和旋转运动,从而使物料在强力研磨中快速有效地磨细。其粉磨效率比球磨机高得多,且粒度级配好,同时多种物料具有较好的混均作用。

工作时,先经充气系统将空气弹簧充气,使磨机参振系统位于工作位置(即电机轴线与激振器同线重合),并且经冷却系统对轴承进行冷却。被磨物料从进料口处喂入,工作时物料在研磨的过程中从上磨管经过料管口到达下磨管,又逐渐运动到出料口排出。这时即可获得具有一定细度的超细粉体。该设备入料粒度在0.045~3 mm左右,出料细度在800~1500目。

4 结 论

(1)建筑、建材业中使用超细粉碎技术,既是高新技术发展的需要,也是施工实践的需要。它的发展趋势必然是越来越普及。

(2)超细矿粉作为外掺剂,特别是超细沸石粉在抑制混凝土碱集料反应(AAR)危害方面将发挥重要作用。超细工业废渣水泥称为绿色水泥,将有很大的发展前景。

(3)超细水泥,特别是改性超细灌浆水泥在大坝基础,帷幕灌浆方面有着极其重要的作用。

(4)超细粉碎技术是一项系统工程,既要配套合适的磨机,又要配以适当的分级系统,还要考虑其他辅助系统,才能发挥其先进作用。

(5)振动研磨机是一种体积小、能耗低、工作稳定、粉碎粒度小、效率高的磨机,非常适合于建筑、建材业使用。加工超细水泥、超细矿粉,效果极佳。

(6)通过以上超细粉碎技术的引进,可以将我国最大的材料工业——建筑、建材工业的技术水平,提高到接近国际水平。

三 非金属单矿物加工与开发应用

沸石在农业中的应用

刘伯元　　　　　　　　　宋仲耆
(冶金部华东地勘局矿产品开发研究所)(安徽农业大学)

1 绪 言

农业提供人类的主要生活必需品,是一个国家国民经济的基础。中国是有12亿人口的农业大国,农业的好坏决定国家的兴衰。中国改革开放所取得的巨大成功和国民经济高速发展首先是由于党的十一届三中全会精神的指导在农村实行了家庭联产承包责任制,极大地调动了农民的积极性,使农业生产大发展的结果。

从农业发展的历程看,除了改善生产关系解放生产力以外,依靠科技发展农业生产力是一条重要途径。例如:化肥的使用使得农业生产大幅度提高,几乎成为农业的一次革命。

20世纪发现了新型矿物——天然沸石。从1960年到今天,全世界都对天然沸石极为重视,大量的研究工作有了成果,人们发现天然沸石在农、牧、渔业的各个重要领域都起着重要的作用。在农业上应用沸石,可以使农业生产大幅度提高。天然沸石资源丰富、价格低廉,使用沸石没有不良的副作用。

我国沸石资源丰富,仅安徽省就有上亿吨的储量。积极开发和利用天然沸石这种在农业上有着广泛用途的新型农用矿物原料,对于提高农业生产力,发展农业生产具有极大的意义。

邓小平同志说:“科学技术是第一生产力。”在安徽省,甚至在全国范围内,推广沸石在农业上的应用,是贯彻小平同志讲话精神的一个很好例子。本文着重介绍沸石的特性,沸石在农业生产的各个重要领域中的作用,以期在安徽省掀起一个在农业上推广使用沸石的高潮,将安徽的农业生产提高到一个新的高度。

2 沸石的特性

天然沸石是沸石族矿物的总称,它是一类含水的架状结构硅铝酸盐矿物。直到20世纪

50年代末人们才发现沸石矿物是火山沉积岩的主要组成部分后,它才从博物馆陈列品变成一种新型的工业矿物。沸石立即引起世界各国的关注。仅1965～1995年,国际上召开约20余次有关沸石矿产地质及应用研究的学术讨论会。至今国际上已发表近2万篇沸石论文,并拥有4000种专利。这足以说明世界各国对沸石的重视。我国自1972年首次在浙江省发现天然沸石矿后,已在浙江、安徽、山东、河南、河北、广西、内蒙古、黑龙江、吉林等24个省、自治区发现近400处矿床。沸石的开发应用方面也取得良好的进展。自1977年到1993年全国已召开五次沸石应用会议。由于对沸石基本性质的深入研究和工农业生产发展的需要,天然沸石的开发利用发展很快,到1992年开采量已达3000万t。应用领域越来越广泛,已从工,农业各部门扩展到国防工业和尖端领域。真可谓是"世纪矿物"。

天然沸石是已发现的40种沸石族矿物的总称,其中工业价值较高的是斜发沸石,丝光沸石,菱沸石。沸石是一种富含水的碱或碱土金属的硅铝酸盐矿物。其化学成分复杂,颜色为白、浅色、深绿等色,硬度3,密度为2g/cm^3,土状,白垩状,性脆,是由硅氧四面体和铝氧四面体组成骨架构成单元环,双元环和笼组成架状结构,有以下特点:

(1) 有稳定的,正四方面体的硅铝酸盐骨架。

(2) 骨架内有大量的孔穴和通道,孔穴和通道的直径为0.3～1.3nm是纳米级孔径矿物。

(3) 由于电价不平衡,在孔穴和通道内存在大量可交换的阳离子。

(4) 孔穴和通道水可以自由进出,空气也可以自由进出。

由于沸石的独特内部结构和晶体化学性质,使沸石具有多种优良特性。这些特性使沸石在国民经济各个领域都有广泛的应用。沸石主要特性有以下几点:

(1) 吸附性和选择吸附性;

(2) 阳离子交换性和选择交换性;

(3) 分子筛;

(4) 催化性和反应性(催化剂载体);

(5) 耐酸腐蚀性;

(6) 耐高温热稳定性;

(7) 耐辐射性。

沸石是由原始硅铝酸盐物质,在晚期岩浆,热液蚀变,接触交代,沉积成岩变质和风化表生等阶段,在水的参与下形成的矿物。成矿模式为:火山玻璃+水⟶沸石。火山玻璃物质在水介质和碱条件下,蚀变为沸石。

沸石的工业矿床主要是外生成因的,特别是产于沉积岩中的火山沉积型高硅沸石矿床。在我国沸石分布最集中于侏罗纪和白垩纪。要在火山熔岩和碎屑岩中寻找沸石矿,特别是火山玻璃熔岩或含玻璃碎屑岩中存在沸石。

安徽省由冶金工业部华东地勘局在晚侏罗纪繁昌火山盆地的西部,位于盆地北东向背斜的南西倾伏端,出露地层为火山杂岩系中的赤砂组,发现大型流纹岩型沸石矿区,储量在1亿t以上。由安徽省地矿局327队在宣城水东发现一个珍珠岩型沸石矿床,储量有300多万t。

沸石的工业指标,一般指的是沸石岩中沸石矿物含量的要求。由于沸石矿物粒度很小,很难直接测定。目前我国常用方法是测定样品的NH_4^+离子交换量。一般用公式:

100mg/100g←→含沸石 46%测定。

农业上使用沸石的质量要求,是指沸石含量大于 40%,或吸铵量大于 90mg/100g。

3　沸石对改善土壤生态环境能起巨大的作用

农业种植,在很大程度上依赖于土壤生态环境。沸石可以消减土壤干旱,盐渍化,沙化,酸化,环境污染等土壤生态障碍,提高土壤阳离子交换量和代换性盐基容量,释放作物需要的各种微量元素,改善土壤结构等众多优异性质,现分述如下:

3.1　沸石改良土壤的机理

沸石可以改良土壤的机理可分为物理性和化学性两种。物理性能是指沸石的加入能改变土壤的渗透性能。其原因由于沸石粉具有多孔晶体结构和吸附水的特性,当渗透量过大的土壤如沙土,加入沸石可以减少渗透量,即有些大的孔隙被沸石粉所充填。相反,对渗透性小,即渗透不良的土壤如板结黏土,施用沸石后,由于沸石的多孔结构可以增大土壤的孔隙度,可以通过毛细管作用改善它的透水性能。所以无论是沙土还是黏土,渗透性过强的土壤还是渗透性不良的土壤,施用沸石对改善土壤渗透性均有好处。化学机理主要是沸石的离子交换作用。土壤的阳离子交换量是衡量土壤保肥能力的一个重要指标。阳离子交换量高的土壤,保肥能力就强,反之则弱。由于沸石具有较高的阳离子交换量,比一般土壤要高得多,因而把沸石施于土壤,可以提高土壤的阳离子交换量,增加土壤的保肥能力。

沸石对同价的阳离子交换顺序如下:

$$Cs^+ > Rb^+ > NH_4^+ > K^+ > Na^+ > Li^+$$

$$Ba^{2+} > Sr^{2+} > Ca^{2+} > Mg^{2+}$$

沸石对 NH_4^+ 有很好的选择性交换能力。另外土壤中含有无机盐和成分复杂的有机盐,当直径较大阳离子 B 盐(BY)溶液与沸石(AZ)作用时,假若阴离子(Y)与沸石中阳离子(A)化合生成沉淀,那么就产生如下化学反应:

$$AZ + B^+ + Y^- + H_2O \longrightarrow HZ + B^+ + OH^- + AY\downarrow$$

反应结果使整个体系 pH 增高,使土壤的酸度降低,达到改良酸性土壤的目的。最后,由于沸石含有丰富的代换性盐基离子,因而对土壤酸度的降低也有明显的作用。沸石之所以成为土壤改良剂,就在于它有强大的盐基交换作用,除了吸收水分之外,对于肥料有效成分的附着率也很高,如氨的吸附率为 85.5%,磷的吸附率为 90%,钾为 80%,有机物为 90%。据日本学者测定,天然沸石的盐类交换量为 182.6mg/100g,因而它的保肥能力较强。因此,许多盐基交换量低,保肥性差的土壤,施用沸石后提高了土壤肥力,致使农作物高产。

3.2　应用沸石防治土壤酸化

改善土壤生态环境,首先是防治各种生态障碍。土壤生态各种障碍,是在自然和人类活动影响下所造成的土壤退化。如土壤酸化、干旱、沙化等等。下面谈谈应用沸石防治土壤酸化问题。

(1) 土壤酸化对农业种植的影响。土壤酸碱度或 pH 值,影响土壤中化学元素的化合,分解，赋存状态，迁移活动等一系列地球化学行为，进而制约于土壤生态效应——直接影响植物的生长。土壤酸化致使土壤盐基饱和度降低。离子交换与吸附作用减弱。营养物质遭到流失或贫化，肥力下降。微生物的繁衍和它们分解有机质，矿物质，固氮作用等活动受到抑制。一些有害于作物的物质或化合物，大量地聚积在耕层土壤及植物根系周围，对植物的生长发育造成障碍，乃致对作物产生所谓“铝毒、铁毒、锰毒”及营养贫缺等各种生理病害。在我国南方，由于土壤酸化的影响，水稻亩产150～300kg的中、低产农田大量地存在。在一些强酸化的土壤，水稻亩产不到100kg。按现有的耕地面积粗略估计，土壤酸化几乎使我国每年损失粮食约为0.2亿t。可见土壤酸化对农业影响是很大的。

(2) 沸石防治土壤酸化的作用与效果。十分清楚，土壤酸化是土壤中的氢离子浓度增高所致。因此，防治土壤酸化的关键就是降低，调节，控制其氢离子浓度及产生机制，其中最主要的关键在于土壤的盐基饱和度和 Al^{3+} 有关，也就是说，土壤中氢离子浓度，随代换性 Al^{3+} 的积聚和盐基饱和度的下降而增高。而盐基饱和度的下降及 Al^{3+} 的积聚，受土壤的离子交换作用与吸附作用的影响。故补偿，调节土壤中的盐基和增强土壤离子交换作用与吸附作用，是防治土壤酸化的关键。

天然沸石具有调节土壤盐基和增强离子交换作用与吸附作用的功能，原因在于：

1) 天然沸石是含碱金属或碱土金属的硅铝酸盐矿物，它含有大量可交换的K、Na、Ca、Mg等盐基离子。

2) 天然沸石有良好的离子交换性能、吸附性能、催化性能。

3) 沸石耐酸作用，在强酸作用下可以保持结构的稳定性。

在酸化或酸性土壤中施用沸石，矿物中的大量盐基离子可迅速地进入土壤。它同时又可大量地吸附土壤中各类酸基以及对农作物有毒害作用的各种化合物，并促使它们在其表面进行有利于生态的物理、化学反应。随着沸石的施入，土壤中的盐基成分得到补偿调节，盐基饱和度上升，土壤中各类酸基及对植物有毒害作用的 Al^{3+} 等高价氢氧化物，被沸石的离子交换作用、吸附作用、催化作用所置换、吸附或分解而改变其价态。由此，土壤氢离子浓度随盐基饱和度的上升而下降，土壤酸度由于沸石的作用得到很好的缓冲与控制，土壤肥力因素或供给营养的水平，微生物固氮作用等也随沸石的施入而提高或增强。从而在土壤中产生酸化的各种因素被沸石作用所克制；土壤生态环境随之得到改善。因此利用沸石防治土壤酸化或改良酸性土壤，效果显著。

日本早在20世纪60年代就开始利用天然沸石来防治土壤酸化，已在日本全国推广。1984年10月日本制定的地力增进法中，正式确定天然沸石为酸性土壤改良剂。据日本的报道，每公亩农田投放100～200kg沸石就可以达到缓冲土壤酸度的目的。施沸石改良后，能提高水稻、小麦、茄子、胡萝卜、苹果的产量。在俄罗斯酸性灰化土壤地区，经施沸石改良，大麦增产50%。可见，世界各国都很重视施用沸石，改良酸性土壤。

(3) 沸石与其他防治方法对比：在利用沸石之前，对土壤酸化障碍人们已采用各种防治方法与措施，至今被认为最有效的防治方法是采用石灰或其他碱性化合物中和土壤酸度。采用石灰防治土壤酸化，在我国南方已有久远的历史。在限定时间内，对于某些特定类型的酸性水稻土，施用石灰对中和土壤酸度，效果显著。但是施用石灰存在以下问题：

1) 石灰作用时间短，不能有效地控制土壤产生氢离子的作用机理。

2) 长期大量地施用石灰，会导致土壤产生新的生态障碍。如施石灰妨碍植物对磷的吸取。

3）大量施石灰会导致土壤中钙过量积累，使盐基成分的比例结构失调，钾进一步贫化。甚至促使土壤向“复钙型”演化。

4）施用石灰，施用技术方法要求严格。

针对施石灰所遇到的问题，有人提出采用“洗酸”或“压酸”等方法进行防治。所谓“洗酸”，是试图用水稀释土壤酸度。显然洗酸要求具备充裕的无污染水源，还需建立相应的排灌系统，还要防止土壤养分的流失。所谓“压酸”，是指采用深翻耕作或换土等措施，达到缓解或压抑表层土壤的酸度。但是在多数情况下，土壤酸化可涉及整个区域和深层土壤。采用深翻不但无济于事，还可能使酸化沿土壤纵深发展，破坏土源区的自然生态。

上述防治方法，在应用上有局限，受各地区地理、气候、水文、土壤类型、地质背景的影响，在经济、劳力方面代价高。

对比之下应用天然沸石防治土壤酸化障碍有以下优点：

1）补偿、调节土壤的盐基成分及其结构，通过矿物的独特作用，可从根本上改变土壤的理化性能和土壤生态环境。

2）作用时间长，据日本、美国、前苏联的资料，一次施用其作用时间可保持2～3年。

3）沸石对植物无毒害，不污染环境，适应性广，可用于各种不同类型的酸化土壤的防治。

4）沸石矿产资源丰富、分布普遍、价格低廉、加工和施用方法简单易行。

5）在土层薄 、水源不足、不产石灰的地区或施用石灰防治效果不好的地区应用沸石效果明显。

3.3 应用沸石防治土壤干旱与沙化

在世界土壤资源中，存在有干旱障碍的面积约占28%，土壤长期处于干旱状态，会造成土壤沙化的严重退化现象。土壤干旱障碍，可对农业生产带来巨大灾害。防治土壤干旱，是世界性农业课题，也是沸石用于改善土壤生态环境方面的重要作用之一。

3.3.1 增强土壤对水分的滞留能力

土壤干旱，是在大气环流的作用影响下，土壤中的水分被高度蒸发而严重失水。土壤干旱的主导因素是水分亏缺。防治的关键则是应当增强土壤自身对水分的滞留能力或抗蒸发作用。

天然沸石可以增强土壤对水分的滞留能力，是因为沸石矿物具有多孔结构的特点，有很大的比表面积和吸附表面，它是对水分吸附能力很强的一种天然矿物。在沸石结构中，含有一种可与外界进行自由交换的沸石水，它是一种介于矿物结晶水与吸附水之间的一种特殊形式的水：

（1）这种水在晶格中不时地更换位置，更换所需时间极短，而停留在晶格的时间则较长。

（2）这种水极易同外界进行自由交换而不影响其晶格架状结构及其晶体性质，一旦失水它又可迅速地从外界重新吸取水分。

正因为天然沸石有上述特点，在水分亏缺的干旱土壤中，沸石一方面可将其沸石水补给土壤；另一方面，它又可从大气中吸取水分。此外沸石的多孔结构还可以吸附和储藏大量可供植物吸取的水分。这样在大气、沸石、土壤与植物之间，沸石具有“储运”水分的良好功能。

这种功能,可增强土壤对水分的滞留能力及抗蒸发或抗干旱作用,减少了土壤中水分的损失与亏缺,从而促使微气候区水文系统的变化朝良性循环方向发展。因而,沸石可以有效地防治土壤干旱障碍。

3.3.2 沸石用于防治土壤干旱障碍某些实例

沸石用于防治土壤干旱,一些国家已经进行大量的田间试验。据前苏联乌兹别克科学院土壤和农化所的试验资料:在小麦收割前1个月未进行灌溉同时又从未施过沸石的土壤湿度为12.7%,而在每公顷地分别施5t、10t、20t沸石的土壤,湿度则相应提高到16.75%、18.4%、22.6%。由此可见,土壤湿度——土壤对水分的滞留能力——随着沸石施入量的增加而增强。在沸石基质中如果加入一定比例的泥炭、膨润土、珍珠岩、硅藻土、蛭石等矿物,则沸石对土壤的持水能力可以成倍提高。

砂质土壤滞留水分的能力很差。在沙质土壤中施沸石可以有效地吸取空气中的水分,从而在长时间的少雨期内保证植物的正常生长。沸石对水分的吸附与滞留作用不但在砂质土壤中如此,既使在透水性很强,抗蒸发能力很弱的初始沙化土壤中,同样有良好效果。埃及和非洲等地处于沙漠的干旱地区的一些国家,近年来正在采用沸石,大规模地防治或改造某些高淋失及透水性很强的农用沙质土壤。

3.3.3 沸石与防治土壤干旱的综合途径

对土壤干旱障碍,人们积极采取了引水灌溉、开发地下水源、种植植被、发展育林、实行人工降雨、人工制造“护水胶”和“护水膜”、喷灌等一系列防治措施,这些对防治土壤干旱均取得很好的效果。但是土壤干旱障碍,大多分布在降雨量稀少、大气对土壤水分的蒸发作用异常强烈、水资源严重不足的干旱及半干旱地区。这些地区引水困难,植被难以生长,植树造林困难,因而在世界范围内土壤干旱、沙化的面积仍在逐年扩大。近20年来全球平均每年有7万km^2的土地向沙化方向发展。在我国土地沙化面积每年以1560km^2的速度增长。目前我国有4000万公顷的农田和4660多万公顷的草地,受到干旱、沙化的威胁。如不采取积极有效的抢救措施防治土壤干旱和沙化,据中科院生态研究中心预测,到2000年我国有7.5万km^2土地将演化为不毛之地。

为加强防治对策,在引水灌溉、开发地下水资源、植树造林、发展植被、人工降雨等综合措施中,如果与大力开发和应用天然沸石增强土壤对水分的吸附、滞留作用的防治方法结合起来,将会产生巨大的作用,获得更大的成效。

3.4 应用沸石防治土壤污染

土壤污染是世界性的环境公害之一。目前许多国家土壤遭到污染,对农业造成巨大损害。如日本有3.7%的农田遭受污染,使水稻减产30%;捷克的北波希米亚地区,化工企业的三废毁坏了2万多公顷土地;英国有1%的土地受到重金属污染;在我国每年因环境污染使600多万公顷农田遭到污染,由此造成的粮食减产每年达50亿kg以上。

土壤污染,大多数来源工业废气、废水、废渣、城市污水、垃圾、大量施用化肥、农药所造成的。污染物的种类很多,主要有镉、铅、汞、氟、氨氮、硫化氢、砷化物、酚化物、亚硝酸盐、有机磷放射性物质等等。这些污染物随大气和水进入土壤,并在土壤中沉淀下来形成土壤污染。天然沸石对大多数污染物质有一定的吸附作用和离子交换作用,其中以对氨态氮、亚硝酸盐、硫化氢、各种重金属离子的吸附和交换作用明显,效果较好,可以起减轻和防治土壤污染的作用。

3.5 应用沸石防止土壤营养贫缺障碍

土壤营养是农作物的“粮食”。土壤中的营养,通常包括有机质和无机质(或矿物质)两大类物质,它们是构成土壤肥力及生产能力的重要因素。由于各种自然原因和长期耕种的结果,致使土壤供给营养水平下降,农业生产受到影响。土壤营养水平下降的原因是多种多样的,这里仅讨论土壤在水的渗滤活动影响下,营养物质遭到淋(流)失造成土壤营养贫缺障碍问题。

据测定,在水的强烈渗滤作用影响下,平均每年在每公顷耕层土壤中仅氮、磷、钾等主要营养的淋失就达 78～115 kg,其中氮淋失 75～100 kg。土壤营养物质的淋失虽然受水的渗滤作用的影响,但与土壤的性质及其对各种营养物质的固着力也有密切关系。如处于正常情况下的中性土壤,钾淋失量为每公顷土壤 2～10 kg,但在酸性土壤中达 19～28 kg。在石灰性土壤中磷的淋失为 0.26～1 kg,而在沙质土壤中达 5 kg。可见不同性质的土壤中各种营养物质淋失程度也是不同的。因此,从增强土壤对营养物质的固着力入手是防治土壤营养物质贫缺障碍的根本措施。

由于沸石具有多孔结构和良好的吸附性能,所以不但可以增强土壤对水分的吸附与滞留,而且在增强土壤对营养物质的固着力方面同样有重大作用。据测定,沸石对氮、磷、钾等主要营养物质的吸附能力是土壤的 3～4 倍。以它对铵的吸附作用为例,每克沸石吸铵量为 0.003～0.009 g,由此可以粗略计算出,在每公顷农田施 10～15t 沸石,其对铵态氮的吸附量,就几乎等于全年从每公顷耕层土壤中的淋失量。沸石对 K、P、Na、Mg、Mo、Zn、B、S、Se 等元素的阳离子吸附作用也很强。因此,在土壤中施沸石,可防止或减少营养物质的淋失,较好地保证农作物在整个生长期对所需营养的吸取。这正是为什么土地单独施沸石也能增产的原因所在。据乌克兰农业微生物所报道,在每公顷土地施 20t 沸石,荞麦收获量提高 36%,玉米收获量提高 20%,大麦收获量提高 17%～64%,小麦收获量提高 31%,后效持续 4~6 年。

3.6 利用沸石进行改良土壤的典型试验

最早是在 1974 年起由中国科学院地质研究所在浙江省缙云县进行长达 2 年多的试验。试验过程中进行了田间作物的生育观察,产量考核和室内土壤的物理化学性能分析对比,同时把盆栽、小区试验和大面积施用结合起来,由此来研究天然沸石改良土壤的效果。田间试验点 1975 年 16 个、1976 年 20 个分布于缙云县 4 个区 8 个乡的 13 个生产大队,共进行 160 余组对比试验。

两年多的时间,对不同作物、不同土壤,进行吸氨保肥、改良土壤试验,同时对试区土壤进行 12 项物理化学性能的分析。结果表明,对于不同作物,不同土壤来说,无论是单纯施沸石还是沸石拌氨水、碳酸氢铵施用,都有程度不同的改良土壤的效果;农作物长势均比对照区好,一般能增产 10%左右;土壤酸度降低,阳离子交换量提高,土壤的物理化学性能得到一定的改善。该试验区的土壤均为酸性和弱酸性,施用沸石后,其活性酸度和水解性酸度均比不施沸石区降低,使土壤趋于中性。

表 1~6 给出了试验的几组试验对照表来说明沸石对于改良土壤的作用。

表 1　水田土壤施用沸石后酸度的变化

测定项目 / 处理	pH	水解性酸/%	代换性氢/%	代换性铝/%	代换性酸/%
施用沸石区	5.62	3.376	0.094	0.306	0.400
对照区	5.52	3.617	0.094	0.329	0.423

表 2　沸石加入量对土壤 pH 变化的影响

试验区名	pH		代换酸度/mg·(100g)$^{-1}$	游离 Fe_2O_3/%
	H_2O 水解性酸度	KCl 活性酸度		
对照区	6.4	5.6	2.0	1.53
沸石细粉 5.5%区	6.5	5.6	5.1	1.59
沸石细粉 11%区	6.6	5.6	4.7	1.45
沸石粗粉 5.5%区	6.5	5.6	4.7	1.42
沸石粗粉 11%区	6.5	5.6	7.2	1.41

表 3　水田土壤中可溶性磷的变化

测定项目 / 处理	淹水三周间	
	pH	1%枸橼酸可溶的 P205/mg·(100g)$^{-1}$
对照区	6.4	7.54
沸石粉 5.5%区	6.5	9.46
沸石粉 11%区	6.5	10.09

表 4　施用沸石与产量关系的调查表(kg/100m^2)

区　别	杆　重	精谷重	谷杆重	米密度	糙米重	碎米重
对照区	54.1	53.5	99	0.13	42.5	1.43
沸石 60kg/100m^2 区	60.2	62.6	104	0.11	50.2	0.63
沸石 120kg/100m^2 区	60.6	64.5	108	0.17	51.5	1.45
沸石 180kg/100m^2 区	70.7	67.0	102	0.20	53.1	1.56
客土 4t/100m^2 区	54.0	58.2	108	0.15	46.7	1.01

表 5　小麦实测产量表

试验单位	作物名称	小区面积/公顷	沸石用量/kg	氨水用量/kg	小区产量/kg	亩产/kg	增产率/%
下新屋二队	早大麦三号	7.755	200	20	63	123.9	9.5
		7.755	0	20	58.45	113.1	1
黄店二队	小麦	3	225	37.5	21.5	107.5	6.2
		3	0	37.5	20.25	101.25	1
农兴四队	九〇八小麦	19.5	250	20	100.35	77.2	7.7
		18.75	0	20	89.5	71.6	1

续表 5

试验单位	作物名称	小区面积/公顷	沸石用量/kg	氨水用量/kg	小区产量/kg	亩产/kg	增产率/%
舒洪三队	小麦	0.36	625	25	4.25	177.05	13.3
		0.36	0	25	3.75	156.25	1
新民四队	九〇八小麦	1.51	500	50	25.75	254.5	3.5
		1.62	0	50	24.8	246.1	1

表 6　水稻实测产量表

年度	试验单位	作物名称	小区面积/公顷	沸石用量/kg·公顷$^{-1}$	氨水用量/kg·公顷$^{-1}$	小区产量/kg	亩数/kg	增产率/%
1976早稻	大筠科研队	矮科早	1.5	16.67	1.67	37.95	379.5	14.8
			1.5	0	1.67	32.95	329.5	1
	黄店二队	胜龙	1.5	33.33	0	334	334	9.2
			1.5	0	0	306	306	1
	缙云中学	珍龙十三号	1.5	13.33	1.67	30	320	9.1
			1.5	0	1.67	27.5	275	1
	东门科技队	珍龙十三号	1.5	33.33	0	27	270	3.9
			1.5	0	0	26	260	1
1976晚稻	大筠十队	早金风五号	2.1	33.33	1.67	37.75	273.2	14.0
			2.175	0	1.67	34.75	239.65	1
	下新屋二队	桂宁	2.25	31.1	0	45.5	303	5.8
			2.25	0	0	43	286.65	1
	新建五大队八队	二九青	1.5	16.67	1.67	22.3	223	6.4
			1.5	0	1.67	20.95	209.5	1
	黄店二队	农虎六号	15	33.33	0	175	175	6.1
			15	0	0	175	175	1

典型试验之二：据吉林农大土化系 1984 年 12 月《利用沸石粉改良盐碱土研究工作报告》，在盐渍化草甸土的盆栽和田间试验表明，盐碱土施用沸石后，使土壤理化性质有明显改善，在结构和通透性方面有所改良。土壤含盐量，特别是 Na^+ 含量，由于沸石的离子交换作用和吸附作用而降低，且降低土壤 pH 和提高土壤盐基代换能力。

4　天然沸石在肥料中的应用

肥料是农作物的营养来源，是农作物的"粮食"，肥料好坏对农业生产影响极大。天然沸石的应用，把肥料的使用提高到一个新的水平，为农业的发展起到巨大作用。

4.1　化肥的应用及其所带来的问题

土壤的营养物质，一方面是在自然因素作用下，遭受淋(流)失而损失，另一方面，是在农业种植过程中，随农作物大量摄取而逐渐贫瘠。后者的摄取对土壤向酸化、贫瘠化终点演变的速度大约增加 100 倍。1970～1971 年度全世界农作物总收获量为 13.45 亿 t。平均收获每吨谷物需从土壤中摄取 0.062t 上述主要营养物质(其中氮素占摄取总量 45.1%，钾为 37.8%，磷为 17.1%)，随农作物的收获还从土壤中摄取其他的大量营养物质，其中微量元素的损失正引起人们重视。如果年复一年地被农业种植长期无偿的摄取,就会导致土壤完全丧失其生产能力。

针对这种情况,长期以来人们通过施肥来补偿土壤被摄取的营养物质,以此来保持地力和换取农业收获。化肥的问世,使农业发展发生了飞跃,开创农业种植的新纪元。化肥的使用,使土壤补充了大量营养物质,同时又带来一些严重的问题:

(1) 肥料中的营养物质流失十分严重,使农业受到很大影响。以氮肥中的氮素流失为例,在水田中氮肥利用率仅 20%～50%(流失达 80%～50%),在旱地中氮肥利用率为 40%～60%。氮平均利用率仅为 27%～45%。小麦、水稻、棉花等作物对氮的利用率达不到 50%。1991 年我国的化肥生产量为 1988 万 t,若按投入量 90%,平均流失率按 50%推算,则当年至少有 895 万 t 化肥遭到流失。如果把化肥用尿素来代表,每吨按 550 元计算,则当年化肥的流失直接造成的经济损失达 250 亿元。

(2) 肥料大量流失,不仅带来巨大的经济损失,而且对水体、土壤、大气、生物、人类健康等整个生态环境带来严重的污染,其后果十分严重。

4.2 应用沸石防止肥料流失

世界许多国家已把沸石混掺到各种肥料中,目的是利用沸石独特的晶体结构所具有的吸附作用、承载作用,防止肥料流失,同时延长肥效,减少肥料用量和降低成本。

据前苏联亚美尼亚农业研究所的田间试验结果表明,沸石对铵的吸附能力与滞留时间是土壤的 3～6 倍,沸石可使土壤中铵的流失减少到几分之一。他们报道,沸石掺到氮、磷、钾等肥料中混合使用,由于延长了肥效和提高了肥料的利用率,使玉米产量提高 10%,马铃薯产量提高 17%～20%,棉花产量提高 8%～9%。日本把含斜发沸石的泥岩粉与铵肥或猪粪混合施用,成为适合于水稻及多种植物的优质高效肥料。据报道,施这种肥料可使水稻增产 3%～6%,茄子增产 19%～55%,苹果增产 13%～28%,胡萝卜达 63%。罗马尼亚采用类似日本的方法,将含有 67%斜发沸石的火山凝灰岩与猪粪相掺变成长效氮素肥料。保加利亚把沸石掺到基肥中用于温室种植西红柿、黄瓜、辣椒,使各自的产量分别增产 22%以上。匈牙利、波兰、意大利、美国、古巴等国也将沸石掺到肥料中去。

近年来,我国有关科技部门纷纷进行沸石防止流失的试验,均取得良好的效果。如中国科学院地质研究所在浙江省缙云县所做试验,采用沸石碳铵,比普通碳铵氮肥的利用率提高 15%以上,增产率在 5%以上。又如沈阳农业大学土肥研究室进行的淹水条件下沸石碳酸氢铵混施的保氮机制研究,证明沸石可以有效地防止肥料的流失。他们指出沸石铵饱和度是土壤铵饱和度的 4 倍。沸石与碳铵混施后降低了水层中铵的含量,比单独施碳铵,氮素挥发损失减少 22.7%。还指出沸石碳铵混施的土层比单施碳铵土层铵氮含量增加 1.47～3.09 倍。

1993 年冶金部华东地勘局矿产品开发研究所与安徽农业大学共同进行沸石在肥料中的试验,他们不仅证明在土壤中沸石具有防止肥料流失的特点,还首次提出在复合肥中掺加沸石可以起稳定性作用。即在肥料生产后的各个环节,从生产成品到贮运、销售直到用于田间的过程中(至少 1～3 个月),沸石可以起到防止肥料主要养分挥发、分解等流失的作用。他们的试验结果表明,在复合肥装袋处于密封贮存条件下,存放一个月后,不加沸石的一组和添加沸石 10%的一组及添加沸石 15%的一组,氮的损失率分别是 1.38%,0.89%和 0.59%。即添加沸石 10%和 15%的复合肥要比不加沸石的复合肥,氮的损失要减少 35%和

58%。说明沸石加入有利于氮素的保存。复合肥在贮存期间,由于碳铵分解挥发,即 NH_4HCO_3 以 NH_4 和 CO_2 气体形式挥发,引起复合肥总重量减少。又由于 P_2O_5、K_2O 相对的不活泼,挥发量很少,却造成 P_2O_5、K_2O 含量比例的增加。对于不加沸石的一组,加沸石10%的一组和加沸石 15%的一组,其中测定:P_2O_5 变化率(增加的百分比)分别为 8.5%、13.03%、13.13%;K_2O 变化率为 10.9%、21.4%、33.4%。

这就说明,沸石的添加也有利于磷、钾元素的保存和减少流失。另外,他们所做的开放性试验,将复合肥完全暴露在空气中,2 个月后肥料养分的损失:氮达 41%~45%,加沸石也不例外。说明沸石控制释放时间不能太长。

4.3 应用沸石生产新型肥料

由于沸石具有吸附、滞留和防止肥料中营养物质流失的功能,现在出现了多种沸石新型肥料:

4.3.1 沸石饱和铵肥料

把经过加热脱水处理的沸石直接放到新鲜的禽、畜粪中去,便可生产出沸石铵饱和肥料。这种肥料几乎每个农村家庭都能制作,它可以把极不易保存的氮素用沸石吸附后作用于土壤,是价廉物美、方便易行的基肥、农家肥。

4.3.2 沸石磷肥

由于化学磷肥中水溶性的磷酸盐在土壤中易遭固定,故农作物吸收利用率很低。现在把沸石直接加入碳酸盐岩磷灰石中用沸石的离子交换作用,可使磷灰石的溶解度增大 5 倍。游离出来的磷被沸石所吸附并被农作物吸收。有的国家,将沸石铵饱和肥料与磷矿粉或其他低溶解度含磷岩石掺混在一起施用,通过沸石的离子交换作用和催化反应性,可使大量的磷游离出来,供植物吸收。

4.3.3 沸石碳铵

碳酸氢铵简称碳铵是我国独创的较好的氮肥品种,它具有速效、经济、防病虫害、有利于光合作用等优点。但也有严重结块、易挥发、易分解、肥料易流失且不能随种子下田等弊病。掺用沸石后可以克服一些弊病。我国自 1977 年中科院地质所开始在浙江省缙云县试验沸石碳铵以后,内蒙古赤峰县科委、黑龙江勃利县化肥厂、安徽省繁昌县农科站纷纷研制生产沸石碳铵。

沸石碳铵化肥新品种具有不会结块、性能稳定、不易挥发、氮素利用率高等优点。施入土壤后不会残留任何有毒有害物质,且可以提高土壤的保肥保水能力,是一种很好的速效性新型氮肥。各地通过对水稻、小麦、玉米、高粱、萝卜等作物的小区、盆栽和大田试验,结果证明,利用天然沸石粉 30%与碳铵 70%混合的沸石碳铵与同等数量纯碳铵施用的增产效果基本一致,有的还略有提高。有关单位试验表明,沸石碳铵比普通碳铵在施用后的氮肥利用率一般可提高 15%以上。在施用过程中的有效成分的挥发和流损率降低 20%左右。因此,尽管沸石碳铵的单位含氮成分因加入 30%沸石而比普通碳铵低,但被农作物实际吸收的有效氮素并不比普通碳铵低。也就是说沸石碳铵含氮 12%比普通碳铵氮 17%低了 5 个百分点,但使用过程中有效成分的挥发和流损率低,故被农作物吸收的有效氮素并不比普通碳铵低。从种植试验来看效果好。我国中小化肥厂生产碳铵普遍,若推广沸石碳铵,对于减少肥料流失,减少国家巨额资金白白浪费,意义十分重大。

4.3.4 沸石多元颗粒肥

沸石多元颗粒肥是以沸石为载体，碳铵为主要氮素，另加磷、钾和适量微量元素配制而成的新型复合肥。

4.3.4.1 沸石作为载体的机理

(1) 沸石的晶体结构特点如架状结构、众多的孔穴和通道所产生的电荷不平衡性，使其具有很大的表面吸附性能并能选择性吸附氮，从而减少氨的挥发和钾、磷的流失。

(2) 土壤的阳离子交换量是土壤肥力的标志之一。而沸石具有很高的阳离子交换量，并可选择性交换铵、钾离子，能提高土壤的保肥能力。

(3) 沸石骨架上有许多可交换的金属离子，故可以把沸石作为离子型化肥加到土壤中去，可调节土壤酸碱度使之趋于中性，防止磷的固定，并增加金属阳离子的营养作用，即微量元素的补充。

(4) 沸石的多孔构造，在土壤中可以改善土壤的通透性能，增强土壤的保水抗旱能力。

4.3.4.2 沸石多元颗粒肥的工艺流程

(1) 选择配方　浙江省缙云县沸石多元肥的配方总养分（N、P_2O_5、K_2O）含量仅为16%，低于化肥行业所要求的总养分：二元肥大于或等于20%，三元肥大于或等于25%的规定。冶金工业部华东地勘局矿产品开发研究所和安徽农业大学及肥东王铁化肥厂联合研制的沸石多元肥总养分大于25%，现简介配方如下：

配方Ⅰ　碳铵60%＋磷铵20%＋KCl10%＋沸石10%

配方Ⅱ　碳铵55%＋磷铵20%＋KCl10%＋沸石15%

对照组Ⅲ　碳铵60%＋磷铵20%＋KCl20%

(2) 工艺流程

由于配方中氮素主要为碳铵，这就决定流程中不能有烘干设备。采用“无干燥、无筛分、无返料”挤压造粒工艺。其工艺流程如下：

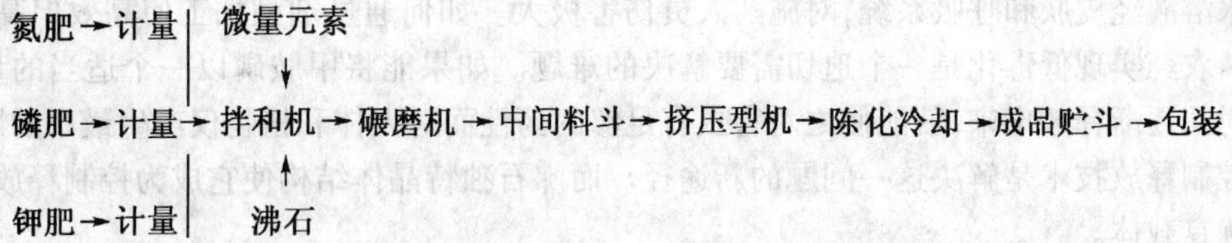

挤压造型我们选择立式平模挤压造粒机，可以达到易成型、工艺流程短、易操作、投资省且产品养分损失小、颗粒均匀、抗压强度好。

4.3.4.3 沸石多元肥的社会经济效益

(1) 施用沸石多元颗粒肥可以提高农作物生长势，生长期长的比生长期短的效果更为明显，旱地优于水田。如水稻施用沸石多元肥，单株有效分蘖增加，每穗粒数，结实率和千粒重均有所增加，抗病性、抗倒伏性能及抗旱能力提高。

(2) 沸石多元肥对水稻、小麦、甘薯、油菜、马铃薯多种农作物都有增产效果。其中水稻增产5%；小麦增产5%～15%；玉米增产10%；甘薯、油菜、马铃薯增产5%，增产效果明显。

(3) 提高肥料利用率20%以上。即减少肥料的流失，给国家创造大量的财富。

(4) 以沸石为载体，不仅价格低廉，对肥料养分的损失起控制作用，施到土壤中以后还可以长期起保肥、增加肥力的效果。

4.3.5 沸石专用肥

专用肥是肥料工业发展的方向。国外已有沸石 NPK 球肥、沸石 P 球肥、沸石 N 球肥、沸石 NP 球肥、沸石等量 N 球肥和沸石倍量 N 球肥等 6 种。国内已有浙江、安徽、山东、云南等省开展沸石专用肥的研究和生产。

云南研制出“大颗粒长效肥料”,是以沸石为载体,粉状或微粒状的单一或复合化肥为主体,具备不同配方的离子型长效肥料,肥效可以保持 1~2 年。

浙江省根据不同的土壤,不同的植物要求生产出 2 种专用肥:(1) 玉环柚专用肥;(2) 大观山水蜜桃专用肥。

安徽正在研制“多元素沸石专用肥”,其中使用沸石达 6%~16%,已生产出棉花专用肥、西瓜专用肥、茶树专用肥、油菜专用肥、水稻专用肥等等。

5 沸石在农药上的应用

沸石在农药上的应用,开辟了控制释放型农药新途径。控制释放型细粒剂是国际上近几年新开发的一种农药新剂型。我国已经研制出以天然沸石为载体,以甲胺磷为主要活性组分的农药新剂型——广灭灵细粒剂。

控制释放型广灭灵细粒剂的制备方法、释放速度、毒性、稳定性、生物活性及分析方法均已完成研究,并在浙江兰溪农药厂投入生产。该产品经浙江金华地区农科所、黑龙江省农科院田间药效试验,证明广灭灵细粒剂对防治棉花蚜虫、玉米螟虫、水稻蝎虱及其他地下害虫效果显著,药效长,使用方便。

其主要机理是:控制释放型广灭灵细粒剂,是一种以甲胺磷为主要活性组分,添加适量增效剂,采用沸石控制释放技术加工制成的农药新型剂。甲胺磷是一种生产工艺简单、杀虫效果广泛、防治效果好的高效农药。但甲胺磷属高毒农药,主要是乳剂。用喷雾器喷施,甲胺磷水溶液经皮肤和呼吸系统,对施药人员伤害极大。如何通过剂型加工使高效但高毒的甲胺磷农药实现低毒化是一个迫切需要解决的难题。如果能将甲胺磷以一个适当的量,在较长时间逐渐释放出来,就能使之对害虫有足够的药性而对人体和植物仅产生最小的影响。农药控制释放技术是解决这一问题的新途径。而沸石独特晶体结构使它成为控制释放型农药的优良载体。

6 沸石在畜牧业中应用

天然沸石在畜牧业方面应用十分广泛。它的应用可以显著改善家禽、家畜的健康状况,提高生长率,提高饲料转化率,改善饲养环境,降低饲料生产成本,提高饲料水平。下面分别叙述。

6.1 沸石作为饲料添加剂

6.1.1 沸石饲料添加剂作用机理

沸石作为饲料添加剂改善饲养环境,增加体重,提高饲料利用率,其机理如下:

(1) 天然沸石含有禽畜生长发育所需要的多种常量元素和微量元素。如 Ca、Co、Cu、Fe、K、Mg、Mn、Na、P、S 等。尽管有些元素含量甚微,由于沸石的离子交换性能使之从沸石中释放出来被禽、畜吸收。

(2) 由于沸石结构上的特点,使沸石具有独特的吸附性能和阳离子交换性能,且有选择交换性。一般顺序为:$NH_4^+ > K^+ > Na^+ > Ca^{2+} > Mg^{2+}$,由于沸石铵离子的选择性,在动物的消化系统中可以起到氮容器的作用。动物摄取食物后经过一系列生化作用分解产生铵离子,沸石可以束缚一部分过量的 NH_4^+,然后再缓慢地释放出来,使之更有效地用于动物蛋白质的合成,同时还可以防止过量的 NH_4^+ 会产生有毒效应。沸石还可以刺激动物的胃和肠,引起动物产生更多的抗体,抑制了疾病如痢疾的发生。由于沸石的吸附性能,使养分在禽、畜的消化系统内保留时间较长,提高了饲料的利用率。又由于沸石的吸附性能,对动物有害的氮、硫化氢、二氧化硫的组分被吸附在沸石骨架中随之排出体外,因而对防治家禽、家畜疾病特别是肠胃道疾病和净化环境方面起到积极的作用。沸石还有优异的催化性能,可以促使禽、畜消化道中各种营养的催化合成与分解作用。

6.1.2 沸石在饲料添加剂方面的研究和应用情况

6.1.2.1 国外研究情况

国外研究沸石作为家禽、家畜饲料添加剂是自 1965 年开始的。最早的是日本,以后美国、前苏联、保加利亚、捷克、加拿大等国都做了大量的工作。

日本在 1965 年利用沸石喂养来杭鸡,喂含 10%沸石饲料,其效果比对照饲料高 20%;保加利亚在肉鸡饲养中加入 0.5%~1.5%的沸石,比对照组增重 3.6%。

日本在 1968 年用含量 5%的沸石添加剂喂养约克夏小猪 60 天,成猪 79 天,其体重增加率为 25%~29%。

日本在 1967 年进行 4000 头猪的试验,在死亡率和疾病发生率方面喂 6%沸石明显好转。胃溃疡、肺炎、心脏扩张病明显下降。平均每头猪医药费减少 200 日元。

美国在 1969~1970 年对牛进行试验,当沸石的添加量为 5%时,对喂养 184 天小母牛进行对照发现体重增加 20%。

6.1.2.2 国内研究情况

我国自 1979 年以后分别在北京、内蒙古、黑龙江、浙江、山东、安徽开展把沸石用于家禽、家畜饲养方面取得很好效果。沸石饲料添加剂已形成商品,如内蒙古围场、安徽繁昌沸石粉作为饲料添加剂已销往全国各地,现简介各地试验情况:

(1) 1983 年中科院地质所和北京市饲料科研所在北京市清河畜牧场试验,在猪的饲料中添加沸石,历时 123 天。结果发现当前 3 个月添加沸石 4%、第四个月加 5%时,沸石试验组猪只皮毛光亮,粪便含水少,不拉稀,每天猪少消耗饲料 7.75kg,增重 6.7kg,经济效果明显。

(2) 中科院地质所和北京市饲料科研所又在北京市海淀区四季青小府猪场、永丰小辛店试验。1985 年 5 月 11 日,选三元杂交猪 204 头分为 2 组,一组用 5%沸石代替玉米,另一组不加。试验结果,试验组增重提高 3.52%,饲料报酬提高 5.2%。

(3) 1985 年 3 月 28 日至 5 月 22 日解放军 52872 部队鸡场将 5000 只肉鸡分 2 组对比,试验组加 5%沸石,减少 5%配料。结果,平均每只鸡增重提高 6.8%,节省饲料 0.175kg/只,饲料报酬提高 10.7%。

(4) 河南省地矿厅测试中心,用沸石添加剂喂养肉鸡蛋鸡试验,肉鸡增重 18.7%,料肉比下降 29.7%,每产 1kg 蛋可省料 1.13~1.99kg。

6.1.3 结论

自20世纪80年代以来国家科委把沸石饲料添加剂作为重点攻关项目,全国各地进行了大量试验,将沸石作为饲料添加剂用于家禽、家畜的饲养,取得明显的效果:

(1) 沸石粉取代粮食,取代配合饲料,起以石代粮的作用。当添加6%~7%沸石后,饲料中能量和蛋白质降低了,但饲料转化率提高了。经121~180天试验对比平均重量增加了,最高可增加12.5 kg。节省饲料费每千克为0.03~0.08元。

(2) 沸石对育肥猪有促生长、增重的效果,当添加5%沸石时,获得5.14%~15.7%的增重效果。

(3) 沸石粉可以防治腹泻和其他肠胃疾病。例如某地试验,当饲料中误加未经处理的3%菜籽并引起猪的腹泻后,使用5%沸石,腹泻在3~7天内停止了。

(4) 沸石饲料添加剂虽已普遍使用,但饲料行业主管部门还未正式将沸石列入饲料配方,使得推广工作存在阻力,建议有关部门重视这问题。

6.2 天然沸石作饲料预混剂载体

近年来我国饲料工业发展迅速,目前全国配混合饲料生产已达3500万t/a,其中配合(全价)饲料已达72%,说明添加剂的使用已接近普及。在饲料预混剂的生产方面,使用沸石作为载体对各种矿物元素的预处理,特别是稀释阶段。使用沸石作为载体吸附工艺能够保证预混剂的质量。

(1) 矿物元素生产原料的选择　添加到饲料中的矿物元素一般有铜、铁、锰、锌、碘、硒、钴等,其化合物种类较多,目前国内常用的矿物微量元素原料有下列7种:硫酸亚铁、硫酸铜、硫酸锌、硫酸锰、亚硒酸钠、碘化钾、氯化钴。

(2) 生产原料的预处理　生产原料的预处理可分为干燥、粉碎、稀释、混合搅拌等4个过程。其中稀释过程是预混剂生产特有的生产流程。其原因是微量元素在饲料中添加量极微,有的仅达百万分之几,对大多数硫酸盐来说,从含量80%~99%降到饲料必需比例都存在稀释问题。稀释过程的工艺主要有液相喷洒工艺、微粉碎工艺和载体吸附工艺3种。载体吸附工艺是将微量元素加水溶解,再加50~100倍稀释载体充分吸附混合,最后经烘干、粉碎。此法工艺简单易于操作效果好。

(3) 载体选择　常用矿物微量元素载体有:沸石粉、凹凸棒黏土粉、膨润钙、碳酸钙、碳酸氢钙、磷酸钙、磷酸氢钙、麸皮、脱脂米糠等。具有众多特性,性质最佳载体是沸石粉。载体选择除考虑它作为饲料组合的一部分、化学性能稳定、不含有害杂质外,主要是载体能使矿物元素损失率最低。经7种载体对比,硫酸盐类以$FeSO_4$为代表发现从贮存时间、温度、湿度三因素综合考虑来评价载体的化学稳定性得出结论:沸石载体最理想,Fe^{2+}的损失率最低。而常用的石粉(碳酸钙)损失率达30%以上,根本不应做载体。

(4) 矿物微量元素预混剂生产的工艺流程　具体工艺流程如下:

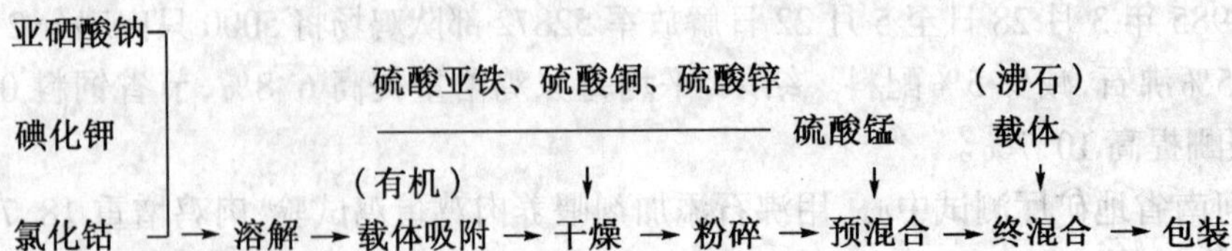

冶金部华东地勘局矿产品开发研究所原所长刘伯元曾著《沸石载体在饲料预混剂生产中的研究》一文详加叙述。

6.3 应用沸石改善饲养环境防治疾病

禽、畜、水产养殖的疾病与死亡,对饲养业的生存和发展影响极大。这种影响和威胁,往往是生态环境的恶化——饲养场或饲养水域出现大量铵氮、硫化氢、二氧化碳及某些致病病毒——所造成的。

日本在多年前就发现沸石在保护饲养环境方面的作用。民间称沸石为卫生石。把它撒到禽畜舍中,以除去恶臭,可收到很好效果。据报道,在禽畜舍栏中地面撒沸石,可使周围空气中的氨的含量降低 0.5~4 倍,空气中其他有害气体的含量也大大减少。

用水清洗禽、畜粪便时,污水的排放会对周围环境造成污染。一些国家采用粒度为 0.5~10 mm 不同颗粒级组成的沸石过滤槽,处理这种污水。据报道,经过沸石过滤槽过滤,使污水中的氨的含量降低 7.5 倍、化学需氧量降低 10 倍、生物耗氧量降低 27 倍。水的透明度从 2cm(已通过初级处理)提高到 24cm。

为保护环境用过的沸石,是很好的铵肥。用沸石净化环境再作肥料是一举两得。

7 沸石在水产养殖业中的应用

7.1 沸石在水产养殖业中的意义

随着对蛋白质需求量的不断增长,人类将需要更多的水产品。水产养殖业具有较高的经济效益。特别是珍稀水产如鳗鱼、对虾、鲈鱼、鳟鱼、虱目鱼等等。但它们对于养殖池中的水温、pH、氧、硫化氢、氨的微小变异都非常敏感。例如据测定,当水中有百万分之一的 NH_4^+ 时,鳗鱼就停止生长。而鳟鱼当水中有百万分之三 NH_4^+ 时就会死亡。近年来,由于精养水平的提高,养殖密度提高了 3~5 倍,造成单位水体有机负荷量剧增(大量的排泄物和剩余的残留物),带来了溶氧量的降低,氨态氮、硫化氢、二氧化碳等有害物在水中积聚,使水质严重恶化。

水质恶化的直接后果一是缺氧,使大批水产生物窒息死亡。二是由于水质污染,寄生虫及水霉菌、浮游生物随之生长,各种病害随即侵害水生物,如对虾浮头、鱼的赤鳍病、白斑病、腐鳃病、赤点病、水霉病及各种细菌性疾病。因而缺氧和水质恶化已成为水产业发展的最大障碍。另外目前大部分水产养殖单位手段有限,一旦遇到较大的自然灾害和天气突变,水温升高,眼巴巴看到大批水产生物死亡。

沸石的使用为净化水质和增氧抢救水产品开辟出一条新的途径。

7.2 沸石净化水质和增氧机理

由于沸石独特的晶体结构和优异性质,具有吸附性和离子交换性,可以把水中的氨态氮、亚硝酸氮、二氧化硫、二氧化碳除去。天然沸石的净化水质作用比较明显。沸石具有多孔结构,骨架内有大量的孔穴和通道,其内表面积 1g 沸石可达 400~1000m^2,空气在孔穴和通道内可以自由进出,当沸石进入水以后,水进入孔穴和通道把空气置换,逐渐地释放出来。

它们以微气泡形式逸出，从而增加了水中溶解氧的含量，以供水中生物呼吸，防止缺氧。据测定直接将天然沸石撒入水中，每千克沸石可带进 30～50L 空气进入水中，且以微气泡形式逐渐释放出来。

7.3 沸石增氧剂

在水产上已经研制出沸石增氧剂，现简介如下，

(1) 机理。复方增氧剂是使用沸石和过氧化物制成的速效性复合增氧剂。施入水中后能在短时间内释放出大量氧气，提高水中溶解氧，并明显降低氨态氮、二氧化硫等有害气体，用于抢救“反水”鱼群，用于运输鱼苗等水产品。

(2) 工艺流程。沸石增氧剂的工艺流程可表示为：

沸石→手选→破碎 ┐
　　　　　　　　　├→粉磨→包装 ┐
贝壳———→煅烧 ┘　　　　　　　├→合包装→成品
化工原料（过氧化物）———→包装 ┘

其中，天然沸石要求细度≤150 目，吸铵量 100～150 moL/100g，水分≤5.5%。化工原料(过氧化物)的含氧量≥12%。

(3) 化工原料(过氧化物)探讨。各种过氧化物氧气的释放量：

过氧化物	氧气释放量/%
过氧化氢(H_2O_2)	23.5
过氧化钙(CaO_2)	11.1
过碳酸钠($2Na_2CO_3\cdot 3H_2O_2$)	7.6

过氧化物遇水反应迅速释放氧气：

$$2Na_2CO_3\cdot 3H_2O_2 \longrightarrow 2Na_2CO_3\cdot H_2O + 2H_2O + 3/2O_2\uparrow$$

释放出的氧气也以微气泡形式悬浮，并逐渐溶于水中。因其载体为天然沸石，所以在保证一定释放速度的同时又做到长效。每克药剂可产生净化氧气 70 mg，且氧气的浓度可以保持在 72h 以上。

(4) 使用方法。复方增氧剂含活性氧 8%～9%，施入水中短时间内能提高水中溶氧在 2 mg/L 以上。使用时，把药剂开封后，首先将二个袋内粉末混合均匀，就可干撒于鱼虾集中的水面，并保持水体静止，这样就能对水产生物的急性缺氧有明显的缓解和预防作用。

7.4 沸石消毒杀菌剂

传统的水产饲养环境即渔场所使用的消毒杀菌剂主要是石灰，对于水质污染除了换水以外别无他法。自从使用沸石以后已经研究和生产出含沸石的两种药剂：净水剂和杀菌消毒剂。这两种清洁剂的主要成分是：沸石，含氯化合物，表面活性剂。含氯化合物有漂白粉(次氯酸盐)及高含量的含氯化合物。表面活性剂有十二烷基苯磺酸钠。沸石是载体，承载氯以后可以控制释放氯，既可以发挥氯的消毒杀菌作用，又可以克服氯的腐蚀性及其对环境污染的副作用。

根据不同的配方生产的沸石净水剂对水产生物无害，同时能吸附水中的有害成分，如氨

态氮、二氧化碳、硫化氢及腐臭味，从而净化水塘水质，改善水产生物栖息环境。一般使用很方便，每亩鱼塘用量 50～100 kg(平均水深 1 m)。在水产生物生长期内随时可以使用。

沸石杀菌消毒剂，主要用于清塘以后的水域池塘和塘底。它可以杀死细菌，病毒和其他水生生物。一般用于养殖之前。冶金部华东地勘局矿研所和安徽蚌埠市水产研究所共同研究使用沸石过滤，改善养殖场水域质量，取得良好效果。

另外，沸石现在还被用于鱼药，防治鱼虾各种疾病，还被用于鱼虾的饲料作为水产饲料添加剂。浙江有的渔场，在鱼类收获以后，将池水放尽曝晒池底，这时将沸石粉撒布于池底之中也能起消毒和改善池底土壤作用。

8 结束语

综上所述，沸石在农业各个领域都有重要的作用。中国是农业大省，天然沸石资源丰富，价格低廉。在农业上广泛推广应用沸石，必然推动农业生产的发展。

本文作者宋仲耆先生是安徽农业大学教授，40 余年致力于农业科研与教学。本文另一位作者是冶金部华东地勘局矿产品开发研究所原所长刘伯元同志，长期从事于地质勘探和矿产品开发研究工作。作者认为，做好沸石在农业上应用的工作，必须依靠党的领导，依靠广大群众，依靠中国各级农业领导干部。而做好开发应用研究工作和做好对各级农业主管干部及广大群众的宣传教育工作都是十分重要的。

膨润土在建筑涂料中的应用

苑金生

(河北省保定市建材局)

膨润土在工农业生产中有着极为广泛的用途。近年来,由于化学建材工业的发展,膨润土又在该领域获得了新的应用,尤其是在建筑涂料生产中使用膨润土,已经取得了较为显著的技术经济效益。

1 膨润土的性能

膨润土又名斑脱岩,是一种以蒙脱石为主要组分的黏土类矿物。其外观杂色土状,密度2.4~2.8 g/cm^3,熔点约1330~1430℃,具有较好的吸水性、膨胀性、胶结性、阳离子交换性、分散性及润滑性等性能。有些膨润土在吸附水时,体积同时增大,并形成凝胶物质;有些膨润土能吸附5倍于本身质量的水,而其体积能膨胀至吸水前的15~35倍。加水成胶溶液后,几乎能永远处于悬浮状态;烘干后,可加水再行膨胀,往复处理而不影响其性能。

膨润土主要矿物成分为蒙脱石,其含量一般为40%~90%,另外还含有其他一些矿物,如高岭石、水铝英石、绿泥石、蛋白石、云母和石英等。沸石矿物是膨润土的常见伴生物,有时含量可高达10%~20%,对膨润土的吸附、催化等性能起催进作用。

蒙脱石的理论化学式为$Al_2O_3 \cdot 4SiO_2 \cdot 3H_2O$或[$(MgCa)O \cdot Al_2O_3 \cdot 5SiO_2 \cdot nH_2O$],膨润土的化学成分较为复杂,变化范围很大。

2 钙基膨润土改型

膨润土按其可交换的阳离子的多少和种类分为钠基土和钙基土等。两者最大的区别在于膨胀度,膨胀度的大小一般与膨润土的类型及蒙脱石含量有关,钠基土比钙基土膨胀度大。同一类型的膨润土含蒙脱石愈多,其膨胀度愈大。钙基土一般宜生产脱色剂、净化剂、高效水软剂。钠基土则宜生产胶结剂、分散剂、稠化剂、悬浮剂。涂料生产一般选用钠基膨润土。对于钙基膨润土可通过人工改型为钠基膨润土。

钠化改型方法分悬浮液钠化法、堆场钠化法、轮辗钠化法、双螺旋钠化法、阻流挤压钠化法等。在建筑涂料生产中,选用悬浮液钠化法最合理。此法是在钙基膨润土中加入改型剂,配制成浆,然后进行搅拌或陈化处理。改型剂较多,如碳酸钠、硅酸钠、醋酸钠、草酸钠、六偏磷酸钠等偏碱性的钠盐等。在生产中主要采用碳酸钠。改型工艺为在小于200目的钙基膨润土中加入2%～7%的碳酸钠，以2～3倍的水在常温下搅拌15 min，予以分散即成。若不进行搅拌，也可进行陈化处理，即将配制的浆液存放24 h后使用。

3 膨润土在涂料中的作用

(1) 膨润土在水中形成絮凝状物质，具有增稠剂的作用，它的分子基团能与涂料中有机基料结合，能增强涂层的耐水性，提高涂层的强度和附着力。

(2) 膨润土在水介质中具有良好的悬浮性和分散性，使生成的涂料不易沉淀、不易分层、颜色均匀。从而改善涂料的悬浮稳定性，且涂刷性好，能形成厚薄均匀平整光滑的涂层。基于此点，涂料中可加入一些廉价的重质碳酸钙代替部分轻质碳酸钙，从而降低成本。

(3) 膨润土由于具有一定的黏结力和遮盖力，而且价格低廉，把它加到聚乙烯醇系列涂料中，可使聚乙烯醇和其他填料（如轻质碳酸钙）的用量大为减少，从而使产品成本降低。

(4) 膨润土具有优良的亲水性、塑性、膨胀性、粘结性，与适量水结合成胶体状，在水中能释放出带电微粒，这种微粒间的电斥性使之在涂料中具有分散剂的功能。在防水涂料中，高速运动中的膨润土胶粒与低黏度热溶沥青发生激烈碰撞、切割，将沥青破碎、胶化。已胶化的沥青颗粒内极性物质对膨润土胶体微粒发生吸附作用，使被分散的沥青颗粒表面形成胶体水化膜，降低了沥青与水的界面张力，阻止沥青颗粒的重新凝聚，从而形成稳定的分散相，起到了乳化剂的作用。

(5) 膨润土具有耐寒性，所配制的涂料在冬季较低的温度下仍可施工。

总之，膨润土的胶体溶液所具有的悬浮性、吸附性、分散性、粘结性和滑润性是建筑涂料所特别需要的，也使其在建筑涂料中具有黏结、增稠、悬浮、分散、乳化、填充等多种功能，并提高涂料的涂刷性和流平性，改善涂料的耐水性。

4 膨润土在建筑涂料中的应用

4.1 膨润土在内墙涂料中的应用

4.1.1 内墙涂料配方

107胶水(10%)15%～18%，膨润土4%～7%，水玻璃2%，滑石粉5%，硅灰石粉5%，重质碳酸钙7%～10%，轻质碳酸钙10%～14%，改性剂适量，增白剂适量，消泡剂微量，水补足100%。

4.1.2 内墙涂料工艺

将3倍于膨润土的水加入到搅拌容器中，搅拌15 min，再加入填料、水玻璃、增白剂和改性剂，并补足余量的水，搅拌10 min，最后加入107胶、消泡剂，高速搅拌（或研磨）15 min。搅拌结束后，过筛、检验、装桶。

掺加膨润土的内墙涂料各项指标均达到TC361—85标准，详见表1。

表 1　内墙涂料技术性能

测试项目	技术指标	
	标　准　值	膨润土内墙涂料
容器中状态	无结块、沉淀、絮凝	无结块、沉淀、絮凝
黏度/Pa·s	35～75	37～45
细度/μm	≤95	≤85
遮盖力/$g \cdot m^{-2}$	≤300	≤260
白度/%	≥80	>88
涂膜外观	平整、光滑、均匀	平整、光滑、均匀
附着力/%	100	100
耐水性	无脱落、起泡、皱皮(24d)	无脱落、起泡、皱皮(30d)
耐干擦(级)	0～1	0
沉降率		0(7d)

该涂料原料成本为 255 元/t,市场销售价格为 400～500 元/t,经济效益较好。

4.2　膨润土在仿瓷涂料中的应用

4.2.1　仿瓷涂料配方

聚乙烯醇(1750 工业级)2.5%,膨润土(细度 330 目)2.5%,羧甲基纤维素 1.0%,灰钙粉 6%,明胶 1%,TP 改性剂 1%,甲醛(30%～40%水溶液)0.15%,轻质碳酸钙 15%,重质碳酸钙 25%,邻苯二甲酸二丁酯适量,乙二醇适量,钛白粉适量,群青适量,$NaB_4O_7 \cdot 10H_2O$ 偶联剂适量,水补足 100%。

4.2.2　仿瓷涂料工艺

仿瓷涂料整个生产过程分成 2 步,首先配制仿瓷胶水,然后进行涂料配制。

仿瓷胶水的配制:聚乙烯醇加水搅拌加热至 90～95℃,恒温搅拌至完全溶解,然后加偶联剂、助剂搅拌,用 80 目筛过滤后加群青,经搅拌好成仿瓷胶水。

涂料配制:仿瓷胶水、膨润土、灰钙粉、改性剂、混合均匀后再加轻钙填料及各种助剂搅拌均匀后经研磨即成仿瓷涂料。

4.2.3　仿瓷涂料效果

(1) 涂饰面美观,装饰效果好。这种涂膜质感细腻高雅,酷似瓷釉饰面,手感平滑度胜似瓷砖,并能很容易地制成不同颜色,达到彩色装饰效果。

(2) 涂层性能优异。这种涂层坚硬致密,与基层材料的黏结力强,一般情况下不会起鼓发泡;耐污染性好,且在受污后可用水清洗,耐水洗性能优异。

(3) 经济效益好。该涂料原材料成本可控制在 400～700 元/t,其市场售价通常为1 300～1 500 元/t,其单位面积涂装造价一般在 2～4 元/m^2,具有较好的经济效益。

4.3　膨润土在防水涂料中的应用

4.3.1　膨润土乳化沥青防水涂料配方

软化点 60℃石油沥青 45%,膨润土 10%,水 45%。

4.3.2 防水涂料工艺

(1) 配制膨润土浆。在乳化罐中加入配比所需热水的1/3,同时开动搅拌机,再将所需膨润土加入乳化罐中,使膨润土均匀分散于水中,料浆的密度不小于1.9～2.0 g/cm^3。

(2) 沥青在160～180℃条件热溶脱水。

(3) 将已熔化脱水的沥青及其余的2/3热水,分批、少量、交替且缓慢地加入乳化罐中,在交替加入热沥青和热水时,每加完一次应搅拌一定时间,使其全部乳化后,再加入第二次沥青和水,直至将全部沥青和水加完后,继续搅拌0.5 h,取样检查罐内乳化细度,待其乳化合格后装桶。

4.3.3 膨润土乳化沥青防水涂料技术性能

(1) 外观:黑色或黑褐色;pH=7～8;稠度1.8～2.2(波美比重计)。

(2) 涂膜性能:耐热度大于100℃,2 h,不流淌;－35℃下,72 h,无变化;表面干燥:4 h;再乳化性能:试件浸泡48 h,无色;抗老化性能:施工后4 a无变化。

4.3.4 防水涂料使用效果

膨润土乳化沥青防水涂料的生产与使用,改变了传统的现场熬热沥青做二毡三油的落后施工方法,使用膨润土乳化沥青防水涂料不仅施工方便,简便轻快,提高工效50%,大大改善了工人的劳动条件,降低工程造价40%以上,而且提高了防水效果。据报道,屋面上涂膨润土乳化沥青防水涂料,可增加使用寿命许多年,施工好的屋面经35年尚未损坏。因此,它是一种很有发展前途的新型防水涂料。

5 结束语

膨润土在建筑涂料中的应用,为涂料工业提高质量、降低成本开辟了一条新路子。很值得进一步试验研究与推广应用。

我国膨润土储量丰富,占世界第2位。其中具有实用价值的膨润土广泛分布在浙江临安、新疆托克逊、四川仁寿、辽宁黑山、吉林九台、安徽繁昌、山东胶州、甘肃金昌等地,为膨润土应用于量大面广的建筑涂料工业提供了广泛的原料基地。因此,膨润土在建筑涂料工业中应用具有广阔的发展前途。

硅灰石深加工及其产品在塑料中的应用

刘伯元

(冶金部华东地勘局矿产品开发研究所)

1 概 述

硅灰石是一种新型工业填料。由于具有针状、纤维状晶体形态和白度高等特性,所以硅灰石广泛应用于陶瓷、化工、冶金、建筑、机械、电子、造纸、汽车、橡胶以及涂料和塑料等工业部门。为了提高产品附加值,必须利用它所具有的优异性质,走产品深加工道路。

硅灰石深加工技术主要是超细粉碎和表面改性,特别重要的是,作为填料使用在塑料中的填充改性技术。现在硅灰石产品已占欧美无机填料市场的 10%～15%。它的主要优点是,不仅起填充作用,还可和云母、滑石媲美,甚至还能部分取代石棉和玻纤来作增强材料。目前,它已在环氧、酚醛、热固性聚酯、聚烯烃等多种塑料中获得应用。

1 硅灰石主要性能

硅灰石是一种钙质偏硅酸盐矿物,含 SiO_2 为 51.7%,含 CaO 为 48.3%。其晶形可分为 α 型和 β 型。α 晶型通常为粒状和粉状,β 晶型虽为针状、纤维状,但也有不同。

吉林大顶山硅灰石为特殊无穷链状偏硅酸盐,晶体主要为 β 型,呈针状、纤维状、片状。表 1、表 2 列出了美国 NYCO 公司的 NYAD、我国大顶山、日本金生兴业公司产品的组成和性质。

硅灰石是天然粒状、针状白色晶体,不含结晶水、吸湿性小,加热时无脱水问题,熔点高,热膨胀系数小,耐热稳定性好,耐腐蚀、耐气候老化、力学性能和电性能优良。

硅灰石作为工业填料,往往是加工成粉体,一般有普通型和超细粉碎型。表 3 给出了硅灰石粉的技术要求。

表 1 不同硅灰石性质对比

性 质	大顶山-325	NYAD-325
外观	白色粉末	白色粉末
吸油量/mL·$(100g)^{-1}$	23.31	73.04
水萃取 pH	7.8	6.5
水分/%	0.100	0.081
水溶物/%	0.260	0.519
白度/%	89.70	94.37
筛余物/%	0.20	0.49

表 2　不同硅灰石组成(%)对比

组　　成	大顶山-325	NYAD-325	金 生 兴 业
SiO_2	49.50	49.72	51.16
CaO	46.25	45.30	46.23
Fe_2O_3	0.200	0.102	0.023
Al_2O_3	0.303	0.180	0.380
烧失减量	1.48	1.20	1.18

表 3　四平市涂料级硅灰石粉的技术要求

规格/目	筛余<%	SiO_2/%	CaO/%	Fe_2O_3/%	吸 油 值	pH	水溶物/%	烧失/%	白度/%
325	0.5	≥48	≥43	≤0.2	≤25	7~9	≤0.7	≤3	≥90
400	0.5	≥48	≥43	≤0.2	≤28	7~9	≤0.7	≤3	≥92
1250	10	≥48	≥43	≤0.2		7~9	≤0.7	≤3	≥94

硅灰石粉的粉碎加工,除要达到一定粒度外,还要尽量保持晶体的长径比。通常 α 晶型的长径比为 5:1,β 晶型的为 20:1,最高达 30:1。但由于粉碎方法的差异,最终长径比有所减小。国外采用磁选和气动粉碎法,有利于保护针状结构。我国超细粉碎使用气流粉碎机,可保持长径比为 15:1,生产厂家已遍及辽、京、沪、川等地。

塑料填充改性时,低长径比硅灰石粉有利于制品的尺寸稳定,高长径比的可作为增强填料使用。

2　硅灰石深加工产品

2.1　改性硅灰石

硅灰石粉是普通的无机填料之一,要想把它作为塑料工业的填料,则须进行表面改性处理。

与其他无机矿物一样,普通硅灰石粉与塑料中的基体树脂显著不同。如密度、表面能、熔点、热膨胀系数、表面性质等。一旦将无机填料加入塑料树脂之中,则可认为树脂是连续相、填料是分散相,两者之间结合的好坏,即两者表面的结合状态,直接影响制品的性能。一般说来,如对填料不加处理,必然劣化塑料制品的性能,而且充填量会很小,一旦加大填充量,无机塑料制品性质急剧恶化。

要想使填料对塑料起到增量、增强和改进性能的作用,必须对填料表面用物理或化学方法进行处理。经改性处理的硅灰石填料,显然优于未处理的。

目前工业上应用的表面改性剂,主要有偶联剂、高级脂肪酸及其盐类、不饱和有机酸等。偶联剂常用的种类有硅烷类、钛酸酯类、铝酸酯类、锆酸酯类。表面改性目前国内主要采用的设备是高速加热搅拌机,国外则多使用流态化改性装置和冲击式改性装置等。

表面改性处理工艺(以硅烷偶联剂处理填料法为例)有:

(1) 干法。即在混合机中将填料搅拌,同时将硅烷偶联剂水溶液用干燥空气进行喷雾处理。

(2) 湿法。将填料用水分散成泥浆状,再添加硅烷偶联剂水溶液,经搅拌后静置,使填料沉降分离干燥。

(3) 喷涂法。从炉中取出高温填料,直接喷洒硅烷偶联剂水溶液,此法工艺简单,不需干燥处理。

(4) 直接共混法。在填料添加前或后,边搅拌边加入偶联剂到树脂中,其用量为 1%~3%,配合后要静置 1~3 天陈化。前 3 种处理方法,偶联剂用量通常为 0.5%~2%。

2.2 超细硅灰石

迄今为止,超细粉碎的方法主要指机械粉碎方法,粉碎设备有球磨机、冲击式磨机、辊压磨、盘磨机、气流磨、振动磨、胶体磨、剥片机和搅拌磨等。与干法相比,湿法可使物料粉碎到 1 μm 以下且保持矿物晶形,而干法很难达到 2 μm。硅灰石普通型粉体分为 100 目、200 目、325 目、400 目,超细粉碎产品有 800 目、1250 目和 2500 目等几种,也可根据用户需要加工出平均粒度为 10 μm、5 μm、2 μm、1 μm 级的产品。而最有前途、附加值最高的,则是经超细粉碎加工又经表面改性的产品。这类产品加入塑料后,由于细度小,分散性更好,使得塑料制品获得更高的性能。

2.3 大长径比硅灰石针状粉

大长径比针状硅灰石粉可作为增强填料使用,并成为短纤维石棉、短纤维玻纤及其他合成晶体的替代品,因而得到广泛应用。气流粉碎机和相应的工艺,可保护针状结构,生产出大长径比硅灰石粉,其长径比大于 15∶1。目前江苏溧阳某公司投入 10 套专用设备,年产 1 万 t 长径比 20∶1、最高达 28∶1 的产品。

明华牌 MHW201 至 281 硅灰石针状粉产品主要技术指标如下:SiO_2,48%~51%;CaO,40%~46%;Fe_2O_3,0.03%~0.5%;粒度,80~200 目;长径比,20∶1~28∶1;白度,85%~90%。

3 硅灰石深加工产品在塑料中的应用

硅灰石深加工产品在塑料中有大量使用。它作为塑料填料,主要用来提高拉伸强度和挠曲强度,降低成本。

3.1 在尼龙中的应用

尼龙是硅灰石应用的最大市场之一。用硅灰石增强尼龙 6 或尼龙 66,可以降低成本,改善弯曲强度及拉伸强度,降低吸湿率,提高尺寸稳定性,但必须使用硅烷偶联剂对硅灰石进行表面处理。填充 50% 硅灰石的复合材料,其冲击强度由原来的 11.97 kJ/m^2 上升到 247.8 kJ/m^2。填充硅灰石的尼龙 6 浸湿 7 天后的吸水率,仍比无填充尼龙 6 低,其弯曲模量也高。用钛酸酯偶联剂处理的硅灰石,填充量为 40%,填充到尼龙 66 中,比无填充的成型温度降低 14℃,而冲击强度几乎不变(表 4)。

表4　尼龙66中不同填料的应用效果

性　能	不填充	硅灰石	云母	滑石粉	碳酸钙	玻璃微球	氢氧化铝
相对密度	1.14	1.51	1.50	1.49	1.48	1.46	1.45
拉伸强度/MPa	83	74	107	63	74	69	65
断裂伸长率/%	6.0	3.0	2.7	2.0	2.9	3.2	2.8
弯曲模量/GPa	2.8	5.5	10.7	6.5	4.6	4.3	4.5
悬臂梁缺口冲击强度/J·m^{-1}	30	58	33	58	27	39	49
热变形温度/℃	170	430	460	445	390	410	395
成型收缩/cm·cm^{-1}	0.018	0.009	0.003	0.008	0.012	0.011	0.008

3.2　在聚四氟乙烯中的应用

聚四氟乙烯是制造各种制品的优秀工程塑料，具有耐腐蚀、光滑、耐高低温等优良性能，但还存在收缩率大、耐磨性差、易冷流等缺点。在其毛坯制作过程中，可把超细改性硅灰石粉(长径比在15:1以上)、碳纤维和聚四氟乙烯树脂按一定比例放入高速搅拌机，在80～100℃下混匀。混匀的干粉送入柱塞式塑料推压机，经往复连续推压塞作用，使之压缩、预热、烧结、定型和冷却(亦可高温烧结毛坯)，然后将毛坯经机加工成“自动密封圈体”。该产品不泄漏、耐磨、使用寿命长，在减压阀、蝶阀、4L-20/10压缩机返复轴、PV-100的美制球阀中使用，制品无渗漏。

3.3　充填聚丙烯

使用0.036mm(325目)改性大顶山硅灰石在聚丙烯中，产品性能优良。若使用硅灰石和玻纤复合材料填充聚丙烯，则可获得成本低、加工流动性和物理力学性能等综合性能优异的复合填充改性材料。

将不同组成的硅灰石、玻纤、聚丙烯注射成标准样条，测其性能并考虑到成本、加工和使用等综合要求，组成为硅灰石/玻纤/聚丙烯(Si/G/PP)，其综合性能最佳。这是硅灰石、玻纤对PP结晶过程起成核剂作用，且球晶变小、数量增多所致。

3.4　在聚乙烯中的应用

用硅烷偶联剂处理硅灰石后，填充在聚乙烯树脂中能改善其强度和电绝缘性，其效果优于滑石和云母。例如，40%填充的LDPE介电损失比较，用硅灰石填充为0.0017，用滑石填充为0.1145，用云母填充为0.0025；绝缘强度分别为1180、1020和920。钛酸酯偶联剂处理的硅灰石填充聚乙烯，能增加填充量，物性不降低。填充量达40%时，其物性仍不低于无填充的聚乙烯。与轻质碳酸钙、滑石粉相比，硅灰石填充聚乙烯的综合性能较好，尤其是它的熔体指数比其他两种填充的都高，说明硅灰石填充体系黏度低，可以进行高填充，有利于节约树脂、降低成本。

3.5　在其他树脂中的应用

用硅灰石填充聚碳酸酯时，强度和热变形温度与无填充时相同，但弯曲模量和拉伸模量增长显著。用硅烷偶联剂处理硅灰石填充的聚碳酸酯,其弹性模量是无填充时的3倍,强度约增加15%。实际应用中多与玻纤并用,以降低成本。经表面处理的硅灰石用于聚酯,可改善其尺寸稳定性和弯曲性能。与玻纤并用,可改善其强度、耐热性能和表面色泽。硅灰石填充于环氧树脂中,可用于印刷电路基板等。最近,也与炭黑、滑石并用。硅灰石还广泛应用于聚氯乙烯、聚苯乙烯、聚丙烯腈、聚氨酯、酚醛等塑料中,作为无毒填充剂用于制造密封材料和绝缘材料。

3.6 在聚烯烃母料中的应用

聚烯烃填充母料已成为塑料改性的主要的代表产品,是塑料制品加工过程中的中间产品。我国自1980年以来发展迅速,其产品已达万吨以上。过去绝大多数是用重钙当填充剂,近来使用硅灰石粉作填料的母料产品已有上升趋势。

4 结束语

天然硅灰石作为工业填料使用,在国外仅有20年历史。由于它的价廉和功能性作用已在塑料等工业领域得到应用。目前国外进展速度很快。一方面用量大大增加,已成为仅次于重钙的塑料填料。另一方面,改性硅灰石粉、针状硅灰石粉、超细硅灰石产品不断被应用到各类树脂中去,以及出现有的国家不产硅灰石,现在研究人工合成硅灰石热潮正在悄然兴起。

我国自1980年来除在吉林、辽宁、黑龙江省发现硅灰石矿外,还在江西、湖北、安徽、云南、贵州、新疆等地发现硅灰石矿山,现已探明中国硅灰石矿储量居世界前列。已经在努力开发硅灰石矿山,但如何应用于工业上,还停留在初级阶段。

如何对硅灰石进行深加工,以便生产出附加值高,科技含量高的深加工产品已成为技术经济的必由之路。

煤系高岭土的深加工产品——橡塑填料的开发应用

刘伯元　　　　李宝智
（冶金部华东地勘局矿产品开发研究所）　（核工业包头助剂厂）

刘钦甫
（中国矿业大学北京校区）

1 煤系高岭土的特征

煤系高岭土主要由高岭石及炭质等组成，是我国北方石炭、二叠纪煤层伴生的高岭石矿，也称为煤矸石。矿石呈灰色或黑色，块状结构，壳状断口，隐晶质结构，蠕虫状晶体，结晶有序度高。这种高岭石与煤层具有一定的成因关系。一般厚度可达0.3～1.5m，且有的矿段可出现数层，这已成为我国的一种独特的高岭土资源，并在高岭土工业中占有后来居上、举足轻重的地位。

煤系高岭土和其他来源的高岭土不同，成分单一且稳定。如山西大同产的煤系高岭土其主要成分为：$SiO_2>45\%$，$Al_2O_3>37\%$，$Fe_2O_3-FeO<0.4\%$，$TiO_2<0.4\%$，$CaO+MgO+K_2O+Na_2O<0.5\%$，其原矿化学组分均优于国内外其他高岭土矿，已近似单矿物高岭石标准。由于原矿纯度高，煅烧后的硅、铝氧化物含量稳定，变化范围小，SiO_2 含量介于52.45%～53.10%之间，Al_2O_3 含量介于44.19%～45.39%之间。该高岭土经煅烧后白度可达90以上，最高可达95，高于美国、英国的煅烧高岭土。

2 煤系高岭土的超细和煅烧加工

煤系高岭土经粉碎、超细及不同条件的煅烧除去了炭质，白度大大提高可以得到不同用途的煅烧高岭土。国内外按煅烧条件的不同，可将煅烧土分为不完全煅烧和完全煅烧两大类，前者煅烧温度为650～700℃，后者为不超过950℃。

高岭土煅烧会引起理化性质极大改变，这些性质是指导煅烧土深加工产品的关键，目前煤系高岭土煅烧工艺和设备主要有2种。一种是采用静态或半动态煅烧工艺倒焰窑、隧道窑、立窑等；二是回转窑和采用动态流化床煅烧工艺的畅氏5-型煅烧窑。这2种炉窑的产品，化学纯度都很高。但二者的物相不相同，湖南耒阳回转窑产品物相均匀，除0.5%以下的石英外，其余全部为偏高岭石相，没有莫来石相（煅烧温度850℃）。而普通炉窑产品中莫来石相高达20%物相极不均匀。

2.1 高岭土的差热分析

在110℃时，排出吸附水，在110～400℃时排出层间水，在500～600℃时发生分解，从600℃开始形成偏高岭石，930～1050℃时形成铝硅尖晶石，1300℃时，形成莫来石。

2.2 煅烧高岭石的特性

高岭土是1∶1型层状二层硅氧四面体中间夹着一层硅氧八面体硅酸盐矿物，结构式为$Al_4Si_4O_{10}(OH)_8$，其晶体结构中的羟基是主要的官能团和活性反应点。煅烧高岭土，不管是不完全煅烧还是完全煅烧土，已经从层状结构的高岭石变为无定形状结构的偏高岭石。两者理化性质发生了很大的变化。

(1) 层状晶体结构，变为无定形状晶体结构，表面羟基消失，变成多孔膨松孔隙结构的粉体。

(2) 由于水的脱去，表面官能团和活性点从羟基变为Si—O键和Al—O键。

(3) 酸碱度变化，一般高岭土的pH值=6～7，煅烧土为5.6～6.1，表示为酸度增加。

(4) 电性能变化。煅烧高岭土可以提高其绝缘性能，其中以低温煅烧(700℃)绝缘性能提高幅度最大。

3 煅烧高岭土的表面改性

高岭土不仅可以用于陶瓷和造纸工业，煅烧高岭土的深加工产品还能广泛应用于塑料、橡胶、纤维等有机高分子材料和复合材料以及涂料，胶黏剂等领域。据1980年统计，全世界用于高分子材料的高岭土总量已超过300万t。但是不经过表面改性，很难在高分子材料中得到应用。

3.1 煅烧高岭土的表面改性方法

粉体表面改性一般有3种方法，湿法、半干法和干法。

湿法工艺由于需要制浆、脱水和干燥等过程，工艺复杂、效率较低、费用较大而不大采用。

半干法改性工艺是将适量的水、改性剂及助剂的混合物倒入粉体中，在搅拌器中边搅拌边倒入，同时加热到一定温度，反应到一定时间即可完成矿物与改性剂的偶联作用。反应后产物呈黏稠状，然后再经稍微的干燥即可得到改性产品。这一方法也不大采用。

干法改性工艺是我们经常使用的工艺。首先将高岭土加入到高搅机中预热干燥，然后是将偶联剂及其助剂用适量的稀释剂稀释后，在高速搅拌机中(大于1000 r/min)边搅拌边加入，或用喷雾的方法加入。同时加热到90～130℃完成偶联作用。经过5～10min后排入冷搅拌机中边降温边打散即可得出改性产品。

3.2 煅烧高岭土的表面改性工艺

3.2.1 表面包覆

填料的表面包覆或称为表面涂覆。是常用的表面改性手段。能够改善无机填料在高分子基材中的分散性，但对高分子材料和无机物之间的界面粘结帮助不大，对复合材料的韧性提高帮助不大。常用的处理剂是硬脂酸。处理剂可以是液体、溶剂、乳液和低熔点固体，例如三甲基丙烯酸甘油酯、三甲氧基丙烷三缩水甘油醚、低分子聚乙烯蜡等。典型的例子是以三甲基丙烯酸甘油酯(0.3份)、三甲氧基丙烷三缩水甘油醚(0.5份)和乙撑二硬脂酰胺(0.5份)为处理剂对碳酸钙改性使用在PVC硬制品之中。值得指出的是四川大学高分子研究所近年来开发的“高碳醇式磷酸酯”表面处理剂，是一种新型的填料表面涂覆处理剂。它具有处理工艺简单(处理剂用量为1.5%～2%)、价格便宜和处理后不仅使填料在聚合物中分散效果非常好，还可以使填料与聚合物之间的界面作用明显增加，可以得到力学性能和加工性能均优的填充改性材料。其中高碳醇包括碳十八醇、碳二十醇和碳廿二醇。

3.2.2 表面改性

填料的表面改性包括表面取代、水解、聚合等化学反应。最常用的处理剂是偶联剂。常用的偶联剂有硅烷偶联剂、钛酸酯偶联剂、铝酸酯偶联剂等。

3.2.2.1 硅烷偶联剂

在煅烧高岭土表面改性中，最早使用和最重要的处理剂就是硅烷偶联剂。硅烷偶联剂的基本结构如下：R—SiX_3，式中R为有机疏水基，如乙烯基、环氧基、氨基、甲基丙烯酸酯、硫酸基等；X为能水解的烷氧基，如甲氧基、乙氧基及氯基等。当应用在高岭土表面时，硅烷偶联剂分子中X部分首先在水中水解形成反应性活泼的多羟基硅醇，然后与填料表面的羟基缩合而牢固结合，而偶联剂的另一端，即有机疏水基R—，或与树脂高分子长链缠结，或发生化学反应。

硅烷偶联剂一般要用水、丙酮、醇或其混合物作为溶剂配成一定浓度(加入量为0.5%～2%)的溶液来处理填料。如填料为粉体，则可直接浸泡或在高速搅拌机中在一定的温度条件下直接加入或喷雾加入定量的硅烷偶联剂溶液。因为硅烷偶联剂对填料进行表面处理首先要水解成相应的多羟基硅醇，因此要注意以下几点：

(1) 添加适量的酸、碱或缓冲剂调节处理液维持一定的pH值，以控制水解速度和处理液的稳定时间。

(2) 控制会影响缩合、交联的杂质或添加适量催化剂，调节缩合或交联反应性。

(3) 控制表面处理时间和烘干温度，保证表面处理完全。

(4) 对煅烧高岭土这一特点的填料，要选择适合的硅烷偶联剂品种来处理。具体使用何种硅烷偶联剂我们所考虑的问题分为两个方面，一是用于何种塑料高分子材料，这可见表1；二是煅烧高岭土本身的特性，如酸性，煅烧后不含水表面羟基消失转变为Si—O和Al—O键等。

表1 不同硅烷偶联剂适用的高分子材料

硅烷偶联剂	R中含有	适用高分子体系
Si—R	环氧基	环氧树脂、不饱和聚酯、尼龙、聚氨酯及含羟基的聚合物
	氨基	环氧树脂、聚氨酯
	双键	采用引发剂或交联固化的高分子体系
	过氧基或二叠氮基	聚烯烃，如PP、PE、EPOM、SBS天然胶等

一般使用硅烷偶联剂处理无机填料制成的不饱和聚酯复合材料中可以明显降低体系黏度和增加挠曲强度和抗弯强度。而含叠氮基的硅烷偶联剂处理填料后应用于聚烯烃类树脂中,效果更加明显,尤以云母、硅酸钙、高岭土等填料各项指标均有上升。例如使用磺酰叠氮硅烷偶联剂 S—3046 在填充聚丙烯中,其应用效果见表 2。多数硅烷偶联剂由于结构中反应性基团多,与填料表面反应点多,而另一端的有机硫水基含碳原子数少,链短,因而在热塑性树脂中使用会给加工流动性带来不利影响。再有其价格昂贵,目前硅烷偶联剂常用于环氧或不饱和聚酯等热固性塑料中,而以白炭黑、玻纤使用硅烷偶联剂最为成功。用有机硅油处理高岭土也很成功。

表 2 磺酰叠氮硅烷偶联剂 S—3046 在填充聚丙烯中的应用效果

项目	纯聚丙烯	填充 40%填料的聚丙烯					
		云母		硅酸钙		高岭土	
		未处理	S3046 0.5%	未处理	S3046 0.5%	未处理	S3046 0.5%
拉伸强度/MPa	27.6	28.1	49.6	27.3	34.3	22.8	29.9
拉伸模量/MPa	972	3999	4344	3240	3310	1772	2206
弯曲强度/MPa	40.0	49.9	88.3	53.1	64.1	60.7	57
挠曲模量/MPa	1241	5378	7102	4275	4827	2413	3172
缺口冲击强度/$kJ \cdot m^{-2}$	10.3	10.3	9.24	6.51	10.1	<4.2	9.24
热变形温度(和纯聚丙烯比较的相对值)	1	1.7	2.0	1.5	1.7	1.2	1.3
密度/$g \cdot cm^{-3}$	0.902	1.225	1.238	1.245	1.260	1.224	1.242

3.2.2.2 钛酸酯偶联剂

1972 年美国肯尼奇公司(Kenrich Inc.)研制出 TTC(三异硬脂酰基钛酸异丙酯),两年后以 TTS 为代表的钛酸酯体系偶联剂投入生产,10 年来迅猛发展,已发展到近百个品种。钛酸酯偶联剂首先是对无机填料在聚烯烃塑料中的填充改性作用超过硅烷偶联剂,然后是价格相对低廉,获得了广大的市场(售价仅为硅烷偶联剂的一半)。

钛酸酯偶联剂至今获得实际应用功能的有 4 个类型,即单烷氧基型、单烷氧基焦磷酯基型、螯合型和配位型。其中最适合于高岭土表面改性的是单烷氧基型和单烷氧基焦磷酯基型和配位型。

钛酸酯偶联剂可用来处理各种无机填料如碳酸钙、滑石、高岭土等。经过处理的填料主要用于聚乙烯、聚丙烯、聚氧乙烯和聚苯乙烯等热塑性塑料之中,较之不加表面处理的填料,有改善填充体系加工流动性和提高物理力学性能的效果。但要注意,由于各种填料的理化性质不同,基体树脂类型不同,必须选用适当的品牌的钛酸酯偶联剂才能得到最佳效果。例如用异丙基三(十二烷基苯磺酰基)钛酸酯(国内商品名称 OL—T951)或 NDZ101 分别处理碳酸钙和滑石粉(或高岭土),经处理的填料与 HDPE 以 20∶80 比例混合后,其填充体系的平衡热矩分别比未经处理填料的填充体系的平衡热矩下降 29%和 31%(HDPE 牌号是 2200J,偶联剂用量是 0.5%)。同一试验的结果还表明填充 HDPE 体系的拉伸强度、弯曲弹性模量、经偶联剂处理的均高于未经处理的体系。

在聚氯乙烯填充材料中添加钛酸酯可以改善无机物在树脂中的分散性，降低加工温度，缩短加工周期，可以在保证制品性能的前提下大幅度增加填料的填充量并降低成本。用于泡沫塑料，可提高偶氮二甲酰胺(发泡剂)的发泡效应。用于塑料溶胶，可以降低起始黏度并减少黏度衰变现象。

用 KR—12 和 KR—28 分别处理碳酸钙，再填充到 PVC 树脂中，当 PVC∶$CaCO_3$ = 60∶40 时，经偶联剂处理的碳酸钙填充体系的冲击强度较未经处理的填充体系分别提高 3 倍、8 倍(用量为 0.4%)和 6 倍、9 倍(用量为 1.2%时)。用 KR—38S 处理的碳酸钙填充的 PVC 塑料，因使用钛酸酯偶联剂，其填充体系的冲击强度甚至超过了相同条件下未填充的 PVC 塑料。

在聚苯乙烯中加入用 KR—TTS 处理过的碳酸钙，当碳酸钙与聚苯乙烯质量比为 1∶1 时，其熔体流动速率大大高于未经处理的碳酸钙填充体系，而与未填充的聚苯乙烯相似。

3.2.2.3 铝酸酯偶联剂

由中国福建师范大学章文贡等人研制的铝酸酯偶联剂，由于其优良的性能可以与钛酸酯偶联剂媲美。其主要特点是与无机填料表面反应活性大、色浅、无毒、味小、热分解温度较高，适用范围广，使用时无需稀释以及包装运输和使用方便并且价格较低等。不仅使用在聚乙烯、聚丙烯和其他工程塑料之中，就是在 PVC 填充体系中铝酸酯偶联剂有很好的热稳定协同效应和一定的润滑增塑效果。

铝酸酯偶联剂可以处理各种无机填料、无机颜料、无机阻燃剂，如轻钙、重钙、滑石粉、高岭土、云母、钛白粉、氢氧化镁的表面处理。可以应用于聚氯乙烯、聚乙烯、聚丙烯、聚苯乙烯、聚酯、聚氨酯、聚碳酸酯、聚醚、聚酰胺及 ABS 等各类软硬塑料制品和橡胶、涂料、黏结剂、油墨、复合阻燃剂之中。经铝酸酯偶联剂处理的各种改性填料，其表面因化学或物理化学作用生成一有机长链分子层，因而亲水性变为亲油性；具有热稳定性、防沉降性和防静电性等功能，加入铝酸酯偶联剂可以显著降低填充体系的黏度，因而可以加大填充量，可以改善加工性能，更重要的是提高产品的各项理化指标。

铝酸酯偶联剂的使用方法同于钛酸酯偶联剂，可以直接在高搅拌机中加入，其添加份量为填料质量的 0.3%～1%，但对于高比表面积的填料，如氢氧化铝、氢氧化镁、白炭黑、煅烧黑滑石、煅烧高岭土，用量 1%～1.3%。在聚氯乙烯和橡胶制品中可以直接使用改性土，但在粒状树脂如 PP、PE、ABS 中使用时，可先制成母料再行使用。

铝酸酯偶联剂的品种，主要是 DL 型，有 DL—411、DL—412、DL—881 等牌号。对于相应的无机填料，目前已开发出以下系列产品：AC 系列活性碳酸钙，AK 系列活性高岭土，AY 系列活性叶蜡石粉和 AW 系列活性硅灰石粉。

此外还有美国开发的锆类偶联剂也适合于高岭土的改性。

3.3 煅烧高岭土表面改性的特殊性

(1) 煅烧高岭土煅烧后酸性提高，表面羟基消失，表面官能团和反应活性点主要为 Si—OAl—O 键，因而改性过程中有目的地选择呈弱碱性的表面改性剂。另一方面选择易与 Al—O 和 Si—O 键形成化学配位的表面改性剂。通常的做法是选择 0.5% 硅烷偶联剂和 0.5% 钛酸酯偶联剂混合使用，可以达到较好的效果。

(2) 提高煅烧高岭土粉体比表面积。比表面积是衡量矿物粉体应用性能的一个重要指标，一般说比表面积大，其各项应用指标就好。白炭黑具有明显的补强效果就是因为具有很大的比表面积。而通常的高岭土比表面积不大，既使通过超细粉碎达到微米水平，其表面积的提高也是有限的。煅烧高岭土粉体是特殊的多孔膨松孔隙结构材料，不仅具有外比表面积还有许多内通道。显然提高比表面积的做法，一是提高外比表面积，既通过超细粉碎来实现，二是通过扩大内通道的做法。目前已经开发出的工艺有酸洗法和核磁共振方法。通过这种处理，可使煅烧高岭土比表面积有极大的提高。表3是高岭土比表面积的比较。

表3 煅烧高岭土比表面积的比较

原　料	比表面积/$m^2 \cdot g^{-1}$
325目煅烧高岭土	5.5420
600目煅烧高岭土	7.9832
800目煅烧高岭土	10.2310
炭黑	19～163
气相白炭黑	100～500
沉降白炭黑	40～250
经过特殊处理的煅烧高岭土	212

通过特殊处理的煅烧高岭土，比表面积大大提高，同时其表面电荷也大大增加，因而可以显著提高煅烧高岭土的应用性能。

4 煅烧高岭土在橡胶中的应用

作为橡塑填料，煅烧高岭土在橡胶工业中的应用前景十分广阔。在橡胶制品中，提高各种配合剂在胶料中的分散程度，是确保胶料质地均匀和制品性能优越的关键。改性煅烧高岭土与胶料的表面极性相近，易被胶料湿润，吃粉较快，可提高其分散效果，起到一定的补强效果，并且改善了生产工艺和产品的力学性能。从多次试验结果来看，普通的改性煅烧高岭土在橡胶中的应用，一般都能起到半补强以上的效果，并有利于分散和交联；硫化效率有明显的改善，对其加工性能也有一定的茺提高，且可增大填充量，有利于降低成本，具体指标见表4。

表4 煅烧高岭土与半补强炭黑填充性能比较

填料 \ 测试项目	300%定伸/MPa	扯断强度/MPa	伸长率/%	硬　度
改性煅烧高岭土(1250目)	6.1	25.9	670	60
改性煅烧高岭土(400目)	5.2	25.1	620	59
半补强炭黑	5.5～6.2	24	600	60

通过特殊方法处理后的煅烧高岭土大大提高比表面积，然后再进行表面处理，可以提高其在橡胶中的补强效果，从试验结果来看，某些方面甚至可以达到气相白炭黑或沉降白炭黑的效果。目前使用不同配方，可以分别用在汽车轮胎胎面、缓冲层、自行车车胎、低压绝缘橡胶等产品中，具体指标见表5、表6。

表 5　汽车胎面胶中替代炭黑试验结果

补强剂类型		硬度	100%定伸/MPa	300%定伸/MPa	扯断强度/MPa	伸长率/%	断后变形/%	抗撕裂/$kN·m^{-1}$	弹性/%	密度/$g·cm^{-3}$	磨耗/$cm^3·(1.61km)^{-1}$	曲挠(30万次)
炭黑	老化前	62	1.2	6.1	15.9	590	16	86	45.7	1.1	0.06	无形变
	老化后	64	1.6	7.7	12.8	480	14				0.175	无形变
改性煅烧高岭土	老化前	62	1.4	6.3	15.5	580	19	82	44	1.17	0.094	无形变
	老化后	68	2.1	7.8	12.8	450	16				0.185	D型
改性煅烧高岭土	老化前	63	1.4	5.9	15.0	600	20	81	42.7	1.168	0.089	B型
	老化后	66	2.0	7.9	13.5	490	16				0.394	C型

表 6　汽车轮胎缓冲层中替代白炭黑试验结果

试验编号	补强剂类型	硬　度	伸长率/%	扯断强度/MPa	300%定伸/%	500%定伸/%	永久变形/%
K—3	白炭黑	58	590	24.9	8.9	19.4	22
K—4	改性煅烧高岭土	58	596	26.3	8.2	20.7	27
K—5	改性煅烧高岭土	59	580	25.0	8.3	19.7	23
K—6	改性煅烧高岭土	59	559	24.8	8.5	20.2	22
K—7	改性煅烧高岭土	58	568	24.2	8.2	19.6	25

5　煅烧高岭土在塑料中的应用

高岭土在塑料中的应用,可提高玻璃化温度,提高拉伸强度和模量。高岭土在聚丙烯中起到成核剂作用,可以提高聚丙烯的刚性和强度。高岭土在塑料薄膜中可以起阻隔紫外线的作用,煅烧高岭土可以提高塑料的绝缘强度。

5.1　PVC 高压电缆

煅烧高岭土有良好的绝缘性能,见表 7。

表 7　电性能比较

材　　料	介电常数(kel)兆周	介 电 强 度	介 电 损 耗
滑石	5.5～7.5	200～400	0.01
云母	2～2.6	50～60	0.01
聚氯乙烯	2.9	700～1300	0.01
煅烧高岭土 1 号	1.25	80～120	0.05
煅烧高岭土 2 号	1.9	50～180	0.03

由此可见煅烧高岭土 1 号产品(在回转炉煅烧)和 2 号产品(普通窑)具有良好的,稳定的电绝缘综合性能。这是煅烧高岭土粉在电缆的护套料中得到应用的根本原因。

我们在 PVC 高压电缆塑料护套料中加入 5～8 份改性煅烧高岭土,就可以提高电缆的体积电阻率,煅烧改性高岭土是PVC电缆中不可缺少的一种功能性填料。添加改性煅烧高岭土提高电缆护套料体积电阻实测数据见表8。

表8 实测数据

测试项目	体积电阻率	抗张强度	老化后拉伸	断裂伸长率/%	老化后断裂伸长率/%
技术要求	$\geqslant 1\times10^9$	≥15	≥15	≥150	≥150
实测数据	7.5×10^9	23	23.2	≥300	≥300

5.2 在PE农膜中的应用

煅烧高岭土添加到PE农用塑料大棚膜中去,可以起到阻隔远红外线的作用,可使棚内夜间的温度提高2~3℃,同时农膜的无雾滴效果也有增强,光照均匀性有所改善,阻隔远红外线的效果比其他非矿材料要好,见表9。是PE农膜理想的保温助剂。

表9 阻隔远红外线效果

项目 \ 名称	不加填料	碳酸钙	滑石	远红外陶瓷粉	煅烧高岭土
远红外线阻隔率/%	50	61	68	70	86.6

将未活化的高岭土直接用于吹膜,分散不均匀,效果不理想。一般需要经过母料法,就是使用双螺杆挤出机造出母粒后,再加入到树脂中去进行吹膜才能获得较好的效果。其主要配方见表10。

表10 改性母料配方表

原料助剂	牌号	产地
LDPE	1F>B	燕山百化公司
煅烧高岭土	1250目	山西某公司
硬脂酸	工业级	石家庄化工九厂
偶联剂	铝酸酯	福建师大实验厂
分散剂		国产
助剂A		国产
助剂B		国产
助剂C		国产

母料的生产工艺流程:先将高岭土在高搅机中预热干燥(120℃),加入偶联剂活化,在冷搅机中加入分散剂,然后与树脂、助剂在双螺杆挤出机中熔融挤出造粒。

5.3 煅烧高岭土填料加入PE薄膜的影响

(1) 对分散状态和流动性的影响高岭土呈片状晶体结构,经过煅烧后的高岭土呈无定型状晶体结构。在双螺杆挤出过程中,流动性较差,一般要经过有机表面处理并添加适量增塑助剂,由此获得较好的分散状态和流动性。

(2) 高岭土对PE薄膜力学性能的影响。在吹塑薄膜中加入高岭土母料,高岭土分别在膜中占到3～10份时，其薄膜的物理力学性能指标都能达到和超过国家标准。并且能明显高于加入滑石粉、碳酸钙等无机填料的薄膜，其力学性能见表11。

表11　薄膜力学性能对比

项　目		国　标	滑石含量5%	碳酸钙含量5%	高岭土含量5%
拉伸强度，纵横向/MPa		≥14	14～16	12～14	16～20
断裂伸长率/%	纵	≥300	280～320	260～300	280～320
	横	≥350	280～360	260～320	340～360
直角撕裂强度/%	纵横	>60	60～62	56～60	61～64

(3) 高岭土对PE薄膜透光率的影响。煅烧高岭土白度高，其折光率与PE薄膜相近。因而加入3～10Phr高岭土的薄膜，其透光率要比加入其他无机填料高2%～6%。

(4) 高岭土对PE薄膜保温性的影响。由于高岭土的主要成份是SiO_2和Al_2O_3，可使薄膜对白天照射波长为0.3～3 μm的光线有所折射和阻隔，使农作物能够得到0.4～0.7 μm的波长的有效光合吸收，同时经过高岭土晶体的折射可以减少阳光的直射，可使棚内植物光照均匀。更重要的是高岭土在夜间可以抑制和减少棚室内远红外线(即地温)向大气层透失，提高保温性能，棚内日平均温度比普通膜使用时高2～3℃。

(5) 高岭土与生产效率的关系。在生产改性母料中使用高岭土，加入量超过50%～60%时，需提高助剂的用量，否则挤出机内流动速率急剧下降，主机扭矩增大，甚至抱死螺杆，影响生产。在防雾滴耐老化功能农膜母料中，加入适量煅烧高岭土，可以防止防雾滴剂的过度润滑缺点。

6　高岭土在其他行业中的应用

由于煅烧高岭土具有良好的耐高温、耐酸、耐碱、易分散、高白度等特点，因而可以应用于众多行业。高岭土和膨润土齐名，都有“万能土”之称。

6.1　在涂料工业中的应用

用高岭土作为涂料工业的添加剂，其功能作用不断体现。这些贡献是可降低涂料的黏稠度，提高流平性，减慢沉降速度，提高附着性，因而可以改善涂料贮存稳定性，改善涂料的涂刷性，改善涂层的抗浮色和发花性等。总的看来，使用高岭土作添加剂，有助于满足对涂料提出的日益严格的性能和耐久性方面的许多要求。当要求制备低VOC、高固体涂料时尤为如此。

高岭土添加剂的规格品种，将不断增加。它可以适应任何类型的涂料体系，从底漆到面漆、任何固体分、任何光泽和任何厚度的涂层。随着人们对环境的重视，涂料工业正在开发替代产品，许多新型涂料，如粉末涂料、水性涂料、高固涂料和辐射涂料问世，更加需要高岭土。据统计，英国ICI公司在中国使用水洗高岭土，年用量达6000t。立邦公司已采用国产煅烧土，广东，重庆，苏州等地油漆厂已采用高岭土作添加剂。现在叙述煅烧高岭土在快干氨基醇酸烘漆中的应用。制漆配方采用583号氨基树脂、803号醇酸树脂为基料，改变颜料的配比及含量来配制快干氨基烘漆，设计配方见表12。

表 12　实验设计配方及制漆性能测定

类　别	原　材　料	实　验　号					
		1	2	3	4	5	6
配方设计	钛白粉	51	48	45	42	29.6	51
	煅烧高岭土	9	12	15	18	18.4	11.1
	52%803 号树脂	149.5	149.5	149.5	149.5	119.6	147.5
	56%583 号树脂	40.5	40.5	40.5	40.5	32.4	40
	消泡剂	0.5	0.5	0.5	0.5	0.4	1.0
	二甲苯	15	10	9	15.5	4.5	8.5
	增白剂	适量	适量	适量	适量	适量	适量
成漆性能	黏度·秒/25℃	82	99	64	96	74	60
	遮盖力/$(g\cdot m)^{-1}$	75～80	105～110	110～115	120～130	150～175	100～105
研磨分数	时间/h	4:20	3:35	4:20	4:10	3:00	3:30
	细度/μm	＜20	20	＜20	＜20	30	＜25

从表 12 看，1 号、2 号配方遮盖力较好，此两个配方高岭土含量分别为颜料总量的 15%和 20%，超过 20%时，遮盖力数值明显上升。3 号、4 号、5 号配方遮盖力不能令人满意。一般说来，非钛白系颜料和填料都有一定的沉淀倾向，但实现用高岭土和钛白粉混合制快干氨基烘漆，贮存 3 个月后观察，无明显的沉淀、发胀现象，说明贮存稳定性良好，轻度浮色。

对达到制漆性能指标的 1 号、2 号配方进行制膜，并测定其漆膜性能，结果发现 2 号配方漆光泽明显下降，由此可见高岭土用量对光泽的影响较为敏感，但其他指标无明显变化。为强化考察漆膜性能，将制成的漆膜于距离 40 cm，35 W 紫外灯下照射 8 h，结果其颜色、光泽、粉化结果均与对照样(R930)相同，可见高岭土制漆具有较好的耐候性。

6.2　煅烧高岭土在造纸业中的应用

煅烧高岭土产品有 2 类，一是使用静态或半动态煅烧工艺的倒焰窑、隧道窑、立窑等其产品为Ⅱ号，二是采用电加热的回转窑，其煅烧产品为产品Ⅰ号。由 X 射线衍射分析可以看出(其煅烧温度为 850℃)，产品Ⅰ的物相均匀，除小于 0.5%的石英含量外，其余全部为偏高岭石相，没有莫来石相。而产品Ⅱ中莫来石的含量高达 20%，物相极不均匀。这就限制了产品Ⅱ在造纸中的应用，因为它磨耗高。煅烧高岭土不同于水洗土，它具有特殊的多孔膨松孔隙结构，使其成为造纸业中一类特殊的功能性填料。物理特征上表现出更高的空隙体积和沉降体积，这对于提高涂布纸的松厚度和不透明度非常重要。表 13 就是性能比较。

表 13　几种常用涂布颜料性能比较

颜 料 名 称	沉降体积(RSV)	空隙体积/%	黏度(100 转)/mPa·s
重钙(－2μm90%)	1.72	42	54
TiO_2(进口)	2.25	56	60
产品Ⅰ(－2μm90%)	2.80	66	57
产品Ⅱ(－2μm90%)	2.06	51	67

从表 13 中可以看出,产品Ⅰ比重钙和进口钛白粉具有更高的沉降体积和空隙体积。这种明显的性能优势是由于煅烧高岭土特殊的多孔膨松结构决定的,因而它在造纸涂布中占有一席之地。

6.3 煅烧高岭土在绝缘电子材料中的应用

绝缘电子材料大多数为有机高分子,过去使用的阻燃剂常为有机阻燃剂,因其对环境有害已逐步被无机阻燃剂所取代。绝缘电子材料还要求能提高它的绝缘电阻。恰恰是改性煅烧高岭土同时具备这两个方面的性能,因而被运用到绝缘电子材料中去。现在已被运用在阻燃覆铜板及其层压绝缘板上,主要是酚醛环氧树脂型的。现在叙述 22F 型阻燃覆铜板(彩电板)中试情况(350 张)。

22F 型阻燃覆铜板(彩电板)由玻璃布,绝缘纸浸高聚物胶黏剂,经干燥、热压而成。改性煅烧高岭土混于高聚物胶黏剂中。高聚物胶黏剂体系为:酚醛环氧树脂、甲苯、甲醇、改性煅烧高岭土、无机阻燃剂。

生产工艺为:

(1) 高聚物胶黏剂体系⟶反应釜加热搅拌⟶压入胶槽;

(2) 玻璃布、绝缘纸⟶胶槽浸胶⟶干燥⟶剪切⟶热压⟶产品。

改性高岭土的加入,起到了防沉降、阻燃、提高电阻率、降低成本的作用。中试结果的检测,按 GB4724—92 标准进行,检测结果见表 14。

表 14 中试检测结果

试验项目	单位	技术要求	检测结果
10s 热冲击试验		无分层,起泡	合格
抗剥强度(不小于)	N/mm		
5s 浸焊后		1.2	1.9
100℃干热后		1.2	1.4
三氯乙烯蒸气后		1.2	1.96
模拟电镀后		0.8	1.6
100℃高温时		0.6	1.9
抗脱强度(不小于)	N		
可焊性		可	可焊
吸水性(不大于)	mg	40	20
冲孔性		供需协商	4—4—5 合格
弯曲强度(不小于)	MPa	110	176
燃烧性(垂直法)	级	FV_0 或 FV_1	FV_1
铜箔电阻(不大于)	mΩ	3.5	3.5
表面电阻(不小于)	mΩ		
恒定湿热处理后		2000	1.1×10^5
在 100℃时		100	4.0×10^5
体积电阻率(不小于)	$m\Omega m^{-1}$		
恒定湿热处理		2000	1.3×10^4
在 100℃时		100	7.3×10^3
恒定湿热处理后介电常数	不大于	5.0	3.0
恒定湿热处理后损耗角正切	不大于	0.05	0.02

从表 14 可以看出,经 13 大项的全面检测,结果全部达到或超过国家标准。不仅如此,还基本上解决了阻燃覆铜板生产工艺中长期存在的阻燃剂沉淀问题,这是因为煅烧高岭土具有:

(1) 防沉降作用。过去在生产阻燃覆铜板工艺中一般使用三氧化二锑粉作阻燃剂,由于二氧化二锑密度大,在胶料中易沉淀,使其不能按量浸入玻璃布和绝缘纸,结果出现阻燃指标不稳定。加入高岭土后,起到防沉降作用,提高了分散性,胶槽中基本无沉淀物,且产品质量得到提高。

(2) 部分取代三氧化二锑。加入一定比例的高岭土后,覆铜板的阻燃自熄时间达到 FV_1 级,起到部分取代和降低阻燃剂的成本。

(3) 提高了表面电阻和体积电阻率。检测结果大大高出技术要求。

7 结 论

(1) 煅烧煤系高岭土具有一系列优点,有“万能土”之称,可以广泛运用于各个工业部门。尤其是作为高档产品运用在橡胶、塑料、涂料等高分子材料中具有广阔的前景。

(2) 本文概述了近 10 年来煅烧高岭土在橡胶、塑料、涂料、绝缘电子材料工业中作为填料的开发应用结果。相信随着工作的深入,将会有更多的成果出现。

沸石抑制混凝土碱集料反应(AAR)危害的研究和工业化进程

刘伯元
(冶金部华东地勘局矿产品开发研究所)
李亚铃
(北京市建委科技处)

1 沸石特性

沸石是沸石族矿物的总称,是含水的架状结构铝硅酸盐矿物。天然沸石是由原始铝硅酸盐物质,在晚期岩浆、热液蚀变、接触交待沉积成岩后变质和风化表生等阶段,在水的参与下形成的矿物。其中最重要的成矿过程是火山玻璃物质在碱性水介质的作用下,经过水化、水解、反应和结晶成岩生成沸石的过程。

天然沸石是一种富含水的碱或碱土金属,具有架状结构的铝硅酸盐矿物,其化学式如下:

$$(Na,K)_x(Mg,Ca,Sr,Ba)_y[Al_{x+2y}Si_{n-(x+2y)}O_{2n}]\cdot mH_2O$$

式中 x——碱金属离子个数;
y——碱土金属离子个数;
n——铝硅金属离子个数;
m——水分子个数。

沸石晶体结构的主要特点是有稳定的骨架结构。所谓“骨架”一词是指由氧、硅和铝3种原子构成的三维空间结构,不包括碱和碱土金属阳离子和水。沸石骨架结构中的基本单元是由4个氧原子和1个硅(或铝)原子堆砌而成的硅氧四面体或铝氧四面体,如图1。

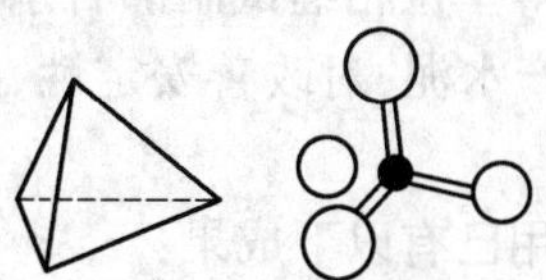

图1 硅氧四面体

这些四面体再逐级组成单元环、双元环、笼(结晶多面体)构成三维空间的架状构造沸石晶体。这种构造大体上与长石晶体构造相仿,但要比它们更为松散、开放。作为次级单位的各种环联合起来即形成各种沸石的空洞和孔道(或称孔穴和通道),能吸附和截留不同形状和大小的分子,因此,沸石又称分子筛。

在沸石晶体中,硅为四价,替代的铝为三价,所以铝氧四面体的电荷不平衡,三价的铝电荷低于四周氧的负电荷,必须由碱金属或碱土金属阳离子来补偿。所以说沸石晶体内存在库仑电场和存在着不断吸附阳离子和交换离子的能量场。

沸石水充填于空洞成孔道的内外表面,不进入结晶格架,与内部的引力比较弱,当改变外界条件时,沸石水往往可以较自由地排除或重新吸入,而不破坏沸石晶体结构。总结起来,沸石晶体结构有以下特点:

(1) 有稳定的正四方面体的硅(铝)酸盐骨架;

(2) 骨架内含有可交换的阳离子和大量孔穴和通道,其直径为0.3~1.3nm;

(3) 沸石水在孔穴和通道内可以自由进出,空气也可以自由进出。

由于沸石独特的内部结构和晶体化学性质,使其具有许多优良特性:

(1) 吸附性和选择吸附性;

(2) 阳离子交换性和选择交换性;

(3) 分子筛特性;

(4) 催化性和反应性(催化剂载体);

(5) 耐酸腐蚀性;

(6) 耐高温稳定性;

(7) 耐辐射性。

由于天然沸石有着众多优良特性,沸石岩又在我国大量分布,价格低廉,故从1974年起,已在我国众多领域如建筑、建材、环保、化工、轻工、农业和国防部门获得广泛应用,并转化为生产力,产生巨大的经济效益。

2 沸石在建筑建材领域内的应用

世界上美国、俄国、日本研究“火山灰水泥”多年,直到1970年以后才弄清,只有沸石岩才是优良的火山灰,才能做火山灰水泥。当时只知道这种火山灰水泥可以耐酸、耐水的腐蚀,后期强度稳定增长,优于硅酸盐水泥,可以做大坝水泥、基础水泥、军工水泥。1912年美国洛杉矶渡槽工程就采用掺沸石的火山灰水泥施工,效果显著。俄国、保加利亚、南斯拉夫等国从20世纪40年代起就开始生产掺沸石水泥。现在世界沸石有2/5的数量是用在建筑、建材领域。我国自从1977年中科院地质所首先提出研究沸石水泥,以后清华大学、建材研究院、冶金部华东地勘局矿研所等单位相继试制沸石水泥,目前全国已有500多家中、小水泥厂采用沸石作活性混合材生产水泥,对改善安定性、提高水泥标号和质量起到重大作用。

沸石在建筑、建材领域内的应用已有以下成果:

(1) 火山灰水泥。用作硅酸盐水泥的活性混合材,生产高强度、高标号水泥,称为火山灰水泥。这种水泥耐酸、耐水腐蚀、后期强度稳定增长,可作大坝水泥、特种基础水泥、工事和坑道等军工水泥。

(2) 沸石外掺剂。在施工现场,沸石粉可替代20%的425号水泥,替代35%的525号水泥(该水泥生产时不曾加过沸石)。如作砂浆使用,替代量可达50%。铁道部已制定出

"铁路混凝土使用沸石粉"的暂行标准，在铁路系统全面推广使用。公路部门在高速公路混凝土路面中也作了使用沸石的试验。

(3) 提高水泥质量。中小水泥厂生产的水泥常因游离氧化钙 F·CaO 超标，安定性不好而不合格。由于沸石具有："吸钙、解铝、脱硅"等水化、硬化作用，在水泥熟料中加入沸石粉后，28 天抗压强度可以达到国家标准。所以我国有 500 多家中小水泥厂，特别是长江沿岸的中小水泥厂，为保证抗压强度达标，固定使用沸石粉作为活性混合材。

(4) 代替钢渣。在钢渣缺货或价格上扬时，可等量替代。同样可以降低成本，保证水泥强度。

(5) 少熟料水泥，又称钢渣水泥。仅用 20% 水泥、掺有沸石、钢渣生产的水泥，强度可达 325 号。可以作一般非结构性建筑水泥使用。

(6) 无熟料水泥，又称石灰沸石水泥。是沸石、石灰、石膏不经过生料煅烧工艺，而按比例混合，直接粉磨制成的水硬性胶凝材料，其强度可达 225 号～325 号。

(7) 用沸石作无机发泡剂制成的发泡混凝土。

(8) 用沸石烧制人工轻骨料(陶粒)。

沸石加热到 1000℃左右，会在吹管内沸腾，生成多孔陶瓷表面球粒。这种球粒密度轻、强度大、有活性。用其生产高强，多孔，空心，大型轻质混凝土板材是未来建材工业发展的方向之一。

3 混凝土应用沸石机理探讨

当沸石加入混凝土后会产生"吸钙、解铝、脱硅"的作用，会加强混凝土的水化、硬化过程，会限制碱集料的危害。其机理如下。

3.1 水化硬化机理探讨

借助于显微电镜、X 衍射、红外光谱研究水泥的水化、硬化作用机理，配以多组分相图和水化热分析，探讨水泥水化、硬化的理论。

3.1.1 沸石水泥的组成

(1) 水泥熟料的组成。硅酸三钙(占 50%)+硅酸二钙(占 20%)+铝酸三钙(占 8%～10%)+铁铝酸四钙(占 10%～15%)+方镁石(占 5%)。

(2) 天然沸石的组成。斜发沸石，丝光沸石(占 60%)+蒙脱石(占 30%)+玻璃质(占 10%)。

3.1.2 硅酸三钙和硅酸二钙的水化

硅酸三钙和硅酸二钙是水泥熟料的主要成分，约占 70%，遇水后发生水化作用，生成水化产物：水化硅酸钙和氢氧化钙，水化作用反应式如下：

$$3CaO \cdot SiO_2 nH_2O = xCaOSiO_2 \cdot yH_2O + (3-x)Ca(OH)_2$$

$$2CaO \cdot SiO_2 nH_2O = xCaOSiO_2 \cdot yH_2O + (2-x)Ca(OH)_2$$

水化硅酸钙组成不定，呈气胶状。随着水化作用深入，由[SiO]进一步聚合成二聚物[Si_2O]以及多聚物，构成立体网，形成固体凝胶，是支撑水泥强度的主体。

3.1.3 沸石、铝酸三钙、铁铝酸四钙的水化

硅酸三钙和硅酸二钙的水化,释放出大量的 $Ca(OH)_2$,在大量的 $Ca(OH)_2$ 和石膏存在的条件下会发生下列作用:

(1) 沸石中的[Al_2O_3]转化为[$Al(OH)_3$],并与石膏作用,依托沸石生成钙矾石(三硫型水化硫铝酸钙)晶体,反应式如下:

$$Ca(OH)_2 + Al(OH)_3 + CaSO_4 \cdot 2H_2O + H_2O \longrightarrow CaO \cdot Al_2O_3 \cdot CaSO_4 \cdot H_2O$$

(2) 铝酸三钙、铁铝酸四钙在水化作用下生成水铝酸四钙和水化铁铝酸四钙。在石膏存在条件下转化为钙矾石,反应式如下:

$$CaO \cdot Al_2O_3 + CaSO_4 \cdot 2H_2O + H_2O \longrightarrow CaO \cdot Al_2O_3 \cdot CaSO_4 \cdot H_2O$$

$$CaO \cdot Al_2O \cdot Fe_2O_3 + Ca(OH)_2 + (CaSO_4 \cdot 2H_2O) + H_2O \longrightarrow [CaO(Al_2O_3 \cdot Fe_2O_3) \cdot CaSO_4 \cdot H_2O]$$

在石膏不定的情况下,钙矾石转化为单硫型水化硫铝酸钙。钙矾石及单硫型水化硫铝酸钙均呈较好针状晶体。

(3) 二次水化硅酸钙的生成。沸石脱铝之后,形成高硅沸石,且具有固体酸的性质,在 $Ca(OH)_2$ 溶液作用下,OH^- 代替 O^{2-} 部位,Si—OH—S 的键易断开,形成"活性硅",并与 $Ca(OH)_2$作用:$SiO_2 + Ca(OH)_2 \longrightarrow CaO \cdot SiO_2 \cdot H_2O$ 生成水化硅酸钙,即二水水化硅酸钙的生成,这也就是沸石岩水泥特有的性质,也是提高水泥强度的原因。

3.1.4 沸石岩水泥的硬化

水泥的水化之后,就是凝结和硬化。它们是一个过程的不同阶段,硬化是最终结果,水泥的硬化程度决定于水化硅酸钙凝胶的含量以及钙矾石的针状晶体的分布以及有害组分氢氧化钙晶体、方镁石晶体和铝酸四钙(或铁铝酸四钙)的含量。

水化硅酸钙凝胶形成定向网状结构,交织着钙矾石的针状晶体是支持沸石水泥强度的主要组分和结构。有害组分表现为不安定,即在生成过程中体积变大。此外,铝酸四钙、铁铝酸四钙速凝,影响水化作用深入,从而影响水泥质量。与普通水泥相比,沸石岩水泥之所以安定性好,就是氢氧化钙晶体较少,代之是以钙矾石为主,体积变化小。另外,沸石岩水泥有两次水化硅酸凝胶生成,增加了水化硅酸钙含量,提高硬化强度。

3.2 沸石在水泥中起增强作用原理

当沸石粉掺入水泥中,其主要化学反应是同水泥熟料水化生成的 $Ca(OH)_2$ 及水泥中的石膏所进行的二次反应。

沸石晶体结构开放性很大,充满了大小孔穴和通道,具有巨大的表面积,对水有很大的吸附性。同时沸石的孔洞中还有可交换的碱和碱土金属的阳离子及水分子。当水加入水泥沸石粉的混合体中,沸石吸附了浆体中的水;同时将微孔中原来吸附的少量空气放出,使沸石颗粒与水泥浆体界面变得薄弱;同时浆体的水灰比下降,浆体的实际水灰比低于表面的水灰比,加大了水泥水化的空间。

加水拌和几分钟以后,由于沸石粉吸附液相中的 Ca^{2+},因而促进了硅酸三钙的溶解,有利于水化硅酸钙的沉淀。在诱导期之后,有足量的 $Ca(OH)_2$ 存在,沸石在一天后进行火山灰反应,其强度在后期得到进一步发展。

当有 $Ca(OH)_2$ 和 $CaSO_4 \cdot 2H_2O$ 存在时,加速了 C_3A 的水化。由于沸石的加入吸附液相

中的 Ca^{2+},促进了 C_3A 的溶解,在颗粒表面形成钙矾石沉淀。这时,液相中 $Ca(OH)_2$ 浓度降低,促进熟料进一步水化。这时熟料水化生成的水化硅酸钙和钙矾石等水化产物包裹沸石的颗粒使反应物互相穿插。

由于水化不断进行,浆体的自由水逐渐减少,沸石逐渐放出沸石水,对水泥水化进行自我养护,使界面附近的浆体逐渐紧密,界面逐渐得到加强。

在水泥中加入一定量的超细沸石粉,促进了水泥的中、晚期水化,减少了未水化颗粒的尺寸和数量。用沸石未反应的颗粒作为"微集料",代替原来未水化的水泥颗粒,参加了水泥浆体的级配,宏观上表现出混凝土强度增加。

在水泥和沸石浆体中加入少量的"减水剂",不仅可以改善水泥的黏度和流动性,还可以使每个颗粒吸附了一层表面活性剂,使浆体颗粒得到了充分的分散,使水泥水化及沸石粉的二次水化反应更加充分,更好地发挥了水泥和沸石粉的"微集料"作用,因此沸石粉加入水泥,不但节约了水泥,而且还可制配高强混凝土。

3.3 沸石抑制碱集料反应危害的机理

在含有活性二氧化硅的集料和高碱水泥配制成的混凝土时,二氧化硅颗粒从液相中摄取溶解的氢氧化钙进行反应,反应式如下:

$$Ca(OH)_2 + SiO_2 \longrightarrow CaO \cdot SiO_2 \cdot H_2O$$

$$3Ca(OH)_2 + 2SiO_2 \longrightarrow 3Ca \cdot 2SiO_2 \cdot 3H_2O$$

通过反应,二氧化硅被溶解或胶溶,生成可溶的硅酸盐和硅酸,可溶性的硅酸盐和水泥中含石灰的组分或水化产物重新反应,反应如下:

$$Na_2SiO_3 + Ca(OH)_2 + x \cdot H_2O \longrightarrow CaSiO_3 \cdot xH_2O + 2NaOH$$

$$Na_2SiO_3 + CaCl_2 + x \cdot H_2O \longrightarrow CaSiO_3 \cdot xH_2O + NaCl$$

反应生成难溶的水化硅酸钙,硅重新进入固相。在上述反应过程中,固体的二氧化硅颗粒,被分散成为微观或亚微观的水化硅酸钙的晶体。与此同时,分散体系总是有一种增加总体积的隆胀趋势,使得体系的空隙变得更大。这时水泥石(混凝土)结构因隆起而产生裂缝破坏。这就是碱集料反应对水泥的危害。

当水泥中掺入沸石粉后,使水泥石(混凝土)总体系中水泥量减少,降低了水泥中的含碱量。这时的反应,只是以氢氧化钙在颗粒表面上的作用为限,对水泥石没有破坏作用。此外沸石可将水泥浆液中的钠离子吸附到其特有的晶体孔穴和通道中去,从而降低游离钠的浓度,因而缓解了碱集料反应的危害。因此水泥中掺入沸石粉,是一种抑制碱集料反应对水泥石的破坏的好方法。

4 沸石抑制碱集料反应对混凝土危害的研究和试验

碱集料反应(Alkli Aggregate Reaction 简写作 AAR)给混凝土带来很大的危害。许多建筑物的基础,水下或地下建筑如水下大桥和公路立交桥,都因碱集料反应而遭受到一定程度的破坏,而导致返修或报废。因而国家建设部立项专题治理碱集料反应危害。北京市建委科技处、北京虹鼎公司、冶金部华东地勘局矿产品开发研究所等单位研究开发沸石外掺剂作为治理碱集料反应危害的对策起到很好的效果。现将有关试验室试验成果和工业性试验的阶段性成果报告如下。

4.1 抑制 AAR 方案的产生

众所周知,AAR 发生和导致混凝土构筑物损坏需要 3 个条件:水泥碱含量高;集料(砂子和石)富含碱活性岩矿成分;混凝土构筑物长期处于有水或潮湿的环境。

为此,对于缓解、抑制 AAR 的主要方法,一般学者通常都是主张限制混凝土中的总碱量和优选低碱活性的集料。这仅仅是理论上,但在实践中既不能避免水或潮湿环境,也不能不用碱性水泥。而优选低碱活性的集料如砂岩则要加大很多成本。所以在尽量不增加很大成本条件下,又作了以下探讨。

4.2 在混凝土中掺入矿粉的研究

许多国内外学者的研究表明,在混凝土中适当掺入矿粉,如硅灰、电厂粉煤灰、钢渣、沸石等组分可以其特有的晶体结构约束,吸纳一定数量的游离钠离子,从而有效地缓解了 AAR 发生的几率,保障了混凝土构筑物的安全。当前越来越多的人们认识到在混凝土中合理掺入矿粉的重要意义。矿粉已经成为混凝土必不可少的组分(水、水泥、砂、石子之外再加上化学外加剂和矿粉)。但是不同的矿粉各有什么特性,在什么条件下应掺何种矿粉,还必须通过试验研究来回答。

4.2.1 硅灰

硅灰比表面积达 20 万 cm^2/g,粒径相当于 $0.1\mu m$,具有很高的活性和分散度。在混凝土中掺入适量硅灰,可以有效地抑制 AAR,并提高水泥强度,这是世界各地不少研究报告的共识。

但掺入硅灰石主要是价格太高、易飞扬、吸入人体有害等原因,无法大量使用。

4.2.2 电厂粉煤灰

近年来电厂粉煤灰在工地混凝土中使用很多。粉煤灰是工业废物,供应充分,价格便宜。在混凝土中掺入量可达 20%～30%。粉煤灰加入可以改善混凝土的流动性和水泥的水化热。由于减少了水泥用量,减少了水泥带入混凝土的碱成分,有利于缓解 AAR 发生的几率,但是粉煤灰在混凝土中的反应相对缓慢,在早期强度有要求的工程上不能使用。此外,电厂生产的粉煤灰品质有高有低,不稳定,也是不能大量推广的原因。

4.2.3 钢渣

冶金高炉排放的矿渣,很早就用来充当水泥熟料的外掺材料。使用钢渣不能使溶液碱浓度降低,同粉煤灰一样,可使水泥用量减少,抑制 AAR 有一定效果。

有高强度水泥中采用粉煤灰和钢渣做掺和料,一般持十分审慎的态度。

4.2.4 沸石、硅藻土、高岭土、凹凸棒土

对多种非金属如硅藻土、高岭土、凹凸棒土、沸石进行对比试验,发现都是有效的,但沸石具有吸收钠离子,且具有硅钠化学反应作用,因而只有沸石具有双重抑制 AAR 优越性能。我们发现沸石粉加入到碱水溶液后,沸石吸收钠离子的量(以 Na_2O)约相当于沸石自重的 3%～4%。由于混凝土浆液中游离的钠液度降低,从而有效地缓解 AAR 发生的几率。

试验表明，粉煤灰和高炉钢渣并不具备沸石那样的吸收钠离子的特殊性能。它们所含的化学元素见表1，对钠的吸收情况见表2。

表1　化学元素表

品　种	SiO_2/%	CaO/%	MgO/%	Fe_2O_3/%	Al_2O_3/%	Na_2O/%	K_2O/%	H_2O等/%
沸石	72	2.61	1.13	1.03	11.88	0.50	2.12	8.73
钢渣	33.27	38.39	11.8	1.63	12.10	0.50	0.75	2.23
粉煤灰	47.78	3.23	0.77	3.53	37.71	0.25	0.62	4.50

表2　各种矿粉在碱溶液中对钠的吸收

天数 / 品种	0	1	7	14	28	备　注
10 g 沸石	100	76.8	75.9	75.1	73.7	浓度下降
20 g 沸石	100	48.0	40.4	37.9	29.3	浓度下降
10 g 钢渣	100	107	107.1	107.1	106.1	浓度上升
20 g 钢渣	100	110	110.1	110.1	111.7	浓度上升
10 g 粉煤灰	100					
20 g 粉煤灰	100					

试验条件：取纯净水 40 mL，加 NaOH 1.6 g(相当于 Na_2O 1.24g)置于塑料瓶中，分别加入沸石、钢渣、粉煤灰，加盖防止水分散失。用火焰光度测定 0，1，2，7，14 和 28d 溶液中钠浓度的变化。沸石粉可以吸收游离钠进入其晶格中，从而降低溶液中碱的浓度，其吸收钠离子的能力见表3。

表3　沸石吸收钠离子能力对比

品　种	28天吸收钠总量/g	占原投入氧化钠/%	占投入沸石/%
10g 沸石	0.326	26.3	3.26
20g 沸石	0.877	70.7	4.39

结论是沸石粉吸收钠离子能力大约为沸石粉质量的 3%～4%。沸石粉吸收钠离子时间变化见表4。

表4　沸石吸收钠时间变化表

品　种	28d 吸收钠量/%	14d 吸收钠量/%	7d 吸收钠量/%	1d 吸收钠量/%	0d 吸收钠量/%
碱液加 10g 沸石粉	100	94.7	91.6	88.2	0
碱液加 20g 沸石粉	100	87.8	84.3	73.6	0

以上说明沸石粉对游离钠的作用主要完成于1天。约占 73.6%～88.2%

4.2.5　普通沸石粉与超细沸石粉的区别

普通沸石粉，粒度一般相同于水泥为 180 目。虽然具有很大的内表面积，但外表面积不大，一般小于 4000 cm^2/g。而超细沸石粉，如现在所采用的 -10μm 级沸石粉(1250 目)，外表面积大于 7000 m^2/g。因而二者的效果有很大的不同,见表 5。

表 5　普通沸石和超细沸石粉掺入混凝土中对强度的影响

品种＼项目	比表面积 $/cm^2 \cdot g^{-1}$	水泥用量 $/kg \cdot m^{-3}$	矿粉用量 $/kg \cdot m^{-3}$	坍落度	抗压强度/MPa		
					7d	28d	%
超细沸石粉	＞7000	540	60	210	60.5	75.5	110.1
普通沸石粉	＜4000	540	60	215	54.5	66.5	96
电厂粉煤灰	＜4000	540	60	230	57	68	100

试验表明:(1) 超细沸石粉 7 天与 28 天抗压强度均高于普通石粉和粉煤灰(高出 10%以上)。(2) 普通沸石粉的强度还赶不上粉煤灰的强度,但也具有吸收钠离子能力,只是能力较小,低于超细沸石粉。

5　工业试验

1997 年在北京市进行了沸石抑制碱集料反应危害的工业性试验,现将有关试验情况报告如下。

5.1　试验概况

1997 年 7 月在北京东环广场大厦第 29 层(净高 86.18m)泵浇注了设计强度为 C_{60}的抑制 AAR 工业试验混凝土 498m^3,采取了外掺超细沸石粉和缓凝高效减水剂取得了良好的效果。当时工地气温 34℃,出搅拌机混凝土坍落度 240 mm。运料汽车 30 min 后到达工地,泵机前再测混凝土坍落度 235 mm(损失 5 mm)。输送泵压为 20 MPa,历时 23 h 顺利完成 498 m^3 混凝土的泵送浇注,28 天强度达到 65%～76 MPa,满足了设计要求。一年后回访工地,混凝土构筑物表面完整光滑没有出现裂损的痕迹,工地满意,东环广场工地用水泥量为 475 kg/m^3,高效减水剂 10.6 kg/m^3,混凝土总碱量达 3.89kg/m^3,加入沸石粉 55 kg/m^3,可吸收氧化钠 1.6 kg/m^3,剩下 Na_2O 2.7 kg/m^3(一般公认混凝土含碱量 3 kg/m^3 以下为安全状况)。同年在北京西客站 C_{60}混凝土工程工地进行的试验也取得满意的结果。

5.2　有关试验数据

在进行工地试验时,进行了有关对水胶比敏感度,不同水泥与高效减水剂匹配的适应性和工地取样抗压强度试验,其结果如下:

(1) 掺入沸石的高强度混凝土对水十分敏感,试验结果见表 6。

表 6　混凝土掺入沸石粉对水胶比的敏感度

试验号	用水量 $/kg \cdot m^{-3}$	水胶比	水泥用量 $/kg \cdot m^{-3}$	沸石粉用量 $/kg \cdot m^{-3}$	抗压强度			对比
					3d	7d	28d	
1	170	0.321	475	55	54.6	65.9	79.8	108
2	172.5	0.325	475	55	48.8	65.2	73.8	100

(2) 不同水泥与高效减水剂的匹配。在水泥掺加沸石粉之后,为了保证泵送混凝土良

好的流动性,必须注意不同牌号的水泥与高效减水剂的匹配,见表7、表8。

表7　超细沸石粉对不同水泥与高效减水剂匹配的适应性

水泥号	水胶比	高效减水剂掺量/%	水泥用量/kg·m⁻³	沸石粉用量/kg·m⁻³	坍落度/mm			抗压强度/MPa		
					0h	1h	2h	3d	7d	28d
1	0.32	2.0	450	50	180	150		50.8	64.6	79.8
	0.35	2.0	450	79	200	200			60.0	72.0
2	0.32	2.0	450	50	190	190	170	46.1	64.1	74.1
3	0.327	1.8	500	50	210	190		49.4	64.9	73.9
	0.360	1.8	450	50	220	190		45.6	58.3	75.0
4	0.327	2.0	500	50	230	230	210	45.1	70.9	85.8
	0.360	2.1	500	100	230	180	170	39.6	58.0	79.5
5	0.327	1.8	500	50	220	220	220	37.0	61.3	76.3
	0.360	1.8	450	100	220	220	210	45.2	70.0	86.6
6	0.315	2.2	468	82	240	230		38.5	51.6	66.2

注:高效减水利用的是清华大学土木工程系研制的。水泥1～6号均为525标号水泥,分别产于北京、河北、内蒙古等地不同牌号的水泥。

试验表明,只要水泥与高效减水剂经过试验调整达到良好匹配,超细沸石粉可以适应任一水泥与高效减水剂的匹配,不会造成混凝土运输和泵送浇注的难度。

表8　东方广场 C_{60} 混凝土工程优选试验

试验号	水胶比	水泥量/kg·m⁻³	沸石量/kg·m⁻³	减水剂量/%	坍落度/mm	抗压强度/MPa			备　注
						3d	7d	28d	
1	0.34	450	50	2	225	49.7	61.6	71.7	加沸石粉
2	0.32	475	55	2	240	54.5	64.6	73.2	加沸石粉
3	0.309	495	55	2	245	55.1	67.8	77.3	加沸石粉
4	0.32	468	82	2	215	48	65.8	77.6	加沸石粉
5	0.309	550	0	2	240	46.7	55.7	63.6	不加沸石粉

试验表明,当不加沸石时,水泥标号为525,只加高效缓凝减水剂,28天强度达到63.6 MPa。加上沸石粉则强度上一台阶(高出12.7%～22%)(1～4)。最后选定(2)做工地作业配比,取得满意结果。工地浇注后取样,28天强度达到65.6～76.3MPa,平均70.4 MPa,达到设计标号 C_{60} 的117.3%。表9是西客站工地试验。

表9　西客站 C_{60} 混凝土工程工地取样抗压强度

水胶比	水泥量/kg·m⁻³	沸石粉量/kg·m⁻³	外加剂/%	坍落度/mm	抗压强度/MPa		
					3d	7d	28d
0.30	495	55	3.0	210	40.1	62.9	85.2

5.3 试验结果

(1) 水泥和沸石粉的用量不宜太多。水泥和沸石粉用量过多会增加泵送黏滞阻力,而对混凝土强度增长并非必须。合适的水泥用量以 450 kg/m^3 为宜,沸石粉用量以 50 kg/m^3 为宜。

(2) 沸石粉的粒度以 -10μm 为宜。C_{60}强度,水泥标号以 525 为宜。

(3) 水胶比(水与水泥、沸石的含量之比)十分敏感。东环广场工地所用混凝土水胶比选用 0.32,当用水量略增时混凝土强度即下降 6 MPa,而西客站工地,当水胶比降为 0.30 时,28d 混凝土强度可达 85 MPa。

当水胶比选定后,可增减高效减水剂,以调整坍落度大小和满足泵送要求。当高效减水剂与水泥的相容性选定后,沸石粉可以适应任何水泥与高效减水剂的匹配。

(4) 东环广场工地所用水泥的含碱量为 0.7%,减水剂的含碱量为 5.39%。当水泥用量为 475 kg/m^3。掺入 55 kg 沸石粉可吸收游离钠的 1.6 kg 左右。当混凝土固化后,实际留存的游离钠(以 Na_2O 计)测定只有 2.7 kg/m^3 左右,属于安全限量之内。

6 结 论

碱集料反应(AAR)会使长期处于有水和潮湿环境下的混凝土构筑物导致损害。这既是国内外建筑界长期关注的问题,又是当前热点问题。为此北京市建委 1999 年已经拟定《北京地区预防 AAR 工程危害的技术管理规定》。

天然沸石以其特有的晶体结构和优良理化性质,作为外掺剂可以有效地降低总碱量和抑制 AAR 工程危害,并且可以提高混凝土抗压强度。这一研究结果有可靠的理论依据、严格的试验数据和工业性试验成功的支持,完全可以投入大规模的工业生产。是一种价格低廉、施工方便、效果良好办法,值得大力倡导和推广应用。

6.1 工业上使用沸石外掺剂抑制 AAR 危害方案要求

(1) 对于早期强度要求不十分严格的一般强度混凝土工程,特别是要求低水化热的大体积混凝土构筑物应首选粉煤灰和钢渣粉,应尽量取代水泥(取代水泥量可达 20%~30%),以减少水泥带入混凝土的碱量,缓解 AAR 反应的危害。但粉煤灰和钢渣也需超细粉碎后的超细粉,粒度为 10 μm。

(2) 对高强度混凝土(C_{30}以上强度混凝土),应采用超细沸石粉作为外掺剂。

(3) 使用沸石外掺剂时要注意以下几个问题:

1)沸石粉粒度应控制在 -10μm(1250 目)。

2)水泥沸石的用量应掌握在:450 kg/m^3 和 50 kg/m^3。高效减水剂用量为 1%~2%,则 3d 和 7d 混凝土强度可达 50~60 MPa 以上。

3)水胶比应控制在 0.30~0.32。

6.2 使用沸石抑制 AAR 危害的工业化进程

(1) 北京地区率先在全国进行使用沸石抑制 AAR 危害的试验工作,并取得重要的进展。1999年8月北京虹鼎公司使用自制的振动磨机完成沸石粉生产从粗碎直到超细粉碎的生产线。大规模进行超细沸石粉工业生产,以供应北京地区抑制AAR工程危害施工。

(2) 全国各地约有400处沸石矿山(品质在100 mL/g吸铵量以上),都可以进行开发。安徽省繁昌县赤沙沸石矿已建矿山和粉碎厂,可以在此基础上建设超细粉碎加工生产线以供应长江三角洲如南京,上海等大中城市使用。

(3) 水利、铁路、公路、港口、航空、电力大型基础设施和有关部委及经贸委所属局,对于AAR危害的防治都应该重视,应该大力推广使用沸石外掺剂抑制AAR危害的工作。

(4) 沸石的超细粉碎,过去使用气流磨,价格太高。现在我们推荐使用北京虹鼎公司生产的改进型双管式振动磨,机身小,造价50万元/台,小时效率可达2t,电能耗在200度/t左右。可使10μm超细沸石粉价格降低到1000元/t以下。

沸石及其开发应用

刘伯元
(冶金部华东地勘局矿产品开发研究所)

沸石是沸石族矿物的总称,是含水的架状结构铝硅酸盐矿物。直到20世纪50年代末地质学家发现沸石矿物是火山沉积的主要组分后,它才从博物馆的陈列品变成一种新型工业矿物,并引起了世界各国的关注。仅1965～1985年,先后召开了20余次沸石矿产地质及其应用研究国际学术讨论会。至今,国际上已发表近2万篇关于沸石的学术论文,并拥有4000种专利。

我国自1972年首次在浙江省发现天然沸石矿后,已在24个省(市、自治区)发现近400处矿床。在沸石开发应用方面也取得了进展。自1977～1993年,全国已召开5次沸石应用会议。由于对沸石基本性质的深入研究和工农业生产发展的需求,其开采量不断增加,1985年全国开采量仅300万t,到1992年已达3000万t,应用领域已从工农业各部门扩展到国防工业和尖端科技。

1 沸石的特性

在天然沸石中,工业价值较大的有斜发沸石、丝光沸石、菱沸石和毛沸石等。天然沸石是一种富含水的碱或碱土金属、具架状结构的铝硅酸盐矿物,其化学式可用一个通式来表示:

$$(Na,K)_x(Mg,Ca,Sr,Ba)_y[Al_{x+2y}Si_{n-(x+2y)}O_{2n}]\cdot mH_2O$$

式中 x——碱金属离子个数;

y——碱土金属离子个数;

n——铝硅离子个数之和;

m——水分子个数。

天然沸石颜色有白、浅灰、浅绿、浅红等色,硬度3,密度2g/cm^3,具土状、白垩状,性脆。不同沸石的差别主要在于骨架结构。所谓“骨架”,是指由氧、硅和铝3种原子构成的三维空间结构,其基本单元是由4个氧原子和1个硅(或铝)原子堆积而成的硅(铝)氧四面体。这些四面体组成单元环、双元环、笼(结晶多面体),构成架状构造晶体。沸石晶体结构有以下特点:

(1) 有稳定的正四方面体的硅(铝)酸盐骨架;

(2) 骨架内含有可交换的阳离子和大量孔穴和通道,其直径为0.3～1.3mm;

(3) 沸石水在孔穴和通道内可以自由进出，空气也可以自由进出。

由于沸石独特的内部结构和晶体化学性质,使其具有以下优良特性:

(1) 吸附性和选择吸附性;

(2) 阳离子交换性和选择交换性;

(3) 分子筛特性;

(4) 催化性和反应性(催化剂载体);

(5) 耐酸腐蚀性;

(6) 耐高温稳定性;

(7) 耐辐射性。

2　沸石产出的地质条件与工业要求

2.1　地质条件

天然沸石是在晚期岩浆、热液蚀变、接触交代、沉积成岩后变质和风化表生等阶段,在水的参与下形成的。其中,最重要的成矿过程是火山玻璃物质在碱性水介质作用下,经过水化、水解、反应和结晶成岩生成沸石,即:火山玻璃 + 水介质⟶沸石 + 蒙脱石 + 二氧化硅 + 金属离子(溶液)。

天然沸石还是地壳岩石圈深度不超过 7.5 km 的近地表部分的标准矿物。沸石的形成受原始硅铝酸盐的种类和性质、水介质性质和生存环境的影响。由于天然沸石是在不同时代(主要是新生代和中生代)、不同岩石种类、不同地质环境中生成的,因而其成因分类非常复杂。世界上沸石工业矿床主要是外生成因,特别是产于沉积岩中的火山沉积型高硅沸石矿床,常形成大型工业矿床。我国的沸石岩原岩主要是酸性火山熔岩和火山碎屑岩,也有少量偏中基性火山岩,主要分布在侏罗纪和白垩纪地层中。

沸石矿床一般达到详查或初步勘探程度即提交有关部门使用,无需投入大量的勘探工程。勘探手段以槽探为主,配合少量钻探工程。我国对沸石矿床的规模尚无明确规定,我们建议划为 3 类:大型矿(大于 5000 万 t)、中型矿(1000~5000 万 t)和小型矿(小于 1000 万 t)。

2.2　工业要求

工业上对沸石岩中沸石的含量、吸氨量吸钾量均有要求。目前我国是把测定样品的 NH_4^+ 离子交换量作为工业指标,一般 100 mg/100 g 相当于含沸石 46%。

2.2.1　一般工业指标

一般工业指标见表 1 。

表 1　一般工业指标

项　目	质量要求/mg·(100g)$^{-1}$		相当于沸石总量/%	开采技术条件	
	NH_4^+ 交换量	K^+ 交换量		可采厚度/m	夹石剔除厚度/m
边界品位	>100	>10	90	2	1
工业品位	>130	>13	50	2	1
表外矿品位	100~130	10~13			

2.2.2 不同用途的质量标准

水泥混合材料要求沸石含量为30%，农业、轻工部门要求沸石含量40%～60%，环保、化工部门则要求沸石含量60%～70%。

3 沸石的应用

1978年以来，国家科委已把沸石的开发应用列为“七五”、“八五”攻关项目。目前沸石的应用已遍布工农业各个领域，为国民经济创造出巨大的财富。

图1表示沸石应用的各个方面。

3.1 建筑、建材工业

建材工业是沸石的主要应用部门，全世界约有2/5的沸石用于水泥工业，见图1。

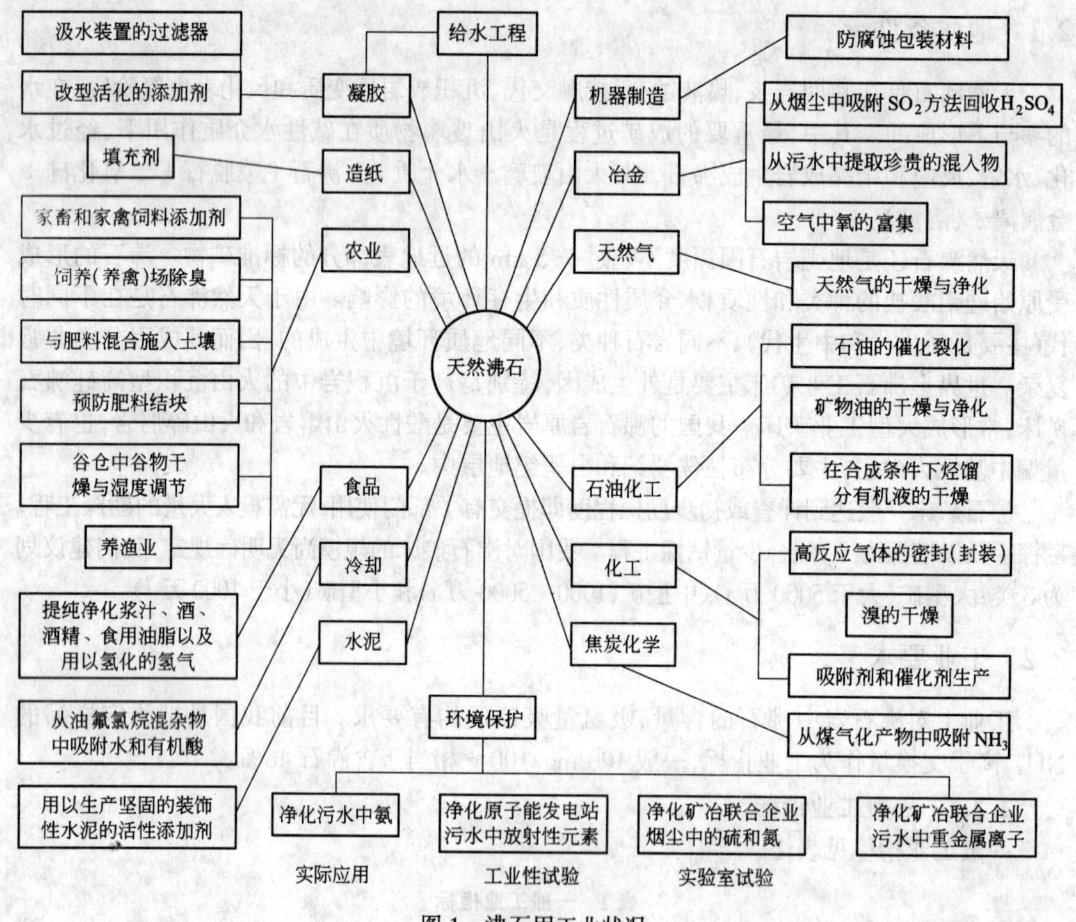

图1 沸石用工业状况

(1) 用作硅酸盐水泥的活性混合材，生产高强度水泥，又称火山灰水泥。这种水泥耐酸、耐水腐蚀，后期强度稳定增长。可作大坝水泥、特种基础水泥和军工水泥等。

(2) 沸石外掺剂。在施工现场，沸石粉可替代20%的425号水泥，替代35%的525号水泥。如作矿浆使用,替代量可达50%。铁道部已经制定了《铁路混凝土使用沸石粉的暂行标准》,在铁路系统全面推广使用。

(3) 提高水泥质量。中小水泥厂生产的水泥常因游离氧化钙超标,安定性不好而不合格。由于沸石具有"吸钙、解铝、脱硅"等水化、硬化作用,在水泥熟料中加入沸石粉后,28天抗压强度达到国家标准。

(4) 代替钢渣。可等量替代,降低成本,并提高水泥强度。

(5) 少熟料水泥(钢渣水泥)。仅用20%水泥,其余用沸石、钢渣生产的水泥,强度可达325号。

(6) 无熟料水泥,又称石灰沸石水泥,是沸石、石灰、石膏不经过生料煅烧,而按比例混合,直接粉磨制成的水硬性胶凝材料,其强度可达225号～325号。

(7) 用沸石作无机发泡剂制成发泡混凝土。

(8) 用沸石烧制人工轻骨料(陶粒)。沸石加热到1050℃,在吹管中沸腾,生成多孔陶瓷表面球粒,密度小,强度大,有活性。用其生产高强、多孔、空心、大型轻质混凝土板材,是建材工业发展的方向。

3.2 环保领域

沸石的吸附性、离子交换性、催化性和反应性(载体),在环保领域可发挥巨大作用。

(1) 处理放射性废料。含有半衰期较长的^{90}Sr、^{137}Cs放射性废料,用沸石吸附后再熔化成玻璃质,加到混凝土中埋藏。

(2) 污水处理。沸石对NH_4^+有极大的吸附能力,特别是处理水中的氨氮即NH_3—N和NH_2—N,效果很好。砂滤不能排除的NH_3—N,用沸石进行离子交换,几乎完全可以除去。美国、日本已在大、中型水质处理设备上应用沸石,我国也进行了实验室试验。此外,用沸石处理重金属离子、色水、高氟水也获得成功。

(3) 工业废气处理。沸石滤塔可直接除去烟道气中的氧、氮化合物和SO_2废气,减少有害气体的排放量。

(4) 焚烧催化剂载体。工业废气造成的工业污染,除上述无机物外,尚有大量烃、醛、酸、苯、酮、酚等。目前排除气体污染多用水洗法、吸附法、直接燃烧法和催化燃烧法。前二种不能完全解决问题,第3种方法点火温度300～600℃,到800℃才能烧尽,而且还会产生NO_2二次污染。催化燃烧是发生在催化剂表面的完全气化反应。在350℃就使废气分解反应完全。此法广泛用于油漆、印刷、绝缘材料等溶剂废气处理,以及苯酐、顺酐、环氧乙烷等尾气处理。以往用的催化剂主要是铂,载体为氢氧化铝、活性氧化铝。现在使用改型沸石作载体,不仅价格便宜、耐高温、耐酸性能好,而且反应充分。

3.3 石油化工工业

(1) 天然沸石作催化剂载体,主要是利用以下性质:

1) 加速碳氢化合物中碳离子的反应;

2) 用沸石作载体,载上具有催化性能的金属,可以达到高表面积分散,加强催化作用;

3) 天然沸石、人工合成沸石和活性氧化铝混合使用,对催化反应可起到增效作用。

我国已经运用天然沸石作甲苯歧化催化剂,我国研制的M-214型沸石甲苯歧化催化剂已赶上日本 T-81 催化剂。每吨催化剂可节约 8 万美元。天然沸石二甲苯异构化催化剂，可连续运转 2000 h，还可活化再生。

(2) 在干燥剂领域，天然沸石主要用于以下几方面：

1) 作酸性气体的深度干燥剂，例如对氯化氢、硫化氢、氯烷、氯气进行深度干燥；

2) 天然气和煤气的净化和干燥。沸石可以除去天然气井中高达 25% 的 CO_2、H_2S 和 H_2O，还可除去甲烷中的水分、硫化氢、硫醇等杂质；

3) 二氟一氯一溴甲烷(1211)深度干燥。"1211"是最新一代优质灭火剂。但微量水分对其产品性能影响很大，国外要求产品含水量低于 $6\times10^{-6}\sim20\times10^{-6}$。现在使用沸石干燥剂，产品含水量可以低于 20×10^{-6}；

4) 乙炔气的深度干燥；

5) 二氟二氯甲烷(制冷剂)的深度干燥。

(3) 利用天然沸石的选择性离子交换特性，即钠、钾离子的相互置换，可从海水、气田水、地下卤水和盐湖卤水中提取钾盐。

3.4 轻工业

3.4.1 沸石型远红外辐射元件

以沸石、碳化硅、黏土做基体，经高温一次烧成的远红外加热干燥辐射元件，造价低，又耐急冷急热，而且强度高，导热性好，全辐射系数在 70.8 以上。

3.4.2 造纸工业

(1) 代替高岭土、滑石作造纸填料；

(2) 在草纸浆漂白过程中，加入 5% 的沸石作漂白催化剂，可缩短漂白周期(每池 50 min)，提高浆量(7%)，并减少氯气挥发和环境污染。更重要的是原来的漂白工艺要求加温(35℃)，加入沸石，在常温下(13~17℃)即可生产，节约了能源，降低了成本。

3.4.3 洗涤剂

(1) 当前我国合成洗涤剂的主要原料为十二烷基苯磺酸钠、硅酸钠、硫酸钠和三聚磷酸钠。其中三聚磷酸钠难分解，随污水排入江河湖泊，导致藻类疯长、死亡和腐败，造成水质严重污染。世界各国都在限制或禁止使用三聚磷酸钠。作为三聚磷酸钠的代用品，主要是人工合成沸石和天然沸石。我国已开始用天然沸石作助剂，可部分(30%)取代三聚磷酸钠；

(2) 沸石粉可部分取代硬脂酸，如在 47 型洗衣皂中，用 3%~5% 的沸石取代硬脂酸生产的"人民"牌肥皂很受欢迎。

3.4.4 牙膏摩擦剂

目前，大多数牙膏生产厂家选用方解石粉为摩擦剂，据测定其摩擦值为 3.6 mg，而沸石为 2~2.9 mg，显然沸石对保护牙齿有利。

3.4.5 塑料、橡胶、人造革填料

沸石可以取代轻质碳酸钙，作为橡胶、合成橡胶、塑料中的聚丙烯、聚乙烯、酚醛树脂和人造革等多种橡塑填料。若对其白度和细度进行加工，则应用范围更广。用偶联剂对沸石进行改性处理后，所得树脂基复合材料的性能更加优越。最初的应用是用作水果保鲜膜，因为沸石可以吸收对水果起催熟作用的乙烯气体。

3.4.6 其他用途

可作新型气相防锈剂，代替磺化煤作硬水软化剂、油脂脱色剂、电冰箱中 R_{12}深度干燥剂、太阳能元件、煤的气化、储运气体、酒精中除去水和甲醇、作陶瓷原料上。

3.5 农、牧、渔业

沸石作为一种非传统农用矿物原料，在农牧渔业各个领域的重要作用，已经引起世界各国的重视。1982 年前苏联曾召开"沸石与农业"大型国际会议。化肥的问世是农业上的一次革命；在农业上，沸石的重要性不亚于化肥。积极开发和利用沸石资源，对于发展我国农业生产具有重要意义。

沸石为改善土壤生态环境开辟了一条重要途径，特别是对于防治土壤酸化、土壤干旱与砂化、土壤污染、土壤营养贫缺障碍、土壤盐碱化和防治高氟土壤有着不可忽视的作用。还可以防止肥料流失，解决因化肥使用不当造成的一些问题。

以沸石为载体，可以生产高效复合肥、混合肥和专用肥。在畜牧饲养业方面，沸石是饲料预混剂最好的载体和添加剂。沸石还可治疗腹泻，改善饲养环境，减少环境污染。在水产养殖业方面，沸石可用作渔塘的清洁剂、杀菌剂和增氧剂，也可以作鱼类饲料添加剂，对防止鱼病也有一定的作用。

除此以外，沸石还可作新型农药的载体，以及无水栽植法培养基中的矿物营养基质。种子防霉剂，农产品(鱼、肉、水果、蔬菜)贮运过程中的防腐和保鲜等众多方面。

本文是 1993 年度冶金部地质总局下达的科研课题，参加该课题工作的还有张素稳、董胜、林钢、唐俊、周承祐等人。

重质碳酸钙的加工与应用

刘伯元
(冶金部华东地勘局矿产品开发研究所)

1 概　述

为了与轻质碳酸钙区别,常把天然的方解石、石灰石、大理石、白垩以及贝壳等碳酸盐岩类为原料,经机械粉碎制成的矿粉称为重质碳酸钙(简称重钙)。

近十几年来,重钙在许多工业领域中得到广泛的应用,如涂料、橡胶、塑料、造纸、化工、油毡、医药、食品、密封和饲料等。由于碳酸盐岩分布广,加工技术条件简单,具有众多优良特性,价格低廉,因而重钙在许多工业填料中,尤其是塑料和造纸工业中用量最大。

塑料工业中把重钙称为填料之王,占全部填料的一半以上。1980 年美国塑料用重钙填料为 110 万 t,1990 年则上升到 290 万 t。我国自 1980 年生产改性塑料以来,仅聚烯烃填充母料一项,重钙的使用量从年用量不足千吨,上升到目前已超过 30 万 t/a。再加上聚氯乙烯化学建材中使用的重钙,塑料工业每年使用量已达到 50 万 t。随着塑料改性技术的发展,重钙使用量不久将会突破 100 万 t/a。

我国造纸业使用的主要是粒子晶型呈纺锤状的轻钙。20 世纪 80 年代初,年用量不足 1 万 t。随着中性施胶技术的推广,特别是涂布纸和纸板产量的增长,轻钙消耗量已超过 7 万 t。最引人注目的是,由于重钙加工设备和技术的突破,1995 年重钙消耗量已突破 4 万 t,其中填料级产品 2 万多吨,涂料级产品 2 万多吨,干粉超细重钙产品供不应求,而两年前重钙的使用才几千吨,且全部依靠进口,例如某涂布纸板厂进口 $-2\ \mu m$ 占 30%～40%的底涂用重钙,到岸价为 215 美元/t。

重钙在造纸行业中用量剧增的原因是,越来越多的工厂从酸性造纸向碱性造纸转化。1990 年,北美碱性抄纸约占 40%,到 1995 年碱性抄纸已占 60%,目前欧洲 63%的化学木浆厂采用中性抄纸,我国造纸行业“九五”规划重点发展的技术和产品是中性施胶和涂布纸,而联合国教科文组织倡议进入 2000 年后,中小学生课本用纸普及低定量、低光泽涂布纸。印刷行业大量使用的高级胶版印刷纸,也逐步向高填纸、低定量涂布纸方向发展。因而,可以预测,重钙,特别是超细碳酸钙产品,在今后将成为造纸业最有前途,增长率最快的无机白色颜料。

2 重质碳酸钙的性能

(1) 塑料填充母料用重钙　重钙的理化性质可见“中国塑料加工协会改性塑料专业委

员会"所制定的《重质碳酸钙技术指标》(表1)。

表1　重质碳酸钙技术指标

理化性质	技术指标	理化性质	技术指标
$CaCO_3$	98%～99%	莫氏硬度	≤3
$MgCO_3$	≤0.5%	白度	>92%
铁锰含量	≤0.2%	pH	8.3～9
盐酸不溶物	≤0.1%	吸油率	20～65 mL/100g
水分及挥发物	≤0.3%	比表面积	5～25 m^2/g
密度	≤2.7 g/cm^3	细度400目	筛余物<0.01%

重钙产品的主要优点:

1) 价格低廉:普通重钙(400目)厂价约为200元/t,活性重钙为750元/t,超细重钙(1250目)为1200～1800元/t;

2) 化学纯度高:杂质含量少,碳酸钙含量达98%～99%;

3) 惰性大:不会产生化学反应;

4) 白度高:可达92%～94%以上,是一种廉价的白色颜料;

5) 比表面积较少,吸油率低;

6) 硬度低,对机器设备磨损小;

7) 无毒、无味、无臭、分散性好;

8) 热稳定性好,在400℃以下不会分解。

(2) 造纸工业中,不同填料的优缺点比较见表2。

表2　不同填料性能比较

填料名称	优　点	缺　点
研磨 $CaCO_3$	流动性好,白度高,粘着剂需要量低,固含量高	光洁度及透明度差
沉淀 $CaCO_3$	白度及纯度高,油墨吸收性好,不透明度高	分散困难,流动性差,价格高
瓷土	光洁度及平滑度高	白度及流动性差
煅烧瓷土	白度高,松厚度及透明度高	流动性差,价格高
二氧化钛	不透明度及白度高	粘着剂需要量高,价格高
氢氧化铝	白度及平滑度高	流动性差,价格高
合成填料	光洁度高,容积大,不透明度高	价格高

3　重钙产品的加工工艺

3.1　重钙产品细度要求

碳酸盐岩填料的加工工艺取决于原料的矿物组分及化学组分的纯度,而工业技术对产品质量的要求也是选择加工方法的重要因素。因此,为能取得最佳效果的加工工艺,必须研究原料的矿床地质及矿物特征，使加工工艺适合于原料所特有的矿物和化学组成，按照不同质量要求的产品，采用不同的加工方法。至于表征细度问题，国内叫法尚不统一，常用的有：

(1) 按粉碎后的平均粒度可将重钙区分为：

1) 粗磨重钙：$d > 30\ \mu m$。

2) 细磨重钙：$d = 1 \sim 10\ \mu m$。

3) 超细磨重钙：$d = 0.1 \sim 0.9\ \mu m$。

(2) 按重钙产品的使用区分：

1) 普通型产品：有 100 目重钙，200 目重钙，325 目重钙；400 目重钙。

2) 超细产品：800 目重钙；1200 目重钙；1500 目重钙；2500 目重钙等。

3) 造纸工业常用 2 μm 级、5 μm 级重钙。

(3) 我国化工行业常用单飞粉(200 目)、双飞粉(325 目)和四飞粉(400 目)区分重钙细度。

3.2 重钙产品生产技术

3.2.1 生产低级填充料

如生产建筑屋面材料、地毡底衬、油灰、沥青及堵缝混合材料和防漏材料中所使用的填料，一般对产品的矿物特征、化学组分、纯度、白度要求不高，其粒度一般在 100～200 目，对待这种产品主要是采用干法研磨，常常采用球磨机、雷蒙磨、锤式破碎机等普通机械，有时仅在石材厂、石料厂的车间中增加一磨碎设备即可。这类产品属于粗加工范畴。

研磨碳酸钙，主要是采用粉碎设备和分选、分级等设备组成的加工系统来实现的，不应看成是一种简单的操作，而是一种系统工程。下面介绍加拿大研磨碳酸钙加工工艺流程(图 1)。

图 1 中的粗碎是采用颚式破碎机来实现的，对于软质含游离 SiO_2 的原材料采用冲击破碎。

二次破碎通常采用球磨和冲击机来完成。设备的选择是依据被破碎岩石的性质而定。二次破碎使用振动筛单独进行闭路循环，按需要粒度补给连续加工各类粒状产品。

三次破碎加工是由破碎和研磨联合组成，采用的设备是多样的，如辊式破碎机、辊式研磨机、盒磨机、棒磨机等等。这一阶段的加工是为细磨循环做准备的。

细研磨主要应用球磨机、砾磨机及振动磨、搅拌磨，这一类设备通常配合在具有空气分选和气流分级的闭路循环中作业。

3.2.2 高质量填料生产

要求产品具有合适的细度以及高白度，对原料矿物的化学纯度要求较高，有时要求原矿 $CaCO_3$ 的含量达到 98%～99%以上。而达到这种要求的矿床往往只有二次成矿的方解石或变质大理岩岩体，这在我国也是不多的。另外，对矿石要求也很高，有的要求手选，有的要经水冲洗才能进破碎机。对高质量填料的加工工艺，可采用干法或湿法工艺。其中干法工艺往往是雷蒙磨；湿法工艺包括湿法碾磨、浮选，并通过离心机或旋流器，再过滤、干燥、分级。

这一类产品的细度要求，在 20 世纪 80 年代 200 目是常规产品，90 年代已逐步提高到 325 目、400 目，目前甚至提高到 400 目以上。

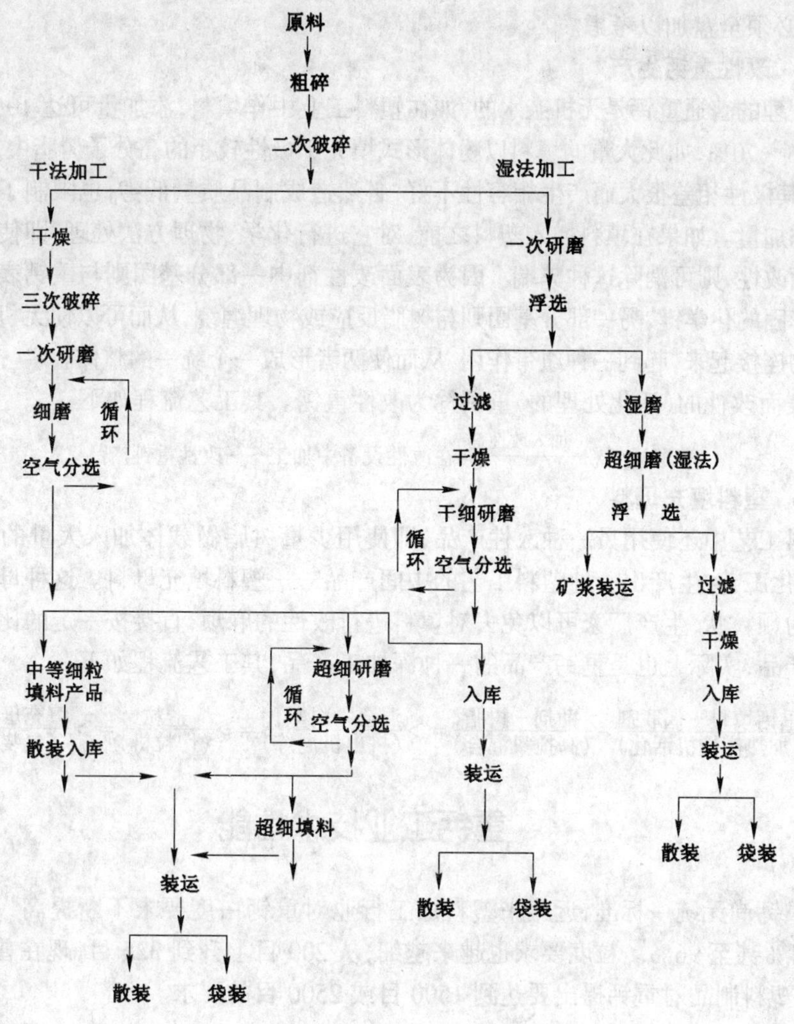

图1　研磨重钙加工工艺流程

白度也在不断提高,白度从90%提高到92%、93%以上。作为白色颜料,用途愈来愈广泛。

3.2.3　超细产品生产

随着工业技术的发展,超细重钙产品越来越受到欢迎。超细重钙产品是采用超细粉碎方法获得的,加工工艺主要是依靠超细设备和分级机组系统来实现的。其工艺流程如下:

$$\text{原料}\xrightarrow{\text{超细粉碎}}\text{中间产品}\xrightarrow{\text{分级}}\text{超细产品}$$

加工方法分为湿法和干法2种。塑料工业常用干法设备,造纸行业常用湿法搅拌磨和湿法砂轮机。干法设备很多,如气流磨、振动磨、球磨砂磨、冲击磨等等。适合于超细重钙产品的设备常采用搅拌磨和振动磨而不采用气流磨。湿法生产常采用湿法研磨、搅拌磨和砂磨机。

不管使用什么手法,最主要的是要认识到超细粉碎生产系统,实际上是超细粉碎、分级的一种系统工程,要认识到超细粉碎分级系统设计的复杂性,绝不是几台设备的简单组合就可以完事，必须全盘加以考虑。

3.2.4 改性重钙生产

未经处理的普通重钙是无机亲水的，如在塑料工业中作填料，添加量可达10%～40%，最高可达60%～70%，如此大量的填料以粉体形式填充于极性较小的高分子树脂中，其巨大的两相界面，因其极性相差很大而产生相容性不好，必然造成制品质量低劣，也限制了重钙的塑料制品中的添加量。如果在填料加入塑料之前，对它进行化学、物理方法处理，即使用表面改性剂进行表面改性，则可消除这种弊端。因为表面改性剂中一部分基团则与重钙表面进行化学反应形成牢固的化学键，另一部分基团则与树脂反应或物理缠绕，从而可以使无机物和有机高分子聚合物连接起来，起到一种纽带作用，从而使两者形成一个统一的整体。

经过表面改性的(活化处理的)重钙称为改性重钙。其工艺流程如下：

$$\text{普通重钙粉}\xrightarrow{\text{加入改性剂}}\text{在改性设备中加工}\xrightarrow{\text{包装}}\text{改性重钙产品}$$

3.2.5 塑料填充母料

在塑料工艺中还使用另一种改性产品，即使用少量树脂做载体加入大量的改性重钙进行混合、塑化工艺，生产出一种塑料工艺的中间产品——塑料填充母料。这种母料也同塑料原料一样为颗粒状，生产厂家可以免去对填料进行改性的麻烦，直接按一定的比例添加使用这种中间产品，实际上也是重钙产品的一种深加工产品，其工艺流程如下：

$$\frac{\text{重钙填料+偶联剂}}{\text{(加热高搅机活化)}}+\frac{\text{助剂+树脂}}{\text{(高搅机混合)}}=>\frac{\text{混合物料塑化}}{\text{(挤出机混炼)}}=>\frac{\text{造粒}}{\text{(切粒机)}}=>\frac{\text{填充母料}}{\text{(包装)}}$$

4 重钙工业技术性能

我国重钙尚无统一标准，近年来塑料加工行业对重钙白度要求不断提高，从90%上升到92%、94%甚至96%。粒度要求也越来越细，从200目上升到325目，现在普遍使用400目，而不少塑料制品对重钙提出要达到1500目或2500目的要求。

4.1 美国重钙质量标准

下面我们引用美国对于钙质碳酸盐填料的典型性质和分级规定《美国材料试验标准ASTM》供参考。美国材料试验将钙质碳酸盐岩分为四等8级，这个标准主要依据粒度分析、物理特性、化学成分来进行分级，其中包括粒度范围、吸油性、松散容重、膨胀系数、密度、电阻率、酸度、干亮度以及Ca、MgO、Fe、Al、Si含量来确定的(表3)。

表3 美国重钙质量标准

粒度分析	Ⅰ′级	Ⅰ″级	Ⅱ′级	Ⅱ″级	Ⅱ‴级	Ⅲ′级	Ⅲ″级	Ⅳ级
325目筛余/%	0.005	0.01	0.02	0.02	0.0	1.0	1.0	22.0
粒度范围/μm	0.5～15.0	0.5～31.0	0.5～36.0	1.0～50.0	0.5	8.0	8.0	40.0
平均粒度/μm	3.0	6.5	7.0	12.5	13	17.5	17.5	36.0
密度/g·cm^{-3}	2.71	2.71	2.71	2.71	2.71	2.71	2.71	2.71
PFK(酸度)	9.4	9.4	9.4	9.4	9.4	9.4	9.4	9.4
硬度(莫氏)	3.0	3.0	3.0	3.0	3.0	3.0	3.0	3.0

续表 3

粒度分析	Ⅰ′级	Ⅰ″级	Ⅱ′级	Ⅱ″级	Ⅱ‴级	Ⅲ′级	Ⅲ″级	Ⅳ级
折射率(平均)	1.59	1.59	1.59	1.59	1.59	1.59	1.59	1.59
干亮度(极小值)	96.0	96.0	94.0	93.0	93.0	95.0	93.0	90.0
$CaCO_3$/%	98.0	98.0	98.0	98.0	95.0(min)	95.0(min)	95.0(min)	95.0(min)
$MgCO_3$/%	0.60	0.60	0.60	0.60	3.00(max)	3.00(max)	3.00(max)	3.00(max)
Fe_2O_3/%	0.06	0.06	0.06	0.06	0.06	0.06	0.06	0.06
温度(H_2O)/%	0.02	0.02	0.02	0.02	0.02	0.15	0.15	0.15

4.2 我国重钙技术性能要求

重钙填料应用于众多工业部门，不同的工业部门对重钙填料的技术性能有不同的要求。涂料工业用填料要求低吸油性，造纸工业则要求高白度与超细度，而建筑沥青制品在颜色和粒度上要求不高，只要求价格低廉。

现将重钙的主要用途及一般工业技术要求扼要列入表 4。

表 4 我国重钙填料用途及一般工业技术要求

应　用	功　能	一般工业技术要求
油漆	在内外用油漆成分中是最佳的体质颜料	白度高，控制粒度在 44～8 μm
塑料	在范围宽的聚合物系列中作为树脂充填剂	高白度，控制粒度在 30～5 μm，填料的精加工用贴胶和耦合剂处理
造纸	作为一种填料或造纸涂料，部分代替了高岭土	高白度，控制粒度，深研磨很细，产品最大粒度范围 10～4 μm
油灰、堵缝密封剂		白色，中～细，90%～99%通过 44 μm(325目)
乙烯基地板涂层	在乙烯树脂弹性砖中作填料	粗粒(-40 目)到细粒(-325 目)较好的白色，控制着粒度、容积、密度
地毯的底衬(敷层)		白到灰色，90%～99%通过 325 目
橡胶	在屋面材料和沥青保护层中作填料	杂色浅黄，粒度大致范围从 80%通过 325 目至 80%通过 200 目
沥青制品	在胶鞋、汽车、非增强性橡胶材料和电缆涂层中作颜料填料	白色到不同颜色，细到中细产品
建筑	石膏板密封料中作填料	低级白色产品，90%～95%通过 325 目
其他	人工合成大理石，制煤粉	白色，粗制品 80%～85%细于 200 目，但颗粒分级，白到浅黄，粗填料用于粉煤

4.3 造纸重钙要求

重钙白度应大于 90%，细度要求尤为严格(表 5)。

表 5　国际上造纸用重钙的细度(μm)

填料 D_{60}	预　涂	面涂 D_{90}	面涂 D_{95}
60%<2	60%<2	65%<1	70%<1
90%<4	90%<4	90%<2	95%<2
98%<9	98%<6	98%<4	98%<4

表中数据仅供参考,因为国际标准化组织并未对造纸填料及涂布级重钙的粒度分布作出规定,仅仅限制了最大颗粒的含量。最大颗粒直径(d_{max})共有两种标准:40 μm 筛余物小于 0.01%或 32 μm 筛余物小于 0.1%,最小颗粒直径(d_{min})一般要求 0.2 μm 的颗粒含量小于 15%~20%。这是因为小颗粒过多,在造纸生产中不仅用胶量大,透气性差,而且纸张的表面光泽变差 。

我国目前尚未建立纸张填料和重钙涂料产品质量标准,根据国内外研究成果,提示以下几点供参考。

(1) 填料级产品。国内细度一般在 500~800 目、白度 90%~95%,磨耗值 10~20 mg/200/次。

(2) 高光泽印刷纸。-2 μm 组分应在 95%以上,至少不低于 90%,不能有 +5 μm 组分,因为 +5 μm 粗颗粒是影响纸张光泽和磨耗值的主要原因。

(3) 普通涂布纸(如纸和纸板面涂料)。-2 μm 含量在 85%~95%之间,不能有 +10 μm 的组分。一般颜料配比量为 30%~50%。

(4) 纸和纸板底涂料。-2 μm 含量在 40%~80%,如达到配用量上限,则应提高到 30%~100%,而作为某些底板涂料和低光泽纸,-2 μm 组分亦可使用 30%~65%的产品,但配用量一般在 20%~50%,通常底涂与瓷土混用。

(5) 低光泽纸和纸板 -2 μm 组分可降低于 80%,但一般不小于 40%。颜料配用量可较高,通常在 50%~90%,甚至可达 100%。

国外研磨碳酸钙的技术指标要求,其中磨耗值对于填料和颜料级产品都是重要考核指标,用于面涂料的超细重钙产品一般应控制在 3 mg 以下,最大不宜超过 5 mg。从化学成分上看,$CaCO_3$ 含量应大于 98%,SiO_2、Al_2O_3、Fe_2O_3 含量都应严格加以控制。

5　重钙的应用

重钙是用途最广泛的填料,大量用于涂料、油墨、塑料、橡胶、造纸、化妆品、化工、医药和饲料等行业。

5.1　涂料

重钙作为填充剂(体质颜料),具有空间和隔位的作用(骨架作用),能代替涂料中某些白色颜料。同时由于其颗粒细,且其性质较为稳定(400℃以上才分解),因而添加后不会使涂料的质量显著降低。例如在油基腻子中,重钙的用量约占总重量的 40%~70%,在铁红酯胶底漆中,重钙用量 9%~13%,在白灰色油漆二道底漆中,重钙的用量占 25%,在底漆中,重钙的用量可达 25%~78%,在水性建筑内外墙的涂料中,由于碳酸钙呈白色又亲水,用量可达 50%以上。从上可知,在涂料工业中用量最大的填料是重钙。

5.2 印刷油墨

一般使用经活化处理的,颗粒形状为立方体的重钙,可以降低成本,增加体积,改善性能。

5.3 橡胶

(1) 重钙在橡胶制品中的作用:

1) 增量、降低成本。

2) 改进加工性能,起到补强和半补强作用。

3) 改进加工性能,便于其他助剂的加入。

4) 超细重钙加入到橡胶制品中比不加填料的硫化橡胶获得更高的抗张强度、耐磨性和撕裂强度。粒径在 0.1 μm 以下的超细重钙在天然橡胶和合成橡胶中均具有显著的补强作用。

重钙的晶形和粒子的表面性质均对橡胶的表面性能带来一定的影响。比表面积越大和吸油值越高,对橡胶的补强性越好。

(2) 橡胶工业把活性碳酸钙称为“白艳华”。重钙产品的应用情况见表 6。

表 6 橡胶产品中碳酸钙的用量表

制品名称	$CaCO_3$/%
鞋	50～60
胶塞	44
桌、椅脚护套	44
皮球	40～50
热水袋	25

5.4 塑料

(1) 在塑料中加入重钙可起如下作用:

1) 增量、降低成本。

2) 提高塑料制品的耐热性,例如在聚丙烯(PP)中加入 40%的重钙,其热变形温度可以提高 20℃。

3) 改进塑料的散光性,起到遮光或消光的作用。

4) 改善塑料制品的电镀性能或印刷性能。

5) 减少塑料制品尺寸收缩率,提高尺寸稳定性。

重钙广泛应用于 PVC、PE 和 PP 以及各种不饱和树脂中。其中,PVC 制品是重钙最早、最大的市场。作为 PVC 的次级稳定剂,受热时重钙能阻止烟雾的产生。

(2) 重钙在各种塑料制品中的用量:

1) 在软质聚乙烯电线、鞋底中,重钙占 10%～30%。

2) 在聚氯乙烯管材、板材、异型材中,重钙占 15%～40%。

3) 在聚氯乙烯瓦、地板砖中,重钙占 40%~80%。

4) 在聚乙烯、聚丙烯包装材料、汽车零部件、天棚中,重钙占 20%~60%。

5) 在钙塑材料中,一般重钙用量为 50%~90%,填充量最高可达 95%。

6) 在聚烯烃填充母料中,重钙用量占 80%。

7) 在聚乙烯可焚烧垃圾袋中,重钙用量占 30%~40%。

可见重钙在塑料工业中占有极其重要的地位。

5.5 造纸

重钙是目前国内造纸业消耗量排列第 3 位的无机白色颜料,随着世界造纸工业从酸性向碱性转化,许多造纸厂由酸性工艺中使用高岭土、滑石填料,转换成在碱性工艺中使用重钙填料。图 2 和图 3 就反映了这种趋势。

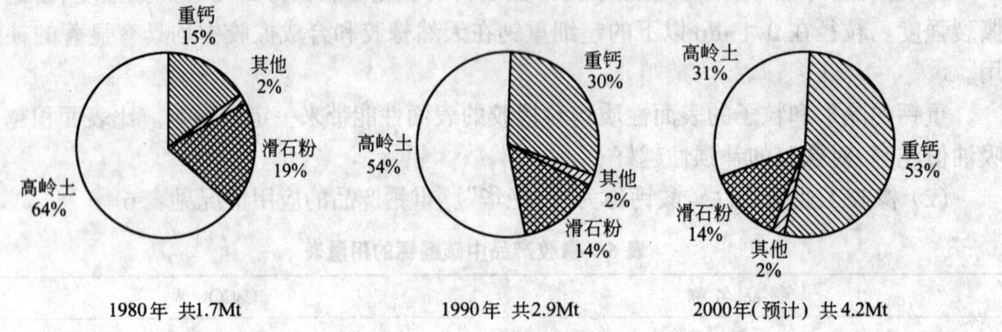

图 2 1980~2000 年欧洲填料级颜料的使用比率及发展趋势

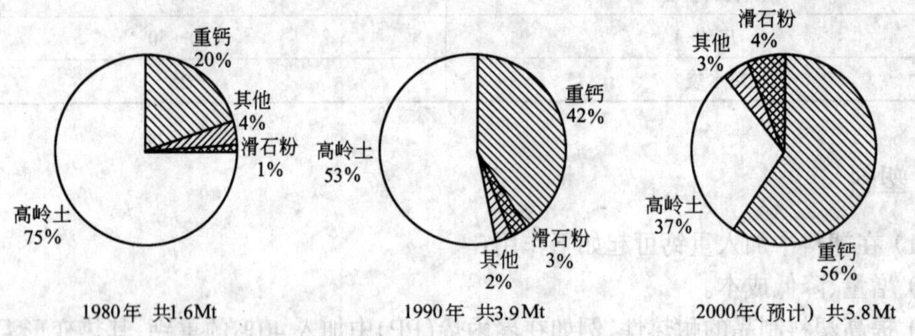

图 3 1980~2000 年欧洲涂料级颜料的使用比率及发展趋势

不同的纸张中,重钙的参考填充量如下:

(1) 新闻纸:4%~8%;

(2) 书籍纸:10%~15%;

(3) 杂志纸:20%~30%;

(4) 复写、传票纸:5%~30%;

(5) 字典纸:30%~35%;

(6) 卷烟纸:25%~35%;

(7) 高档超细纸:30%~40%。

目前,国内已可生产高档超细纸重钙产品,其白度不低于96%,-5 μm含量100%,-2 μm含量大于95%,黏浓度不低于78%,磨耗值<2 mg。市场价:干粉1800~2400元/t,泥饼900~1400元/t。

6 资源与开发前景

我国碳酸盐岩资源十分丰富。不少地区都分布有优良的石灰岩、白云岩,在许多褶皱地层中,热液、岩浆发育地区常常有变质成因的或热液成因的白色大理石、方解石脉。在溶洞中洞穴碳酸盐岩也有质地纯正的重钙资源。

目前,全国生产重钙的厂家几乎遍布每个省,如四川、广西、湖北、吉林、浙江、云南、安徽、黑龙江等省自治区。对6省区10个矿区的调查表明,高白度,高纯度的方解石资源估计储量不少于12.3亿t。优质石灰岩资源有以下几处:

(1) 四川川西一带雅安地区拥有大量优质变质大理石,以四川省宝兴县开发利用重钙最好,黑龙江林口县也有储量丰富的优质大理石;

(2) 湖北宜昌地区有优良的方解石脉,主要在长阳县境内;黄石地区拥有大量方解石、大理岩;

(3) 广西、广东、云南拥有大量优质的石灰岩;

(4) 浙江省富阳、长兴地区拥有丰富的石灰岩,开发利用较早;

(5) 安徽省青阳地区拥有大面积的大理岩,是奥陶系石灰岩变质而成的优质岩石,估计储量达3亿t。

我国直接应用重钙作填料的时间很短,仅仅从改革开放后才得到发展,重钙填料在许多行业有着广阔的市场,可以预计,随着科学技术的进步,加工技术的提高,各种级别的重钙产品逐渐增多,重质碳酸钙在今后的工业应用中将会有更大的发展。

超细重质碳酸钙在造纸中的应用

刘伯元
（冶金部华东地勘局矿产品开发研究所）
徐金山　　　许炳荣
（扬州群鑫粉体公司）　（沈阳飞机研究所）

1　造纸业使用碳酸钙的进展

1.1　概况

多年来，纸张生产都是在酸性环境下进行的。由于环保的要求，开始发展碱性和中性造纸。作为碱性矿物填料的碳酸钙生产因而得到迅速的发展。之所以实现了从滑石、高岭土到碳酸钙的转变是由于：一是用碳酸钙生产的纸白度高，油墨吸收性好和通气性好；二是它所涂布的纸张抗腐蚀性和耐久性好，强度高；三是碳酸钙比高岭土便宜。因而近年来它所用的碳酸钙（包括轻钙和重钙）得到了高速发展。全世界1980～1995年在造纸涂料配方中碳酸钙的使用量大幅度增加，从占涂布颜料总量5%～10%上升到30%，这一增长抑制了瓷土和二氧化钛等颜料使用的增长。长远看，碳酸钙用量可提高到占涂布用颜料总量的60%，在欧洲某些涂布纸品中碳酸钙用量可高达80%～100%。进入20世纪90年代碳酸钙在中国造纸业的消费呈稳定增长之趋势。1994年为1.3万t，1996年为6.4万t，1997年为8万t，预计到2000年可能突破15万t。

1.2　碳酸钙在各种纸张中应用情况

不同的纸，可以充填的碳酸钙参考填充量如下：

(1) 新闻纸：4%～8%；
(2) 书籍纸：10%～15%；
(3) 杂志纸：20%～30%；
(4) 复写、传票纸：5%～30%；
(5) 字典纸：30%～35%；
(6) 卷烟纸：25%～35%；
(7) 高档超细纸：30%～40%。

1.3　各类纸张中不同的碳酸钙填料

针对各类不同的纸张，对填料的要求也不同。大致看来造纸碳酸钙填料可分为3大类，即填料级、底涂级和表涂级，细分有以下几类：

(1) 填料级产品。国内重钙填料细度一般在 500～800 目，白度 90～95，磨耗值 10～20 mg/200次。

(2) 纸和纸板底涂料。－2 μm 组分在 40%～80%，用达到配用量上限，则应提高到 30%～100%，而作为某些底板涂料和低光泽纸，－2μm 组分亦可使用 30%～65% 的产品，但配用量一般在 20%～50%。通常底涂与瓷土混用。

(3) 低光泽纸和纸板。－2 μm 组分在 80%以下，一般不小于 40%。颜料配用量较高，通常达 50%～90%。

(4) 普通涂布纸(如纸和纸板面涂料)。－2 μm 组分为 85%～90%之间，不能有 +10 μm 的组分。一般颜料配比量为 30%～50%。

(5) 高光泽印刷纸。－2 μm 组分最高达 95%，至少不低于 90%，一般为 91%～92%，不能有 +5 μm 组分，因为 +5 μm 粗颗粒是影响纸张光泽度和磨耗值的主要原因。

表 1 为国际上造纸用重钙填料的细度要求。

表 1　国际上造纸用重钙的细度要求

填料 D_{60}	预　涂	面涂 D_{90}	面涂 D_{95}
60%＜2 μm	60%＜2 μm	65%＜1 μm	70%＜1 μm
90%＜4 μm	90%＜4 μm	90%＜2 μm	95%＜2 μm
98%＜9 μm	98%＜6 μm	98%＜4 μm	98%＜4 μm

表中数据仅供参考。因为国际标准化组织并未对造纸填料及涂布级碳酸钙的粒度分布作出规定。仅仅限制了最大颗粒的含量。最大颗粒直径(d_{max})共有两种标准：0 μm筛余物小于 0.01%或32 μm筛余物小于 0.1%。但是最小颗粒直径(d_{min})要求 －0.2 μm的颗粒含量小于 15%～20%。这是因为小颗粒过多，在造纸生产中不仅用胶量大，透气性差，而且纸张的表面光泽变差。

1.4　造纸用碳酸钙必须满足纸张的各项物理指标

为什么造纸用碳酸钙会有许多限制和条件？就是因为造纸用碳酸钙必须满足纸张的各项物理指标。弄清这些关系至关重要，需要造纸业的专业知识。这里我们仅作最简单的阐述。首先从纸张的结构说起。

造纸木浆或草浆的长纤维打浆后使纤维中的氢键打开，造成纤维之间有氢键结合，增加了强度。在造纸过程中组成一个如同网状的骨架，此骨架有力地将植物短纤维及填料碳酸钙等吸附在长纤维上而形成均匀的纸页，并保证了纸页各类物理性能的要求。现在我们以卷烟纸为例说明碳酸钙填料与纸张之间的关系。

1.4.1　碳酸钙在卷烟纸中的作用

碳酸钙在卷烟纸涂料配方中的用量为 40%～45%，在成纸中含量为 30%左右，即卷烟纸三分之一由碳酸钙组成。其作用有：

(1) 折光率高，使烟丝从卷烟外面看，不能见烟丝，即不露底，这是卷烟的重要指标；

(2) 不熄火，在卷烟燃烧时由于分解碳酸钙放出热量帮助卷烟燃烧而使香烟不熄火；

(3) 烧结性，由于碳酸钙的作用，使燃烧后的卷烟纸的灰很好地粘结在烟丝上形成"蚕宝宝"样子；

(4) 增加卷烟纸的白度；

(5) 使卷烟纸有较高的透气性。

上述 1～4 的 4 个指标是卷烟纸的外观质量指标，使卷烟不露底，不熄火，包灰好，白度高。这 4 项缺一不可。而透气性保证了卷烟的内在质量即降低焦油含量。

1.4.2 卷烟纸发展趋势

从中国来看，全国卷烟的产量为 3000 大箱，需卷烟纸 8 万 t，其中 4 万 t 是生产低中焦油含量的卷烟纸，即高档卷烟纸。生产高档卷烟纸所需优质造纸钙 1.6 万 t，其他尚有 1.6 万 t。

我国卷烟纸发展速度很快，进口设备不断更新，卷烟机速度从 20 世纪 70 年代的每分钟 500～800 支发展到 1000～4000 支/min，1997 年以后又发展到 10000 支/min。烟的线速度从 30m/min 提高到 650m/min。由于卷烟机的速度以 10～20 倍的速度飞跃，因此要求卷烟纸的强度也迅速提高。不仅如此，其他纸类如涂布纸的设备涂布机的速度也日新月异，所以对纸的强度要求也在不断提高。表 2 是这些年卷烟纸质量标准的变化。

表 2 卷烟纸质量标准

指标名称	单位	1997 年以前的	1998 年执行的	增加幅度
定量	$8/m^2$	25±2	26.5±1	
抗张强度	kN/M	0.78	0.92	+18%
透气度	$cc/min\cdot cm^2$	5～10	50±5	+10～20 倍
灰分	%	12～13	15～16	
包灰情况		无要求	完全包灰	

由上表可以看出，抗张强度与透气度要求增加幅度很大。这两个指标是相互矛盾的，两者同时大幅度增加难度很大，对碳酸钙的要求就更高了。

1.4.3 世界上卷烟纸造纸用碳酸钙的质量水平

目前生产卷烟纸造纸钙的国家有德国、美国、法国和日本。其中德国生产的最适用于生产高档卷烟纸，它们的质量检测如表 3。

表 3 造纸钙各国产品的质量对比

指标名称	物理量单位	德国产	美国产	法国产	日本产
平均粒径	μm	2.0	1.9	2.0	3.5
325 目筛余量	%	<0.01	<0.01	0.063	<0.05
白度	%	96	97	96	96
表面积	m^2/g	8	7	6.8	7
pH(小于)		9.8	9.5	9.85	9.8

续表 3

指标名称	物理量单位	德国产	美国产	法国产	日本产
表面吸油量	油/100$CaCO_3$	82.5	68.22	87.56	63.33
沉降度	格/小时	37.75	32.36	49.27	35.52
沉降体积	mL/g	3.01	2.63	3.81	2.83
游离碱	%	0.018	0.0296	0.041	0.033

由于测试手段很少备有电子显微镜，只能从吸油量、沉降度和沉降体积 3 个指标来分析其质量。这些指标与粒径的大小有关。吸油量大表示表面积大，说明粒子粒径小。沉降体积也与粒径与晶体的形状有关。这些指标的最好范围是：吸油量 80%～82%，沉降体积 2.9～3.0 mL/g。

1.4.4 电子显微镜下观察碳酸钙在纸上的分布

国产碳酸钙在卷烟纸上成片状分布，碳酸钙片遮住了纸张中纤维间的空间，没有遮住的纤维透气度要大，因此容易造成透气度不均匀与不稳定。

由于国产造纸钙在纸上成片状，所以用它造成的纸手感较薄，纸质硬性，折光率差。包成的卷烟能隐约看见纸下面的烟丝。

用进口碳酸钙生产的纸质有较大的不同。纸质手感厚实，柔软，卷烟内烟丝看不见。由于技术上的原因，目前我国卷烟纸生产所用碳酸钙大多是轻钙。

2 国产设备干法生产超细重质碳酸钙

2.1 概况

由扬州群鑫粉体公司和沈阳飞机研究所联合组建的扬沈粉体加工成套设备工程公司在引进德国设备深入研究离心分级的基础上，对传统离心分级机核心部件分级轮进行改造，并辅以高粉碎极限的行星磨。目前已设计、生产出年产10 μm级超细重质碳酸钙 3 万 t 的成套设备，1998 年以来已安全运转 1 年，并已经生产出10 μm级和5 μm级产品，1998 年下半年又开发出牌号 021A 的产品，其中 −2 μm组分已经达到 91%。这种新产品可以用作造纸涂布级超细重钙。这种超细重钙和国际上传统湿法研磨超细涂布钙相比具有干法生产成本低，运输方便及酸不溶物含量低，对刮刀的磨耗小，在涂布基料中易分散，不含 +5 μm组分大颗粒，涂料黏浓度高等优点。这一成果，即用干法生产 $d_{90}<-2$ μm超细重钙代替湿法研磨钙用于涂布纸表涂，不仅在中国没有先例，在国际上也未见报道。这一成果也使扬沈粉体加工成套设备公司在中国粉体工业领域处于领先地位。

2.2 扬沈粉体加工成套设备公司设备特点

该公司年产 30 万 t 超细重钙成套设备是由粉碎设备、研磨设备、物料输送系统、分级系统、辅集系统、包装系统和控制系统组成。其中，主要的研磨、分级、捕集、包装系统为自制，特别是研磨和分级系统达到国际先进水平。其输送系统配制为高风压气流输送。粉体加工全过程为全封闭式，操作简便、人员精干，除粗粉碎和包装需少量工人外，整个超细粉碎加工只需 2 名操作人员在控制室监控。

该设备有以下几大优点：

(1) 整套设备只需一台大型行星磨，研磨能力大，效率高，能耗低产品粒径小。

(2) 分级设备效率高、精度高，目前已可生产 −10 μm 级、−5 μm 级和 −2 μm 级 3 类产品。输送系统和包装系统自动化程度高。

(3) 全套设备实现国产化，年产 3 万 t 干粉设备投资只需 600 万元，价位低是进口设备的 1/4～1/5。

(4) 能耗低、加工费用低、整套设备运作费用低，系统主要经济指标见表 4。

表 4　超细粉碎系统主要经济技术指标

型　号	产　能	能　耗
d_{97}≤5 μm	1.5 t/h(315/6 系统)	360 度/t
	0.8 t/h(315/4 系统)	400 度/t
d_{97}≤10 μm	3.2 t/h(315/6 系统)	170 度/t
	1.9 t/h−(315/4 系统)	195 度/t
d_{97}≤20 μm	6 t/h(315/6 系统)	90 度/t
	110 度/t	3 t/h(315/4 系统)

2.3　超细重钙产品

扬州群鑫粉体公司生产的 7 种超细重钙粒度及分布见表 5。

表 5　超细重钙粒度及分布表

牌号粒度及分布	021A	051A	101A
最大粒径/μm	5	8	15
累计质量分布达 97%时的尺寸/μm	3	5	10
≤−2 μm 的颗粒占总量百分数/%	91.9	82.2	68.4

群鑫粉体公司生产的 021A 牌号的超细重钙的基本性能与英国 EEC 公司产品进行对比见表 6。

表 6　超细重钙基本性能对比表

项　目	$CaCO_3$	酸不溶物	Fe_2O_3	白度	沉降体积/mL·g^{-1}	黏浓度/%	粒度分布/%			
							≤5 μm	≤2 μm	≤1 μm	平径粒径/μm
EEC 公司	99.0	0.45	0.07	96.2	2.58	80.4	100	92.3	27.4	1.43
扬州群鑫公司	98.9	0.16	0.08	93.7	3.00	77.2	100	91.9	33.7	1.32

以上可以看出 021A 牌号超细重钙粒径小，不大于 −2 μm 的颗粒占总量百分数为 91.9%，最大粒径为5 μm，可见分布窄，没有影响质量的大颗粒粒子，粒径分布状况可与 ECC 公司湿法研磨产品相媲美。

3　工业性试验(中试)

3.1　试验概况

1999年3月扬州庆丰造纸总厂接受扬州群鑫粉体公司的委托,对该公司所送500 kg超细重钙样品在单刮刀铜版纸生产线上进行16h(2个班)中试。同时,并与英国ECC公司湿法研磨超细重钙进行对比。黏浓度值较大是研磨超细重钙的主要特点,它有利于配制高浓涂料,适合于刮刀涂布。从整体检测数据来看,扬州群鑫粉体公司生产的021A牌号干法研磨重钙产品能较好地满足生产工艺要求。从现场生产的涂布及成品的质量指标检测数据来看,扬州群鑫粉体公司021A牌号重钙加入白料配方,能配制高浓度涂料,并能改善纸张的平滑度、油墨吸收性等指标,已达到英国ECC公司产品的质量水平。

3.2　涂料试验

(1) 白料配方见表7。

表7　白料配方对比表

内容品种	瓷土/%	轻钙/%	硫酸镁/%	重钙/%	PN-893/%	NaOH
ECC公司	60	10	10	20	0.2	适量
扬州群鑫公司	60	10	10	20	0.2	适量

(2) 白料质量见表8。

表8　白料质量对比表

内容品种	固含量/%	即时黏度	24小时后黏度
ECC公司	62.3	250	310
扬州群鑫公司	61.1	340	440

注:所测黏度的条件为:25℃,60r/m,单位为CPS,3号转子。

分析表明,群鑫公司生产021A牌号重钙配制的白料体系稳定性较好,能满足正常生产要求。

3.3　涂布超压

(1) 配方。白料100,变性淀粉8,胶乳15,其他助剂适量。涂料质量见表9。

表9　涂料质量对比表

内容品种	固含量/%	即时黏度	pH
ECC公司	52.3	795	9
扬州群鑫公司	52	810	9

注:所测黏度条件为:40℃,30r/m,单位为CPS。

(2) 生产条件。涂布在1575单刮刀生产线进行,上粉量为20±2 g/m^2,超压12辊

1760 mm超压机。

(3) 涂布纸质量。中试生产出的铜版纸质量对比见表 10。

表 10　铜版纸质量指标对比

品种＼内容	定量 /$g \cdot m^{-2}$	白度 /%	拉毛强度 /$m \cdot s^{-1}$	平滑度 S	光泽度 /%	印刷光泽度 /%	KN 值 /%
ECC 公司	80.4	87.8	2.04	687	54.2	85.5	18
扬州群鑫公司	77.7	86.5	2.14	700	54.6	87.2	20

数据表明,用扬州群鑫公司重钙生产的铜版纸,无论从纸张的平滑度、光泽度,油墨吸收性等指标看,已经达到 ECC 公司产品的质量水平。

3.4　试验结果

(1) 扬州群鑫粉体公司 021A 牌号干法研磨超细重钙纯度(>97%),粒度(−2 μm≥90%)符合造纸生产要求。

(2) 扬州群鑫公司产重钙能与白料涂料中的其他化工材相配伍,另外由于是干法生产的干粉,使分散操作更容易,缩短了分散时间,达到了 ECC 公司产的重钙产品同样的分散效果。

(3) 由于扬州群鑫公司产重钙所含酸不溶物低(见表 6),用它所配涂料单刮刀涂布时延长了刮刀的使用寿命。其主要原因两家公司虽然都是使用安徽省青阳县的方解石矿石,但由于干法生产工艺同湿法生产工艺相比,没有引入研磨介质,酸不溶物低,故磨耗值较低。

(4) 从铜版纸成品指标看,扬州群鑫公司产重钙能够满足产品质量要求。质量指标达到或超过 ECC 公司所产重钙产品的质量水平。

(5) 通过以上分析,得出结论是扬州群鑫公司产重钙,完全可以取代 ECC 公司所产重钙用于单刮刀铜板纸的生产。

4　结　论

4.1　两点认识

重质碳酸钙,特别是超细重钙,想在造纸业上有较大的发展,必须认识以下 2 点。

(1) 要认识造纸工业对填料的要求,纸页的各项物理指标是通过碳酸钙填料得以实现的。因而碳酸钙填料必须满足这些条件。

(2) 要认识碳酸钙填料在造纸业中填料级、底涂级、表涂级 3 种规格,每种规格对碳酸钙的要求,特别是粒径和分布都有不同,只有掌握这些要求,才能生产出适合不同规格的优质碳酸钙填料。

4.2　重视矿石原料质量

过去有人认为加工重钙的矿石只须达到白度>90%,$CaCO_3$ 含量不低于 98% 就可以了。实际上,这是远远不够。对于造纸业所要求的方解石,大理岩矿石,我们指出以下几点作为控制矿石质量的参考标准：

(1) SiO_2≤0.02%，酸不溶物不大于0.02%，造纸业要求碳酸钙填料磨耗值低，对于表涂材料，要求磨耗值小于1～2 mL/200次，磨耗值高有二个原因，一是湿法加工时，研磨介质带入的，另一个原因就是矿石中含有硅酸盐矿物，含有SiO_2造成磨耗值高。为了确保磨耗值低，一方面建议使用干法产品，另一方面严格控制矿石中硅酸盐矿物如花岗岩，云母等。最好把对矿石要求的指标定为SiO_2≤0.1%，酸不溶物不大于0.01%。

(2) 变色度，国外把变色度分为A、B、C、D、E、F等级，凡大于C级就是不合格。所谓变色度差就是热稳定性差所造成的。反映在矿石质量上主要是CaO，MgO和热稳定性差的有机质等杂质含量造成的。这里一是白云石不能混入，二是重钙不含CaO，而轻钙却含有CaO和$Ca(OH)_2$，这是由于化学反应带来的。总的说，可规定为总氧化物含量小于0.5%。

(3) 严格控制Al_2O_3的含量，一般应控制在0.2%以内。片状云母非常有害。应该加以防止。

(4) 微细游离黑色物质，多以碳、铁、钛等组成，经常悬浮在浆料表面和中间，影响纸张性质。这类悬浮物常存在于结构致密的大理石矿中。

4.3 重视发展高档填料

(1) 造纸表涂所需碳酸钙是所有碳酸钙造纸填料中质量要求最高，档次最高，同时附加值也是最高的产品，一般售价为2500～3000元/t。发展这种产品，当然经济效益最好。

(2) 造纸表涂级碳酸钙填料要求最大粒径≤5 μm，-2 μm含量≥90%，-0.2 μm含量<15%～20%。目前国际上通常采用湿法研磨加工。一般有泥浆，滤饼，干粉3种形状。但其干粉需要较好的设备来分散，解离，加工费用大。

(3) 扬州群鑫粉体公司干法生产的021A牌号超细重钙，质量标准完全达到单刮刀铜版纸表涂材料的要求，经过扬州庆丰造纸总公司中试，所生产的涂布及成品纸质量完全达到标准，完全可以取代英国ECC公司湿法生产的重钙，且磨耗值和价格均比ECC公司产品低。这说明使用国产干法设备完全可以生产出造纸业所需表涂材料碳酸钙填料。这就为我们指明了方向。其他各类高档纸的表涂材料也可以逐步由干法生产的超细重钙来代替。这无疑是粉体工业的发展，是粉体工业在应用领域内的开发研究取得重大成果。

超细重质碳酸钙在塑料中的应用

刘伯元　　　　　　　　　　　　刘英俊
（冶金部华东地勘局矿研所）　（轻工部塑料加工应用研究所）
徐金山
（扬州群鑫粉体材料公司）

1　重质碳酸钙是塑料工业最重要的填料

重质碳酸钙作为填料是塑料填料中最重要的一类。重质碳酸钙是由天然碳酸盐矿物如方解石、大理石、白垩磨碎而成，简称重钙。

重钙由于价格低廉，化学纯度高，惰性大，不易化学反应，热稳定性好，在400℃以下不会分解，白度高，可达90以上，吸油率低，硬度低磨耗值小，无毒，无味，无臭，分散性好等众多优点已成为塑料工业中首选填料，应用最广泛的填料。

重钙作为填料加入塑料中去，不仅起到增容、增量、降低成本的作用。而且作为功能性填料，还起到以下作用：

(1) 提高加工性能，如改善流动性能；

(2) 提高充填塑料时的分散性能；

(3) 提高耐磨性能；

(4) 提高塑料制品力学性能，如拉伸强度，冲击强度，弯曲强度，断裂伸长率；

(5) 提高塑料制品热学性能：如提高热变形温度，在聚丙烯中加入30%重钙，其热变形温度可提高20～60℃；导热系数和耐燃性；降低热膨胀系数和热容；

(6) 改善成型加工性能。由于改性后的碳酸钙的填充率增加，可促进聚合物结晶时的成核作用，增加高温时的刚度、强度，可使制品在较高温度下从模具中取出，缩短成型周期；

(7) 此外，加入重钙，可改进塑料散光性，起遮光或消光作用，提高塑料制品印刷性能，以及塑料制品尺寸稳定性。

重钙广泛应用于聚氯乙烯、聚乙烯、聚丙烯和各种不饱和树脂中。其中PVC制品是重钙最早和最大的市场。作为PVC的次级稳定剂，受热时重钙能阻止烟雾的产生。

重钙在各类塑料制品中的用量统计如下：

(1) 在软质聚乙烯电线、鞋底中，重钙占10%～30%；

(2) 在聚氯乙烯门窗、异型材、板材、管材中，重钙占5%～20%；

(3) 在聚氯乙烯瓦、地板砖中，重钙占40%～80%；

(4) 在钙塑材料中，重钙占50%～200%；

(5) 在聚乙烯、聚丙烯包装材料中重钙占10%～30%；

(6) 在汽车零部件、天棚中,重钙占20%~60%。

可见重钙填料在塑料工业中占有极其重要的地位。根据一个国家技术进步的不同,塑料填料在塑料中所占比例也不同。先进国家填料占塑料中的比例高达16%,而中国则不到10%,但自20世纪80年代以来已有很大的发展。据统计,美国1980年重钙用量为110万t,而1990年则上升到290万t。中国1980年重钙用量不足千吨,到1996年重钙用量已达50万t,到1998年已达80万t。预计到2000年,中国塑料制品用量可达1500万t以上,重钙的用量将超过100万t。

中国重钙规模化生产始于20世纪80年代,最早起于浙江省,如富阳、建德、湖州地区。经过十多年的发展,主要生产地区已扩展到广东、广西、四川、湖北、安徽、湖南、辽宁、江西、甘肃等省、自治区。到1996年重钙生产厂家已达150余家。主要生产方法还是传统的雷蒙磨、球磨,还有立磨、砂磨、冲击式磨机等方法,超细粉碎在20世纪90年代才有发展。对重钙产品的质量要求也随技术进步有所变化:

(1) 白度:一般要求大于90,1997年改性塑料行业已规定为大于92。

(2) 细度:过去为100目、200目、325目,目前已普遍要求为400目。

1997年在河北省邢台市召开中国塑料加工协会改性塑料专业委员会关于重钙质量评定会议,通过了用于塑料编织袋填充母料的重质碳酸钙技术指标,见表1。

表1　重质碳酸钙技术指标

理化性质	技术指标
$CaCO_3$/%	98~99
$MgCO_3$/%	≤0.5
铁锰含量/%	≤0.2
盐酸不溶物/%	≤0.1
水分及挥发物/%	≤0.3
密度/$g \cdot cm^{-3}$	≤2.7
莫氏硬度	≤3
白度	≥92
pH	8.3~9
吸油率/(mL/100g)	20~65
比表面积/$m^2 \cdot g^{-1}$	5~25
细度400目	筛余物(0.01%)

从表1可以看出,塑料工业对于填料的细度要求越来越高。100目、200目、325目标准的细度已经不行了。细度要求不仅提出平均粒度400目,而且对大颗粒作了严格控制。在评定会议上争论最大的就是对大颗粒的控制。根据塑料编织袋厂在纺丝生产过程中频频出现的问题——无机大颗粒填料在扁丝上形成白点造成断裂。塑料厂要求重钙400目全通过。虽然技术指标提出"筛余物小于0.01%"实际上这样的标准,普通400目平均粒度的重钙粉是达不到的。这已经是600目、800目粒度。可见超细产品已经或者正在悄悄走进塑

料工业。

2 超细粒子作为功能性填料使用理论与技术进展

2.1 超细粒子卓越的理化性质

对于无机矿物填料来说,由于填料实现了超细化,比表面积大幅度增加,表面能增大,表面活性加大。或称超细粒子具有"表面效应","体积效应"和"量子效应"。有人把 20～1 μm 以下的粒子称为超细粒子,把粒径为1 μm～100 nm以下的粒子称为超微粒子。而把粒径为1～100 nm的粒子称为纳米粒子。

超细粒子,它一般以两种形式存在,即单分散性的一次粒子和团聚的二次粒子。一次粒子处于激发状态,有极高的反应能力,二次粒子处于相对稳定状态。一次粒子不稳定,制备、分散都相当困难。

在超细粉碎过程中,微小颗粒的表面受到剧烈的摩擦,晶格扭曲,导致新形成的表面上生成游离基或离子型活动中心,增强了与有机高分子的相互作用。比表面积增大后将颗粒吸收的机械能转化为颗粒的表面能,从而大大提高超细粒子的化学活动性和表面活性。

由于粒子的细微化,因而它的许多物理、化学性质起到特殊变化,产生了众多卓越的理化性质,人们将其应用于化工、冶金、电子、复合材料、陶瓷、核技术、生物工程、医学等领域,大大推进了这些领域的发展。可以说超细粒子、超细粉体正在渗入整个工业部门和高技术领域。

固体粒子的颗粒度一旦达到微米级尺寸后,这些微细粒子的物理特性、表面能量、化学活性、界面作用等微观表征特性与一般粉体材料有较大的差异,或具有十分明显的新特征。这些特性最主要的是:

(1) 表面积变化。固体粒子细微化以后,表面积和颗粒数总和急剧增大(见表2)。

表2 粒子总表面积与其直径的关系

粒子直径	粒子颗粒数	总表面积($\pi d^2\times$粒子数)
1	1	3.14
0.1	1×10^3	31.4
0.01	1×10^6	314.16
0.002	120×10^6	1570.8
0.0002	125×10^9	15708
0.00005	8×10^{12}	62832
0.00001(10 μm)	1×10^{15}	314160
0.000005(5 μm)	8×10^{15}	628320

(2) 微米级粒子除其颗粒数和总表面积增大外,还因粒子微细化后,粒子表面层原子在粒子中的占有百分比明显增加,由于原子分配率的演变而导致微观物质表征特性的迁移、在晶体粒子中将导致在晶体微区界面能量分布的新认识。在非晶质粒子中,增加了分子间作

用力的新因素。

(3) 在微米粒子级，物质的库仑作用力、静电作用力和界面能量分布与能量特点都起了变化，认真分析和研究，可以开创新的功能。前苏联科学家指出，在测定固体间分子作用力时发现：当固体粒子小于1 μm时，其分子引力要超过其重力。摩擦力也发生变化。在陶瓷工业中发现，当黏土泥料组成颗粒度发生变化时，材料强度有极大变化，可以用来指导生产高强度陶瓷。从表 3 可以看出，当颗粒度提高到微米级时，所得陶瓷材料的抗折强度分别提高 4～7 倍。这就揭示，未来高强度陶瓷是从超细粒子，超细粉碎技术中产生。

表 3　粒度组成与抗折强度的关系

颗粒组成				抗折强度/$kg \cdot cm^{-2}$
>10 μm	10～3.2 μm	3.2～1 μm	<1 μm	
10	31	32	27	3
0	13	28	59	12.5
0	1	18	81	21.0

2.2　无机刚性粒子增韧理论

塑料(或称聚合物)作为结构材料，强度、刚性和韧性是 3 个最重要方面的力学性能指标。对于塑料的增韧一直是塑料应用研究中的热点。用橡胶粒子与塑料进行共混改性，使用有机粒子——弹性体作为增韧剂，达到增韧的目的，生产出 SBS 等新型材料，已经成为较为成熟的有机增韧机理。但是弹性体增韧塑料虽然能得到理想的韧性，却损害了材料宝贵的强度和刚性，劣化了加工流动性和耐热变形性，并且成本较高。

通常碳酸钙是作为价廉的填料填充到塑料中起到增量作用，一般使用的是普通大粒径的矿物粒子。这种刚性无机粒子可以提高塑料制品的硬度和刚性，但由于大粒径的无机填料的加入，易在基体内形成缺陷，损害了塑料制品的强度和韧性。

若用小粒径硬的无机粒子能否达到增韧效果，这就是最新流行的无机刚性粒子增韧理论。

这个理论认为，超细粒子与大粒径粒子相比，它们的表面缺陷少，非配对原子多，与聚合物发生物理或化学结合的可能性大，增强了粒子与基体的界面粘合，因而可承担一定的载荷，具有增强增韧的可能。综合起来，有以下几点：

(1) 刚性无机粒子的存在，产生应力集中效应，易引发周围树脂产生微开裂，吸收一定的变形功；

(2) 刚性粒子的存在使基体树脂裂纹扩展受阻和钝化，最终终止裂纹不致发展为破坏性开裂；

(3) 随着填料的超细化，粒子的比表面积增大，填料与基体接触面积增大，材料受冲击时，产生更多的微开裂，吸收更多的冲击能，使材料不致被破坏。

无机刚性粒子增韧理论可用图 1 来表示。

清华大学高分子系于建等人，利用 1250 目超细重钙经偶联剂表面改性后对聚乙烯树脂进行填充材料的试验，增韧效果见表 4。

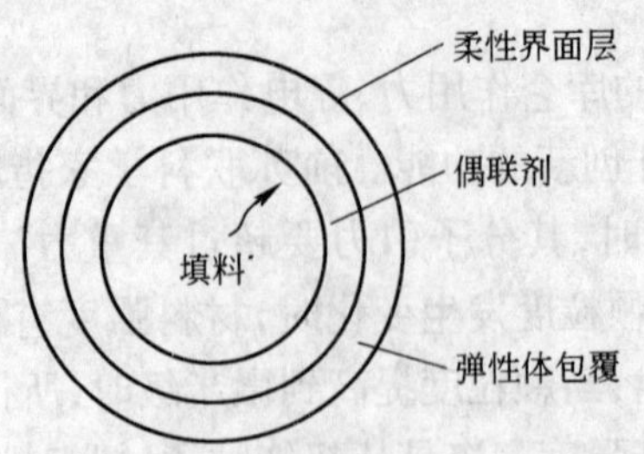

图 1　刚性粒子增韧复合界面结构模型

表 4　改性超细重钙增韧效果对比

HDPE(2100J)	$CaCO_3$ w/%	A_1 偶联剂 w/%(对 $CaCO_3$)	助偶联剂 B w/%(对 $CaCO_3$)	缺口冲击强度 /J·m^{-1}
100	0	0	0	56.3
70	30	0	0	34.4
70	30	2	0	59.4
70	30	2	1	663.0

表 4 说明，$CaCO_3$ 表面不处理时，其试样的韧性下降，缺口冲击强度明显低于基体树脂。经偶联剂 A_1 处理后，其试样的冲击强度较基体树脂略有增加。而将 $CaCO_3$ 用偶联剂 A_1 和助偶联剂 B 处理后，材料的韧性出现极其显著的飞跃，其试样的缺口冲击强度可以达到基体树脂的 12 倍左右。其他试验表明，当 $CaCO_3$ 加入质量分数为 20%～30%时出现峰值，为基体树脂缺口冲击强度的 12 倍。当添加 $CaCO_3$ 加入质量分数为 50%时，仍保持 8～10 倍(见图 2)。

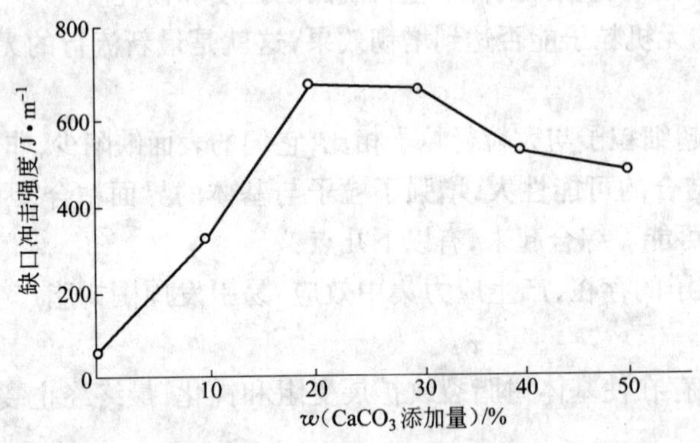

图 2　HDPE 树脂缺口冲击强度和 A_1 偶联剂处理的 $CaCO_3$ 添加量的关系图

其试验所用基体树脂是低分子量的 2100J 和 2200J，用超细 $CaCO_3$ 增韧后，可使其缺口强度提高到 600～700 J/m 左右，使之无论在强度上，还是在成型上可以满足各种大型制品的要求。这对于 HDPE 树脂的应用是极其重要的。

2.3 纳米粒子理论

纳米粒子是指尺寸介于1～100 nm的固体颗粒。1 nm = 10^{-9}m。由于它的纳米尺度效应,大的比表面积,表面原子处于高度活化状态,与聚合物强的界面相互作用,新奇的声、光、电性能,使之成为最神奇的填料。

用纳米粒子作为填料填充改性聚合物,制备高性能复合材料是国际上最新技术热点之一。许多试验表明,利用纳米粒子填充LDPE、PP、PVC都有极大的增强、增韧效果。例如熊传汐等用纳米粒子Al_2O_3填充PS,当Al_2O_3体积含量为15%时,复合材料的拉伸、冲击强度是纯PS的4倍和3倍。黄锐等用纳米粒子SiC/Si_3N_4填充LDPE,当用量为5%时,复合材料的冲击强度为纯LDPE的2倍,伸长率达625%时仍未断裂。这些领域都是未来应用超细粒子的新兴领域。

在高分子材料中,代表其物理性能的三大指标是材料的强度、刚性和韧性。在纳米级填料开发使用的过程中可望这3个方面的指标同时得到提高。这正是高分子材料学最终所梦想的结果。

3 超细重质碳酸钙填充塑料的研究和工业技术进展

超细重钙作为新填料类填充改性塑料,制备新型复合材料是改性塑料工业发展的重要里程碑,具有极大的理论意义和巨大的工业价值。早在20世纪80年代起我国科学家在试验室中作了许多试验,取得了众多的成果。但最终还是需要在工业上得到应用。

超细重钙在我国塑料工业应用的技术进展与国外相比还处于起步阶段,但20世纪90年代以来已取得一些重要进展,现叙述如下。

3.1 聚乙烯垃圾袋薄膜填充超细重钙

超细重钙作为新的填料填充到塑料中去,成为新型复合材料产品,其重要的代表产品是聚乙烯垃圾袋薄膜。

聚乙烯垃圾袋薄膜,要求外观光滑,对拉伸强度、断裂伸长率、直角撕裂强度都有一定的力学要求。还要求可焚烧,即废弃回收堆集焚烧迅速、无流淌,这就要求垃圾袋薄膜中重钙含量要达到30%以上。原来生产垃圾袋的中国企业所需要的填充母料几乎全部依赖进口。针对这种情况,轻工部塑料所开发出用超细重钙为填料的新型聚乙烯垃圾袋薄膜用超细重钙填充母料获得成功,并在垃圾袋、包装用膜等聚乙烯薄膜产品中应用,效果良好。

现将垃圾袋母料生产技术关键叙述如下:

(1) 原辅材料的选择。研究中对400目、1200目、1500目3种不同细度的重钙进行对比。结果见表5。显然,随着填料粒径的变小,薄膜的外观和机械性能都有很大的提高。

表5 $CaCO_3$细度对PE薄膜细度的影响

$CaCO_3$细度	外 观	拉伸强度/MPa		断裂伸长率/%	
		纵	横	纵	横
400目	粗糙	22.6	20.7	309	286
1200目	略粗糙	28.2	27.3	342	347
1500目	细腻	32.3	31.7	350	410

(2) 母料中分散体系对 PE 薄膜的影响。多次试验表明,填充母料分散体系的设计对吹塑薄膜产生很大的影响。分散体系必须包括偶联剂和低分子分散剂。

(3) 工艺路线。垃圾袋填充母料生产工艺流程见图 3。

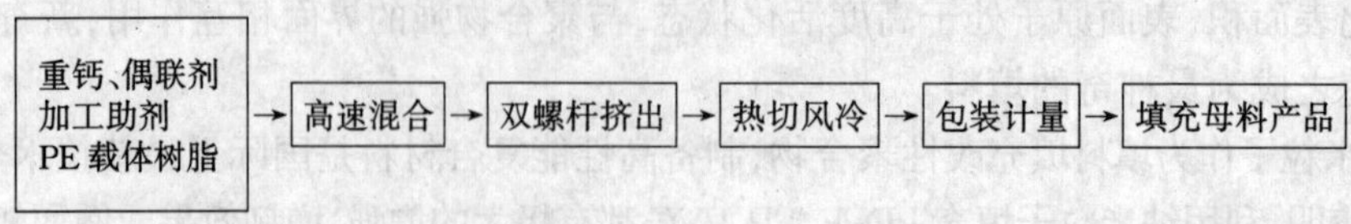

图 3 生产工艺流程

(4) 中外产品对比。表 6 列出使用研制母料生产的 HDPE 薄膜和国外垃圾袋薄膜平行比较时的力学性能检测结果。从表 6 中可见中国母料生产的 PE 薄膜综合指标已经达到台湾、日本的产品质量水平。

表 6 性能对比

薄膜种类	拉伸强度/MPa		断裂伸长率/%		直角撕裂强度/$N\cdot mm^{-1}$		落镖冲击强度 120g 无破损系数
	纵	横	纵	横	纵	横	
HDPE+中国母料	35.9	31.5	390	425	111.7	144	9
日本垃圾袋	31.1	31.9	470	370	156.9	101.3	10
HDPE+台湾母料	35.3	27.0	340	400	92.2	162.6	6

(5) 推广使用。由轻工部塑料所和山东茌平县塑料厂共同研制的聚乙烯垃圾袋薄膜用超细重质碳酸钙填充母料在许多领域取得理想的使用效果:

1) 垃圾袋:山东枣庄人民塑料总厂使用茌平塑料厂 40%的填充母料(活化钙含量为 75%),加入 60%国产 HDPE6098 而生产的、出口日本的 HDPE 垃圾袋其性能如下:

分散均匀。同一温度下出料量较多,薄膜皱折减少,透明度稍降,薄膜柔软。生产工艺稳定,产量提高,成本降低满足使用要求,已批量生产出口。

2) 化肥内衬袋:山东省茌平县塑料厂用本厂研制的超细重钙填充母料,在填充量 40%($CaCO_3$含量 30%)用于高压线型聚乙烯吹膜制造化肥内衬袋,性能稳定,各项指标均达到要求,已投入大批量使用。该母料用于吹塑薄膜,可每吨降低成本 2000 多元,具有明显的经济效益。

3) 手提袋:河北省东光县农膜厂使用茌平县塑料厂研制的超细重钙填充母料填充量 40%时生产的 600×0.2 手提袋等 PE 薄膜制品,分散均匀,平整光滑,透明性稍降低,拉伸强度、撕裂强度等满足使用要求,且每吨生产成本降低 2000 元以上,值得大力推广。

3.2 啤酒周转箱

捆装啤酒已被逐步禁止,取代的是啤酒周转箱。它是用纯聚乙烯制成。曾经使用普通重钙填充,经试验发现一是比重增加,二是强度下降,曾被认为是不可填充的。最近改性塑料专业委员会做了实验室试验,取得成功。

当超细重钙(10μm 以内)改性后加入聚乙烯制成的啤酒箱强度超过纯聚乙烯制品。而超细重钙的填充量从 10%(质量分数)到 20%(质量分数)、到 30%(质量分数),甚至超细重钙的填充质量分数达到 40%时,强度仍然达到要求。仅此一项,每吨制品成本可下降 1000 元以上。

3.3 母料、色母料

前已提及,1997年邢台会议对填充母料细度要求是细度400目,筛余量小于0.01%,这实际上已经是600目、800目概念。近年来,我们建议母料生产厂家使用干法粉碎的800目产品,虽然价格略高,但对大颗粒的控制和其他性能,都有很大提高,相信未来的填充母料使用将全部是超细重钙。

当塑料有颜色要求时,一般使用色母料。而白色母料是用钛白粉为主要原料,其价格昂贵,每吨约为2万元。现在常州红梅色母料厂使用超细重钙取代钛白粉得到成功。当用白度为94以上的1250目超细重钙,用量为80%制成的白色母料,使用到塑料制品中去,效果与使用钛白粉制成的白色母料相同,而成本下降几千元/t。

3.4 汽车用聚丙烯改性料

在聚丙烯中填充超细重钙,生产供汽车零部件用的专用料,已在苏州塑料一厂取得成功。该专用料是该厂几十个汽车专用料品牌之一,不仅提高了制品的强度,还把聚丙烯的耐温等级从55℃提高到125～135℃。

3.5 塑料纸

当今世界上推出的最新奇的纸就是塑料纸。它有“撕不烂的纸”美称,可用作名片、挂历、包装、封面等用途,我国每年要进口4～5万t。塑料纸是使用40%聚丙烯、60%超细重钙制成。目前塑料改性专委会正在设计引进国外主机、国内配以辅机的生产线。

年产1000t生产线设备投资2000万元。年产值1500万元年利润800万元。

3.6 工业零部件

世界上使用重钙最好的企业是日本卡尔普(CALP)株式会社。CALP的全称是CALCIUM INPLASTIC,意思是在塑料中的钙。

CALP共有300多种型号产品,CALP的注射、中空吹膜、拉丝等制品广泛应用于家用电气、日常生活、汽车配件及包装材料等领域。CALP产品绝大多数使用超细重钙为原料,其年产量约为2万t。用超细重钙制成的CALP产品可以取代价格昂贵的工程塑料如ABS、尼龙等。与ABS相比,CALP产品有以下特点:

(1) CALP的成型收缩率比ABS大一倍;

(2) CALP的光泽性和二次加工性略差于ABS;

(3) CALP的比重比ABS大,有独特的质量感;

(4) CALP的耐燃性、耐热性、刚性、耐药品性、音响特性、耐候性、流动成型性和ABS相同或稍优。与CALP相比,中国的超细重钙显然还处于起步阶段。目前已有改性塑料专委会和一些院校、厂家共同致力于超细重钙的填充改性。

3.7 PVC制品

聚氯乙烯(PVC)树脂是聚烯烃类通用树脂中用量最大的一种,也是化学建材中占比重最大的材料,用PVC制成的门窗、管道、异型材、防水卷材已构成我国化学建材的主力军。

PVC 中的氯原子(Cl)是由我国盐化工、氯碱工业提供和支撑的。而使用重钙填充 PVC 是重钙填料最重要的领域。在对 PVC 进行深入研究后,我们发现超细重钙作为一种新型填料可以发挥更大的功能效果。从量子学理论来看超细重钙对 PVC 的增强和改性作用原因在于:PVC 中 C—Cl 键结构是 PVC3 种键中稳定性最差的结构键;再加上 Cl 原子上负电荷高,其电荷产生的静电作用力又强,所以它对带正电荷的微细粒子具有较强的亲和力。PVC 材料在使用中受使用环境能量的作用(如太阳照射、热影响、化学能作用等),首先是 C—Cl 键遭到破坏。在光,热条件作用下,使稳定的 Cl 原子吸收能量而产生强振动,并进而使 C—Cl 键断裂,Cl 强行脱除 PVC 结构中相邻 C—Cl 键上的 H,而生成 HCl 逸出,同时在 PVC 中出现双键结构,进一步出现 PVC 材料的某些老化作用,缩短使用寿命。这正是 PVC 材料的破坏机理。下图是化学反应式。

$$\text{(PVC)}\sim \underset{\substack{|\\ \text{Cl-H}}}{\overset{\substack{\text{H}\\ |}}{\text{C}}}-\overset{\substack{\text{H}\\ |}}{\text{C}}-\underset{\substack{|\\ \text{Cl-H}}}{\overset{\substack{\text{H}\\ |}}{\text{C}}}-\overset{\substack{\text{H}\\ |}}{\text{C}}\sim\xrightarrow{\text{光热作用}}\sim\sim \overset{\substack{\text{H}\\ |}}{\text{C}}=\overset{\substack{\text{H}\\ |}}{\text{C}}-\overset{\substack{\text{H}\\ |}}{\text{C}}=\overset{\substack{\text{H}\\ |}}{\text{C}}\sim + 2\text{HCl}\uparrow$$

预防破坏消极的办法是一方面减少外界能量对其的伤害作用,限制使用环境,另一方面是如何稳定 PVC 结构中最不稳定的 C—Cl 键结构,而关键是如何稳定 C—Cl 键上的成键原子 Cl。具体有 3 条路径:

(1) 利用微细粒子材料的表面能量分布和电荷特性的作用机理,在 PVC 成材塑化过程中加入无机矿物超细粒子混炼,用带剩余正电荷较高的粒子材料去稳定 C—Cl 键中 Cl 的剩余负电荷场的强作用,从而使 Cl 在能量上获得一定的满足而促进 C—Cl 键的相对稳定性。经试验发现,超细重钙和某些硅酸盐如超细叶蜡石等具有良好效果。

(2) 使用过渡族元素原子组成的化合物或矿物,可以消耗和平衡光、热等外界能量的影响。原因是 Fe、Ti 等成分的过渡元素的原子能级轨道上的 3d 电子在外界能量的作用下易受激发而出现在能级上的跳跃和能级轨道上的电子跃迁而达到消耗和平衡外界能量影响的作用。现已开发使用的有炼铝废土——红泥填料和江苏连云港红土填料,作为 PVC 耐老化填料。

(3) 在 PVC 中一旦 C—Cl 键断裂,Cl 从结构中分离脱出时,加入微细无机矿物粒子,使 PVC 的 C 键上的游离键立即形成新的结构键而获得稳定。已经实验室内试验,某些硅酸盐矿物如羟基方钠石 $Na_4Al_3SiO_{12}(OH)$因其 Na 含量高,还有多个 Na—O 键可以使 Cl 马上稳定。以上研究表明,若采用上述 3 种方法,可使 PVC 材料耐候性提高 2~3 倍。

PVC 制品中使用超细重钙有许多产品,如 PVC 门窗、异型材、管道、压延膜,原先使用普通重钙粉(400 目以粗)或轻钙的填充量很小,只能达到 5%。而国外重钙填充量可达 30%~60%。例如德国 PVC 管材,其中超细重钙填充量可达 60%。目前我国已有门窗、管道生产线数百条,生产中还是停留在 400 目重钙,填充量 5%左右的水平。研究如何在 PVC 制品中使用超细重钙,把重钙的填充量提高,并赋予 PVC 制品有较好的功能效果是中国改性塑料工业面临的重要课题。目前青岛远东塑料工程公司已开发出超细重钙填充 PVC 门窗和管材的填充剂。该种填充剂改变以往的做法,采用另一种有机高分子为载体,以海岛式包覆结构包覆 1250 目碳酸钙。在 PVC 中的填充量可达 30%,这正是一项巨大的突破。

此外,在 PVC 压延膜中使用超细重钙生产盐用膜和秸秆膜也取得成功。在新型微发泡仿木塑料(PVC制品)如装饰仿木线条、扣板中使用超细重钙也正在取得进展。

4 超细重质碳酸钙的生产

中国超细重质碳酸钙的生产,从改革开放后才得到迅速的发展。20世纪80年代后逐步引进国外各种超细粉碎磨机。到了90年代有着重大的发展,已经发生二次重大的飞跃。

4.1 各种气流粉碎机普及

在超细粉碎中的各种磨机中,以气流粉碎机在中国得到极大的普及,以上海化机三厂的扁平式和循环管式为代表,各种生产厂家几十家。生产水平已经达到稳定生产10 μm级产品水平。

4.2 超细粉碎过程是系统工程

这一点已被逐步认识,不仅要求有粉碎能力强的磨机,还要求配合各种精度分级机。自90年代以来,以大型磨机配合高精度分级机组成的干法超细粉碎系统已经引起全世界的重视,例如国际上用大型球磨机(如芬兰爱磨公司产2800×7000球磨机)配合德国阿尔派公司生产的分级机组成的生产线已经风靡世界。在中国到1997年也普及到这种认识,如沈阳飞机研究所、合肥水泥研究院和扬州群鑫粉体材料公司。后者自行设计的年产2万t干法超细粉碎生产线,不仅生产成本比气流粉碎机降低很多,而且产品质量稳定。投产一年即可生产稳定的10 μm级超细重钙,到1998年底已经可以生产稳定的5 μm级超细重钙产品。现在正在研制生产2 μm级产品,目前已生产出2 μm含量大于91%的产品。

系统工程的观点还要求对超细产品生产过程针对超细粒子特殊的理化性质,全面改进和配套普通粒子生产环节,如产品的气体输送(水平输送是关键),贮存、包装都要重视改进,超细粒子像水一样在包装中流动,这是大家都熟悉的现象。

此外,湿法生产经烘干后的产品已经达到−2 μm含量大于90%的指标。

总之,目前国内小规模生产厂家,生产10 μm级产品上一条普通气流粉碎级生产线即可。若对于大规模生产厂家,想要上一条产品粒度更细的质量更高产品,就要考虑上述意见。

5 结　论

(1) 超细重钙本身具有众多优异的理化性能。作为一种新型填料,正在引起塑料工业极大关注。而塑料界的无机刚性粒子增韧理论正越来越引起人们极大重视。

(2) 我国目前塑料工业应用超细重钙的水平还很低,还处于起步阶段。许多工作还停留在试验室内,应努力工作、完成试验室工作后转向中试和工业化生产。

(3) 目前,我国已开发出的超细重钙在塑料工业中应用的一些重点项目成果,如垃圾袋薄膜、啤酒周转箱、白色母料、PP改性料、塑料纸、PVC门窗和管材填料等应首先在国内塑料行业中推广,再带动其他项目的研究和发展。

(4) 超细重钙的生产已成为热点,希望新上厂家重视科技发展,不仅要搞好产品生产,还要投入产品的开发应用研究。

超细重质碳酸钙在涂料工业中的应用

刘伯元
（冶金部华东地勘局矿研所）

1　涂料工业的发展与趋向

1.1　涂料工业的发展

涂料通常由粘合剂(聚酯类)、固体颜料、溶剂、补充料、干燥剂和其他添加剂组成。由于溶剂的挥发,涂料便在物体的表面形成一层固化膜。涂料产品的主要类型有水基、有机溶剂基、高固涂料、粉末涂料和辐射涂料。

经过几十年技术进步,生产涂料已成为一种相对成熟的工艺。但是由于人们对有机挥发物的特别关注,生产技术仍在不断改进。表1和表2是德国和美国涂料产量及分类。由此可见一斑。

表1　德国涂料产量与工艺(万 t)

涂　料	1990年	1996年
水基涂料	54.48	96.27
有机溶剂涂料	57.22	55.97
高固涂料	0.69	3.13
粉末涂料	3.75	5.33
分散涂料	2.90	3.20
电脉涂料	5.62	6.20
其他涂料	3.09	8.20
总　计	127.15	178.29

表2　1996年美国各类涂料用量比例

序　号	名　称	所占比例/%
1	建筑涂料	50
2	机械制造有机涂料(用在产品制造及加工过程中)	34
3	特种涂料(船舶、自动化、交通和公路)	16

1.2 涂料工业的趋向

1.2.1 经营全球化

20 世纪 90 年代"涂料已经发展成全球性的产品","涂料工业已经成为国际性产业",具体表现在:

(1) 在世界上凡有工业的城市,地区和国家就有涂料的生产,凡有人生活的地方,就有涂料产品。

(2) 技术上相互引进,如美国格里登公司利用英国 PLC 公司的内膜涂装技术。英国ICI公司与Dupont公司共同在欧洲建立专业汽车涂料企业。英国Evode公司购买新西兰粉末涂料生产厂等,涂料生产技术在全世界互相流通,互相渗透。

(3) 经济上相互渗透。

(4) 各大公司互相兼并,加速发展。

(5) 产品互通有无。

1.2.2 规模大型化

自20 世纪 80 年代以来,国际上涂料工业企业数目减少,生产规模越来越大。表 3 为世界上十大涂料企业,总产量达 687 万 t,占世界的 1/3。

表 3 世界十大涂料公司

序号	国家	名 称	销售额/亿美元	销售量/万 t
1	荷兰	阿克苏·诺贝尔(Akzo Nobel)	28	121.7
2	英国	帝国化学公司(ICI)	26	113.0
3	美国	舍温·威廉斯	18	78.3
4	美国	玻璃工业公司(PPG)	16	69.6
5	日本	关西涂料	15	65.2
6	德国	巴斯夫(BASF)	13	56.5
7	日本	日本涂料	13	56.5
8	英国	考陶尔兹	11	47.5
9	美国	杜邦(Dupont)	11	47.5
10	美国	瓦尔斯帕	7	30.4
合 计			158	686.2
全世界			550~550	2200

1.2.3 产品功能化

涂料产品的功能作用是不断发展的。初期的涂料仅仅是美化、装饰。以后人们认识到还有保护作用,防止大自然的侵蚀。现在对涂料提出越来越多的功能要求,从防腐、防水、绝缘、耐高温、耐腐,到防雷、防虫、防蝇、防静电、导电、防污、抗石击,现在又提出隔音、吸臭、香味、示温、不黏、变色、控温、迷彩、荧光、防鼠、防辐射等举不胜举的功能作用。

1.2.4 品种多元化、质量多元化

现在国际上涂料品种成千上万,我国就有 2000 多种,从形态上讲,有固态、液态和气态(喷雾)。

从消费层次和应用的不同需求,可以把同一种产品生产出高档、中档和低档产品,以便针对不同需求的市场要求。

1.2.5 生产专业化

现在国际上的涂料生产，不再追求大而全。从材料到半成品，从催干剂到产成品，往往是针对某一工序进行专业化生产。如树脂、油脂、催干剂、活性溶剂、稀释剂、色漆等分设工厂，专业生产。其次是产品专业化，某一个公司只生产某些性能涂料产品，如日本关西，擅长船舶、汽车漆；英国 IP 公司专营海事、船舶涂料；挪威乔顿（Jotun）专营粉末；德国拜耳（bayer）的聚氨酯涂料等。

1.3 涂料工业面临的挑战

涂料工业面临最严峻的挑战来自20世纪80年代和90年代。出自于对人类生存环境日益恶化这一现实，人们的环保意识日益加强，对那些能造成破坏生态、污染环境、损害人体健康的工业产品提出禁止使用的呼声也越来越高。涂料工业中那些能污染环境，对人体有害的挥发性有机物的挥发问题日益受到人们重视。现已查明，涂料工业中有机物的挥发问题主要是释放甲醛、苯、二甲苯和芳烃化合物，其他还有重金属盐类。这些物质，现代医学已经确认是对人体有害的，且是能致癌的。因而环保的要求正推动涂料工业减少使用挥发性溶剂，大力强调使用水基涂料取代有机溶剂涂料。这些有机溶剂涂料的替代技术正在发展，构成未来一代新的涂料技术，其中非金属矿物填料将成为这种新技术所采用的重要填料。而以聚醋酸乙烯乳液类和丙烯酸酯乳液类涂料（高、中档）以及聚乙烯醇类涂料（低档）为代表的水基涂料作为建筑涂料正在以迅猛的速度发展，在中国它已占涂料总量的24%。

2 涂料工业中的矿物填料

2.1 矿物填料的作用

非金属矿物在涂料工业中主要作为填料使用，其目的有：

(1) 降低涂料成本；

(2) 增加乳胶漆的稠度，提高颜料在漆中悬浮性；

(3) 涂料要形成膜（或称漆膜或涂膜），而膜的质量关系到涂料的质量，在涂料中加入非金属矿填料可以增加漆膜抗抛光性，提高漆膜的耐久性、耐粉化和耐擦洗性、耐温性，改善漆膜乍干时起白霜，提高漆膜整体性和屏蔽，从而对于漆膜的遮盖力起“增量”作用，达到可适当降低昂贵的颜料的用量。还可以有助于漆膜沾染的清洗。

2.2 对矿物填料的一般要求

(1) 白度要高，特别在对涂膜颜色要求很高的涂料中，白度一般要求在90%以上。

(2) 填料质地要柔软、易分散。这不仅有利于涂料生产过程中降低研磨分散过程的能耗和时间，更重要的是有利于涂料性能的发挥，因为填料和颜料分散好坏，对涂膜性能（光泽、颜色、耐久性）有直接的影响。

(3) 吸油量要尽可能降低，因为只有较低的吸油量，才能提高涂料的临界颜料体积浓度（CPVC），从而节约更多的树脂基料。多用廉价的矿物填料，才能适应符合环保要求的现代高固涂料的要求，才能制备出含量更高的预分散填料浆，才能与吸油量日趋降低的颜料（特别是钛白粉)相配套,常用矿物填料吸油量见表4。

表4 涂料用非金属矿物的吸油量(g/100g)

填　料	吸 油 量	填　料	吸 油 量	填　料	吸 油 量
重晶石粉	8～15	高岭土	30～60	云母粉	45～90
重钙	10～22	纤维状滑石	37～42	石英粉	14～25
白云石	10～22	含碳酸钙滑石	39～42	硅藻土	60～100
轻钙	20～45	片状滑石	35～72		

(4) 能够使涂料具有很好的流变性(流动性、黏度、流平性、悬浮性、增稠性等),以使涂料在储存时不沉降,便于施工成膜,形成光滑平整的涂膜。

(5) 应当与涂料中的基料、颜料和其他添加剂有良好的相容性,但应有一定的惰性,不与上述成分产生化学反应。

(6) 要具有适当的比表面积,因为它会影响着涂料的黏度、流动性、分散稳定性、沉降性和吸油量等技术指标。

(7) 要有合适的晶形,如球形、片形、针形等,不同的晶形才能发挥出不同的效果。

(8) 应当确定不同的粒度和粒度分布,粒度粗细不同的填料有不同的用处。对于分布宽和分布窄的粒度分布也有不同的用途。现代涂料要求超细粒子的矿物填料,因为只有超细矿物填料粒子才能发挥它在涂膜中的空间位隔作用,使涂膜中的颜料粒子均匀分布,从而最大限度的发挥颜料的遮盖(如钛白粉),着色(如彩色颜料)和防锈(如防锈颜料)的潜力,起到部分替代颜料作用。

2.3 涂料中矿物

2.3.1 白色颜料

现在二氧化钛(TiO_2)是涂料工业的主要白色矿物颜料。金红石型矿物一般比锐钛矿好,它的遮盖能力比锐钛矿高出45%。目前我们开发的超细钛白粉,效果比普通钛白粉好。白色是最流行的颜色,约占整个建筑涂料市场的一半。钛白粉价格上升会使涂料厂家压力增大,而同时 TiO_2 补充剂的应用会大大提高。

2.3.2 有色颜料

无机有色颜料是有机颜料的有力竞争者,有色颜料的选择最终由颜色要求决定,但也要考虑光泽、耐久、耐热和耐溶剂能力、毒性要求和成本。无机颜料是非常有前途的。

2.3.3 填料和补充剂

在涂料工业中,填料和补充剂是用量最大的成分,是用来增加涂料固体成分,降低成本的一种手段。然而现在补充剂的适用范围很广,能否正确选用补充剂会影响涂料许多方面的性质,包括光泽、遮盖力、流动和均化、耐久、涂膜厚度、渗透和流变性。

填料是液态涂料的技术术语,它起占据空间和降低成本的作用。功能填料可以改善和提高涂料的功能特征。补充剂因具有补充 TiO_2 的能力而得名。实际上许多矿物既可起填料又可起补充剂的作用。现代涂料工业中,补充剂一词一般用来表示所阐述的所有矿物。

补充剂用途很广,主要应用范围是:作为灰泥、填充混合物,底面或下层涂料(底漆)的填料或辅料;作为结构涂料的表面改性剂。补充剂通常由几种不同性质的矿物组成。

涂料的用途通常决定其中的补充剂的类型和用量。Kraft 化学公司StantanLewis说:“建筑涂料中,因质量要求较低,补充剂用量可尽量增大。工业涂料中补充剂相对较少,并要选用更高质量的产品”。水基内墙涂料可含大比例的补充剂。上述CPVC(颜料体积浓度)墙体涂料质量较低,是一种缺少黏结剂产生多孔膜的涂料。多孔膜不能洗刷,抗应力较差。高光泽建筑涂料中通常只含少量的补充剂。

以滑石矿物为例,WMC Weetmin 滑石公司销售部副经理Bianca Weiszig说:“跟踪发展趋势,在黏合剂开发方面尤为重要。通过同黏合剂厂家合作开发,实用技术中最有价值的进步是能够将矿物加到涂料配置器中”。现在国际市场上出现了专门生产供水基和高固涂料使用的滑石产品。这就是技术进步带来的丰硕成果。

2.3.4 抗腐颜料和补充剂

原先大多数有效抗腐颜料都以铬盐和铅盐为基础。现在 2 种盐会产生有毒的地下污染而受到环保的关注,因而导致其他无污染的颜料产生,或用其他技术工艺取代传统底漆。

值得重视的是由于云母氧化铁(MIO)的抗腐特性,其在涂料工业中的用量正在剧增。澳大利亚Imdex矿物公司经理Tony Boucher说:“我们相信只要扩大MIO珍奇特性的应用,MIO在面漆工业市场中发展潜力很大。MIO加入高品质工业涂料中,可产生优良的抗腐能力。”

工业用防腐涂层常用含锌底漆,MIO 中层漆和少量维持高光泽要求的环氧涂料和能够产生金属效应的MIO精制涂料构成。MIO抗腐能力比云母好得多,但在美国市场上其价格是云母的 2 倍。

抗腐涂料中强调的补充剂特征包括低化学反应、亲水、低吸油量。抗腐涂料主要补充剂是滑石和重晶石。滑石是一种减少漆膜透水性的重要矿物。而重晶石除吸油量最低外还可以提高涂料耐气候和耐酸、碱能力。

硅灰石用来增加涂料抗张能力和减少裂纹。特别是经过硅烷偶联剂处理过的硅灰石(NYCO矿物)还有一个重要特征是防腐。例如硅灰石可作“抗腐剂”部分替代昂贵的锌磷酸盐抗腐颜料用于水基环氧金属底漆之中。

3 各种涂料与矿物

现在将各种涂料和它们使用的矿物作一详细的阐述。

3.1 水基涂料

3.1.1 水基涂料

涂料中最重要的涂料种类是水基涂料,其溶剂主要是水。在欧洲约 50% 的涂料是水基涂料,到 2002 年可慢慢增加到 53%,在德国 54% 的涂料是水基涂料。欧洲市场上 69% 的装饰涂料是水基涂料。在美国水基涂料占建筑涂料总量的 80%。ICI公司装饰涂料部发言人说:“公司补充剂的用量不会因减少有机溶剂在涂料中的用量而受到较大的影响,因为绝大部分装饰涂料是水基墙面涂料”。

许多水基涂料系列的缺点已被克服,它们的用途正在不断扩大。虽然统计资料显示它们主要用作建筑装饰和民用涂料,但是现在它们已用作多种工业底漆和面漆。

3.1.2 水基系列涂料中的矿物

除所有矿物学有用特征外，填料的化学组分在水基涂料中的作用是非常重要的。水介质中，矿物之间可发生相互化学反应。已知矿物填料的pH是可以测定的。某些矿物填料如高岭土、沉淀硫酸钡、胶体硅等在水中可能呈酸性，而水基涂料通常要在碱性条件下才稳定。而补充剂应有酸碱条件下都稳定，水溶物含量很少，这些特征在抗腐涂料系列中尤为重要。为了获得良好的活性(润湿性)和分散性，补充剂必须是亲水的，否则它们会絮凝。另外的要求是低表面积，因为涂料中黏合剂和表面活性剂的用量极小，乳化树脂(黏合剂)的黏合能力和阻碍功能不高。考虑成本，黏合剂的用量应尽可能少。

滑石具有良好的亲水特征，在水中分散不彻底，除非加入反絮凝剂。在必须提高活性和分散能力时，滑石的片状形态必须保留，以便增强力学性能(抗裂)。复合Luzenac类滑石-绿泥石矿物可作补充剂。绿泥石类矿物比较亲水，在水基涂料中分散性良好。

上述内墙涂料(CPVC)中，滑石可用作流动调节剂、消光剂及 TiO_2 的补充剂。滑石也能改善涂料的耐冲洗能力。由于滑石呈多孔状，它们具有特殊的遮盖能力。

由于亲水性好，高岭土在水基涂料中分散性很好。煅烧高岭土是一种非常好的补充剂。煅烧高岭土常用在涂层内部的胶泥中。高岭土可用来诱导触变并改善抗凝性。它也能改善耐冲洗能力并提高白度。不规则粒状粗粒高岭土可减少涂层光泽。煅烧高岭土的老化率低，因而也可作建筑外墙涂料。用超细高白度的高岭土取代 10%～20% 的 TiO_2 可以不影响涂料光泽。因为高岭土的粒径与 TiO_2 十分相近，所以能很好的取代占据 TiO_2 的空间位置。

AKZO Nobel 公司 Lee 先生说：“在自动化涂敷时，GCC(重钙)和 PCC(轻钙)常被优选采用，因为其产品的性质和质量都很稳定。”Sinma公司Harriest先生说：“因为我们对此产品已有很多监控办法，GCC和PCC在水基涂料工业中使用率也很高。”

硅灰石和霞石正长岩类矿物是碱性矿物(pH=10)，特别适合于水基涂料系列，它们可改善涂料贮藏的稳定性。Unimin特种矿公司工艺销售部经理Scott Van Remorte说：“由于霞石正长岩能很好地适用于水基涂料，改造水基涂料仅需要增加霞石正长岩的矿物用量。”霞石正长岩现在多作为功能填料用在新型无表面活性剂的涂料中，因为它在水基系列涂料中很易分散。

瑞士 Incemin AG 公司已经研究白云石(碳钙镁石)在涂料中的应用。这种矿物具有高亮度、片状、微小粒径($D_{50}=0.3\sim0.4\ \mu m$)。它们可作为TiO_2的替代物，在白色涂料中代替30%TiO_2 用量而不会影响涂料的遮盖力。由于亲水，白云石在水中很容易分散。Incemin 公司确信这种矿产品在涂料和制漆工业中的发展前景，公司正在进行研究以便扩大产品的用途。

3.2 粉末涂料

3.2.1 粉末涂料

粉末涂料是有机溶剂和水基涂料的替代品，这种涂料具有环保和适用两方面的优点。这种涂料的成本效益可达 100%。2.55kg 粉末涂料的运输和储藏成本只相当 1kg 普通涂料。粉末涂料喷洒造成的废料可降到 1%，废料还可以重新收集利用。相反，液态涂料喷洒时形成的废料只能废弃，而且废弃物都带有毒性。

标准的粉末涂料的主要成分是:树脂(松香)和固化剂(60%～70%)、颜料和填充料(0%～40%)、辅助剂(1%～5%)。

粉末涂料喷洒在物体表面,然后加热使树脂发生聚合,粉末涂料最终形成一层漆膜。粉末涂料用于各类金属精加工制品,它既是工业涂料也是民用具有金属特征的涂料。工业自动化是粉末涂料的最大用户,约占总量20%制品需烘烤的工艺阻碍粉末涂料用于热敏感层。然而,近期技术进步的热点已聚焦在粉末涂料涂敷在塑料,木器和自动化装配的部件上。

世界粉末涂料产量约58万t/a,估算产值2.5亿美元,粉末涂料的需求量仍高度集中在美国、欧洲和日本。预测美国2000年增长率为8%～9%,目前,60%粉末涂料厂设在美国,5个最大的公司控制着75%的市场。

3.2.2 粉末涂料中矿物——重晶石和硅灰石

粉末涂料中所用的主要补充剂是重晶石、碳酸钙和硅灰石。补充剂的选择取决于所用的树脂类型、光泽要求、机械性质和涂料的最终用途。粉末涂料中,由于黏度的限制,CPVC的用量比有机溶剂涂料低得多。但是为了得到满意的遮盖力,粉末涂料漆膜比液态涂料厚得多。

用硅灰石作为补充剂的粉末涂料具有天然光泽比用重晶石和方解石作补充剂的粉末涂料低得多。硅灰石能增强涂料的机械强度和抗腐能力。

Unimin公司的Van Remorta先生认为粉末涂料中霞石正长岩的用量会迅速扩大。霞石正长岩可以提高粉末涂料的耐磨性。霞石正长岩具有高热容特性可改善粉末涂料熔融时的流动性能。

重晶石比方解石具有更高的遮盖率和更持久的高光泽。重晶石具有化学惰性、吸油量低的特性,只会稍微减小粉末涂料的流动性和平整性。重晶石补充剂的典型用量范围是5%～30%。粉末涂料是固体,以质量为销售单位,重晶石的大比重特点可使厂家满意。

天然重晶石的优势逐渐超过合成重晶石(沉淀硫酸钡)。Viaton公司市场部主任Craig Cherry说:"主要理由有三条,天然重晶石比化学法生产的重晶石更天然,可以选出重金属含量低微的天然重晶石,同等级天然重晶石产品价格比合成低20%"。拥有世界重晶石市场60%份额的Sachtleben化学公司宣布,沉淀硫酸钡(又称硫钡白)价格近期上涨4%。表5是美国粉末涂料在各行业中使用情况。

表5 1996年美国粉末涂料在各行业中用量表

行 业	百 分 数	行 业	百 分 数
普通金属精加工	40	电气工程	5
机械和设备	11	金属家具	12
仪表漆	15	自动化	17

3.3 高固涂料

3.3.1 高固涂料

固体成分占60%以上的涂料一般称为高固涂料。此类涂料是传统涂料和按VOC规定采用高技术生产涂料之间的过渡产品,提供一种有机溶剂含量较低,功能和用途基本不变的涂料。这种涂料常含低分子量的醇酸树脂(低黏度)。该树脂可减少有机溶剂的用量。

西欧和中欧高固涂料产量约占高固涂料总量(34 万 t)的 6%。这种涂料的增长潜力大,预测到 2004 年需求量可望上升到 85 万 t。高固涂料主要用作管道涂料和工业涂料(自动化、船舶、抗腐等)。

3.3.2 高固涂料中的矿物

高固涂料中颜料和补充剂的主要要求是:在正常剪应力下,对黏合剂的黏度影响甚微。

高固涂料中,涂膜的连接网比较脆弱,黏性差。由于吸收水分,为了避免黏着力损失,内在抗腐力减弱和起泡,补充剂表面必须亲水、表面积小、呈片状。

虽然滑石的吸油量高,会增加涂料的黏度,但是某种特殊的滑石可用在高固涂料之中。例如通过严格控制粒度,R、T、Vnderbilt公司已开发出新型Nytal产品。应用此滑石比用等粒级片状滑石需用的黏合剂少得多,黏度也小得多。Westmim滑石是一种表面积小的微晶滑石矿物,适用于高固保护和船舶涂料。由于滑石良好的阻隔作用,其传统用途是工业和船舶的维护。

吸油量低的高岭土能很好地用于高固涂料中。这种高岭土有利于改善涂料的黏度稳定性,增强抗裂机械力和耐冲刷能力。它可以用来制取高光泽和高平滑度的面漆。

在要求高光泽和强耐磨时,重晶石常作补充剂用于高固涂料如高固工业面料之中。Sigma公司的Harris先生说:“重晶石在过去 15~20 年中非常流行,因为那时涂料以重量为销售单位。当涂料以体积为销售单位时,重晶石的用量可能会减少。但在最近 2~3 年中,重晶石又重新流行起来”。

3.4 辐射处理涂料

3.4.1 辐射处理涂料

辐射处理是一种方法,其原理是将某种涂料混合物施放在物体表面上,然后,用电子束或紫外线轰击表面,使树脂在表面产生瞬时聚合作用。人们对辐射处理涂料的兴趣会迅速发展。在欧洲,德国正领导辐射处理涂料,拥有 23.6% 的市场份额。接下去意大利占 21.8%,英国占 20%。这种涂料技术可以特别有效地用在木器、家具和蚀刻工艺等方面。它同样也可以用于纸张、塑料和金属制品的表面。从现在到 2000 年此项技术在美国的增长率达 7%。

3.4.2 辐射处理涂料中矿物

大多数传统补充剂都可用于紫外线处理涂料中。矿物种类和用量最终取决于成品的要求。

例如,涂在木质材料表面的紫外线处理涂料中,补充剂用量一般为 10%~40%,以便获得良好的耐磨抗腐能力。正常情况下,选用折射率低的矿物,可使补充剂对处理效果影响降到最小。现在,灯光系统的改进已允许对有色涂料进行紫外线处理。矿物吸收紫外光谱的能力(如滑石、高岭土、云母)在选择补充剂过程中也要充分考虑。

重晶石用于紫外线处理涂料中起掺砂作用,滑石用作填料以便获得高平滑面的底漆。而不同粒度的碳酸钙的使用,既可作填料又可降低成本。重晶石的用量可达涂料重量的 40%。硅土可用作消光剂。

3.5 涂料中使用的矿物填料主要特征

3.5.1 涂料工业用矿物特征

涂料工业用矿物特征见表6。

表6 涂料工业用矿物

矿　　物	特　　征
重质碳酸钙(GCC)	亮,价格低,耐气候性能良好(高酸环境例外),亲水(水基涂料中分散性良好),吸油率低
轻质碳酸钙(PCC)	粒度非常均匀,高亮度,纯度高,吸油率比重钙高
陶土(高岭土)	亮,叶片状,低反应,亲水
云母	叶片状(化学反应阻剂),提高漆膜的耐用性
云母氧化铁(MIO)	叶片状(增加漆膜的抗腐力,提高漆膜的机械强度),红铅颜料的无毒替代物,产生金属效应
重晶石	提高涂料耐气候的耐酸的能力,低吸油量(流动性影响极小)大比重磨耗低,化学惰性,耐热,溶解度低(水、酸、碱中),吸光性低
合成重晶石	粒径 0.5～14 μm,纯度高,同天然重晶石矿物性质相似
霞石正长岩	吸油率低,球粒状(抗老化补充剂),硬度较大(提高耐冲刷和阻燃能力),防冻性好,化学惰性,分散性好,碱性 pH(pH 缓冲剂,可阻止水基涂料 pH 值的变化,长期稳定)
晶质氧化硅	化学惰性、硬(提高耐磨和耐冲刷能力)
硅藻土	吸油率高,骨架状结构(即使在高倾角非胶状表面,也能使平滑漆膜产生一种不规则的糙面)
火成氧化硅	矿物表面存在胶状功能团(SiOH)、触变结构、反絮凝剂,流量控制剂
滑石	高亮度,化学惰性,厚片状结构(漆膜良好的阻水剂),亲水,低密度,软、中等吸油量
硅灰石	碱性(水基涂料 pH 缓冲剂,长期稳定)针状(抗老化—增强补充剂,耐冲刷能力)

3.5.2 涂料中应用的矿物填料的主要矿物的主要矿物学特征

涂料中应用的主要矿物学特征见表7。

表7 涂料中应用的主要矿物学特征

颗粒形状:球状(碳酸钙和重晶石),吸油量低,可大量密集填充。针状(硅灰石),漆膜增强剂(通过缠结杆阻碍流动,应用时在剪应力下容易破碎;

片状(滑石和陶土),高吸油量导致黏度增加,增加漆膜的抗渗透力

	球状	叶片状
吸油量/黏度	较低	较高
颜料填充	密集	较散
遮盖力	较低	较高
涂料流动和均匀性	较好	较差
光泽	较高	较低
抗折曲率	较低	较高
抗老化/户外持久性	较好	较差
耐冲刷能力	较好	较差
抗应力	较好	较差

粒径和粒径分布:专用(特殊)的表面取决于粒径(粒径越小,视表面积愈大),而吸油率直接受粒径分布的特征控制(实际上是测定一定重量补充剂中空隙量)

	粗	细
吸油量	较低	较高
耐冲刷能力	较高	较低
抛光能力	较低	较高
遮盖力	较低	较高
干燥失去的遮盖力	较高	较低
抗老化/耐用性	较低	较高

水分和 pH:水分影响金属底漆的抗腐性,影响水基涂料的稳定性,pH 也影响涂料的稳定性

3.5.3 涂料和油漆中所用矿物主要特征

涂料和油漆中所用矿物主要特征见表 8。

表 8 涂料和油漆中所用矿物的主要特征

矿　物	颗粒形状	粒径/μm	密度/kg·m^{-3}	吸油量/mg·(100g)$^{-1}$	折光率
重晶石	球状	1～50	4.45	12	1.64
碳酸钙	球状	0.7～3	2.65	16～30	1.57
硅灰石	针状	45～150	2.90	20～33	1.63
含水陶土	叶片状	0.2～50	2.58	30～60	1.56
煅烧陶土	无定形晶	0.2～50	2.63	45～60	1.62
滑石	片/纤维状	2.5～50	2.80	25～50	1.59
硅土	球状	5～150	2.65	20～45	1.55
霞石正长岩	球状	10～44	2.61	20～35	1.53
二氧化钛	球状	0.2	4.00	14～18	2.70

4 超细重钙在涂料中的应用试验

由于白度高，吸油量低，微细粒子具有很高的空间位隔能力，再加上价廉易行，重钙已经成为世界涂料工业的第一大填料。在欧洲，涂料工业消耗重钙的数量达 70 万 t/a，美国也要每年使用 20～25 万 t。随着水基涂料比例的加大，重钙的用量将会进一步提高。从国际涂料工业发展趋势看，国外涂料工业正朝着大量使用微细化和超微细化重钙，即此谓“超细重钙”方向发展。因为只有使用超细重钙才能部分取代 TiO_2 和彩色颜料。世界著名Omya牌重钙在涂料中的使用情况可见表 9。

为了推进超细重钙在涂料工业中的应用，扬州群鑫粉体材料有限公司和化工部常州涂料化工研究院于 1998 年 8 月 8 日合作共同进行超细重钙在涂料中的应用试验。

扬州群鑫粉体材料有限公司生产 3 种规格型号的超细重钙：

(1) 101A 型：(D_{90}<10 μm)；

(2) 051A 型：(D_{90}<5 μm)；

(3) 201A 型：(D_{90}<15 μm)。

表 9 Omya 牌重钙在涂料中的应用

产品牌号	特性						用途																	功用				
							平光								半光				高光									
	平均粒径/μm	最大粒径/μm	白度/%	吸油量/mg·g^{-1}	矿物类型	表面处理	内用乳胶	外用乳胶	金属底漆	木器底漆	防腐底漆	原子灰	粉末涂料	浮雕涂料	丝光乳胶	中间涂料	路标漆	粉末涂料	乳胶漆	瓷漆	烘漆	油墨	粉末涂料	取代部分钛白	取代轻质碳酸钙	取代沉淀硫酸钡	防腐蚀	取代部分防锈颜料
Violet Label	2.4	20	85	17	白垩	无	●					●																
BSH	2.4	20	83	14		有						●																

续表 9

产品牌号	特性						用途																	功用				
							平光								半光				高光									
	平均粒径/μm	最大粒径/μm	白度/%	吸油量/mg·g⁻¹	矿物类型	表面处理	内用乳胶	外用乳胶	金属底漆	木器底漆	防腐底漆	原子灰	粉末涂料	浮雕涂料	丝光乳胶	中间涂料	路标漆	粉末涂料	乳胶漆	瓷漆	烘漆	油墨	粉末涂料	取代部分钛白	取代轻质碳酸钙	取代沉淀硫酸钡	防腐蚀	取代部分防锈颜料
Albarex	5.5	30	89	14	石灰石	有					●																●	●
Millicarb	2.7	12	91	16	石灰石	无			●	●						●	○											
Hydrocarb	1.6	7	94	17	石灰石	无	●	●							●	●												
OmyacarbIT	1.7	8	94	16	大理石	有			●		●					●												
Omyacarb1	1.7	8	96	19	大理石	无										●												
Omyacarb2	2.7	12	95	17	大理石	无	●			●		○	●					○										
Omyacarb5	4.8	20	95	15	大理石	无	●			●		○	●					○										
Omyacarb10	9	50	94	14	大理石	无								●														
Durcal/Granicalcium														●														
Omyacarb-Extra	0.9	5	93	20	大理石	无	●	●							●				○					●	●	●		
Calcigloss	0.9	4	95	21	大理石	无									●		●	●	●	●	●	●	●	●	●	●		

注:●建议使用;○适合使用。

现将这 3 种型号的超细重钙分别应用于内外墙乳胶漆的性能对比试验,并对遮盖力以及综合性能,经济价值作出评估。

4.1 试验方案

(1) 高性能外墙乳胶漆。用 051A 型重钙取代 10%钛白粉和其他填料,做性能对比试验;

(2) 优质外墙乳胶漆。用 101A 型重钙取代其他填料,做性能对比试验;

(3) 高性能内墙乳胶漆。用 101A 型重钙取代其他填料,做性能对比试验;

(4) 经济型内墙涂料。用 201A 型重钙取代其他填料,做性能对比试验。

4.2 试验结果

试验使用原配方(1 号样)和添加重钙(2 号样)作对比试验,试验结果见表 10。

表 10 涂料试验主要数据对比表

种类 / 性能	高档外墙		中档外墙		高档内墙		低档内墙	
编号	1 号	2 号	1 号	2 号	1 号	2 号	1 号	2 号
细度/μm	50	30	50	35	55	35	70	50
对比率/%	0.93	0.93	0.91	0.93	0.90	0.94	0.90	0.91
遮盖力/g·m⁻²	135	132	200	172	180	166	245	235

从试验结果可知,在使用超细重钙以后,水基涂料的浆料中普遍达到填料细度变细的效果,因而所有性能均达到国家规定的技术指标,详见检测报告。

4.3 经济分析

从所作各种试验来看,高档外墙涂料中使用051A超细重钙取代10%的TiO_2之后,性能保持不变,原料成本将下降5%左右。其他几种涂料使用超细重钙后性能有所提高,而成本略有下降。

4.4 综合评价

试验结果表明:

(1) 051A型超细重钙在取代10%的TiO_2后涂料的遮盖力与对比率基本不变;

(2) 101A型超细重钙在用于优质外墙和高性能内墙乳胶漆中能提高遮盖力和对比率;

(3) 201A型重钙也能稍稍提高遮盖力;

(4) 在使用超细重钙的过程中,浆料细度变细,制备出涂料比较细腻,遮盖力比其他填料好;

(5) 051A型重钙用于高性能外墙乳胶漆,人工老化250h,粉化0级,变色1级,达到国家一级品规定的技术指标;

(6) 101A型超细重钙用于优质外墙乳胶漆,人工老化250h,粉化0级,变色1级,达到国家一级品规定的技术指标。

(7) 使用超细重钙作为填料或补充剂,各项物性指标不变,涂料细腻,外观状态好,对比率有所提高;

(8) 使用051A型和101A型重钙于外墙乳胶漆中,不会影响涂料的耐候性;

(9) 使用各种超细重钙不会提高原材料成本,应用在高性能漆中成本下降5%;

(10) 超细重钙在涂料中除可部分取代TiO_2外,还可等量取代其他填料。

5 结　论

(1) 非金属矿物在涂料工业中占据重要地位。随着环保意识的加强,减少挥发性有机溶剂已成为涂料工业发展的趋势。这就意味着非金属矿物填料的重要性更加突出。

(2) 在各种非金属矿物填料中,我们推荐下列填料为重点。它们是:重钙、轻钙、滑石、高岭土、重晶石、硅灰石和霞石正长岩以及云母氧化铁(MIO)。

(3) 超细重钙是重钙的发展方向。通过扬州群鑫粉体材料有限公司和化工部常州涂料化工研究院所作的应用实验表明,它可部分取代TiO_2还可等量取代其他填料。它的最大特点是使浆料变细,使涂料更为细腻,因而提高涂料品质。应该加快超细重钙在涂料工业中的应用步伐。

有机包覆超细重钙在 PVC 制品中的应用

刘伯元　　　　张泰芳
(冶金部华东地勘局矿产品开发研究所)　(安徽省环保监测站)

徐凌秀　李百合　　　　冯绍华
(青岛远东塑料工程公司)　(青岛化工学院)

中国塑料加工协会改性塑料专业委员会于 1999 年提出研究微米级超细填料开发研究的课题,并由作者完成论文《超细重钙在塑料中的应用》。

这个课题的一个子课题,是研究超细重钙在 PVC 制品中的应用。1999 年 10 月至 2000 年 3 月,由冶金部华东地勘局矿研所、青岛远东塑料工程公司、青岛化工学院、山东青路塑料公司等单位进行了超细重钙在PVC制品中的应用试验研究。

重质碳酸钙由于价格低廉、化学纯度高、惰性大、不易化学反应、热稳定性好、400℃以下不会分解、白度高可达 90 以上、吸油值低、硬度低、磨耗小、无毒无味、无臭、分散性好等众多优点已成为塑料工业首选填料。但由于大粒子的存在,使得 400 目以上粗的重钙很难大容量用于塑料之中。

对于 10μm 的细的超细重钙,由于实现了粒子超细化出现了许多优异的理化性质,对于塑料工业来说,传统意义填料是提高硬度,提高刚性,但往往是以降低韧性为代价。经过新开发的表面改性技术,可以使超细粒子作为受力支点产生增韧现象,这就是所谓无机刚性粒子增韧理论。

对于 PVC 制品来说,它是化学建材中占比例最大的一种材料,如何使用功能性填料,一方面达到降低成本的目的,另一方面又要确保产品质量,这才是我们追求的目的。

最新研制的可以部分取代 PVC 树脂的功能性填料,它与国内外其他填料不同之处在于寓增容致廉于增韧性能之中。这是针对硬聚氯乙烯(RPVC)制品的特殊要求而设计制造的专用填料,这种填料本身是一种包藏结构,其内核是经过偶联剂和其他助剂表面改性处理的超细重质碳酸钙粒子,外面再设计一个有一定厚度的包覆层,其包覆层是专门设计的,既对PVC树脂有良好的相容性,又有良好增韧效果的有机高分子材料。

这种新型填料按一定比例加入到 PVC 树脂之中混合,混炼后会使二元体系出现一种呈蜂窝状的互相贯穿网络的相态结构关系,最终产生较好的增韧效果,保持了较高的抗冲击能力,使得产品质量完全达到国家标准,即PVC塑料门窗型材的物理机械性能符合表 1 的规定(国标GB8814—88)。

这种新型填料的开发,在保持国标质量要求的同时,降低型材成本,且不影响型材焊接强度,因此对于面临树脂原料高涨,利润微薄的塑钢门窗加工业,无疑是科技创新带来的利润和希望。

表 1 GB8814—88 部分摘录

项目		指标	
硬度		≥85	
断裂伸长率/%		≥100	
拉伸强度/MPa		≥36.8	
弯曲弹性模量/MPa		1961	
低温落锤冲击(破裂个数)		≤1	
维卡软化点/℃		≥83	
加热后状态		无气泡,裂痕,麻点	
加热后尺寸变化率/%		≤25	
氧指数/%		≥35	
高低温反复尺寸变化率/%		≤0.2	
简支梁冲击强度/$kJ\cdot m^{-2}$		23±2℃	-10±1℃
外窗		≥12.7	≥4.9
内窗		≥4.9	≥3.9
耐候性	简支梁冲击强度/$kJ\cdot m^{-2}$ 外窗	≥8.8	
	简支梁冲击强度/$kJ\cdot m^{-2}$ 内窗	≥6.9	
	颜色变化	无显著变化	

本文对有机包覆超细重钙新型填料在PVC型材中的使用作了系统研究,对青路塑料公司型材配方进行了添加新型填料10%(2号样)、20%(3号样)、30%(4号样)、40%(5号样)(同时相应减少原配方材料比例)和不添加填料(1号样)对比试验。

研究表明,新型填料按一定比例使用在不同的PVC制品中,可以产生增韧效果,即既可达到国标的质量标准,又可减少PVC树脂,降低成本的目的。

1 实验部分

1.1 主要材料

$CaCO_3$:由扬州群鑫粉体公司制备的10μm (1250目)超细重钙;

助剂:硬脂酸;

有机包覆高分子材料:国内生产;

PVC型材原料:由青岛青路塑料公司配制的原料。

1.2 有机包覆超细重钙填料的制备

第一步:在200 L高速搅拌机中对(1250目)超细重钙和硬脂酸进行表面改性处理。温度110~130℃,时间20 min。

第二步:将表面改性后的超细重钙放进冷搅,使之降到常温。

第三步:将表面改性后的超细重钙和有机包覆高分子材料在反应釜内进行有机包覆。

1.3　新型填料加入型材试验

第一步:将按上述方法进行有机包覆后的超细重钙填料,分别按 0%、10%、20%、30%、40%比例替代型材原料,分别配制成:1 号、2 号、3 号、4 号、5 号 5 种样品准备进行试验。

第二步:使用试验室用开炼机,平板硫化机对样品进行混合、混炼、塑化、制样。开炼机温度为 260~270℃,制出 5 个样品的小样。

1.4　性能测试

由青岛市塑料工程技术研究中心(设在青岛化工院内),按照 PVC 门窗型材国标进行 6 项主要物理力学性能指标测试。

2　结果与讨论

2.1　综合测试报告(见表 2)

表 2　青岛市塑料工程技术研究中心综合测试报告

选样单位	冶金部华东地勘局矿产品开发研究所					
样品名称	特殊处理剂处理重钙用于 PVC 型材					
序号	实验项目	1 号	2 号	3 号	4 号	5 号
1	密度/$g \cdot cm^{-3}$	1.44	1.50	1.55	1.69	1.78
2	拉伸强度/MPa	42.3	39.2	39.2	29.7	26.1
3	断裂伸长率/%	80	100	90	60	65
4	冲击强度/$kJ \cdot m^{-2}$	13.5	12.7	8.6	7.2	5.4
5	硬度(邵氏 D)	80	80	81	81	81
6	维卡软化点	86.5	87	87.5	88	88.5

说明:1. 本结果仅对来样负责,试样仅保存 1 个月。

2. 本结果加盖公章后生效。

试验者:×××

(盖章):2000 年 3 月 11 日

2.2　密度

从表 2 中可以看出,随着填料的加入,型材密度随之增大,从 1.44g/cm^3 上升到 1.50g/cm^3(2 号样)、1.55g/cm^3(3 号样),增加不明显是略有增加。而到 4 号样(1.69)、5 号样(1.78)则增加较大。

2.3　硬度

从表 2 中可知,填料加入后型材硬度略有提高。均满足制品需要。

2.4 拉伸强度

拉伸强度是 PVC 门窗型材重要物理性能，它和冲击强度、弯曲强度都是型材韧性重要指标(见图 1)。

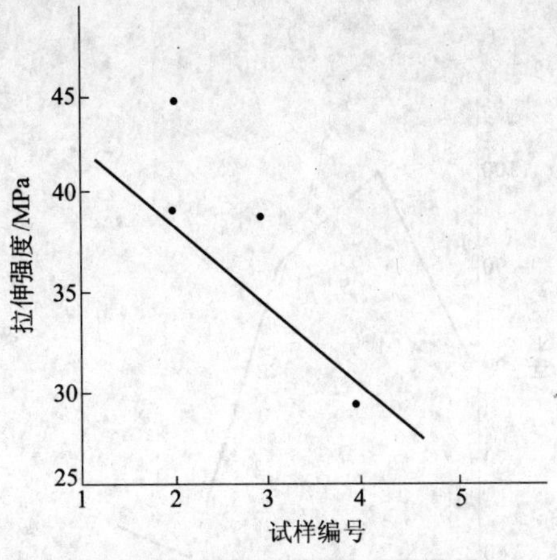

图 1 材料的拉伸强度曲线

从图 1 中可以看出，随着填料加入比例的加大，拉伸强度呈下降趋势。但是 2 号样品和 3 号样品的拉伸强度均为 39.2 都大于国标的 36.8，达到国家标准。

2.5 冲击强度

冲击强度是 PVC 型材的重要物理性能，关系到型材的拼装和焊接，对外窗的要求最严。

从图 2 可以看出，随着填料加入，冲击强度下降很快。但 1 号样仍然达到 12.7 MPa，达到国标要求，即使 5 号样冲击强度 5.4 仍然大于内窗的标准 4.9。

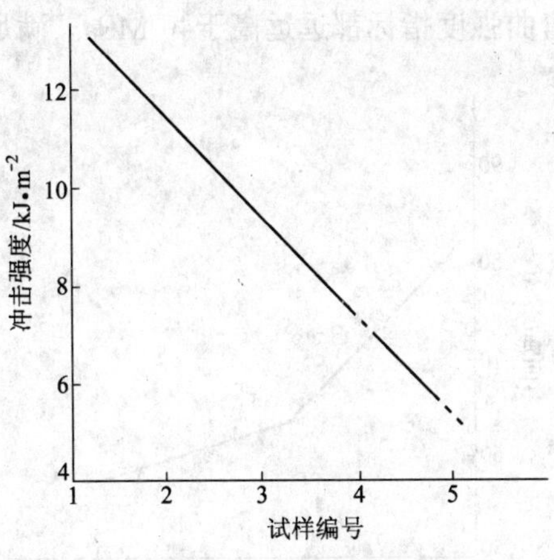

图 2 试样的冲击强度曲线

2.6 断裂伸长率

从图 3 可以看出一个有趣的现象。原配方的型材断裂伸长率只有 80%,增加 10%的填料后(2 号样)断裂伸长率却达到 100%,就是增加 20%(3 号样)后断裂伸长率达到 90%也比不加填料的要高。这就说明添加一定比例的填料(例如 2 号样、3 号样)可以改善型材的断裂伸长率指标。

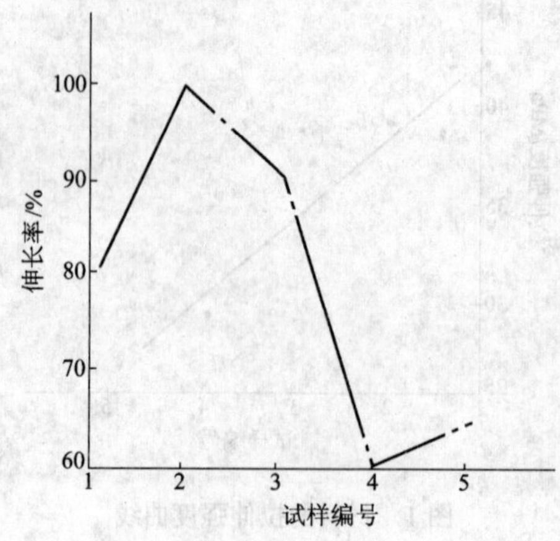

图 3 试样的断裂伸长率曲线

2.7 维卡软化点

从表 2 可知,增加填料后的型材样品,维卡软化点普遍提高全部达到国标要求。

2.8 弯曲强度

从图 4 中可以看出,随着填料份数的增加,弯曲强度也随之下降。下降幅度从 80 MPa 到60 MPa,但 5 种样品的弯曲强度指标都远远高于40 MPa。满足制品需要。

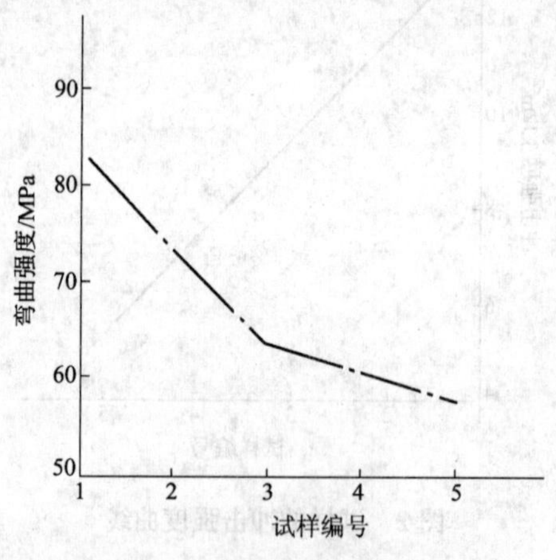

图 4 试样的弯曲强度曲线

3 结　　论

(1) 有机包覆超细重钙是一种新型功能性填料,它由崭新的理论设计指导,一方面发挥超细粒子的增韧作用,另一方面使用一种与PVC树脂有良好相容性,且与PVC树脂形成互穿网络结构的高分子材料作包覆层,经过混合设备加工形成。这种独特的填料可以成为PVC树脂取代剂。

(2) 试验结果表明,在青岛青路公司原配方的基础上再添加 10%填料(2 号样),各项指标均符合国家型材标准对外窗的要求。再添加 20%填料(3 号样),除冲击强度下降到 8.6 低于国标外,其他指标均符合外窗标准。

考虑到青路公司原配方已添加 10%碳酸钙的因素,可以认为 PVC 型材外窗,碳酸钙填料(当然是新型有机包覆超细重钙)的添加量可以上升到 20%~30%。

(3) 试验结果表明,即使是 5 号样(添加 40%填料)冲击强度仍然达到 5.4,大于国标对内窗的要求 4.9。因而可以认为作为填料的推广应用,在内窗型材上填料的添加比例可以达到 40%~50%。

(4) 对于 PVC 的其他制品,例如管材,新型有机包覆超细重钙填料可以类同 PVC 型材使用,但由于管材要求低于外窗要求,因而添加比例可以增大到 30%~40%。

对于软质聚乙烯制品(SPVC),我们设计出Ⅱ型填料,也可以等量替代 PVC 树脂,添加比例为 20%~30%。例如在软聚氯乙烯制品——门窗用密封胶条的生产中,采用本技术填料(H 型)120 份,用来替代原来使用的碳酸钙 80 份,结果是加工性能更好,产品各项指标均达到国标GB12002—89 所规定的要求。

(5) 经济效益测算

新型有机包覆超细重钙,售价 3000 元/t,而 PVC 树脂 8000 多元/t。每使用 10%填料替代PVC树脂,可降低成本 500 元/t,每使用 20%填料替代PVC树脂,可降低成本 1000 元/t。显然新型填料对于化学建材厂家来说是降低成本,提高经济效益的科技创新之路。

有机包覆三元共混体系新型材料的研究

刘伯元　　　　欧玉春
（中国塑协改性塑料专委会）　（中科院化学所）

1 概 述

在塑料改性技术的发展过程中一方面用橡胶粒子与塑料进行共混改性，使用有机粒子—弹性体作为增韧剂，达到增韧的目的，生产出 SBS 等一大批新型材料，已经在工业上获得广泛的应用，如防水材料、鞋底料等，并已经成为较为成熟的有机增韧理论。但是有机弹性体增韧塑料虽然获得巨大的成功，取得理想的韧性，却损害了材料宝贵的刚性和强度，劣化了加工流动性和耐热变形性，因而有一定的局限性。

另一方面无机填料的超细化，微米粒子和纳米粒子出现使得有关技术水平大大提高。通常无机粒子如碳酸钙是作为价廉的填料填充到塑料中起到增量作用，当时的工业水平决定使用的碳酸钙是 400 目的大粒子，这种刚性无机粒子可以提高塑料制品的硬度和刚性。但由于大粒径的无机填料的加入，易在基体内形成缺陷，损害了塑料制品的韧性和强度。若用超细粒子如微米粒子和纳米粒子来填充可达到增韧效果，这就是所谓无机刚性粒子增韧理论。这个理论认为，超细粒子与大粒径粒子相比，它们的表面缺陷少，非配对原子多，与聚合物发生物理或化学结合的可能性大，增强了粒子与基体的界面粘合，因而可以承担一定的载荷，具有某种增韧的可能。主要原因有以下几点：(1)刚性无机粒子的存在，产生应力集中效应，易引发周围树脂产生微开裂，吸收一定的变形功；(2)刚性粒子的存在使基体树脂裂纹扩展受阻和钝化，最终阻止裂纹不致发展为破坏性开裂；(3)随着填料的超细化，粒子的比表面积增加，填料与基体接触面积增大，材料受冲击时，产生更多的微开裂，吸收更多的冲击能，使材料不致被破坏。自从 1999 年以来两年多的时间，无机刚性粒子增韧理论进展不大，在实际应用上还没有巨大的突破，还不能直接产生某种产品。

这时，我们思索这样一个问题，能不能把上述两个方面的优点集中起来克服它们的缺点，制造一种新的产品？顺着这个思路我们从这几个方面入手：

(1)橡胶共混塑料，其橡胶粒子是柔软的，可压缩性很大。一个粒子可以在外力作用下压缩到其本身体积 1/5 或更小即形变达到 4/5，当外力消失后，它又恢复到原样。因而这样做成的制品，因橡胶粒子柔软性太好一遇外力迅速压缩变形，带动整个制品刚性和强度下降。如果这个粒子在外力作用下，它的形变只是橡胶粒子的 1/5 左右，或者说在外力作用下它的变形只是它原体积的 1/5，这样就能取得最大的好处，一方面由于粒子可以在外力压迫下收缩变为原粒子体积的 1/5，可以释放冲击能量保持韧性，另一方面收缩变形只被允许在原粒子体积的 1/5，不会导致整个制品的刚性和强度遭到破坏。这是否是最良好的设计？

(2)上述这种设计是由 2 个部分组成,一个部分是由无机填料如碳酸钙,滑石为其内硬核,另一个部分是由有机高分子或橡胶组成的柔软外壳,其厚度约为内硬核的 1/5 左右。

(3)上述设计完成的关键技术,就是先用少量的橡胶,助剂来包覆大量的无机填料,这种技术称为有机包覆技术。

(4)将有机包覆完成后的填料——具有无机填料硬核和橡胶柔软层的二元填料加入到基体树脂中去(或先将这种填料用基体树脂做载体来造粒做成母料再加入到基体树脂中去,如果是 PVC 则无需造粒。可以直接加入到 PVC 中去)。由于橡胶的存在,已经从聚合物的填充改性变为聚合物的共混改性。由于无机填料、橡胶、塑料的存在构成了三元体系。所以说这种新型的材料可以称为"有机包覆三元共混体系"材料。

有趣的是,我们从国外引进的一种技术中有类似的成分,但没有有机包覆的内容。那就是汽车保险杠的塑料化技术。在国外汽车工业早就使用塑料来制作保险杠了。最早是意大利菲亚特公司采用无机填料,三元乙丙橡胶来改性聚丙烯。此后瑞士、德国、法国等公司都相继采用了成本较低的热塑性聚烯烃保险杠。20 世纪 90 年代日本汽车 90%采用改性 PP 来做保险杠材料。

在中国,金陵石化公司的 PP/PE EPR/填料,辽阳石化的 PP/EPDM/填料,中科院长春应用化学所的 PP/EPDM/填料等等汽车保险杠材料,都可以看作无机填料、橡胶、塑料三元共混体系。

现在可以说我们就是在有机增韧理论和无机刚性粒子增韧理论的基础上,建立了有机包覆三元共混体系这一崭新的理论。

2 模型的建立

现在我们着手建立有机包覆三元共混体系模型。

2.1 普通塑料改性微观结构示意

填料加入塑料,其微观结构模型见图 1。

如图 1 所示,填料加入塑料之中,必须解决两大问题,其一是迅速均匀分散的问题,其二是界面结合问题。从图 1 可以清楚看出,填料是通过界面层与基体树脂结合在一起的。

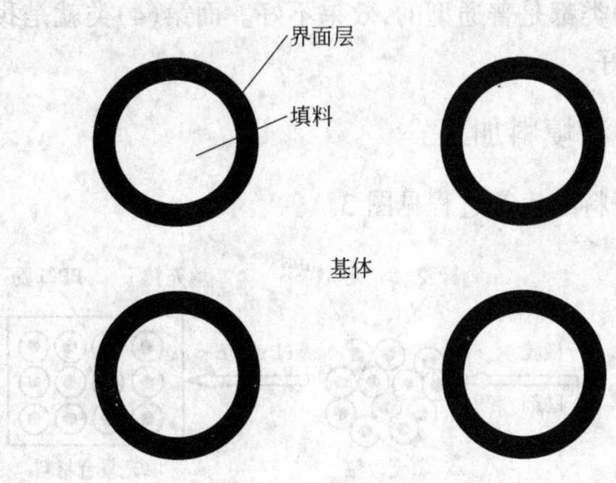

图 1 微观结构模型

2.2　三元共混体系中填料分散情况

在以无机填料、橡胶、塑料构成的三元共混体系中，填料的分散状况可见图 2。

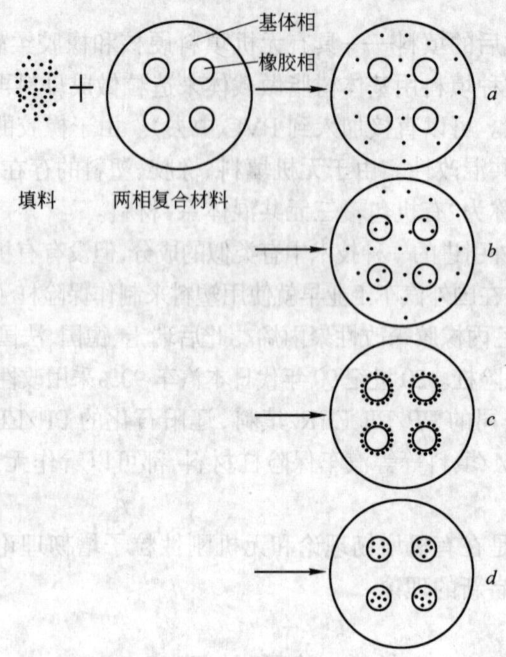

图 2　填料分散示意图

从图 2 中可以看出，填料与两相复合材料，即橡胶相、基体相（塑料）共混后会产生如图 2 的 4 个分图所示的 4 种分散情况：

(1)填料、橡胶各自分散于基体相之中；

(2)橡胶相分散于基体相之中，填料既进入橡胶相，又进入基体相；

(3)填料集中在橡胶相的表面；

(4)橡胶包覆填料，然后分散于基体相之中。

其中，第(1)、(2)、(3)类都是普通型的，效果不好。而第(4)类就是我们希望看到的有机包覆三元共混体系，效果好。

2.3　有机包覆三元共混填料加工

有机包覆三元共混填料的生产过程见图 3。

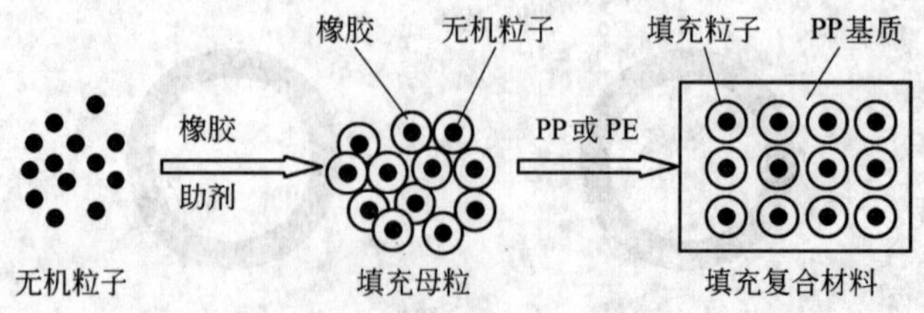

图 3　加工示意图

2.4 纳米粒子改性模型

纳米粒子是如何进行分散和表面改性的？通常所说表面包覆概念是不对的。我们不能把纳米粒子表面全部包覆起来，如果这样做，就会丧失纳米材料优秀的性能，因而只能是局部包覆。许丽报道国外是建立所谓"life jacket"("救生衣"模型)。图 4 就是"救生衣"模型。

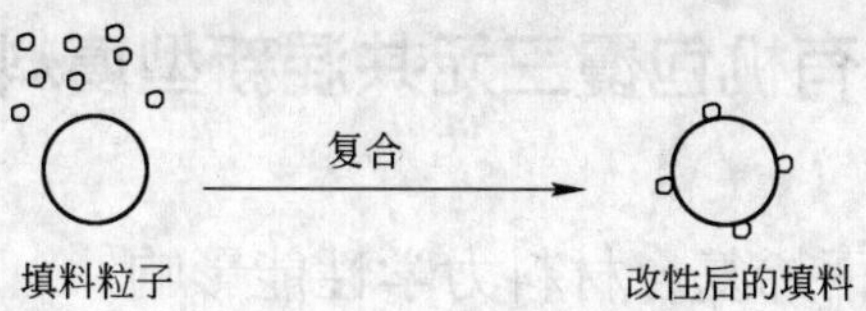

图 4 纳米粒子表面改性模型

3 建立有机包覆三元共混体系，生产新型填料的方法

建立有机包覆三元共混体系，生产新型填料的工业化生产方法必须解决下列三个方面的问题。

3.1 选择橡胶种类

根据相容性原则，选择与基体树脂相容好的橡胶种类。在 PP、PE 选择三元乙丙橡胶。

3.2 实现软壳/硬核微观结构的方法

常见的实现微观结构模型的各种方法见表 1。

表 1 实现微观结构的各种方法

常用方法	增强增韧填充母粒方法
溶液包覆法：大量的溶剂需要后处理	没有后处理过程
乳液法：由于破乳分离困难，橡胶类弹性体不能作为壳材料，对高分子材料增韧而言，不能制备出硬核——软壳结构粒子	可以制备出硬核——软壳结构粒子
多步熔融法：制备环节多，加工周期长	加工环节少，周期短，加工成本低
反应性加工法：粒子形态不易控制，复合材料性能不稳定，操作过程技术性强，工作量大，不易掌握	结构，性能和加工工艺稳定，普通加工机械可加工，可操作性强

在 PVC 树脂中，制造有机包覆三元共混体系新型填料主要在特殊设计的高、冷搅机组中加工，在 PP、PE 树脂中，制造有机包覆三元共混体系填料可以在双螺杆挤出机中加工。从表 1 中可以看出，母料加工法优点很多，但有很多关键问题需要解决。

3.3 母料法关键技术问题

(1)用少量橡胶包覆大量无机粒子；

(2)在位形成刚性粒子——硬核/橡胶——软壳特定结构粒子；

(3)通过双螺杆挤出机实现填充母料连续化生产；

(4)填充母料重新在高分子基体中迅速均匀分散。

解决关键技术的条件分别是：表面自由能、极性和化学作用的匹配；体系各组分黏度的调节；加工设备和工艺条件的控制。

4 有机包覆三元共混新型填料效果

4.1 母料填充量对聚丙烯复合材料力学性能影响

图 5 为母料填充量与聚丙烯复合材料力学性能关系。其中母料载体即为三元乙丙橡胶，(■)直接填充，(●)母粒填充。

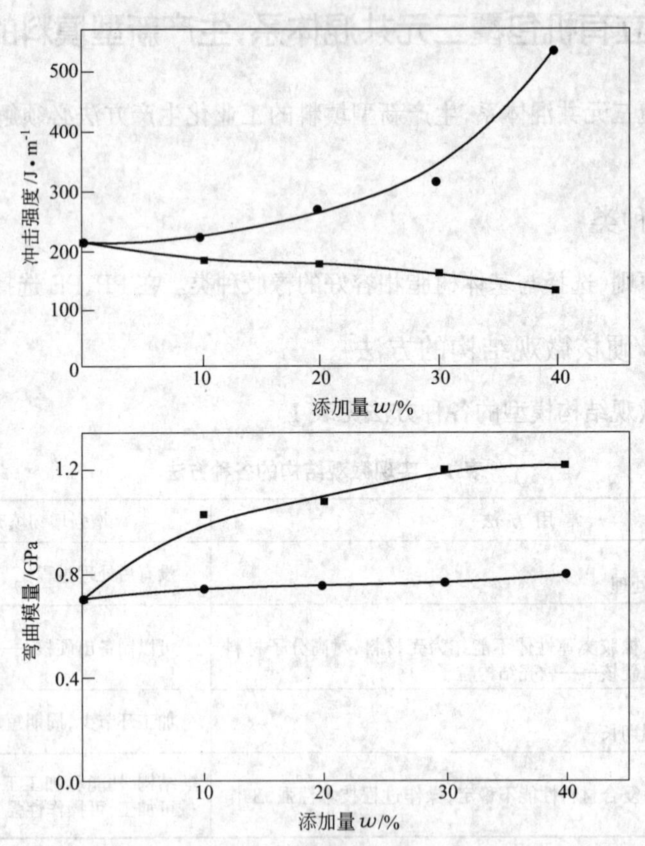

图 5 母粒填充量与聚丙烯复合材料力学性能的关系

(母粒载体为三元乙丙橡胶，(■)直接填充，(●)母粒填充)

4.2 母粒填充对聚丙烯材料的增强增韧效果

表 2 为大规模生产母料填充聚丙烯复合材料的力学性能(母粒含量 40%)。

表 2　力学性能表

性　　能	均聚聚丙烯	母粒填充均聚聚丙烯	共聚聚丙烯	母粒填充共聚聚丙烯
拉伸强度/MPa	35.7	25.7	26.4	20.2
冲击强度/J·m^{-1}	45.7	169.0	275.2	673.4
弯曲模量/GPa	1.41	2.15	0.99	1.69
弯曲强度/MPa	35.5	34.3	23.6	24.5

由表 2 可以看出,使用有机包覆三元共混体系填料(母料)的复合材料、各项力学指标均有提高,特别是冲击强度可以增长 10 倍甚至几十倍。

母粒填充聚丙烯复合体系的微观结构见图 6。

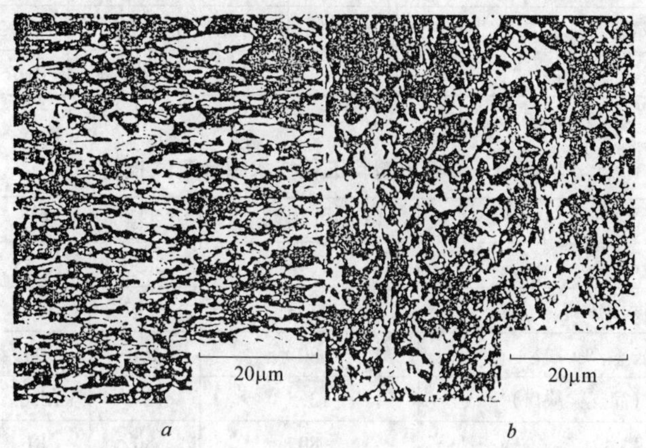

图 6　增强增韧填充母粒对聚丙烯复合材料微观结构的影响

a—直接填充;*b*—母粒填充

5　有机包覆三元共混填料已开发的品种

5.1　聚乙烯、聚丙烯母粒

由中科院化学所最早在南通开发了有机包覆三元共混的改性聚丙烯材料汽车仪表板材料已达到国内外先进水平。表 3(见下页)是国内外改性材料物理化学性能对比。

其中三元共混材料分别是滑石粉,三元乙丙橡胶和聚丙烯。

5.2　聚氯乙烯粉料

由青岛远东塑料工程公司和冶金部华东地勘局矿研所等单位研究开发了在聚氯乙烯树脂材料中的有机包覆三元共混粉料型填料。这种新型填料,其内核是无机填料——超细重钙粒子,外面再设计一个有一定厚度的包覆层,其包覆层是专门设计的既对 PVC 树脂有良好的相容性,又具有良好增韧效果的橡胶有机高分子材料。这种新型填料已经完成加入型材中的试验室小试工作。将在专门设计的改性设备中加工出的有机包覆三元共混新型填料分别按 0、10%、20%、30%、40%比例替代型材原料,分别制成 1～5 号样品进行对比试验,按照 PVC 门窗型材国标进行 6 项主要物理力学性能指标测试,其结果见表 4。

表 3　国内外研制生产的轿车仪表板用改性聚丙烯性能

项　目	Himot		日本三菱油化		化学所	国　内	
	SP98/F	ERKX10Z	2	3		甲	乙
熔体流动速率/g·(10min)$^{-1}$	9	10	3	3.5	5.6	2~3	2~3
拉伸强度/MPa			26.4	26.4	≥21	21.0	21.3
断裂伸长率/%			100	110	≥50	60	56
缺口冲击强度/J·m^{-1}	75	>130	88	294	≥250	150	98
弯曲强度/MPa			41.4	33.3	≥34	34.1	49.8
弯曲模量/GPa	2.5	2.3	2.74	2.57	≥2.5	2.5	2.49
热变形温度/℃	120	104	128	124	130		
成型收缩率			1.1	1.1	0.6~0.8		

表 4　青岛市塑料工程技术综合测试报告

试　验　项　目	1 号(对比样)	2 号	3 号	4 号	5 号
密度/g·cm^{-3}	1.44	1.50	1.55	1.69	1.78
拉伸强度/MPa	42.3	39.2	39.2	29.7	26.1
断裂伸长率/%	80	100	90	60	65
冲击强度/MPa(简支梁缺口)	13.5	12.7	8.6	7.2	5.4
硬度	80	80	81	81	81
维卡软化点	88.5	87	87.5	88	88.5

从表 4 中可以看出在原塑料门窗型材配方的基础上再添加 10%填料(2 号样),各项指标均达到国标对外窗的要求。再添加 10%填料(3 号样),除冲击强度下降到 8.6 低于国标外,其他指标均符合国标要求。考虑到原配方已加入 10%碳酸钙的因素,可以认为 PVC 型材(外窗),新型有机包覆三元共混填料的添加量可以上升到 20%~30%。对于其他 PVC 制品,如管材和软质 PVC 制品,新型填料都可以大幅度添加,而不影响其质量。目前正在进行工业化中试工作。

6 结　论

有机包覆三元共混新型填料是在橡胶对塑料的有机弹性体增韧理论和无机刚性粒子增韧理论的基础上发展出来的一种新型理论的产品。它是继承了上述 2 种理论的优点,同时又创造性的将两者结合起来新开发的一种理论。它用三元共混的方法,将无机填料、橡胶、塑料 3 种材料有机结合在一起,形成一种新型复合材料。它的核心技术是有机包覆,是以无机超细填料为硬核,外面包覆上一层柔软层—橡胶软壳。硬核/软壳结构是新型填料的结构特点。从模型图中可以展示这种结构的特点和功能。

有机包覆三元共混填料是一种崭新的填料,它已经不是传统意义上的无机填料,目前橡胶与无机填料质量之比为20%:80%。价格已经达到3000～5000元/t。但是它的功能效果却是普通填料所无法比拟的。例如汽车保险杠,大家可以想象一下它所承受的冲击力。在没有这种有机包覆三元共混新型材料出现之前,就是用纯聚丙烯做成的材料,它也无法达到有如此大的耐冲击能力。从表3中可以看出,有机包覆三元共混材料的缺口冲击强度可以大于250是普通聚丙烯(50)的五倍之多。展望未来,开发高强度的复合材料必然少不了有机包覆三元共混新型材料。现在这种新型材料的使用已经不仅局限在汽车保险杠上面,它还用在汽车仪表盘材料上,使用到家用电器、工业零部件方面,已经成为高科技发展的首选材料。我们研制的产品的水平已经接近世界先进水平。

有机包覆三元共混新型材料,要求使用超细无机填料,目前最低标准是平均粒径为10μm,将要大量使用的是5μm。不久即将达到2μm水平,这就对无机填料的要求越来越超细化,不久的将来,还会提出使用纳米粒子的要求。同时在有机包覆三元共混体系中,无机填料所占的比例已从5%～10%上升到20%～40%,这种数量的增加也成为超细填料的发展创造了广阔的前景。

目前开发的二种有机包覆三元共混填料,其价格分别为母料5000元/t,粉料3000元/t,不仅可以给塑料制品厂家降低1000元/t的成本,还可以给生产这种新型填料和母料的厂家带来1000元/t的利润。可以说这是一个新的经济增长点,值得我们去大力开发这种产品。

有机包覆三元共混是一种崭新的理论,用以生产新型填料和生产新型复合材料的研制和开发生产工作还刚刚起步,还有大量工作要做。无论是理论模型的完善,还是生产技术的改进,都有待我们进一步工作。

黏土类矿物深加工技术现状与发展

郁建国
（苏州非金属矿工业设计研究院）

黏土主要由含水的硅酸盐矿物组成，是最常见的自然资源，它具有其他物质所不具备的很多独特性能，如颗粒细、黏结性、可塑性、膨胀性、烧结性、耐火性、离子交换性等等。黏土中含有大量的黏土矿物。

黏土矿物是构成黏土的主要矿物，黏土由于黏土矿物的存在而形成了前述的诸多特性。黏土矿物是一种含水的硅酸盐矿物，绝大部分黏土矿物是结晶矿物，其晶体结构主要是由1个或2个硅氧四面体与1个铝氧或镁氧八面体相互叠置而形成层状或链层状结构，因此，黏土矿物的化学成分除 H_2O 外，还含有大量的 SiO_2 和 Al_2O_3 或 MgO，自然产出的黏土矿物中，由于同形置换现象的发生，常常还有一定量的 Fe_2O_3、K_2O、Na_2O、CaO 等其他成分。

黏土矿物的种类较多，最主要且目前已成规模工业应用的有高岭石类、蒙脱石类和坡缕石类三大类矿物。高岭石类黏土矿物包括高岭石、地开石、埃洛石（多水高岭石）、珍珠岩、陶土等，其中以高岭石为主要成分的高岭土最为典型。蒙脱石类黏土矿物主要是各种类型的膨润土。坡缕石类黏土矿物主要包括凹凸棒石和海泡石。

在自然产出的黏土矿物中，少部分因所含矿物较纯、杂质少而无须加工可直接应用；另有一些矿物因应用领域对其物理或化学指标要求不高而可在开采后直接应用，如低档陶瓷产品中用一般的高岭土原矿作为成分配方加入等等。除此之外，绝大部分的黏土矿物或因其杂质过多、纯度不够，或因其物理或化学性能达不到使用要求，必须在其应用前进行不同程度的加工或处理。这种加工过程依据程度的不同可分为初加工和深度加工。初加工一般指采用常规或较简单的工艺对矿物进行初步的富集、提纯或简单的改变其粒度等物理性质的加工处理；而深度加工则是在初加工的基础上围绕着提高矿物的纯度、改变矿物的某些物理或化学性质以使矿物能更好地适应应用要求而进行的进一步加工，这种深度加工也称矿物的深加工。

1 高岭土的深加工

高岭土主要由粒度极细的微小片状或管状高岭石类矿物晶体组成，除此之外，常伴有少量的蒙脱石、伊利石、绿泥石等其他黏土矿物，或多或少的石英、长石、云母等非黏土矿物，以及少量的铁矿物、钛的氧化物和有机物等其他杂质矿物。高岭石的化学式为 $Al_2O_3 \cdot 2SiO_2 \cdot 2H_2O$，晶体构造式为 $Al_4[SiO_{10}](OH)_8$。自然产出的高岭土根据其质量、可塑性和砂质的含量等，可分为砂质高岭土、软质高岭土（土状高岭土）和硬质高岭土（高岭石岩）三大类。高岭土在陶瓷、造纸、耐火材料及水泥、橡胶、塑料、石油化工、日用化工、农药、医药、轻纺、电子及航天等领域得到了广泛的应用。

砂质和软质高岭土的初加工,一般包括制浆或水洗、除砂分级、粒度分级等作业,可以得到在细度上满足陶瓷原料和造纸、橡胶、塑料填料要求的各种粒级的高岭土产品。但随着各行业对高岭土的细度、白度、黏度等物理特性和杂质含量等化学特性的要求的提高,以及随着优质高岭土资源的日渐消耗、高岭土原矿质量的下降,需要对高岭土的初加工产品进行深加工,以满足各行业对上述特性的要求。目前国内外的高岭土深加工技术主要有以下几个方面。

1.1 高岭土的超细分级

造纸工业用高岭土作纸张涂料时,对高岭土的细度要求较高,气刀涂料要求高岭土小于2μm 的含量在 70%以上,刮刀涂料要求更高,一般要使 $-2\mu m>80\%$,最好大于 90%。为了达到上述细度的要求,传统的生产方法是采用自然沉降法,该方法占地面积大、生产时间长、产量小、效率低。目前采用的方法主要有用小直径水力旋流器和卧式离心机对高岭土进行超细分级的方法。小直径水力旋流器能耗小、造价低,但当要求 $-2\mu m>90\%$时粒度控制不太容易;卧式离心机的分级粒度高,产品细度易控制,但造价高、能耗较大。2 种设备为高岭土的超细分级提供了保证。国家非金属矿深加工工程技术研究中心研制的系列小直径聚氨酯旋流器用于高岭土矿物的各种粒度分级,尤其是超细分级精度高、效果好、处理能力大,且无污染、耐磨性好,目前已在很多高岭土选厂应用。

1.2 高岭土的提纯

质纯的高岭土具有白度高的特性,这是它被造纸、涂料等工业用作填料和涂料的原因之一。而在自然产出的高岭土中,由于常伴生有铁矿物和钛的氧化物以及有机物等着色杂质,使经分级后的高岭土的白度达不到应用要求。为了使高岭土产品的白度满足使用要求或使具有较高白度的高岭土达到更高的白度,需要采取深加工的方法除去高岭土中的铁、钛矿物及有机物,对高岭土进行提纯。提纯的技术包括以下几种。

(1) 高梯度强磁选。高岭土中的铁钛矿物粒度极细,又多属弱磁性矿物,一般的磁选方法很难除去这部分杂质。目前除去此类杂质的方法是采用聚磁介质(如钢毛等),使介质箱中的磁场强度和磁场梯度大大提高,当细粒的高岭土矿浆流经此介质时,矿浆中的弱磁性铁钛杂质被介质吸住,非磁性的高岭土流出,从而达到使铁钛杂质矿物与高岭土分离的目的,提高高岭土白度。在磁选设备方面,国内目前已开发出高梯度连续强磁选机系列产品,其磁场强度可达 1.8T。另外国内已研究出通过对钢毛介质进行电磁振动,可减少磁性产品以及介质对高岭土的夹带,从而提高高岭土的回收率。

(2) 化学漂白。化学漂白是通过在高岭土矿浆中添加化学药剂,使之与高岭土中的铁矿物或有机物反应形成易于与高岭土分离的成分,从而达到脱除高岭土中的杂质、提高高岭土白度的目的。常用的化学漂白方法分为还原漂白法和氧化漂白法。

还原漂白法是利用强还原剂如连二亚硫酸钠(俗称保险粉)等加入到高岭土矿浆中,使染色的高价铁矿物如褐铁矿、赤铁矿等还原为亚铁而溶解于水中,经多次洗涤、过滤后而被脱除,达到高岭土与杂质分离的目的,使高岭土白度提高。对于含高价铁矿物的高岭土,该方法效果明显，白度的提高幅度较大。在漂白过程中应注意调整好矿浆的 pH 值，控制好漂白药剂的用量。与还原漂白法原理相同的方法还有亚硫酸电解法。还原漂白法是应用较广的一种化学漂白法，在漂白时可添加络合剂，使被还原的亚铁与络合剂形成稳定的络合物，不再被氧化而使高岭土重新着色。

氧化漂白法是利用强氧化剂如过氧化氢、次氯酸及其盐类等加入到高岭土矿浆中，使处于还原状态的铁矿物如黄铁矿等被氧化成可溶性的亚铁，或将高岭土中的着色有机物氧化成能被洗去的无色氧化物。该法对于含黄铁矿或着色有机物的高岭土矿的提纯效果较好。

另外，国内对化学漂白与高梯度磁选联合除铁的效果进行过研究，研究结果表明，两者结合可大幅降低漂白药剂的用量，并可得到高白度的高岭土产品。

(3) 载体浮选。载体浮选是在高岭土的浮选过程中，加入一定粒度的方解石等物料作为矿物载体，利用捕收剂将极细的杂质如锐钛矿等吸附到矿物载体上，然后充气上浮，实现杂质矿物与高岭土的分离，从而提高高岭土的白度。该方法最早应用于美国的某些高岭土选矿厂，其中一个选厂对经离心分级后的细粒高岭土进行载体浮选，以方解石为载体，加塔尔油、硫酸铵、柴油等药剂，经多次浮选可将锐钛矿除去 70% 左右，除钛后的高岭土再经化学漂白后，白度可达 90 以上。

国内某些单位曾作过载体浮选的探索性研究，但尚无应用实例，其主要原因在于国内的大部分高岭土钛杂质含量不高，且工艺较繁杂，没有采用此方法的必要。

(4) 双液分选。双液分选法是将脂肪酸或其他能捕捉杂质的捕收剂加入高岭土矿浆中，充分搅拌后静置，使矿浆形成含锐钛矿、铁燧石、电气石等杂质的有机液及高岭土悬浮液双层液体，再用重选设备进行分离，提高高岭土产品白度。但该方法存在着药剂成本高、有机液回收率低等缺点，因而制约了该方法在工业上的应用，目前仍处于中试阶段。

(5) 选择性絮凝。选择性絮凝是在充分分散的高岭土矿浆中加入絮凝剂，通过絮凝剂与矿粒表面的桥联作用使分散于矿浆中的游离细粒石英、明矾石、黄铁矿、锐钛矿等杂质有选择地絮凝，再从矿浆中分离出絮凝物。美国已有两个选厂成功地应用此方法去除高岭土中的钛矿物。国内中国高岭土公司对选择性絮凝法进行了较深入的研究，成功地用该法实现了高岭土与细粒石英、明矾石、黄铁矿等有害杂质的分离，提高了高岭土产品的白度，并在该公司内用此法进行批量生产纯度较高的高岭土产品。

(6) 常规浮选。由于高岭土的粒度很细，超过了常规浮选的粒度界限，因此一般概念中高岭土是不能进行常规浮选的，但很久以来人们一直在进行高岭土常规浮选的研究，取得了一定的成果，并于最近几年将成果应用于工业生产中。英国 ECC 公司的常规浮选法在其浮选给矿中，大于 10μm 的高岭土含量约占 30%，通过采用合适的药剂制度和适当调整浮选机结构，能浮选出大部分高岭土，石英、云母和长石等杂质矿物被抑制而不上浮，该法高岭土的浮选回收率可达 70%。

1.3 高岭土的煅烧

对提纯后的砂质、软质高岭土和磨细后的硬质高岭土（主要是煤系高岭土）在 700～950℃ 范围内进行煅烧，可除去高岭土中的着色有机质，脱除高岭土的结晶水，使高岭土的物相发生变化，从而提高高岭土的白度及电绝缘性等性能。经煅烧后的高岭土白度、亮度高，配成矿浆后的黏度低，电绝缘性等性能好，因而具有很高的产品附加值。美国、英国等国家生产砂质、软质高岭土煅烧产品的规模较大,产品的应用领域较宽。国内对砂质和软质煅烧高岭土的生产只限于小批量的规模,且产品应用范围窄。最近几年,国家非金属矿深加工工程技术研究中心成功地进行了煤系硬质高岭土的系列技术研究、开发工作,取得重大成果,其中对煤系高岭土的煅烧增白技术可使煤系高岭土煅烧产品的白度稳定在 90 以上。目前该中心的技术已在山西、内蒙、河南等地建成数家煅烧煤系高岭土生产厂,生产规模从年产数千吨至 1 万 t 不等,生产出的产品质量高,大部分用于出口。

1.4 高岭土的剥片

剥片是指采用机械或化学的方法使层叠的高岭土晶体解离成单片晶体,分为机械剥片和化学剥片。剥片可使高岭土的粒度变细,并露出层间洁净的表面,从而提高高岭土的白度。经剥片的高岭土粒度可使小于 2μm 含量大于 90%,径厚比可达(15~20):1,可作为造纸刮刀涂布级产品。

机械剥片是将高岭土矿浆置于机械设备内利用强力搅拌使磨剥介质对高岭土产生强烈的磨剥作用,从而使高岭土层间断裂分离成单片晶体,提高高岭土的细度和白度。机械磨剥的关键是设备和介质,一般要求设备搅拌力强、结构合理、不对高岭土产生二次污染、介质的细度及配比要适当、磨耗小、对高岭土的化学成分和白度等影响小等。国外如美国、德国和捷克等国家多用碾磨机、多槽式擦洗机等作为剥片设备,国家非金属矿深加工工程技术研究中心的研究人员开发出了国内第 1 台剥片机。其特点是磨剥粒度细,不影响高岭土晶形,结构合理,效率高,能耗低,介质配比合理,耐磨耐压性好,不污染产品等,近几年已在国内得到广泛的应用。

化学剥片是在高岭土矿浆中加入某些药剂对高岭土进行浸泡,使药剂浸入高岭土的晶体叠层中,破坏晶层间的氢键,并借助外力的作用使松动的晶层剥离成单体晶片,从而达到使高岭土变细变白的目的。目前国外在剥片药剂的研究和使用方面做的工作较多,并已形成一定规模的生产,国内也已开展了这方面的研究,但完全用化学剥片的方法生产剥片高岭土的工业应用尚未实施。

另外,英、美等国目前正着手研究高岭土的快速冷冻剥片法,该方法的工艺过程比较简单,只要使高岭土快速通过装有液氮的超低温筒体,高岭土层间的水突然制冷受冻而膨胀,晶层结构遭到破坏,氢键断裂,层叠的高岭石晶体便剥离成单片晶体。

1.5 高岭土的降黏

高岭土的黏度以黏浓度的方式表示,黏浓度是指矿浆的黏度为 500 MPa·s 时高岭土的百分固含量。黏浓度越高,则高岭土的黏度越低,作为造纸涂料时对配方及刮刀的运行有益,反之则会影响高岭土作为造纸涂料的使用。很多高岭土矿床尽管其产品粒度细、白度高,但由于其黏度过高,黏浓度低而大大影响了使用价值。

引起高岭土黏度过高的原因较多,如高岭土的晶形、产品中小于 0.2μm 粒级的含量过高等。如何有效地解决这些问题是一个亟待研究的课题,国外尚无解决该问题的报道,国内方面,国家非金属矿深加工工程技术研究中心对高岭土降黏技术进行了开发研究,已取得很大的成果,其方法是在高岭土选矿提纯工艺中的某一作业添加某些药剂,可大大降低高岭土最终产品的黏度,使其黏浓度达到作为造纸涂料的要求,目前该技术已在江西、湖南等地的一些高岭土生产厂家应用并取得了成功，可使高岭土黏浓度的指标提高10%～30%。

1.6 高岭土的表面改性

高岭土的表面改性是对精选高岭土或煅烧高岭土用有机的化学药剂（偶联剂、润湿剂等）进行处理，在高岭土表面形成一药剂分子覆盖层，从而改善高岭土作为塑料、橡胶或涂料的填料时与这些有机母料的相容性，增大高岭土的填充量，并改善和提高最终产品的物理性能。高岭土常用的表面改性方法有机械混合、流化床处理以及高压反应釜加压涂敷等，其关键的技术是要根据改性高岭土填充的母料的性质选择好药剂的种类，并在改性过程中控制好药剂用量以及改性时间、温度等参数。常用的偶联剂有硅烷、钛酸酯等；润湿剂有硬脂酸及其盐类、有机硅油等。

1.7 高岭土的分解与合成

将精选高岭土或煅烧高岭土在一定的条件下与化学药剂进行反应，使高岭土的内部结构破坏，生成的产物作为产品直接应用或作为中间产品与其他物料（药剂）再进行反应而生成另外用途的产品的过程称为高岭土的分解与合成。高岭土是一种高铝矿物，通过对高岭土的分解与合成，可得到应用于塑胶、水处理、日用化工等行业的无机化工产品，这些产品包括白炭黑、结晶氯化铝、聚合氯化铝、聚合氯化铝铁、氯化铝、4A分子筛等等。

1.8 高岭土颜料

精选高岭土本身是一种优良的白色体质颜料，常应用于各类涂料中。通过采用适当的加工工艺，高岭土也可用来制备无机颜料，目前主要用来生产群青系列颜料。

用高岭土制备群青的工艺，是将高岭土与其他材料、试剂等经干燥、研磨、配料、煅烧、颜料化处理等系列作业而制得，其中对各作业及参数的控制要求较高。国外已生产的群青颜料有蓝、紫、红色等，国内目前只能生产蓝色群青，如何开发研制出其他颜色的群青颜料也是今后研究工作的一个课题。

1.9 高岭土复合材料

高岭土复合材料是指以高岭土作为主要或重要组分，利用天然高岭土的特性，通过各种加工、处理或复合而成的具有某些特殊功能的物料。前述的高岭土群青实际上也是一种高岭土复合材料，其他的高岭土复合材料有蓄热介质材料、免烧轻质耐火型材、抗湿不锈钢焊条药皮、复合速干胶、热喷涂遮盖剂、低膨胀微晶玻璃、低膨胀陶瓷、高膨化颜料、阻燃防水材料、高温黏结剂等等，不一而足。事实上，所有含有高岭土组分的材料及制品均可笼统地称为高岭土复合材料，但此处所指为利用高岭土的特性而制成的某些有特殊用途的功能性材料。

综上所述，高岭土的深加工包括高岭土原料的深加工和高岭土应用的深加工两大方面，高岭土深加工技术的发展，也应从上述两方面着手。首先，在原料深加工方面，随着我国整体经济水平的发展和提高，高岭土在各行业应用的需求量与范围会越来越大，与此同时，随着高岭土资源，尤其是软质和砂质高岭土的不断开采和利用，优质高岭土资源越来越少，今后将不可避免地要使用天然品质不太好的高岭土资源。根据我国高岭土资源的实际情况，在今后相当长的一段时间内，软质和砂质高岭土原料的深加工要在高岭土的分级、提纯、剥片、降黏技术及其相应加工设备等方面加强研究，克服资源不好的不利因素，使最终的高岭土产品在细度、白度、纯度及黏浓度等方面达到相关行业的应用要求。据有关地质资料反映，我国的煤系硬质高岭土储量大、矿体厚、品质好，与国外同类资源相比具有很大的优势。近些年来国内的有关科研机构对煤系高岭土的生产工艺进行了系统研究，形成了以超细磨矿和煅烧增白为主要作业的生产技术，并成功地建成了数千吨至上万吨的煅烧煤系高岭土厂，生产出了超细超白的煅烧高岭土产品。因此，加强煤系高岭土的超细磨矿和提纯以及煅烧增白技术及相关设备的研究，将为充分利用我国独特的煤系高岭土资源、生产高档高岭土制品起到非常重要的作用。其次，在高岭土应用的深加工方面，由于高岭土具有粒细、质白、具可塑性、黏结性、耐火性、绝缘性等特殊性能以及其他尚未开发的优良性能，应重视和加大高岭土应用深加工技术的开发和研究，将深加工技术与相应的产品紧密结合起来，尽可能做到一项技术带出一个或一系列产品，这样不仅可以扩大高岭土的应用范围，充分、高效地利用该项资源，而且经深加工后的高岭土应用产品的附加值将大幅度增高。

2 膨润土的深加工

膨润土是以蒙脱石为主要矿物成分的黏土。膨润土的物质成分取决于成矿母岩和成矿作用特点，一般除蒙脱石外常含有其他黏土矿物、非黏土矿物及可溶性盐类。膨润土中伴生的其他黏土矿物有伊利石、高岭石、埃洛石、绿泥石、水铝英石等；非黏土矿物有沸石、石英、长石、蛋白石、黄铁矿、铁的氧化物及火山岩屑、晶屑、陆源碎屑等；可溶性盐类有钾、钠、钙、镁的碳酸盐、硫酸盐、硝酸盐或氯化物等。蒙脱石类矿物种类繁多，成分变化复杂，若不考虑晶格中的 Al^{3+} 和 Si^{4+} 被其他离子置换，蒙脱石的理论化学式为 $Al_2O_3 \cdot 4SiO_2 \cdot nH_2O(n \geqslant 2)$，其晶体构造式为 $Al_4(Si_8O_{20})(OH)_4 \cdot nH_2O$。膨润土依据其蒙脱石的属性、属型及层间黏土矿物而有不同的分类方法。较简明的、也是工业应用中常用的分类方法是按蒙脱石的可交换性阳离子的种类、数量和比例等属性将膨润土分为钠基、钙基、镁基、铝(氢)基膨润土等，其中最为常见的是钙基和钠基膨润土。

膨润土由于具有良好的黏结性、膨胀性、胶体分散性、悬浮性、吸附性、催化活性、触变性及阳离子交换性等性能，因此已在机械、冶金、石油、化工、食品、交通、医药、化妆、能源、军工等行业作为黏结剂、吸收剂、脱色剂、填充剂、催化剂、触变剂、絮凝剂、洗涤剂、稳定剂、增稠剂等而被广泛应用。膨润土的深加工技术主要体现在以下几个方面。

2.1 膨润土的提纯

自然产出的膨润土由于产地和成矿原因的差异，造成了不同产地或同一产地不同矿点的膨润土中蒙脱石的含量的不同。蒙脱石含量高的膨润土大多数可以在很多行业直接应用，但对于蒙脱石含量低的膨润土或某些对膨润土的纯度要求很高的行业而言，就必须对膨润土进行提纯，使膨润土中的蒙脱石含量达到应用的要求。膨润土提纯的方法主要是湿法提纯。低蒙脱石含量的膨润土中的杂质矿物主要有石英、长石、伊利石、云母、铁的氧化物等。由于蒙脱石晶粒极细，一般呈粒度小于 0.5～1μm 的细粒状或鳞片状，而上述杂质矿物相对于蒙脱石来说粒度较粗，因此，膨润土的湿法提纯常采用重力选矿法对膨润土进行粒度分级，粗粒级产物作为杂质弃除，极细粒矿物即为提纯后的膨润土。提纯过程一般先将膨润土制备成充分分散的矿浆，配成合适的浓度后在沉降池中自然沉降或经过水力旋流器、离心机等设备进行粒度分级，沉降物或粗粒级产物作为杂质丢弃或综合利用；悬浮物或细粒级产品经脱水、干燥、磨粉和包装后即成提纯产品。膨润土提纯技术本身并不复杂，难点在于膨润土提纯产品的脱水。由于膨润土的独特的层状结构，吸附的水分子大都进入其层间并使之膨胀，导致分散、提纯后的矿浆具有很强的膨胀性、悬浮性和稳定性，加上提纯产品的浓度一般都较稀，要脱除蒙脱石层间吸附的水就显得非常困难。目前常用的方法是在提纯后的膨润土矿浆中加入化学药剂，打破蒙脱石层间阳离子和水分子形成的电荷平衡，使膨润土产生絮凝，然后借助脱水设备进行脱水。该方法对于钙基膨润土较为有效，对于钠基膨润土而言，由于其膨胀性特强，层间水较难压缩，同时还要考虑使用的药剂对最终提纯产品性质的影响，因此，脱水效果不是很理想。国外在这方面的技术与国内大致相同，没有特殊有效的方法和技术。因此，如何寻找和研究开发出合适而有效的絮凝剂应是一个值得重视的课题。另外，国内目前有些研究人员在尝试用超薄过滤法对提纯后的膨润土稀矿浆进行过滤脱水，有关研究结果尚未见正式报道。

2.2 膨润土的改型

天然钠基膨润土具有优良的膨胀性、悬浮性和稳定性，用途非常广泛。然而自然产出的膨润土尽管资源非常丰富，但其中90%以上是钙基膨润土，天然的钠基膨润土很少。利用膨润土具有阳离子交换性的特点，在钙基膨润土中加入含钠离子的试剂，通过一定的加工，使钙基膨润土转化为钠基膨润土的方法称为膨润土的改型。膨润土的改型工艺较简单，一般可分为自然钠化、矿浆钠化和挤压钠化等几种方法。总的来说，人工改型后的膨润土的性能不如天然土。常用的改型试剂有碳酸钠、碳酸氢钠、醋酸钠、草酸钠、氢氧化钠等。

2.3 膨润土的活化

用强酸与膨润土在一定条件下进行反应，利用酸中的氢离子对膨润土中蒙脱石内部的阳离子进行置换，从而疏通和扩大蒙脱石层间和内部的孔洞，增大蒙脱石的内表面积，使膨润土具有强烈的吸附脱色能力和化学活性的方法称为膨润土的活化。经活化处理的膨润土称活性白土，一般采用钙基膨润土来生产活性白土，并根据膨润土中的杂质成分分别采用硫酸或盐酸对膨润土进行活化。活性白土因具有很强的脱色能力和催化能力而广泛应用于动植物油脱色、石油产品的精炼及肥皂、树脂和塑料的脱色净化等领域，具有较好的前景。膨润土活化技术可分为干法和湿法活化2类。

干法活化是将酸直接加入膨润土粉料中在旋转或搅拌设备中加热活化一定的时间，排出的产品即为膨润土活性白土。此法的优点是工艺简单、耗酸少、不产生酸性废水、对环境污染小等，但其致命的弱点是产品的脱色力、活性度等关键指标低，不能满足很多应用行业的要求。另外尽管活化时添加的酸相对较少，但未参与反应的酸仍滞留于产品中无法除去，致使最终产品的游离酸含量远远超过0.2%的要求，大大限制了其在食用油脱色等行业的应用。

湿法活化是将钙基膨润土原矿或粉料制成一定浓度的矿浆，直接或将矿浆提纯后在反应器中添加一定量的酸，在加热并不断搅拌的状态下活化一定时间，活化好的矿浆冷却后经多次洗涤至游离酸达到要求后，再经脱水、干燥、磨粉即可得到粉状的活性白土产品。湿法活化的优点在于通过对膨润土中蒙脱石含量、矿浆浓度、活化酸量、温度、时间、洗涤水量、次数等参数的控制，可得到各种脱色力、活性度等指标的系列产品，以满足不同行业的不同要求。该法的不足之处是工艺流程相对复杂、耗酸量较多，并产生一定的酸性废水，形成对环境的威胁。国家非金属矿深加工工程技术研究中心开发研究的膨润土制活性白土活化工艺采用湿法活化方法，通过对各类参数的控制和优化，可用不同产地、成因的钙基膨润土生产出脱色力、活性度指标很高的高效活性白土，并能综合利用生产中产生的废酸，提高产品综合效益，并可大大减少废酸对环境的污染，该工艺目前已在国内数家生产企业应用。

另外，对湿法活化的活性白土产品，通过挤压造粒、碾轧、筛分、焙烧等作业可生产出有一定颗粒强度、堆积密度和粒度的颗粒活性白土。这种颗粒活性白土可作为催化剂用于石化产品的脱色精制、催化裂化中。

2.4　膨润土的改性

用无机或有机试剂对提纯后的膨润土在一定浓度下反应一定时间，使试剂与蒙脱石的阳离子进行交换而使膨润土的有关性质发生改变的方法称为膨润土的改性。膨润土经改性后的典型产品是膨润土矿物凝胶和有机膨润土。

膨润土矿物凝胶具有增稠、触变、抗电解质盐类、抗酶性、耐酸碱、性能稳定等特点，因此在日用化工行业用来控制膏体产品的流变性、触变性、扩散性、黏滞性和稠度等；在制药、农业、涂料、陶瓷、玻璃、铸造、洗涤等其他行业应用也非常广泛，既可提高产品质量，又可降低生产成本。用膨润土生产矿物凝胶的技术重点在于对膨润土的提纯和改性药剂的选择。

有机膨润土是由有机分子、离子或聚合物以各种键力形式与蒙脱石结合而成的蒙脱石有机复合物，它是一种触变性胶体，其化学活性很低、不溶解在有机液体中，也不与有机液体发生反应，但可分散于有机液体中形成触变性胶体，且能抗稀酸和碱，因此在钻井泥浆、油漆、油墨、润滑脂、玻纤树脂、化妆品、电子元件等方面有着广泛的应用。有机膨润土的制备方法可分为干法、湿法和预凝胶法 3 种。影响有机膨润土制备的因素很多，主要因素为有机覆盖剂的选择，国内外多以有机铵盐作为覆盖剂。

另外，国内外近来对交联蒙脱石，也叫柱蒙脱石的研究和开发较多，其基本原理和过程与有机膨润土的湿法制备相似，同样利用了膨润土的阳离子交换特性，不同的是进行交换的试剂为钛盐、铝盐等。经交换后的蒙脱石可大幅增大其层间距，并在层间形成支撑作用的分子柱，且可根据需要通过选择不同的交联剂来控制层间和柱间的距离，形成在高温状态下结构稳定不变的复合体。这种复合体即称为胶体蒙脱石或柱蒙脱石，它具有适于石油的高温裂化、提高原油利用率等特殊性能。随着研究的深入，交联蒙脱石的应用范围将日益广泛。

2.5　膨润土的分解与合成

膨润土的分解与合成是指用膨润土作原料，经过化学方法对其进行各种处理而得到其他性质不同产品的过程。膨润土的分解与合成的典型产品是白炭黑和 4A 分子筛，其技术原理与高岭土制同类产品类似。值得注意的是，在实际生产中，用膨润土单独生产白炭黑或 4A 分子筛的成本很高，不太实用。但如果利用膨润土联合生产活性白土、白炭黑、4A 分子筛 3 种产品，既可生产出不同类型的系列产品，又可使生产中产生的废酸废碱液在各作业间相互利用;既可降低综合成本,又可将对环境的污染降到最低,因此,同时生产上述系列产品是膨润土的深加工开发方向之一。

2.6 膨润土复合材料

膨润土除了可进行前述深加工而得到各类不同的深加工产品外,更多的是在实际应用中作为主要组分或重要组分添入到各种材料中,通过利用膨润土的某个或某些特性而形成具有不同特殊用途的复合材料产品。除最常用的铸造型砂和冶金球团黏结剂及钻井泥浆外,广泛应用于其他领域的如固体快离子导体、果汁澄清剂、废水处理剂、消毒防护剂、核废料处理剂、高效水软剂、高级瓷、农药和化肥载体、防火材料、保温材料、无碳复写纸、电绝缘材料等等,都属于膨润土复合材料的范畴。其加工和复合技术根据应用领域的不同而变化,需要结合各领域的实际要求而研究开发。总之,根据膨润土的一系列特殊性能而开发出相应的高档次功能性复合材料应成为充分利用膨润土资源、提高其附加值的主要研究方向。

3 凹凸棒石、海泡石的深加工

凹凸棒石和海泡石都是链层状结构的富镁硅酸盐矿物黏土,两者均可归入坡缕石族黏土矿物。两者的理想晶体结构式为:凹凸棒石:$Mg_5Si_8O_{20}(OH)_2(OH_2)_4 \cdot 4H_2O$,海泡石:$Mg_5Si_{12}O_{30}(OH)_4(OH_2)_4 \cdot 8H_2O_2$自然状态下一般有部分 Mg 被 Al、Fe、Na 等替代。由于成因、成矿物质的不同,凹凸棒石可分为凹凸棒石、水云母凹凸棒石、白云石凹凸棒石和蒙脱石凹凸棒石几大类型;海泡石可分为纤维状海泡石、蛋白石海泡石、原岩型海泡石和黏土型海泡石等几类。由于具有独特的链层状构造,凹凸棒石和海泡石在很多领域有着独特的用途,其中海泡石因有比凹凸棒石更宽的层间距,其物理、化学性能和工艺特性相对更加优越。总的来说,这二种矿物基本性能相似,其深加工技术和产品也大致相同。

3.1 凹凸棒石和海泡石的提纯

凹凸棒石和海泡石的提纯方法和技术与膨润土相似,主要采用湿法制浆、分散、沉降或离心分级的方法来提纯,也有采用选择性絮凝、载体浮选来提纯的方法。凹凸棒石和海泡石由于其结晶体以极细的纤维状或针状出现,遇水分散后形成网状结构,矿浆具有很高的稳定性,因此脱水很困难,需要找到合适的试剂和设备对提纯后的矿物进行浓缩和脱水。常用的药剂有钙和其他金属的木质素磺酸盐、氢氧化钠、焦磷酸钠和六偏磷酸钠等。

3.2 凹凸棒石和海泡石的挤压、研磨

凹凸棒石和海泡石均具有纤维状或针状结构,对其原矿和粒度较粗的粉料而言,两者的这种针状结构不太明显。通过采用一定的设备对两种矿物施以机械力进行挤压,可以起到将两种矿物的纤维来分离、撕开的作用,增大其表面积,从而可提高黏度等性能。挤压设备常用对辊挤压机或单、双螺杆挤压机等。

研磨是对凹凸棒石和海泡石的原矿在水分较小时用机械设备进行破碎或磨粉,产品的用途不同时所用的研磨设备也不同。总的来说,挤压和研磨的加工工艺都相对简单。

3.3 凹凸棒石、海泡石的活化

凹凸棒石和海泡石的链层结构在其晶体内形成较大的晶层通道，正常情况下这些通道内都吸附有大量的水分子或其他金属离子等。采用一定的方法除去这些吸附水和金属阳离子等，可疏通和扩大凹凸棒石和海泡石的晶体通道，使其具有对各种色素、毒素的吸附能力，起到强烈的脱色、除杂作用，这种疏通其晶体通道的方法称为活化。对凹凸棒石和海泡石而言，常用的活化方法有焙烧法、酸处理法和酸热处理法等。

焙烧活化就是将两种矿物的粉料在一定的温度下进行焙烧，脱除其通道中的吸附水和部分结晶水，使之具有较强的脱色性能。

酸处理和与酸热处理法活化与膨润土活化相似，既可用干法，又可用湿法。酸处理法不加热适合用于凹凸棒石和海泡石含量较高的原矿，活化浓度较低；酸热处理法适用于蒙脱石型凹凸棒石和黏土型海泡石原矿，当原矿品位达到一定值后即可采用，没有特别严格的要求。由于凹凸棒石和海泡石易溶解于强酸中，在酸热处理活化时酸的用量和活化时间需要控制适当，否则将影响产品指标。

3.4 凹凸棒石、海泡石的改性

用有机试剂对凹凸棒石和海泡石进行处理，形成界面具有亲油疏水能力的有机矿物衍生体的方法称为凹凸棒石、海泡石的改性。改性方法可分为干法和湿法两种。干法是将原矿粉料焙烧后在混合机中搅拌混合并以喷雾方式加入溶于溶剂中的有机试剂，混合一定时间后排出物料，晾干或干燥使溶剂挥发后即成改性产品。湿法是将焙烧后的原矿加水搅拌分散配成一定浓度的矿浆，在加热状态下加入溶于溶剂中的有机试剂，反应一定时间后排出物料，经过滤、干燥、磨粉后即成改性产品。凹凸棒石、海泡石改性的目的是提高其脱色能力、分散性、对油和芳烃等疏水体系的亲和能力，达到增稠、改善吸附材料和复合材料的性能、减少填充母料用量以及增加其催化性能的效果，改性产品多用于水质净化、脱色漂白、去除色素、毒素和金属阳离子等以及石油精炼、催化等领域。改性药剂依据用途的不同常用有机铵盐、有机氯硅烷以及各类偶联剂、表面活性剂等。

通过上述深加工方法所得的凹凸棒石、海泡石产品或其原矿通过进一步的复合深加工可制成用于各领域的复合材料或制品，如各类吸附剂、吸收剂、净化剂、催化剂、软磨料、分离剂、涂料、填料、农药及其载体、无碳复写纸、过滤材料等等。

黏土类矿物在自然界储量大、品种多，各类矿物既有某些共同的特性，又有其区别于其他品种的独有特性，对黏土矿物的深加工需要在矿物提纯、表面改型和改性、分解与合成以及复合材料和制品等方面进行深入的研究和开发。对于原矿矿物含量不高或含杂质过多而影响其物理、化学性能和使用的黏土矿物，为了能充分利用自然资源，需要在如何对原矿提纯方面进行一系列的研究，开发出有效、实用的新技术、新工艺和新设备，由于资源的贫化和某些行业对黏土矿物有很大的需求，因而黏土类矿物的提纯格外受到重视。

江西广丰黑滑石开发应用研究

刘伯元
（冶金部华东地勘局矿产品开发研究所）

1 江西广丰黑滑石原料的矿床类型及其特征

滑石矿物在自然界呈多种形式产出，按成矿地质特征可分为区域变质、热液交待和沉积型三大类型。

江西广丰滑石矿属沉积变质-热液交待型，这类滑石矿是硅质富镁碳酸盐岩在强构造下产生低温热交待形成。该滑石矿赋存于老地层震旦系灯影组中，顶底板为鲕状硅质岩，部分地段顶板为硅质灰岩、白云质灰岩。矿区构造作用强烈，矿石矿物成分有滑石、白云石、石英，含有机碳1%～10%，颜色呈黑色，灰黑色。

该矿山黑滑石主要化学成分如表1。

表1 江西广丰黑滑石主要成分

化验编号	化验结果					
	SiO_2	Al_2O_3	Fe_2O_3	CaO	MgO	烧失量
98264	55.84	0.34	0.13	4.34	27.36	11.14

2 滑石的晶体结构特征

2.1 结晶结构

滑石是一种含水具有层状结构的硅酸盐矿物。其化学式为：$Mg_3[Si_4O_{10}](OH)_2$。其化学理论值MgO为31.8%，SiO_2为63.3%，H_2O为4.75%。

滑石属2∶1型层状结构的镁硅酸盐矿物，其晶体结构特征是每一结构单元层由上下2层Si—O四面体片，中间夹一层Mg—O(OH)的八面体片组成。Si—O四面体片是由[SiO_4]四面体的底边以3个角顶与相邻的[SiO_4]四面体相连接，形成正六角形的网孔。处于这3个角顶上的氧，电价饱和，称为“惰性氧”，还有一个氧只与一个硅相连接，电价不饱和，称为“活性氧”。在滑石的结构单元层内，上下2层Si—O四面体相对排列，八面体片中的OH位于Si—O四面体片网孔和中心，与活性氧处于同一水平层。Mg^{2+}充填在由(OH)和O形成的八面体空隙中，配位数为6，即被4个氧离子和2个氢氧离子所包围，由于八面体空隙全

部被 Mg^{2+} 所充填,故滑石属三八面体型结构。这种由两层 Si—O 四面体片和 1 层 Mg—O(OH)八面体片所构成的结构单元层内部,电价平衡,结合牢固,结构和成分最简单,常作为 2:1 型层状结构硅酸盐的原始模式,由此可推演出许多矿物如叶蜡石、蒙脱石、伊利石等层状硅酸盐矿物晶体结构。从滑石的晶体结构看,滑石的结构单元层之间是依靠微弱的分子键(范德华力)相联系,所以滑石具有较完全的[011]片状解理、低硬度等特点。

2.2 X 射线数据和衍射图谱特征

滑石的 X 射线衍射数据,见表 2。

表 2 滑石的 X 射线衍射数据

d /nm	I/IO	hkl	*d* /nm	I/IO	hkl
0.934	100	002	0.219	10	206
0.466	90	004	0.210	20	136
0.455	30	020,111	0.187	40	0.0,10
0.312	100	006	0.168	20	244,138
0.263	12	202	0.156	20	0.0,12
0.259	30	132	0.153	40	060,332
0.247	65	132,204	0.151	10	320
0.234	16	108	0.141	16	1.0,10
0.221	20	132	0.139	20	1.3,12

根据辽宁海城滑石的 X 射线图谱,衍射峰数值表明,辽宁海城滑石的特征 *d* 值是 0.934nm,0.470nm,0.250nm,0.234nm。

2.3 电子显微镜鉴定

致密块状滑石在透射电镜下为形状不规则的片状晶体,轮廓清晰,稍带圆滑。辽宁海城块滑石扫描电镜下的形貌照片,其单体为不规则的片状,片径大小不一,棱角清晰。江西上高滑石黏土扫描电镜下的形貌照片,其单体为弯曲小片,集合体形态为花朵状,片径为 1~3μm,片的边缘圆滑,但有翻卷现象。

3 滑石优良的工艺物理性能

由于滑石具有独特的片状结晶晶体结构,因而具备了优良的工艺物理性能,从而成为众多工业部门的原辅材料,现叙述如下。

3.1 电绝缘性

滑石本身不导电,其绝缘性能良好,介电损失小,可作无线电仪器中的高频与高压绝缘材料。

3.2 耐热性

滑石既耐热又不导热，耐火度达 1490～1510℃，经煅烧，其机械强度和硬度增高，但收缩率很低，如经 1350℃煅烧，仅收缩 4.5%。

3.3 化学稳定性

滑石与强酸（硫酸、硝酸、盐酸）和强碱（氢氧化钾、氢氧化钠）一般不起作用。在煮沸的 1%的六氯乙烷中仅溶解 2%～6%，滑石粉在 400℃的温度下和其他物质混合，不起化学变化。

3.4 吸油和遮盖力

滑石粉对油脂、颜料、药剂、助剂和溶液里的杂质都有极大的吸附能力。用摩擦法试验，滑石粉吸油量可达 45%～51%，超细滑石粉，由于其分散性好，表面积大，涂在物质表面，遮盖面积大，可形成一层均匀的防火、抗风化薄膜。由于滑石的这种特性，故可应用在药剂、涂料、油毡等工业部门。

3.5 润滑性

滑石质软、具有滑腻感，摩擦系数在润滑介质中小于 0.1，是优秀的润滑材料。常用于橡胶制品如气球，塑料制品如薄膜之间作为隔离剂。

3.6 硬度可变性

若把滑石逐步加温到 1100℃，约 2h 再缓慢冷却，它的外形不变，但硬度可以大大增高达到 3 以上。因为此时滑石已失去结晶水，晶相已变化，变为另一种矿物，斜顽辉石。

3.7 机械加工性

用滑石粉、滑石块，加上黏结剂，采用半干压法、湿压法、挤压法等进行加工成型产品性能不变。

3.8 光学性

当滑石作为填料，加入塑料薄膜中时，会产生一定的阻隔紫外光的作用，可作为第 3 代农膜——转光膜的填料。

4 滑石的热学性能

4.1 差热、热重曲线特征

滑石的差热曲线在 600℃左右时有一平缓的吸热谷，这是由于混杂于滑石中的少量菱镁矿或白云石等矿物分解引起的，在 900～1000℃之间有一大的吸热谷，极大值温度 1050℃左右，这一吸热效应是由于滑石的结构水脱失所致。其热重曲线表明，滑石脱水后，其晶体结构亦随之发生变化,即从层状结构转化为链状结构,形成高温相的原顽辉石。

4.2 滑石加热的变化

600℃之前排除吸附水。800～1000℃开时失去结构水,直到全部失去结构水,晶体结构破坏,一部分 SiO_2 离析出来,生成高温稳定的原顽辉石(Protoen statite),其化学反应式如下:

$$3MgO\cdot 4SiO_2H_2O \longrightarrow 3(MgO\cdot SiO_2)+SiO_2+H_2O$$

待冷却到700℃时再缓慢地转变为斜顽辉石(Clinoenstatite)。顽火辉石的多晶转变和密度变化如下:

$$\text{顽辉石}\xrightarrow{1260℃}\text{原顽辉石}\xrightarrow[\text{缓慢}]{700℃}\text{斜顽辉石}$$

密度:3.19　　　3.085　　　3.274

在这一系列多晶转变中,伴随着较大的体积变化(体积收缩产生内应力),但转化十分缓慢。

4.3 烧失量分析

江西广丰黑滑石,烧失量普遍在8%～10%,而滑石的烧失量一般只有4.5%～4.9%为 H_2O 的含量,其他成分有3%～5%(或1%～10%)是有机碳。而黑滑石煅烧增白主要就是烧去黑滑石成分中所含的有机碳。

从以上分析来看,若在600℃以下脱碳增白,滑石晶体内的结晶水不排出,晶格不破坏,滑石仍保留原有的性质,如柔软性。若在800～1200℃温度下煅烧脱碳,增白效果可达理想值如白度在90以上。但此时滑石晶体内结晶水被排出,晶格破坏,层状结构的滑石变为链状结构的斜顽辉石,其硬度和机械强度都有较大的提高。此时的"滑石"即煅烧后的滑石其独特的工艺物理性质可以进一步研究开发其应用前景。

5 白度试验和亲水、疏水试验

5.1 白度试验

黑滑石经高温煅烧可以提高白度,为此做了3组试验。

(1) 1985年11月江西省地矿局赣东北大队,所做广丰滑石各温度焙烧后失重和白度试验。黑滑石原白度为16,颜色变化:400℃时灰色,500℃时浅灰色,600℃时灰白色,800℃时白色。1000℃时白度可达92.9。

(2) 1998年10月合肥水泥研究院技术咨询部所作黑滑石煅烧增白实验室静态试验报告,指出煅烧黑滑石白度达87.42时,其参数条件是煅烧1200℃,保温时间10min,细度200目。

(3) 1999年6月冶金部华东地勘局矿产品开发研究所又作黑滑石煅烧增白实验。从试验报告可知:

1) 煅烧黑滑石其白度最高可达95.18。这是历次实验取得的最高白度。

2) 煅烧条件除温度达 1200℃外，重要的是通风，有充分的氧气条件。

3) 200 目煅烧黑滑石粉，白度达 95.18，而细磨到 400～600 目时，白度反而下降为 93.92。这说明黑滑石仍未烧透，还包藏细小黑色物质。

5.2 亲水和疏水试验

(1) 北京科技大学资源工程学院任俊、卢寿慈教授于 1999 年对 4 种非金属矿物：二氧化硅、碳酸钙、滑石和石墨进行亲水性和疏水性研究，得出以下结论：

1) 二氧化硅、碳酸钙、滑石和石墨 4 种颗粒在水中分散行为各不相同。

2) 二氧化硅、碳酸钙、滑石、石墨颗粒间作用势能原始参数见表 3。

表 3　4 种矿物原始参数

参　数	二氧化硅	碳酸钙	滑　石	石　墨
颗粒的当量半径/m	5.025	2.522	1.40	2.958
Debye 参数/m	0.1471×10^{-9}	0.1471×10^{-9}	0.1471×10^{-9}	0.1471×10^{-9}
Hamaker 常数/J	0.40×10^{-20}	0.253×10^{-20}	1.29×10^{-20}	3.7×10^{-20}
润湿接触角/(°)	0	0	56	54
疏水修正系数 K_1			0.4369	0.4167
衰减长度/m			5.5486×10^{-9}	5.2921×10^{-9}

3) 结论：

(a) 二氧化硅、碳酸钙为亲水性物质，滑石、石墨为疏水性物质，且滑石的润湿接触角为 56°。

(b) 亲水性颗粒分散行为受介质 pH 的控制，而疏水性颗粒的分散行为几乎不受介质 pH 影响。

(c) 疏水性颗粒除受 Van der waals 力和静电排斥力作用外，还受疏水化作用的影响，其行为不完全符合 DLVO 理论，颗粒表面的疏水化作用是控制体系分散与团聚行为的主要因素。

(2) 中山大学高分子研究所黄少慧教授于 1999 年 5 月受冶金部华东地勘局矿研所刘伯元所长委托，对黑滑石和煅烧后黑滑石进行水中分散行为的研究和红外光谱 IR 分析，其结论为：

1) 亲水性、疏水性定性试验——水中分散行为研究：用药勺把 3 种 200 目粉（黑滑石原矿，灼烧 650℃，灼烧 1200℃），轻撒在水面，观察飘浮下沉状态。结果如下：

(a) 黑滑石原矿样（黑色）：大部分细粉飘浮于水面，小部分大颗粒粉立即下沉。经搅拌后，仍有部分细粉浮于水面。表明黑滑石具有疏水性，下沉的大颗粒是因为比重大的原因。

(b) 灼烧 650℃样（灰白色）：状态基本与原矿样相似。

(c) 灼烧 1200℃样（白色）：撒落水面时大部分迅速下沉，其余少量浮在水面的细粉，略经搅拌后亦迅速下沉。说明煅烧后黑滑石已从疏水性变为亲水性。

2) 3 种矿样的红外光谱图。（略）

3) 红光光谱 IR 分析：

(a) 黑滑石原矿样（1 号）：谱图与 Talkum 和 Anthopkyllite asbestos（silier—whiefihers with black inclusions)相似是含较多结晶水,含有碳的滑石,有少量 $CaCO_3$。

(b) 灼烧 650℃样(2 号):谱图除碳减少外,$CaCO_3$ 亦已大部分分解。

(c) 灼烧 1200℃样(3 号):结晶水基本除去,与国外的 Micro—TalkuB 样较相似,即可能结构有纤维化转变。

中山大学试验指明黑滑石经煅烧后从疏水性转变为亲水性。红外光谱表明,煅烧后黑滑石晶体结构已从片状结构有纤维化转变,这一点尤为重要。

6 黑滑石的开发应用研究

对于黑滑石矿产的开发应用研究工作,目前已取得以下进展。

6.1 陶瓷工业原料

在工业陶瓷中,以滑石为主要原料的滑石质陶瓷具有机械强度高,介电损耗小的特点,广泛用于制造镁质高频瓷和火花塞瓷件等。在日用陶瓷中山东淄博生产滑石质茶具、酒具品质十分出色,还可生产日用细瓷,卫生瓷具,釉面砖等。

6.2 橡胶填料

橡胶工业要求非金属填料:

(1) 密度小,填充容积较大;

(2) 有害杂质如锰元素含量在标准以下;

(3) 在橡胶中易分散;

(4) 对橡胶制品无有害影响;

(5) 来源充足,质量稳定,价格便宜。

黑滑石密度为 2.7~2.78 g/cm^3,平均为 2.76 g/cm^3,比表面积为 19.9 m^2/g,它比轻钙的比表面积 10 m^2/g 要大,与硬质陶土的比表面积 20 m^2/g 相当。有害杂质锰含量在 0.03%以下(标准为小于 0.05%)。

黑滑石粉对加工性能影响不大,它较易吃粉和混入,分散性能好,不像陶土类填料会迟延硫化。

此外黑滑石粉表现出一定的补强性。从扯断强度来比较看:填充 SRF 炭黑填料相比,填充黑滑石粉的胶料,具有较高的伸长率,撕裂强度和回弹率,以及较低的磨耗(见表 4)。

表 4 基本性能测试表

配方号	填 料	硬 度(邵氏)	300%定伸/MPa	扯断强度/MPa	伸长率/%	撕裂强度/$MN\cdot m^{-1}$	回弹率/%	磨耗/$cm^3\cdot(1.6k)^{-1}$
A—1	陶土	68	3.8	7.0	5.6	34	33	0.79
A—2	碳酸钙	65	2.0	3.8	5.6	36	36	2.13
A—3	黑滑石粉	63	2.1	8.4	844	38	38	0.47
A—4	SRF 炭黑	81	19.8	21.9	240	25	25	

由此可见，黑滑石粉是一种优秀的橡胶填充剂和补强剂。在使用黑滑石填料时作了条件选择试验：

(1) 最佳填充选择，试验表明，在不同配方中，随黑滑石填充量的增加，扯断强度、伸长率、永久变形、撕裂强度等均增大，但超过 100 份后，变化不大。综合考虑各种性能及时制品的影响。即要求有一定的强度，但永久变形要小，伸长率适当。因此，黑滑石粉以 100 份为最佳用量。

(2) 不同胶种的试验：

1) 天然胶：天然胶中填充黑滑石粉，随着用量增加，力学性能下降。因而在天然胶中应与炭黑并用。

2) 非极性胶顺丁橡胶：补强效果差。

3) 极性胶-丁腈橡胶：因滑石结构中有极性基团，能与极性橡胶有良好的亲和性，表现出的强度，有良好的补强性。

(3) 不同橡胶制品的试验：在不同的橡胶制品中，选择了鞋底、胶板、耐油胶管、地板砖、防水胶片、普通胶管，在原配方中减去部分炭黑用量或陶土，代之以黑滑石粉，研究其效果。

在鞋底配方中，代替炭黑 20 份(质量份数)；在胶板配方中，代替炭黑 25 份；在耐油胶管配方中，代替喷雾炭黑 35 份，通用炭黑 20 份；在地板砖中代替陶土 235 份；在防水胶片中，代替半补强炭黑 25 份；在普通胶管配方中，代替通用炭黑 25 份。各配方的试验结果见表 5。试验结果表明，以黑滑石粉代替部分炭黑，对于整个体系的性能影响不大，强度略有下降。

表 5　实用配方的替代效果

橡胶产品	填料	硬度(邵氏)	300%定伸/MPa	扯断强度/MPa	撕裂强度/MPa	伸长率/%	永久变形/%
胶板	原	56	3.4	6.0	19	516	34
	新	57	3.9	6.6	24	576	34
鞋底	原	50	6.3	11.0	35	518	16
	新	47	5.2	9.8	34	548	14
普通管	原	65	3.9	4.5	20	384	30
	新	60	3.0	3.7	18	416	36
耐油胶管	原	83		16.2	47	200	4
	新	72	8.3	12.4	44	476	16
防水胶管	原	71	6.1	9.6		516	28
	新	70	3.5	6.4		512	24
地板砖	原	83		6.5	34	280	48
	新	81	4.4	7.0	33	540	84

黑滑石粉可以应用于一般对性能要求不太高的制品中，其性能可以满足要求，能达到降低生产成本的目的。

6.3 塑料填料

塑料填料使用黑滑石资源有 2 类：

(1) 黑滑石粉。在某些需要添加炭黑的塑料种类，可以考虑直接使用黑滑石粉。因为黑滑石本身含 3%～5%炭黑，所以可以直接使用黑滑石粉。例如抗静电产品、黑色或深色塑料产品。此时一般使用 -400 目粉。也有使用超细 -10μm 黑滑石粉。因为黑滑石粉出厂价仅为 200 元/t。此外，由于黑滑石具有疏水性，改性产品工艺简单。

(2) 煅烧增白黑滑石粉。黑滑石经过 1200℃ 温度煅烧，可以脱去有机质和有机炭，白度可以达到 90 以上。此时的产品因为高温煅烧，失去了结晶水，层状晶体结构变为链状结构，硬度增大，这时的滑石已经变为顽火辉石。使用到塑料中去，适合于需要提高硬度和强度的场合。例如可以作为抗冲击性填料，如汽车保险杠、摩托车部件。此时，因为煅烧后的黑滑石，一方面白度高，刚性好。这时，同样可以使用 -400 目粉和 -10μm 超细粉。

煅烧后黑滑石粉，从疏水性变为亲水性，改性剂和改性产品都有所不同。

煅烧后黑滑石粉，因高温煅烧，成本增加，-400 目粉出厂价增加到 400 元/t。而 -10μm超细粉价格不会太高估计为 1000 元/t。

煅烧后黑滑石粉在塑料中的应用，因不曾使用，还要安排研究和试验工作，才能推广应用。

6.4 生产镁化工产品

由于黑滑石含高硅和镁，其中 MgO 含量为 26%～30%，故可使用黑滑石为原料，生产镁化工产品。其具体工艺如下：

黑滑石加碳酸钠，通过熔化成可以水解的 Na_2O-MgO-SiO_2 三元组成的玻璃，然后经酸分离制取镁盐和硅酸钠。可用碳铵法、纯碱法生产碱式碳酸镁，经焙烧即成轻质氧化镁。

该工艺采用 Z 型转炉，虽然是高能耗，高电耗工艺流程，由于产品轻质氧化镁和硅酸钠为市场热门产品。所以按日处理 15t 黑滑石矿规模(年处理 5000t)经济分析，其各种产品平均生产利润可达 20%。

目前我国镁化工产品集中于北方沿海，对于南方内地利用富镁硅酸盐岩石(如黑滑石、蛇纹岩等)生产镁化工产品，有利于国家镁化工工业布局。

此外，副产品硅酸钠可以生产取代三聚磷酸钠的无磷洗衣粉助剂——层状硅酸钠，其意义更大。

6.5 涂料填料

滑石是溶剂型涂料用的一种通用型填料，由于超细滑石粉的使用，使它进入水性系统。目前各种底漆、中间涂料、路标漆、工业涂料以及内外建筑涂料应用量很大。美国和西欧的涂料工业每年约消费滑石 20 万 t。由于货源充足和多年来涂料品种以溶剂型为主，我国涂料工业消费滑石的量很大。

涂料中广泛使用滑石，主要是它质地柔软和磨蚀性低，此外还因为滑石有良好的悬浮性和分散性。片状结构滑石能使涂膜具有很高程度的耐水性和瓷涂不渗性，主要用于底漆和中间涂料。纤维状滑石吸油量更高些，并且具有良好的流变性，可改善涂料的诸多性能，如防储存时沉降和涂刷时流挂,改善施工性能等。含有不同形状粒子的滑石可形成不起泡的涂膜,并且因为莫氏硬度更大些和在涂膜中的堆砌程度更高些,而使涂膜耐磨性得到提高。

滑石的一个缺点是吸油量偏高,因此在需要低吸油量的场合它必须与吸油量低的填料如重晶石配合使用。滑石第 2 个缺点是耐磨性不高,因此,在需要高耐磨性场合,要加入其他耐磨非金属填料。滑石具有消光性,可用于低光泽场合,一般不用在高光泽涂料中。

江西广丰黑滑石,经过高温煅烧后,白度可达 90～93。黑滑石呈鳞片状,煅烧后失去结晶水,从片状结构转向链状结构,呈纤维状。黑滑石干燥强度 1.72MPa。煅烧后强度大大增加达 12.37～16.15MPa。黑滑石呈疏水性,煅烧后变为亲水性。由于煅烧后黑滑石所具有的许多优良物化性质,使其在涂料工业中有广泛的应用前景。但有以下几点要引起注意:

(1) 煅烧工艺要过关,要使用产品质量稳定的煅烧设备,如回转窑。使得煅烧条件稳定,产品白度相同,质量稳定。

(2) 煅烧产品每吨生产成本至少要增加 200 元,若作为普通产品,肯定不如天然白滑石。可以生产超细粉碎产品,档次较高,售价也高。

(3) 煅烧后的黑滑石是一种新产品,大家还不认识,要加强产品宣传工作。二是许多理化性质还不十分清楚,需要对它进行开发研究,创造出性能优良的新产品来拓宽市场。

6.6 造纸原料

造纸工业使用滑石量最大,占整个消费量的 60%。造纸工业使用滑石的主要用途是用作填料、涂料、再生纸脱墨剂、纸浆调色剂和树脂吸附剂等品种。

(1) 填料:造纸用滑石填料是大宗产品,它要求白度高,在 90 以上,200～400 元/t,是微利产品。造纸行业分为 4 个标准见 JC161—82。

(2) 涂料:造纸所用涂布级滑石涂料,是高档产品,一般要求白度在 90 以上,细度要求 $-2\mu m$,($D_{90} \geqslant 90$),磨耗值小于 3 mg。

(3) 树脂吸附剂:对于油脂含量高的木材生产新闻纸,需要吸附油脂的滑石。在再生纸脱墨方面,滑石用量也很大。黑滑石煅烧增白的产品,白度可以达到 90 以上。但是必需具备超细粉碎设备才能加工出超细微粉,如 $-2\mu m$ 级产品。最重要的是进行造纸方面的开发研究,特别是根据煅烧粉的理化性质开发研究出适合哪些造纸用途的产品。

此外,还要开发研究在油毡、建筑方面、化肥、农药方面、化妆品、精细化工等方面的用途和产品。

赤峰膨润土的活化

韦书立　魏克武　方　萍　芦宙新

（东北大学）

1 前　言

膨润土是以蒙脱石为主要成分的黏土矿物，由于其独特的性质，在国民经济中是一种用途广、用量大的非金属矿产资源；膨润土有很强的吸水性，在水溶液中呈胶体悬浮液，可塑性强、黏结性好，还具有很强的阳离子交换能力和对气体、液体、有机物质的吸附能力。天然膨润土吸附能力较差，为提高其吸附能力，必须将其活化。经活化的膨润土称活性白土。

以蒙脱石为主要成分的钙基膨润土经过化学方法处理以制取活性白土。在活化过程中，无机酸可溶去膨润土中方解石之类的杂质。膨润土结晶八面体中的 Al^{3+}、Fe^{3+}、Fe^{2+} 等可交换的金属离子在强酸溶液中被离子半径很小的氢离子部分或全部置换，其结果增大了晶层间距，形成有细孔的表面，使比表面积和孔隙度增大，这样使膨润土具有的吸附和离子交换能力进一步增强。酸活化后的钙基膨润土，具有很强的脱色能力，某些色素惟有使用活性白土才能除去，如豆油中由叶绿素产生的绿色；同时它又具有脱硫的能力，能消除芳香族碳氢化合物中链烯和微量杂质，此外还可用于石蜡脱色和油脂净化等。

通过试验发现试验用矿样为蒙脱石和蛋白石的混合矿，但经过活化可获得活性度在180以上具有很高脱色率的活性白土。

2 矿样制备

于矿区不同位置采取试样，对其含砂量和吸蓝量进行了测定，结果如表1。

表1　试样测定结果

试样编号	级别/目	含量/%	含砂量/%	吸蓝量
1	+60	11.5	22.4	0.63
	+100、-60	21.0		
	-100	67.5		
2	+60	27.5	16.5	0.60
	+100、-60	14.0		
	-100	58.5		

通过淘洗和粒级测定发现，除有个别大颗粒砂石外，细粒级含量较高，高浓度下砂子不易沉降，这也给除砂带来了一定困难。原矿化学成分分析如表2。

表2　原矿化学成分分析结果

编　号	SiO_2 /%	Al_2O_3 /%	Fe_2O_3 /%	CaO /%	Na_2O /%	K_2O /%	MgO /%	P_2O_5 /%	TiO_2 /%	烧失量 /%
1	64.3	14.8	2.46	3.23	0.85	0.42	1.17	0.01	0.15	12.30
2	68.5	10.11	3.11	0.39	0.95	0.51	1.80	0.02	0.16	13.80

矿样用水浸泡捣浆，用沉淀法除去19%（1号样）和10%（2号样）的粗颗粒砂石，细粒矿浆沉淀、烘干（温度100～105℃）作为试验用样。

3　制取活性白土的工艺

将膨润土进行捣浆除砂，浆料烘干取样，在一定的液固比下，加入一定量的酸，在某一温度下活化一定时间后，放出浆料进行漂洗，洗至一定的pH时，进行固液分离，将所得滤饼烘干，然后磨细即为活性白土产品。由膨润土制取活性白土的原则流程见图1。

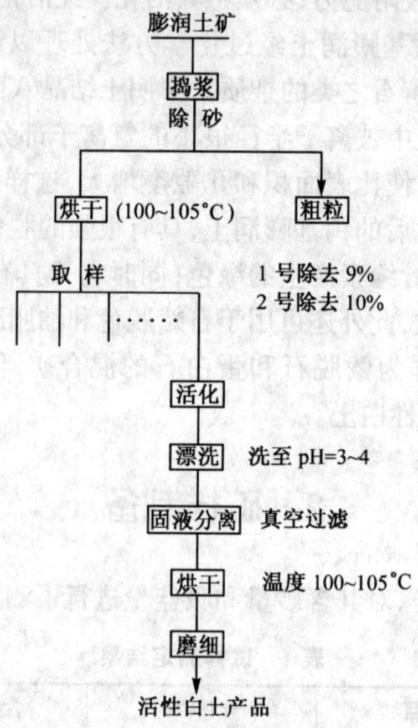

图1　膨润土制取活性白土的原则流程图

4　试验结果及讨论

4.1　用酸量、活化温度、时间及液固比对活化的影响

表3为1号样的试验结果。

表3　1号试样试验结果

序号	反应条件				产品质量		
	液固比	活化时间/h	活化温度/℃	酸用量/%	活性度	脱色率/%	游离酸/%
1	1.2:1	3	100±2	6	59	99.3	0.02
2	1.2:1	3	100±2	12	156	99.5	0.08
3	1.2:1	3	100±2	18	162	99.4	0.07
4	1.2:1	3	100±2	21	159	99.3	0.08
5	1.2:1	3	75±2	18	160	99.3	0.09
6	1.2:1	3	85±2	18	183	99.3	0.08
7	1.2:1	3	95±2	18	174	99.6	0.11
8	1.2:1	3	100±2	18	165	99.4	0.11
9	1.2:1	4	85±2	18	180	99.2	0.12
10	1.2:1	5	85±2	18	180	99.3	0.12
11	1.2:1	7	85±2	18	181.2	99.3	0.11
12	1.2:1	3	85±2	18	184	99.2	0.11
13	1.5:1	3	85±2	18	180.3	99.2	0.21

4.1.1　酸用量

在活化过程中，没有足够量的酸就不能使其充分活化，而且酸浓度较低时，矿浆黏度较高，不利于产品的进一步处理和回收。为使膨润土得到充分的活化，应适当提高反应酸度，有利于产品质量的提高。但酸度并不是越高越好，酸度过高，浪费酸，产品活性度亦无显著提高(见表3)；酸度过高又易使产品中游离酸增大或增加漂洗过程的难度，需消耗大量水。通常认为，活性度和脱色率的工艺条件是相互矛盾的，即反应酸度相对较低时，活性度高脱色性能差，反应酸度高，活性度低而脱色性能好。但由表3结果可知：脱色率在试验用酸范围内并无明显变化、保持较高的水平。

4.1.2　活化温度

从理论上讲，反应在低温下进行时，提供给反应分子的能量较少，反应速度缓慢，即使改变其他的反应参数，也难以进行充分活化。不同的膨润土矿，其结构、组分、理化性能、分子间结合力及原子间的键能大小等均有差异，多溶解下来的钠、钾、钙、镁、铝、铁等活泼金属离子又会部分取代已发生交换的氢离子，降低活性度。但从表3看：活化时间超过3h后，随时间延长，活性度略有降低，但都保持在180以上，脱色率基本保持不变。这说明此种膨润土不需过长的活化时间，延长活化时间也不能提高其活性度和脱色率。

4.1.3　液固比

液固化小可节约酸和水，但由于搅拌物料阻力较大，搅拌所需能耗增大；另外，物料难以分散，造成活化反应不完全，致使产品活性度下降。增大液固比又增加酸耗。由表3可知：增大液固比，活性度略有下降，这可能和酸浓度降低有关。为此，在搅拌条件许可情况下，尽可能降低其液固比，这样既可保证较高的活性度，又可降低酸耗。

4.2 洗涤后 pH 值的影响

用 1 号样活化后，洗涤的 pH 值从 3～4 降到 2～3，游离酸升到 0.2 左右，活性度略有提高，脱色率不变(如表 4)。所以，在满足游离酸指标前提下，应尽量减少洗涤次数或用水量。

表 4　1 号样试验结果

酸用量/%	18	
活化温度/℃	85±2	
活化时间/h	3	
液固比	1.2:1	
洗涤后 pH 值	3～4	2～3
活化度	181	184
脱色率/%	0.11	0.23
游离酸	99.3	99.2

4.3 脱砂对活化指标的影响

为进一步考察脱砂对其活化指标的影响，不预先脱砂的活化试验见表 5。

表 5　不脱砂的活化试验结果

试样号	反应条件					产品质量		
	脱砂率/%	液固比	用酸量/%	活化温度/℃	活化时间/h	活化度	游离酸	脱色率/%
1	19	1.2:1	18	85±2	3	183	0.08	99.3
	0	1.2:1	18	85±2	3	163	0.43	96
2	10	1.2:1	18	85±2	3	183	0.23	99.3
	0	1.2:1	18	85±2	3	162.1	0.35	95.2

结果表明：对 1 号样不除砂时，虽然游离酸高达 0.43，但活化度由 183 降到 163；脱色率由 99.3% 下降到 96%。对 2 号样也表现出同样的差异。所以，脱砂对提高活性度和脱色率也有明显效果。

4.4 X 射线衍射分析

从上述结果可看出，不管活化条件如何改变，脱色率一直保持较高的水平。1 号样脱砂后不经活化测定其脱色率为 94%，说明不经活化就具有较高的脱色率，这种膨润土矿具有一定的特殊性。为了弄清这种膨润土矿在活化后，活性度提高不上去，而又能保持较高脱色率的根本原因，对 1 号样作了 X 射线衍射分析。通过半定量分析可知其主要成分为蛋白石(约 60%)、蒙脱石(约 20%)、石英(约 20%)和其他脉石矿物。

蛋白石成分为 $SiO_2 \cdot nH_2O$，天然的二氧化硅胶凝体、非晶质，在外生的条件下是由硅酸盐矿物分解产生的硅酸溶胶凝聚而成。它也是某些有机物的重要组织成分，它构成硅藻的甲壳、海绵的针骨、放射虫及珍珠藻的骨骼，经常是硅藻土的主要组成成分。外生条件下的蛋白石多是疏松、多孔、有时有些坚硬的粉状物。因而它具有较显著的脱色能力，对酸的活化无明显反应。

所以说这是一种混合矿床，其主要成分是蛋白石，其次是蒙脱石，是一种特殊膨润土矿。活化后的产品具有较高的脱色性能并具有一定的活性度，表现出其他活性白土所没有的特点。

5 结　论

(1) 矿样经除砂、活化等试验室试验，可得到活性度在 180 以上、脱色率在 99%以上且其他指标符合要求的活性白土。

(2) 矿石矿物组成表明：此矿床蒙脱石含量较低，但蛋白石含量较高，初步认为是硅藻土和蒙脱石的混合矿床。由于粒度十分微细，共生关系有待进一步查明，使二者分选十分困难。但若开发用于生产高吸附值、高漂白能力和适当活性度的活性白土，应当具有其特殊的价值和专用领域。

膨润土的性能及其应用

崔学奇　吕宪俊　周国华
（西安建筑科技大学矿物加工工程研究所）

1　膨润土的性能

膨润土又名膨土岩、斑脱岩，有时也称白泥，是一种性能十分优良、经济价值较高、应用范围较广的黏土资源。膨润土主要是由蒙脱石类矿物组成的黏土。质纯的膨润土较罕见，大多数含有不等量的杂质，如石英、长石、云母、沸石、黄铁矿等。

膨润土通常为白色，也有浅灰色、乳酪色、浅红色、肉红色、砖红色、褐红色、黄绿色、黑色、斑杂色等，呈油脂光泽、蜡状光泽或土状光泽，贝壳状或锯齿状断口。

蒙脱石的晶体结构由2层硅氧四面体晶片中间夹一层铝氧八面体晶片组成，属2∶1型层状硅酸盐矿物。其理论化学式为 $Na_x(H_2O)_4\{Al_2[Al_xSi_{4-x}O_{10}](OH)_2\}$，半个晶胞中总阴离子电荷 $[O_{10}(OH)_2]$ 为22，八面体中存在的阳离子数为2，四面体中存在的阳离子数为4。一般硅氧四面体和（或）铝氧八面体中存在如 Fe^{2+}、Fe^{3+}、Mg^{2+}、Al^{3+} 等阳离子类质同象置换，当置换阳离子为低价时，使结构增加等当量的负电荷，由层间吸附阳离子补偿。由于矿体产出的地质环境不同，层间吸附的阳离子和四面体、八面体的类质同象置换可有很大不同，因而蒙脱石的化学成分变化也较大。蒙脱石晶层间阳离子与晶体格架间形成电偶极子，加上蒙脱石晶层之间结合力较弱，能吸附极性水分子，根据阳离子种类及相对湿度，层间能吸附1层或2层水分子。另外，在蒙脱石晶粒表面也吸附了一定的水分子，结构水以OH基形式存在于晶格中。蒙脱石晶格内阳离子置换这一构造特性决定了蒙脱石一系列重要性质。如阳离子交换性、膨胀性、吸附性、分散性、流变性、可塑性、粘结性、胶体性、触变性、耐火性、润滑性等。

2　膨润土的应用

膨润土由于独特的矿物结构和结晶化学性质，具有许多十分优良的性能，广泛用于各行各业中。

2.1　膨润土用于石油钻井工业

膨润土可作为有机钻井泥浆中的泥浆增稠剂、乳胶稳定剂，使钻井泥浆有较好的流变性和携带性，故能有效地润滑钻井，防止腐蚀。对于深井、超深井、海上钻井的油基泥浆来说，膨润土是一种很好的提黏提切助剂。用它配制出优良的油包水泥浆和抗高温解卡剂,能大大提高钻井速度和减少事故的发生。国外在某些 4 000 m 以上的深井中,如美国西得克萨斯油田、英国北海油田等处,均使用着膨润土基浆。

2.2 膨润土用于铸造和冶金工业

膨润土是铸造业生产醇基涂料的最佳悬浮剂,又是铸模材料的黏合剂。用膨润土制作的快干涂料性能优良,稠而不黏、滑而不淌,可使铸件表面光洁度提高 2 级以上,质量大为改善。膨润土又是冶金工业球团矿的优良粘合剂,可以充分利用贫矿和矿粉,节约焦炭和熔剂 10%～15%,提高高炉生产能力 40%～50%。

2.3 膨润土用于建材工业

(1)膨润土用于生产白色硅酸盐水泥。其原料配比一般为 80%的石灰石、20%膨润土,另加 0.3%萤石作矿化剂,上述原料共同磨细后在回转窑内煅烧成熟料,在熟料中加入 5%石膏作缓凝剂和 5%白石灰共同磨粉即成。

(2)膨润土用于生产轻质建材。膨润土生产的轻质墙体材料,在降低了建材容重的同时,增加了其强度,这对高层建筑意义重大。该种轻质建材的生产过程中无须蒸汽养护,产品的各项性能指标均超过同类产品;另外该种轻质建材的成型速度快,可在楼房建筑时用模具打墙,这样既可提高建筑速度,又可保持轻质建材的完整性,使其保温、隔音性能充分地发挥出来,又可省去砌块的制备、运输、砌墙等工序,其优越性是显而易见的。

(3)膨润土用于生产防水材料。其产品有膨润土防水板、胶泥、止水条和膨润土乳化沥青防水涂料等。膨润土防水板大多用于地下工程外防水,该防水板可遇水膨胀、渗透系数小、自封性耐久性好;膨润土胶泥亦可遇水膨胀,是一种性能优良的接缝防水材料;膨润土止水条具有一定的抗拉强度和延伸率,可在自由状态下垂直面施工和异型缝施工。膨润土乳化沥青防水涂料主要用于屋面防水,改变了传统的现熬热沥青做“三油两毡”的落后施工方法,可明显提高工效,降低工程造价,大大改善工人劳动条件。

(4)生产陶瓷釉料及高级瓷。在陶瓷釉料配方中,加入膨润土,可起到黏合剂、悬浮剂的作用,使釉料始终保持足够的稠度和流动性。膨润土高级瓷是以膨润土为主料制得,制作成本低、利润高且品种好,若采用高档滑石、质纯的钙基膨润土,可生产出各种造型优美的艺术品。

(5)生产建筑材料及金属防腐涂料。膨润土可将涂料中配入的其他填料牢固地吸附在蒙脱石的层间和端面,因此可改善涂料的悬浮性、涂刷性、遮盖率等。当涂刷面干燥后,它不再具有交换、复水和膨胀能力,因此这种涂料的耐擦性能好、不开裂、掉粉、脱皮等,在金属防腐涂料中添加有机膨润土,产品耐磨耐腐蚀、抗盐水侵蚀、抗冲击、抗下垂,有足够的渗透性且涂层均匀;另外涂料能经受 40%的拉伸,在各温度下进行弯曲 180°,不会产生裂缝。

2.4 膨润土在农业、畜牧业中的应用

膨润土在农业中可用作土壤改良剂。膨润土可减少农肥被水冲出,提高农肥、水分的蓄积能力,从而改良土壤,提高农作物产量。当膨润土与肥料同时施用时,可延长肥效,节省肥料和灌溉用水,尤其在干旱地区,施用膨润土后的效果更加突出,在施用量最佳的情况下,灌浇水的耗量可减半。另外膨润土可作农药的载体,使农药能均匀悬浮,便于运输、储存和喷

酒使用。

膨润土在畜牧业中可用作饲料添加剂、毒素吸附剂及饲养圈料。膨润土用作饲料添加剂,可减慢饲料在胃肠中的通过速度,促使畜禽充分消化饲料,达到最高的营养摄取率。膨润土用作毒素吸附剂可吸附畜禽体内的多种毒素。用作饲养圈料,可吸附粪便中的水分,从而使圈垫长期保持干燥,减少畜禽球虫病、肠炎的发病率。目前膨润土用作宠物垫料的市场前景看好,以北美膨润土市场为例(1997 年数据),用作宠物垫料的膨润土占总量的 19.1%,次于铸造型砂用土(24.3%)和铁矿球团用土(21.2%),消费量居第 3 位。

2.5 膨润土用于日用化工

(1)用于化妆品。精细膨润土粉可用作美容、润肤、眉墨、消皱等化妆品中的基料,膨润土在化妆品领域内应用的增长速度是十分迅速的,以美国为例,1989 年用于化妆品的膨润土为 9 169 t,到 1990 年已增至 16 088 t。

(2)用于生产洗涤用的软化剂。用膨润土合成的 NaA 型沸石具有较高的离子交换能力,可取代对水质有害的三聚磷酸钠,没有环境污染,是洗衣粉理想的助洗剂。

(3)在洗发香波中的应用。在洗发香波中加入改性提纯后的优质膨润土,不仅改变了洗发香波的触变性和黏稠性,而且使其洗涤效果十分优良,具有洗发、护发一次完成的特殊性,另外膨润土可使头发保持一定的类脂含量,不会过分脱脂而使头发产生回弹现象,同时膨润土还含有中和钙盐的能力,从而避免了在头发上形成钙的沉积物。

2.6 膨润土用于食品加工

膨润土用于食用油的净化剂、脱色剂。膨润土可用于各种动植物食用油的净化剂、脱色剂。例如色拉油就是用活性白土净化普通菜油精制而成,消除了致癌物质黄曲霉素等有害成分。一些大城市近几年计划停止出售普通菜油而改用精制油,因而可以预见,膨润土用于食用油精制的用量将会大大增加。

膨润土用于味精工业中的脱色澄清剂。膨润土可代替味精工业中传统使用的活性炭,应用于味精工业中糖化液的脱色澄清和助滤,不仅具有良好的经济效益,而且对节约木材、减少森林砍伐具有显著的社会效益。

2.7 膨润土在纺织、造纸工业中的应用

膨润土可大量地用作纺织工业的匀染剂、织物柔软剂等,用钠化后的膨润土部分代替淀粉用于纺织浆纱,不改变原工艺流程及设备,所浆经纱外观及手感良好,单纱强力、上浆率等均能达到各项技术指标,且此种浆料具有不发霉、不生虫、易退浆的优点,具有显著的经济效益。

膨润土用于生产石棉纸、板,用膨润土代替部分面粉生产出的石棉纸、板,具有烧失量小,耐热性好,强度高,受潮后不变质的良好性能且可降低成本。

另外,膨润土还可用作无碳复写纸和彩色印刷纸等的增敏剂。

2.8 膨润土在油漆、油墨中的应用

在油漆、油墨中添加有机膨润土,能显著地改善油漆、油墨的触变性、悬浮性和稳定性,

提高敷展性和储存稳定性，增加漆膜涂层厚度，防止流挂、凹陷和沉淀。最新研制成功的高速印刷油墨，也因使用了有机膨润土（甲苄基二氢化牛酯胺膨润土）而使其产品具有可印性良好、字迹清楚、干得快的特点。

2.9　膨润土在润滑剂中的应用

一般的润滑剂不适用于高温和长时间连续运转的作业，用油与20%～30%的有机膨润土制成的有机润滑剂，具有优良的润滑性、耐热性、耐火性、耐药性及油膜强度高等的性能，在高温下不滴流，是卫星地面站、航空、军舰、坦克和大型轧钢机上必不可少的高温、高负荷润滑材料。

2.10　膨润土用于环境保护

当今世界经济、社会发展的三大问题之一的环境问题，日益引起人们的高度重视。膨润土用作污水处理的净化剂、吸附剂，给环保带来了一条新途径。由于膨润土具有分散性能好、颗粒小、比表面积大等特点，因此在污水处理中，可大量吸附污物、毒物。国内有关科研单位在医院废水、造纸废水、钢铁厂废水、煤矿废水、城市废水等方面作了试验，其净化速度及净化程度均比较理想。

另外，膨润土用于国防工业的吸毒剂、解毒剂、核废料吸附剂等领域也显示出了强大的生命力。例如，对化学战所用的毒剂（主要是含硫毒剂、含磷毒剂、皮肤糜烂性毒剂）治疗的内、外用吸毒剂，主要成分就是膨润土。用膨润土等还可建造核电厂放射性核废物地下堆放层，解决了核加工厂的废物和报废燃料的排放难题。

2.11　膨润土用于石化工业

膨润土在石化工业中，可广泛应用于油脂、油、石蜡油的精炼、脱色、净化、石油裂化、有机黏结剂的合成、杀虫剂及杀菌剂的载体、树脂的硬化剂、石蜡的增强剂和胶黏剂、塑料着色剂、无碳型低橡胶的填料等。例如：有机膨润土用于玻璃纤维树脂，可提高树脂的触变性和悬浮性，从而增强了树脂的稳定性，防止树脂流挂及固化过程中玻璃纤维与树脂的分离，也使树脂便于泵送、喷注。

2.12　膨润土在其他方面的应用

（1）膨润土用于制造新型灭火剂。膨润土本身是一种惰性材料，不燃烧、吸水力强，用膨润土等研制成功的新型灭火剂一旦喷在燃烧物品表面，就像盖上一床湿棉被，使燃烧温度立刻下降，防止火势进一步蔓延，起到迅速灭火的作用。在森林火灾时，将膨润土的悬浮液或新型膨润土灭火剂喷射到着火区，短时间内能扑灭较大范围的大火。

（2）膨润土用于生产专用干燥剂、吸附剂。膨润土干燥剂价格低廉，无毒、无味、无腐蚀性，并能复用，在军工、民用包括医药卫生、食品等工业部门均可广泛应用。以膨润土为主要原料制备的电力电子工业用绝缘油净化吸附剂新产品，对异丙基联苯油、烷剂苯油、苄基甲苯油等净化处理后，绝缘油的介质耗损、耐电强度、体积电阻率等各项指标均符合标准，质量达到美国、日本同类产品水平。

（3）膨润土用于干电池制造。采用膨润土部分代替面粉和淀粉制作糊式干电池固化电解质溶液的隔离层材料，干电池的性能和各项技术指标均达到国家有关产品标准，从而可为电池制造业节省大量的粮食，降低能耗和制造成本。

(4)膨润土在静态破碎剂中的应用。控制爆破中静态破碎剂爆破存在着静态破碎剂达到最大膨胀力的时间长且又难于控制以及膨胀力不够等问题。在静态破碎剂中加入钠基膨润土既可提高其最大膨胀力，又可缩短并控制其达到最大膨胀力的时间，对静态破碎剂的生产和应用产生了重大影响。

(5)膨润土用作助滤剂。将膨润土用于选矿过滤机，可提高过滤效率，对于细而黏的有用矿物和其他难以过滤与沉降的有用物料的悬浮物，均可加速其沉降，提高过滤机台时产量，减少有用细粒精矿的流失。另外，膨润土也可用作植物油精制的固液分离设备的最新装置——压罐式过滤机等的助滤剂。

另外，膨润土可作彩色铅笔笔芯的粘合剂、并可将膨润土与石墨按不同比例掺和，调节铅笔笔芯的硬度；膨润土由于具有可贵的光性能，可用于电影电视和各种光学自动信号装置上等。

3 结束语

当今膨润土的发展正朝着开发新产品领域、一种产品多用途化及原土资源综合利用的方向发展。例如，一种多用途的新型胶性白土，可作增稠剂、粘结剂、触变剂、悬浮剂、吸附剂、稳定剂等广泛应用于日用化工、油漆、涂料、纺织、印染、医药等工业。原土资源的综合利用如 1997 年召开的西安市产学研联合开发工程交流会上，展示了一项对膨润土进行综合利用的新技术成果，其基本工艺流程是：把膨润土矿进行酸化处理得到活性 SiO_2，再经合成晶化、沉析得到 A 型分子筛和活性白炭黑，其废酸母液用于生产活性白土及副产品硫酸铝等，其产品质量均达到国家标准。

目前，膨润土已在上百个生产部门得到广泛应用。有资料表明，从 20 世纪 80～90 年代，有关膨润土的应用专利就多达近 1 000 项，每年平均推出近 100 项。相信随着科学技术的不断发展，膨润土的应用前景将会更加光明。

浏阳海泡石矿石特征与综合利用研究

暨雄卓
（浏阳市海泡石矿业公司）

20世纪80年代初发现的湖南浏阳海泡石（黏土）矿床，探明储量500万t以上。但该矿与我国若干处发现的海泡石矿一样，普遍存在的问题是品位低，仅约为20%。而国外（如西班牙）海泡石矿的品位约75%～95%，若低于55%则视作尾矿。据此，浏阳海泡石矿只能称为含海泡石的滑石矿，这给我国海泡石矿的开发，带来了难题。由于海泡石的强吸附性、分散性、流变性、悬浮性和黏结性，使得对原矿的精选和活化工艺只能停留在小试和中试阶段，生产工艺难过关，且成本特高。20多年来，我们及有关单位不经精选、活化，从项目工业开发角度出发，直接对采区内的矿体原矿进行性能试验、工业利用研究，发挥了原矿的特征性能，并在饲料、橡胶、电焊条涂料、农药等行业获得成功应用，经济效益显著。

1 原矿特征

浏阳海泡石黏土矿，含矿岩系为二叠系下统栖霞组顶部一套海泡石质页岩或泥页岩。矿床系原生沉积作用形成，并经历了后期地表风化改造的滑石化转变。采场面基本上由上至下海泡石含量逐渐增加。岩性表现为含有一定海泡石、以滑石为主的黏土矿，但具有明显不同于滑石却酷似海泡石的物化性能。

1.1 矿物成分

采用X射线粉晶衍射物相分析及透射电镜观察，海泡石的标准衍射 d 值有：12.0，7.5，6.68，4.5，3.75，3.34等的（110）衍射线条。其中 $d=1.2$nm的衍射线为特征峰值，并可据此强弱程度判定海泡石在原矿中的相对含量。采场原矿由上至下矿物组成分别为：滑石＋石英＋方解石；滑石＋方解石＋石英＋海泡石；海泡石＋石英＋滑石＋方解石。海泡石矿物含量由上往下渐增。透射电镜下，海泡石矿的矿物成分为海泡石、滑石、磷灰石、Ti游离质，它们各自呈现不同的形貌特征。海泡石：单体呈纤维状、针状；集合体呈末状、条状；滑石：呈不规则的片状、条状；磷灰石：颗粒状，细小；Ti游离质：呈不规则粒状，颗粒细小。

1.2 化学成分

原矿化学成分（%）为：SiO_2 61～68，MgO 18～21，Al_2O_3 2.8～9，Fe_2O_3＋FeO 0.8～1.8，CaO 0.6～5.0。总的表现为 Al_2O_3 含量偏高、Fe_2O_3＋FeO含量较高的特征。各单矿物化学

成分,见电子探针测定结果(表1)。由此可知,海泡石原矿(含海泡石20%左右)与海泡石矿物的化学成分相近。

表1 海泡石矿单矿物电子探针分析

成 分	海泡石/%	滑石/%	磷灰石/%	Ti游离质/%
MgK	26.412 23.389	26.932	0.911	8.111
AlK	6.369 6.778	2.538	1.807	4.611
SiK	65.712 66.913	69.353	3.744	21.574
NaK			3.188	
CaK	0.209 0.879	0.466	46.957	0.934
FeK	1.298 1.729	0.710		1.137
TiK				63.632
CoK	0.312			
PK			43.394	

原矿微量及有害组分特征是,矿石的砷含量普遍较低,小于0.1 μg/g。为便于人畜使用,对动物有害元素含量(μg/g)的测试结果:Pb0~0.49;As0~3.1;Hg0~0.05。对工业应用中影响性能的有害元素的测试结果为:P0.005%~0.015%;S0.001%~0.04%。

1.3 物化性能测试

(1) 饱和盐水吸附率 对矿区50个原矿样品的测试数据,为150%~291%。

(2) 高温烧结性能 原矿于1200 ℃快速高温烧结,试验表明样品无炉渣状结块现象,呈现松散粒状,灰白—灰色。

(3) 悬浮除渣试验 在充分搅拌悬浮下,悬浮液经多次不同孔径滤网过滤,可除去相当量的石英、磷灰石、部分深色杂质物,但海泡石与滑石间分离性差。

(4) 白度测试 经蓝光测定,白度最低为35.41,最高为63.22。

(5) 粒度分布 经悬浮筛分粒径试验结合电镜观察统计,矿样粒径大于0.01 mm的少于5%,海泡石纤维直径在0.05~0.1 μm以下,大部分滑石粒径小于1 μm。

(6) 膨胀容试验 原矿膨胀容为4~10 cm^3/g,平均为7 cm^3/g。

(7) 微孔及比表面积测定 矿体上部以滑石为主的原矿,总比表面积约为海泡石的1/10~1/15,总值16~17 m^2/g,等温吸附线呈闭合的非重叠型。表现出类似海泡石的微孔存在,微孔(孔径小于2 nm)、中孔(2~5 nm)、大孔(大于5 nm)的分布特征,十分类似海泡石,且最大几率分布的孔径区域为32.1 nm左右。

综合物化分析结果可知,浏阳海泡石矿总体为含一定海泡石、以滑石为主的矿床。但该矿滑石显著不同于其他类型滑石,它颗粒细小,具悬浮造浆性能及一定微孔和比表面积的特点。确切地说,矿石中的滑石已变型为滑石-海泡石过渡型,因而具有许多海泡石的物化性能。故浏阳海泡石矿(床)原矿为含一定量的海泡石(20%左右),以滑石-海泡石过渡型滑石为主的海泡石矿。

2 应用研究

根据浏阳海泡石原矿与海泡石矿物有着相近的物化性能，以及海泡石矿（黏土型）的精选和活化较难实现工业化，故其工业利用研究，主要就原矿进行。经过多年的探索、研究和与外界合作，浏阳海泡石矿在下述方面获得成功应用。

2.1 电焊条辅料

海泡石有强吸附性、黏结性及流变性能，良好的造型性能和热稳定性，使得它能作为电焊条涂料的优质辅料。用它取代部分价贵的钛白粉，加大低价钛铁矿用量，可降低成本，已成功运用于 T_{421}、T_{422}型 $\phi2.5$、$\phi3.2$、$\phi4$ 三种规格焊条中。

表 2 T_{421}、T_{422}电焊条涂料配方（%）

成分	金红石	钛白粉	钛铁矿	还原钛铁矿	长石	云母	海泡石	中锰	大理石	白云石	木粉	水玻璃	老四笼粉①	白泥
$\phi2.5$	7.94	3.24	4.85	20.69	5.71	7.56	2.52	5.47	1.57	10.23	2.38	17.51	3.81	6.52
$\phi3.2$	7.85	3.14	4.83	19.71	5.53	7.69	2.43	6.87	2.05	10.13	1.27	18.29	3.93	6.28
$\phi4$	7.28	2.87	4.50	18.93	5.32	6.14	2.27	7.32	1.46	9.65	1.46	21.52	5.46	5.82

①老四笼粉，为上次生产（或试验）用剩的同样配方的各种配料的混合料。

各规格焊条涂料成功配比，见表 2。

配方中各组分的技术指标（%），如下所述。

金红石：TiO_2 87.4，S 0.012，P 0.021，总铁 4.7；钛白粉：TiO_2 98.5，S 0.018，P 0.022；钛铁矿：TiO_2 50.7，S 0.014，P 0.018，Fe_2O_3 4.1；还原钛铁矿：TiO_2 54.5，FeO 0.99，C 0.19，S 0.015，P 0.025，金属铁 28.5；长石：SiO_2 71.4，Al_2O_3 14.7，P 0.008，S 0.023；云母：SiO_2 45.9，Al_2O_3 32.8，P 0.017，S 微量；海泡石：SiO_2 61.8，MgO 20.2，CaO 0.5，S 0.014，P 0.026；中锰：Mn 79.4，Si 0.86，S 0.014，P 0.185，C 0.98；大理石：$CaCO_3$ 99.2，S 0.012，P 0.02；白云石：$CaCO_3$ 56.9，$MgCO_3$ 41.6，P 0.018，S 微量；木粉：油质 1.35，杂质 2.5；水玻璃：M 2.7，S 0.01，P 0.013，浓度 39；白泥：SiO_2 69.35，Al_2O_3 19.9，P 0.013，S 微量。

海泡石矿加工工艺：将原矿干燥，粉碎至 -120 目。水分小于 5%，筛余小于 3%，膨胀容不小于 5 cm^3/g。化学成分要求：SiO_2 61%～68%，MgO 18%～23%，CaO＜5%，P＜0.04%，S＜0.03%。在焊条生产流程不变情况下，所生产的电焊条涂压性能明显改善，药皮强度提高，具有优良的工艺性能，力学性能强、偏心稳定、外表光滑、药皮致密、不易破碎，各项测试指标均达到国家 T_{421}、T_{422}焊条指标要求。

2.2 饲料添加剂

海泡石矿物饲料添加剂配制：$FeSO_4 \cdot H_2O$ 3.7%，$CuSO_4 \cdot 5H_2O$ 9.1%，ZnO 1.5%，$MnSO_4 \cdot H_2O$ 2.1%，Na_2SeO_3（5%）1.76%，$Ca(IO_3) \cdot H_2O$ 1.98%，海泡石原矿 79.86%。

海泡石矿加工工艺：将品位在 25%以上的原矿干燥至水分小于 5%，粉碎至 -80 目。化学成分要求：SiO_2 51%～62%，MgO 20%～25%，Pb＜0.5μg/g，As＜3.5 μg/g，Hg＜0.05 μg/g 含砂量＜1%。生产工艺原则流程，将各种配料分别粉碎至 -80 目→配制→搅拌、混合

→包装。

海泡石矿物饲料添加剂对畜禽的突出作用表现在:促进动物生长和对畜禽的保健作用两方面。试验表明,一头 20～90 kg 的猪,每日用 0.5 kg 海泡石饲料添加剂饲养,可日增重 11%、缩短饲养期 10～15d。由于海泡石具有极强的吸附性能,可预防仔猪腹泻,治疗成猪胃肠道疾病;在消化道中"减压"及排泄肠气,促进机体的消化功能。

2.3 橡胶补强剂

海泡石经活化处理,吸附性、分散性能良好,并保持了其天然的微纤维状结构和沿着纤维轴纵向扩展的八面体非连续层,具有比表面积大和密度小的特点,与各种橡胶具有极强的亲和力,并具有很大的填充体积。经表面处理后的产品其表面的硅烷偶联基因与橡胶在硫化过程中起着交联作用,产生了补强效果。海泡石橡胶补强剂配制比例:海泡石 79.6%,硫磺 4%,硬脂酸 4.8%,氧化锌 8%,促进剂 DM1%,促进剂 D1%,促进剂 M1.6%。

橡胶补强剂选用矿层中上部经硅烷包覆活化后的镁海泡石原矿,为主要原料配制,海泡石配料技术指标:SiO_2(%)≥70,MgO(%)≤20,H_2O(%)≤2,灼烧失重(%)≤7.5;pH=6.5～8,堆密度(g/mL)≤0.55,沉降体积(cm/g)≥5,-200 目筛余物(%)≤0.1。

经试验,海泡石代替或部分代替炭黑和白炭黑用于橡胶制品,如胶鞋、管带、杂件等,产品质量均达到或超过国家标准,并大幅度降低了生产成本。

2.4 农药载体

海泡石具有巨大的比表面积,可达 800～900 m^2/g。它微细孔隙特别多,能容纳多量液体和气体,能吸附大量的氨、氮、钾、水等,吸附水分可达其本身重量的 2～3 倍。因而能起到吸氨、固氮、保钾、保肥、保水的作用。能吸附大量的活性化学药剂,起到吸药(毒)、保药(肥)的作用。可提高肥、药的利用率,减少损耗便于加工运载,改良土壤,因而,是肥料、农药的良好载体。

海泡石载体技术指标如下。农药载体:海泡石含量(品位)>25%,水分<2%;细度,粉剂 -80～-120 目,颗粒剂 1～2.5 mm;膨胀容大于 5 cm^3/g。肥料载体:海泡石含量(品位)大于 15,水分小于 5%,细度 -30～-80 目。

加工工艺流程如下。农药载体:(1)粉剂,海泡石原矿$\xrightarrow{\text{低于 300℃}}$干燥→破碎→过筛→分级→包装。(2)颗粒剂,海泡石原矿$\xrightarrow{\text{低于 300℃}}$干燥(破碎→过筛→包装或→粉碎$\xrightarrow{\text{加水}}$造粒→干燥→包装)。肥料载体:(1)碳铵—海泡石系,碳铵+海泡石干粉→混合→搅拌→包装。(2)尿素—过磷酸钙—氯化钾(硫酸钾)系、氯化氨—过磷酸钙—氯化钾系、碳氨—磷氨—氯化钾(硫酸钾)系、尿素—重钙—氯化钾系,海泡石干粉+磷、钾肥→混合$\xrightarrow{\text{加水}}$揉搓造粒→转筒热气干燥→出料+氮肥→搅拌混合→包装。

湖南、陕西将海泡石取代氮肥 15%～20%,用于棉花、水稻施肥,增产 8%～15%。在扑虱灵、益舒宝等产品中使用,达到国家质量标准,且证实海泡石是目前最理想的载体。

3 市场前景

浏阳海泡石黏土矿开采、开发进入市场 10 多年来,已经成功批量销往全国 30 个省市区和韩、日、美、西欧等国(地区),销售产品为电焊条辅料、橡胶补强剂、饲料添加剂、隔热保温涂料、农药和肥料载体等。其中,电焊条辅料、橡胶补强剂、饲料添加剂虽然使用覆盖面大,但因其在产品中所占比例小,海泡石使用量不是特别大。其价值一般在 500 元/t 以上。肥料载体的广泛使用,给海泡石带来了巨大的市场。浏阳海泡石黏土矿储量虽占全国的一半,但尚不能满足湖南一省的肥料配量。因此,迅速扩大海泡石黏土矿开采、加工(主要是干燥)能力,已是当务之急。但是,真正能最大限度地提高海泡石的使用价值,使资源优势转变成最大的经济财富,是对海泡石深加工、高技术产品的利用。如医药、保健、化妆品、洗涤剂、香烟滤嘴与国防和现代科学技术中的防原子辐射、防毒、空间技术的特殊部件等。

绢英粉——一种新型工业填料

刘伯元

（中国非金属矿工业协会）

1 绪　　论

早震旦系下统安徽省皖东张八岭丘陵地区，广泛分布埋藏很浅的一种白色或灰白色、弱固结、遇水具可塑性的变质岩岩石。经冶金部华东地勘局矿产品开发研究所采样鉴定和X衍射分析，确定为含绢云母的酸性火山岩。称为绢云母化流纹岩或称绢云母石英片岩。该矿石片状构造，鳞片花岗变晶结构，褶皱现象明显，呈丝绢光泽，具滑感。

其矿物组成见表1：

表1　绢云母石英片岩矿物成分表

序　　号	SiO_2	Al_2O_3	Fe_2O_3	MgO	CaO	K_2O+Na_2O	TiO_2
矿样Ⅰ	74.38	14.06	1.77	11.4	0.23	4.24	0.43
矿样Ⅱ	73.68	16.65	0.72	0.66	3.04	2.04	0.13

矿物含量：对3个薄片进行镜下检查得出：

(1)绢云母：一般50%，最低40%，最高80%；

(2)石　英：一般15%，最高60%；

(3)长　石：一般10%，最低5%，最高15%。

这种矿物，经选矿和加工处理，即为一种新型的工业填料——绢英粉。绢英粉含层状绢云母和颗粒状粉石英，具有优异的工艺物理性能，在橡胶、塑料、油漆、涂料、陶瓷等行业中应用前景广阔。该种矿物分布广泛，已知四川、湖北、安徽、浙江、新疆等省、自治区均有大面积分布，矿石储量大，易于露天开采，且多分布于我国交通方便的中东部地区，且价格低廉。从绢英粉中还可分选出两种重要的产品：绢云母或碎云母及粉石英具有深加工的意义。

2 绢英粉的矿物学及工艺物理性能

2.1 绢云母

成分：矿物分子式为 $KAl_2[AlSi_3O_{10}](OH)_2$，略含水。

矿物特征：绢云母为长石经水热蚀变转化而成的细鳞片状白云母集合体。银白色或浅灰白色。透明、高亮度，丝绢光泽，薄片可弯曲具弹性。密度2.76g/cm^3，硬度2～2.5。自然粒度小，一般1～5 μm，其中－2 μm的占80%。

工艺物理性能：绢云母解理发育、分散性能好、比表面积大、化学稳定性好、300℃下不与酸反应、热稳定性好、耐热性能好、绝缘性良好。水溶液pH值为6～7。抗紫外线，具有吸收微波的性能。

2.2 粉石英

成分：成分为SiO_2。

矿物特征：粉石英为酸性火山岩中的火山碎屑及火山玻璃脱玻化的产物。矿物成分为鳞石英、方英石、石英晶屑及火山玻璃等混合物。晶体形态多为尖棱凹面状，粒度极细，据镜下统计：

<5 μm 占35%；

5～20 μm 占45%；

20～30 μm 占15%；

1500～2500目 占60%以上。

工艺物理性能：比表面积大，易接受硅烷偶联。化学稳定性，耐酸碱性，热稳定性良好。不亲水，水溶液pH=7。由于多系火山玻璃脱玻化产物。呈非晶质——半晶质状态。与白炭黑的工艺物理性能有类似之处。

3 绢英粉的应用

3.1 在陶瓷工业上的应用

3.1.1 在釉面砖上的应用

在坯体配方中：可用绢英粉30%～40%取代现行配方中的石英和大部分硅灰石、滑石、长石和叶蜡石，适合于低温快烧，是一种节能性能良好的新型陶瓷工业原料。明显降低原料成本；其次，使用绢英粉代替石英、硅灰石可以缩短原料加工周期，节省能源，例如绢英岩矿石比硅灰石球磨时间缩短一倍。再看一看经济分析：年产50万m^3的釉面砖工厂，若改用绢英岩，则每年可节约成本20万元。

3.1.2 在卫生瓷方面

可用20%～30%的绢英粉代替传统配方中的石英、长石、硅灰石。此时烧成温度为1160℃，比传统配方烧成温度降低60℃。其次缩短原料加工周期。对一个年产20万件卫生瓷生产厂家，每年可节约成本15～20万元。

3.2 工业填料上的应用

(1)摩擦材料　湖北省葛洲坝工程局摩擦材料厂，使用绢英粉（140目）制作汽车制动器衬片的填料已获成功。使用绢英粉取代长石和陶土。经测试，在耐热、耐磨和粘附等性能方面，使用绢英粉制成的衬片均达到或超过石棉摩擦材料的技术要求。

(2)在油毡，油膏工业上的应用　长期以来，绢英粉在油毡、油膏工业上代替滑石作为矿物填充剂和涂布材料，用量可达40%，且价格低廉。

(3)在防水材料工业上的应用　根据绢英粉、不亲水、遇水不溶，且具有遇水呈可塑性的特点，绢英粉可以作为防水材料的填充剂。在安徽省已广泛使用绢英粉作防水材料的填充材料。

4　绢英粉在橡胶、塑料工业上的应用

绢英粉作为一种新型无机矿物填料可以大量应用到橡胶和塑料工业中，由于绢英粉的工艺物理性能优良，如化学稳定性、电绝缘性、热稳定性、抗冲击强度、弯曲模量、耐磨性、耐老化性、抗紫外线、吸收微波等方面的优异性能，使之成为极其重要的功能性填料。绢英粉在橡胶，塑料工业上的应用是我们关注的重点。我国许多有识之士正在进行这方面的研究应用工作，例如重庆长江橡胶厂开展了绢英粉在橡胶中的应用。上海塑料研究所开展了绢英粉在阻燃方面的研究。冶金部华东地勘局矿研所开展了绢英粉母料系列的研究，现摘要介绍如下。

4.1　绢英粉在橡胶中的应用

实验配方(质量份)，丁腈胶100，氧化锌5，硬树脂1，促进剂7，防老剂3，软化剂15，绢英粉，半补强炭黑，白炭黑，变量。

硫化条件：151℃、15min，制样时，用标准试样模具在压力20 MPa，温度(151±20)℃下，采用平板蒸汽，硫化压机硫化15 min制成。

表2所列数据均系采用国家标准试验配方获得。

表2　绢英粉在各类橡胶中的应用

橡胶	配料方式/试验序号		邵氏硬度(A)	扯断强度/MPa	扯断伸长率/%	扯断永久变形/%	撕裂强度/kN·m^{-1}	十苯	20% NaOH	20% H_2SO_4	体积电阻	40% H_2O_4 150℃	磨耗	老化系数	恒压永久变形
								常温×24h·ΔV%							
丁腈胶	绢英粉份数 (1)	20	47	3.9	920	27	11	28.1	0	−0.1					
		40	54	6.4	96	27	14	22.2	0.1	−0.1					
		60	52	4.3	930	21	13	24.8	0	−0.1					
		80	57	4.9	940	30	16	19.7	0	−0.1					
		100	60	5.0	940	34	17	17.5	0	−0.1					
	绢英粉/半补强炭黑 (2)	0	55	15	940	20	41	15.1	0	0.1					
		0.5	52	13.5	1020	25	28	15.5	0	0.1					
		1	52	9.0	1040	30	23	14.7	0.1	0.1					
		2	49	8.8	1200	40	17	14.5	0.1	0					
		∞	49	4.2	900	20	11	17.4	0.2	0.1					
	绢英粉/半补强炭黑 (3)	0	68	22.7	880	38	49	17.6	2.1	4.5					
		0.5	61	14.2	900	30	30	17.4	2.8	3.3					
		1	60	13.2	960	30	25	16.5	2.5	2.7					
		2	55	10.2	900	25	20	14.8	1.9	2.2					
		∞	49	4.2	900	20		17.4	0.1	0.2					

续表 2

橡胶	配料方式试验序号		邵氏硬度(A)	扯断强度/MPa	扯断伸长率/%	扯断永久变形/%	撕裂强度/kN·m⁻¹	十苯	20% NaOH	20% H_2SO_4	体积电阻	40% H_2O_4 150℃	磨耗	老化系数	恒压永久变形
								常温×24h·ΔV%							
乙丙胶	绢粉英份数(1)	20	50	1.45	230	2						1.7			
		40	52	1.7	320	3						3.1			
		60	54	1.8	390	3						2.2			
		80	57	2.0	400	6						3.1			
		100	59	1.7	380	6					1.5	3.5			
	绢英粉/沉淀白炭黑(2)	60/0	54	1.8	390 7	3						2.2			
		30/30	70	7.1	440	9						5.8			
		0/60	80	10.6	440	5						7.1			
天然橡胶	绢英粉/$CaCO_3$(2)	0/45	64	10.6	580		43				1.21		3.9	0.84	80.5
		22.5/22.5	66	12.4	550		50				1.32		3.8	0.75	74.5
		45/0	69	12.1	520		47				1.62		9.5	1.00	65.1
	绢英粉/滑石粉(2)	0/50	64	10.6	580	40	43				1.21		3.9	0.84	80.5
		25/25	67	11.3	500	35	51				1.73		6.8	1.11	76.3
		50/0	66	13.2	520	40	54				1.67		9.5	0.81	76.2

从表 2 可以看出:

试验(1)随绢英粉用量的增大,丁腈胶的邵氏硬度、撕裂强度、扯断永久变形增大,扯断强度、扯断伸长率有最大值,耐酸碱性能无变化,耐油性能增强。

试验(2)随绢英粉对半补强炭黑,配合比例的增大,丁腈胶的耐油性和耐酸碱性无明显变化;扯断伸长率和扯断永久变形有最大值;硬度,扯断强度下降。试验数据表明,绢英粉完全可能部分替代半补强炭黑,成本也随之下降。

试验(3)随绢英粉对白炭黑配合比例的增大,丁腈胶耐油,耐酸碱性能无明显变化;扯断伸长率有最大值;硬度,扯断强度和撕裂强度有所下降。

值得注意的是,白炭黑对促进剂的吸附作用很强,在使用中稍有不慎会引起延迟老化,影响制品性能;而使用绢英粉部分取代白炭黑,可以改善硫化条件,缩短硫化时间,保证硫化胶性能,提高工效,降低成本。

4.2 在乙丙胶中的应用

实验配方(质量份):乙丙橡胶(日本 4050)100,氧化锌 5,硬脂酸 1,硫化剂 4.5,绢英粉、沉淀白炭黑,变量。

制样及测试方法,均按有关标准执行,试验结果见表 2。

试验(1)随绢英粉用量的增大,乙丙胶的扯断强度、扯断伸长率、撕裂强度均有一个最佳值;硬度、扯断永久变形随之增大;耐酸碱性能增大;绝缘性能良好。

试验(2)在配方中随绢英粉用量的递减,乙丙胶硫化硬度,扯断强度增大;耐 40% 硫酸性能变差;扯断永久变形增大;当两者比例为 1:1 以后,扯断伸长率无变化。上述情形说明,用绢英粉部分替代沉淀白炭黑完全可行。

4.3 在天然橡胶中的应用

配方:天然橡胶100;氧化锌20;硬脂酸2.5;表明促化剂0.6;防老剂3;硫化剂2.3;立德粉20;轻质碳酸钙、滑石粉、绢英粉,变量。

制样及测试方法,均按有关标准执行。试验结果见表2。

试验(1)所得各项数据,与轻质碳酸钙比较,除磨耗性能差外,其余均处于优势。

试验(2)的结果反映出,用绢英粉替代滑石粉后,天然橡胶的硫化性能除耐磨性和扯断伸长率较差外,其余均优于滑石粉。

4.4 前景分析

绢英粉作为一种新型无机工业填料,其工艺物理性能在化学稳定性、热稳定性、电绝缘性、耐老化性、分散性等方面已经优于轻质碳酸钙、陶土、滑石等传统用橡胶填料。在绝缘橡胶制品、防酸碱输送管材、蓄电池胶壳、热蒸汽输送管材、橡胶输送带等制品中可以广泛应用。

绢英粉可以部分替代较贵的白炭黑、半补强炭黑,可以较大幅度地降低成本。如以20%的绢英粉取代白炭黑,则每消耗1t白炭黑,即可节约700元,而且可以克服白炭黑,吸附促进剂的缺点,改善硫化条件,缩短硫化时间,硫化性能可以得到保证。

此外,绢英粉在橡胶工业混炼工艺操作性能上,具有分散性能好、吃粉快、不飞扬、减少环境污染、压延性能好等优点,所以广泛推广应用绢英粉,对橡胶行业具有重大的意义。

4.5 绢英粉在塑料中的应用

同样,作为一种新型无机工业填料,绢英粉在塑料工业中有非常广泛的应用前景,现在简要介绍绢英粉在塑料工业中的应用。

(1)聚烃烯-绢英粉母料。冶金部华东地勘局矿产品开发研究所正在开发聚烃烯-绢英粉和聚烃烯-沸石母料系列。目前正在进行:PP-绢英粉,PP-沸石母料研究。

(2)PVC制品中加入绢英粉。由于绢英粉白度高,达90以上,完全可以代替轻质碳酸钙。作为填料,目前填加量可达5%。

(3)阻燃塑料。上海塑料制品研究所正在进行新型阻燃塑料研究,以绢英粉代替$Al(OH)_3$已获得实验室小试成果,正准备进行扩大生产试验。

(4)PP-绢英粉制品。PP制品应用广泛,在压滤机行业,使用PP的板框式压滤机,因PP使用温度过低,一直难以解决。现在加入绢英粉可使使用温度提高50℃。

(5)汽车塑料。汽车工业中塑料制品比例日益增大。目前开发汽车塑料制品已在许多单位进行。对于汽车所用塑料,目前填料只有滑石粉的报道。中国科技大学14系正在开发绢英粉填料的PP制品研究。

(6)工程塑料。近来,以共混改性手段研究开发工程塑料已在许多单位进行,使用绢英粉作为填料可以获得多种功能性特色。

5 绢英粉的深度开发研究

对于绢云母石英片岩这种有价值的矿物,除加工成绢英粉作为重要的工业填料外,尚可以进一步深加工,加工出绢云母粉粉石英 2 种产品。现介绍绢云母。

5.1 绢云母粉的物化特征

绢云母是变质岩云母,矿物特征和白云母相近。具丝绢光泽,呈白色,灰白色,银白色,密度 2.6g/cm^3,硬度 2~2.5,解理极完全,可以劈成极薄的片状,片厚可达 1 μm(理论上可达 0.001 μm),富弹性,可挠曲,弹性强度为 1505~2134 MPa,抗拉强度 170~360MPa,抗剪强度 2150~3020,耐热可达 500~600℃,导热 0.00418~0.00669 J/cm·s·℃,热容 0.105~0.869 J/℃,电绝缘性强,室温下达到 200 kV/mm,介电常数 t(1 兆赫)6.5~9.0,比电阻欧姆厘米(25℃)10^{12}~10^{14}抗放射性为 5×10^{14},抗放射性为 5×14 热中子/cm^2 对照 500。抗磨性优于铜。抗化学性好。难溶于酸,通常不和碱起作用。

加热分析时:150℃呈吸热反应,650℃时结构水脱失,960℃时出现相变。吸水性可达 6%。

一般化学成分:$SiO_2$43%~49%,$Al_2O_3$37%,K_2O6%~10%,H_2O4%~67%。

5.2 绢云母的工业用途

由于绢云母具有吸水和染色物质进入层间的性质,使绢云母成为塑料、造纸、橡胶、化妆品等优秀的填料。还能在建筑,油井钻井,电焊条等方面广泛使用。利用其绝缘性能,在电子、电器、电机工业上有重要地位。绢云母瓷更是久已闻名天下。现代的云母玻璃产品大量用于航天、航空、航海等工业领域。下面简要介绍。

(1)化妆品工业。化妆品使用范围已遍及人体的皮肤、毛发、指甲、口腔等清洁、保健领域。绢云母在这些广阔的天地里是大有可为的。

首先是皮肤养护、容颜美化上,绢云母因细粒呈现强分散度,能与水,甘油均匀混合,可为乳液、膏霜、扑粉各类化妆品上乘填料。而且绢云母质地细腻、润滑、富有弹性、光泽度合适、白度高,还可以作为高级美容化妆品的特殊填料。如防晒膏因使用绢云母的鳞片结构反射紫外光,达到防止皮肤晒黑的目的。增白剂因使用绢云母高白度达到代替钛白粉从而降低成本的目的。指甲油、唇膏、眼膏的珠光品种均可使用绢云母作珠光剂。在眼影膏中使用绢云母代替滑石,其用量为 5%~21%,作珍珠膏中绢云母用量为 18%~35%。

(2)牙膏填料。绢云母是新一代牙膏填料,它可以作为增白剂,又可作为摩擦剂。牙面的珐琅质莫氏硬度为 6~7,对洁齿剂的要求是粉末硬度低,白度高,又细滑。现在使用的粉末摩擦剂是重质碳酸钙,它的硬度是 3,对牙齿珐琅质磨损很大。而使用绢云母、硬度只有 2~2.5,是取代 $CaCO_3$ 的优质材料。

(3)石油油井泥浆。黏土是石油油井泥浆重要组成部分。黏土矿物绢云母它的微晶鳞片状结构在泥浆中发挥重要作用。例如绢云母能分散成很细小颗粒,形成良好的悬浮状。绢云母可以保持不失水,提高泥浆质量。另外绢云母的热稳定性,可以抗高井温。在 500℃以内效果非常理想。最后,绢云母润滑性能还使泥浆起作润滑钻杆作用。

(4)塑料填料。绢云母粉单独作为填料,有别于绢英粉。更具有多种功能。

绢云母粉可以作为聚乙烯、聚丙烯、聚氧乙烯、尼龙、聚酯、ABS等热塑性塑料及酚醛树脂,环氧树脂等热固性塑料的充填剂。它的加入能显著提高制品的拉伸和弯曲的弹性模量。

据有关单位测试,绢云母含水量较低,脱水温度高,可以提高制品的耐热性能,降低制品收缩率、翘曲率。

加入不饱和聚酯中,制品的耐化学药品能大大提高。在聚苯乙烯,或聚乙烯中加入37%的绢云母粉,则耐气体渗透性能可以显著提高,甚至可以研制汽油桶。

绢云母由于具有片状结构有极大的径厚比,理论值可达1∶200。是绢云母具有优良工艺特性的原因。例如在聚对苯二甲酸丁二醇中添加30%(质量)的绢云母粉时,抗张强度由55MPa,弯曲强度由92 MPa提高到130 MPa,弯曲弹性模量由2.5×10^3MPa提高到8.2×10^3MPa,热变形温度由55℃提高到160℃,成型收缩率由长×宽为(1.7×1.8)%降低到(0.7×0.8)%。

在聚丙烯中添加质量50%的绢云母粉,击穿电压由20kV/cm提高到46kV/cm,耐电弧性由马上熔融延长到130s熔融。介电常数由1.9提高到2.7。

在聚苯乙烯中添加质量20%~60%的绢云母,剪切模量可提高8倍。

在环氧树脂中添加质量50%的绢云母,弹性模量由原来的3.5×10^3MPa,热膨胀系数由65下降到28。

绢云母在树脂中的添加量一般为10%~40%,细度为200目。

(5)橡胶填料。绢云母的优良性能,如电绝缘性高,导热性低,力学性能优良,耐磨性强。耐老化性能优良,阻燃,耐候耐热及化学性能稳定,因而在橡胶工业上有多种用途。

通常以160~325目细度作合成橡胶的填料,尤其适合于耐高温、耐介质、耐高真空、耐辐射等合成橡胶中添加。绢云母还可以作各类橡胶产品的润滑剂、脱模剂和吸湿剂(橡胶要求吸湿性0.5%,绢云母的吸湿性为0.18%)。

现在,上海胶鞋三厂及浙江省白水橡胶厂已应用绢云母。

(6)涂料工业上应用。绢云母尤其适合作油漆涂料的添加剂,因为涂料在添加绢云母后能提高涂料的分散度,与涂膜的耐大气、耐水性,达到了易涂、易刷、均匀的作业效果。绢云母在不少独特的涂料领域中能担任填料,如:

1)建筑物正面涂料:绢云母能反射紫外线光,及吸附染料分子进入晶格层间的性能。用绢云母作填料可做外墙涂料。

2)防腐涂料:耐腐蚀涂料,绢云母作为防腐涂料的主要添加剂,可抗酸碱。

3)耐热涂料:耐热涂料广泛用于高温锅炉、石油裂化反应设备、导弹、飞机、宇航设备的涂护。航天器要求长期耐高温500~800℃的耐热交变的宇宙技术的涂料。

4)烧蚀涂料:它是一种比耐热涂料更高温、更苛刻条件下,完成保护要求。如用苯基聚硅氧烷为基料、云母等为添加剂配制的烧蚀涂料于2300℃使用30s,背面非金属材料保持良好。

此外,还有防污涂料、辐射涂料、航天器热控涂料、食品无毒涂料,都可添加绢云母。

对于另一产品粉石英也有多种用途,以后再作介绍。

陕西省洛南滑石矿的开发应用

刘伯元
（冶金部华东地勘局矿产品开发研究所）

1 洛南滑石典型特征

陕西省洛南县所产滑石矿，过去不为人们所知，从未有人介绍。本次考察共发现两处大型滑石矿山，估计储量都在1000万t以上，开采条件方便，矿山品质优良，是我国重要的滑石矿山之一。

第1个矿山是洛南县黄坪乡小文峪矿。矿山位于洛河河谷两岸山上。该矿床属碳酸盐类型滑石矿。矿区内岩层呈单斜构造走向北东东，倾向北北西，局部有倒转，倾角70°～80°。矿体受层位控制，产状与地层一致，沿北东东向呈带状展布。走向延长3～5km，出露宽度35～50m，倾向延深超过100m。估计储量在2000万t以上。

该矿山所产矿石，色白、浅白，呈块状、片状。成矿母岩为白云岩，经热液交代区域变质形成。矿物成分主要是滑石，有少量伴生矿物如石英、白云石、方解石，不含石棉，重金属含量极低。

第2个矿山是上寺店矿，位于洛南县上寺店乡。该矿床属碳酸盐类型滑石矿床。成矿母岩为白云岩、大理岩，经热液交代区域变质形成。矿物成分主要是滑石，有少量伴生矿物，如大理岩、白云岩，不含石棉，重金属含量极低。

该矿床规模大，估计储量超过1000万t，矿石以白色为主，白度90，硬度小，有滑感，致密细腻，含杂质极少。

该矿成岩母岩是白云岩，大理岩。故矿石化学成分稳定。二氧化硅为58.54%，氧化镁为31.28%。对比中国各大滑石矿产地，其中辽宁营口滑石矿 SiO_2 为54%～59%，MgO为28.8%～32.4%，CaO为1.09%～6.29%。表1为中国主要滑石矿区矿石类型。

表1　中国主要滑石矿区矿石类型

矿山名称	原矿品位/%	矿石类型	化学组成/%				各等级矿石比率
			SiO_2	MgO	CaO	Fe_2O_3	
辽宁海城滑石矿	50～70	块、片、粉状	61.25	33.50	0.17	0.52	
辽宁本溪滑石矿	70	块状 片状	40～58.5	30～31.6	0.3～1.5	1.5～3.0	白滑石占30% 灰绿滑石占70%
辽宁营口滑石矿	39.41～54.47	块状 片状	54.43～59.56	28.88～32.41	6.29～1.09		块滑石17% 粉滑石50%、渣30%

续表 1

矿山名称	原矿品位/%	矿石类型	化学组成/%				各等级矿石比率
			SiO_2	MgO	CaO	Fe_2O_3	
辽宁水泉滑石矿	>90	块状 片状					
辽宁桓乡滑石矿	70	块状 片状					特级 15%,一级 60%,二级 25%
山东海阳滑石矿	>50	块状 片状	44.6 ~55.65	28.65 ~32.86	0.12 ~0.4	0.7 ~5.5	一级品 68.31%,二级品 31.61%
山东平度滑石矿	>30	块状 片状	47.75 ~48.72	28.48 ~28.52		2.48 ~3.22	
山东掖县滑石矿	>30	块状 片状	44.24 ~62.66	30.37 ~32.94		0.24 ~1.68	
山东栖霞滑石矿	50	块状	>60.81	28.52		0.05	一级品 46.54%,二级 47.61%,三级 5.85%
广西龙胜滑石矿	>70	块状	56.43 ~62.92	28.95 ~31.38	0.33 ~1.45	0.51 ~2.5	一级品 46.54%,二级 47.61%,三级 5.85%
四川冕宁滑石矿	>30	片状					一级 30%,三级 60%
新疆库米什滑石矿	>50	片状 块状	31.15 ~58.81	15.4 ~25.56	26.83 ~5.17	0.10 ~0.36	

从表可以看出上寺店滑石化学成分与营口滑石化学成分相近。上寺店滑石矿采用手选法。特级品占 30%以上,为我国优质滑石矿。其产品可以广泛应用于工业部门,特别可以深加工成高级填料,用于塑料、食品、化妆品、医药行业。上寺店滑石矿石化学分析结果见表 2。

表 2 上寺店滑石矿石化学分析结果

元 素	SiO_2	MgO	Fe_2O_3	Al_2O_3	CaO	Na_2O	K_2O	酸不溶物	烧失量	S	P
含量	58.54	31.28	1.86	2.34	1.42	0.12	0.11	87.23	6.15	/	/

2 滑石的应用

滑石是一种含水具有层状结构的硅酸盐矿物。其化学式为 $Mg_3[Si_4O_{10}](OH)_2$。其化学成分理论值为:MgO 为 31.8%,SiO_2 为 63.37%,H_2O 为 4.75%。主要矿物类型为碳酸盐滑石。滑石色白,柔软,滑腻,具有良好的电绝缘性和耐热性,优良的化学稳定性与强酸、强碱一般都不起作用,还有良好的润滑性,以及对油类有强烈的吸附性等优良特性。加上价格低廉,因而被广泛运用于造纸、化工、医药、塑料、陶瓷、油漆、橡胶等工业部门,共有以下十大应用领域:

(1) 造纸　抄纸填料、纸浆调色、木沥青控制剂,再生纸脱墨剂,涂布料;

(2) 建筑材料　油毡填料、屋面工程沥青填料,嵌缝油膏,涂墙泥灰,刷墙粉(可赛银),

仿瓷涂料等；

(3) 化妆品、日用品　粉饼、香粉、爽身粉、痱子粉、美容霜、香皂、牙膏等；

(4) 陶瓷　高频—超高频电子陶瓷、火花塞、燃烧喷嘴、精瓷餐具；

(5) 油漆涂料　房屋油漆、工程油漆、舰船油漆、汽车底漆等；

(6) 医药　中医药剂、片剂脱模剂、糖衣、药膏、护肤膏等；

(7) 橡胶　电线、电缆、橡皮、橡胶制品填料等；

(8) 塑料　地膜、棚膜、聚丙烯、聚乙烯、聚氯乙烯的填料等；

(9) 化肥、农药　化肥掺和剂(提供 Mg 元素)，粉状杀虫剂载体；

(10) 轻、化工业　食品添加剂、饮用水、油料、糖液澄清剂、印刷油墨填充剂、皮革润滑吸油剂等。

3　国内外滑石消费市场状况

(1) 世界情况。全世界共有 40 多个国家生产滑石，主要生产国是中国、美国、芬兰、巴西、澳大利亚等，全世界所产滑石 1000 万 t 左右，最大出口国是中国。日本是滑石最大进口国，每年从中国进口 50 万 t，从澳大利亚进口 11 万 t。德国也是进口大国，年进口量 17 万 t，韩国年进口量 14 万 t。我国滑石出口飞跃发展：1970 年 15 万 t，1980 年 36 万 t，1990 年 100 万 t，1994 年 152 万 t。目前每年还在继续增长。

(2) 国内市场。国内市场滑石消费量随产量不断增长。目前年消费量在 426 万 t 左右。其中造纸工业为首位(占 60%)，其次是油毡及屋面材料(17%)，轻化工业(11%～13%)，日用工业和化妆品(5%～6%)中国滑石消费构成见表 3。

表 3　滑石消费结构表

消费部门	1979 年		1980 年		1992 年	
	用量/万 t	消费率/%	用量/万 t	消费率/%	用量/万 t	消费率/%
造纸	17.97	58.74	22.39	60.00	86.51	58.1
油毡	5.50	17.98	5.23	14.01	28.89	19.4
陶瓷	0.8	2.6	0.8	2.15	21.59	14.5
化妆品	1.75	5.73	1.69	4.53	2.53	1.7
油漆涂料	0.21	0.68	0.85	2.28	2.08	1.4
医药	0.38	1.26	0.49	1.31		
橡胶	0.48	1.58	0.51	1.37		
塑料			0.08	0.21	7.3	
化肥农药			0.09	0.25		
轻化工业	3.49	11.43	5.08	13.62		
合计	30.58	100	37.33	100	148.9	100

(3) 国内生产情况。世界上有 40 多个国家生产滑石，到 1994 年达 860 万 t。美国和其他国家产量有所减少。

中国滑石生产，1983 年以前一直在 70～90 万 t 之间徘徊。1984 年上升到 134 万 t。

1989 年超过 200 万 t。1990 年达 254 万 t。目前增加到 426～586 万 t。是世界上最大滑石生产国。

中国滑石生产有其特点，多年以来滑石生产主要来自辽宁、山东、广西三大生产基地，占全国总量的 85%以上。矿山开采方式有露采和地下开采两大类。选矿主要是手选。开发利用主要是高品位滑石。加工以粗加工为主，超细粉碎加工也有一定规模。

滑石目前出口量每年约为 150 万 t，国内市场约为 400 万 t 以上。总的消费市场为 586 万 t。生产量也保持在这个水平上，基本产需平衡。

陕西洛南滑石矿储量大，品质好，自然白度高，如果加强开发利用一定会在国内，国际市场上占有一席之地。而且是我国滑石资源的重要后备矿山。

4 滑石深加工产品

滑石的生产与加工，我国大多数企业还停留在粗加工阶段。除了块矿直接出口以外，大多数加工成滑石作为产品销售。加工成滑石的粒径一般为 100 目、200 目、325 目。加工方法大多数是干法，一般使用雷蒙磨加工。

滑石的深加工产品是与各个工业行业使用滑石作为原辅材料情况紧密联系在一起的。我们必须根据各个相关行业使用滑石技术进展同步地或稍稍超前发展滑石深加工产品。为此，将在不同行业中研究滑石深加工产品。我国对滑石产品制定了技术要求见表 4。

表 4　工业原料滑石技术要求(JC160—82)

技术性能 \ 质量等级			GL—特	GL—1	GL—2	GL—3	GL—4
化学成分	二氧化硅/%	≥	61.00	58.00	53.00	41.50	35.00
	氧化镁/%	≥	31.00	30.00	30.00	29.00	28.00
	三氧化二铁/%	≤	0.50	1.00	1.50	2.50	—
	三氧化二铝/%	≤	1.00	1.50	—	—	—
	氧化钙/%	≤	0.50	1.20	2.50	3.50	—
	氧化钾和氧化钠/%	≤	0.30	0.50	—	—	—
	二氧化铁/%	≤	0.20	0.50	—	—	—
	烧失量/%	≤	6.00	8.00	12.00	20.00	25.00
	酸不溶物/%	≥	90.00	85.00	82.00	70.00	55.00
物理性质	白度/%	≥	90.0	85.0	80.0	75.0	60.0
	块度/mm	≥	30	20	由供需双方商定		

洛南县上寺店滑石，化学成分纯，质软，滑腻。可购进白度计，用手选高纯、高白度滑石，作为高纯产品的原料。专门堆放在室内，以这些原料加工高纯产品。

4.1　化妆品级

严格把关，把有害元素 P、S、Pb 控制在国标以内，使用陶瓷磨分别加工成 325 目或 400 目产品。使用气流磨加工成 1250 目、1500 目、2500 目产品专供化妆品生产企业使用。我国医药、化妆、食品用滑石粉产品质量见表5。

表5 医药、化妆、食品用滑石粉产品质量(JC298—82)

技术性能 \ 等级			YY-1	YY-2
颜色			洁白	白色或类白色
白度/%		≥	85	80
嗅、触感觉			无臭、无味、粉末细腻,有滑润性,易粘附皮肤,无砂性颗粒	
细度	目(μm)		325(45)	200(75)
	筛余量/%	≤	2	2
酸中可溶物/%		≤	1.5	2.0
水中可溶物/%		≤	0.12	0.20
酸碱度			石蕊试纸显中性反应	
水分/%		≤	0.50	
烧失量(600~700℃)/%		≤	5.00	6.00
铁盐			在煮沸过的滑石粉冷滤液中,加稀盐酸与亚氰化钾试液各1mL,不得即时显蓝色	
石棉			用X射线衍射仪粉末法分析不得发现	

在化妆品级产品基础上增设灭菌设备,如高温杀菌,真空包装。建立生产线生产供食品工业和医药工业专用的灭菌滑石。

4.2 造纸用滑石

造纸工业使用滑石量最大,占整个消费量的60%,应该重点开发。造纸工业使用滑石主要用作填料、涂料、再生纸脱墨剂,纸浆调色剂和树脂吸附剂等品种。我国造纸用滑石粉技术要求见表6。

表6 造纸用滑石粉技术要求(JC161—82)

技术性能 \ 等级		ZZ—特	ZZ—1	ZZ—2	ZZ—3
白度/%		90	85	80	75
尘埃/$mm^2 \cdot g^{-1}$		0.40	0.60	0.80	1.00
水分/%		1.00			
pH(1:20浓度)		7.0~9.0			
沉降速度(清液毫升数/12min)		50~80			
细度	目(μm)	325(45)200(75)			
	筛余量/%	2 2			
酸溶性钙/%		0.50	1.00	1.50	2.00
碳酸钙/%		2.50	3.00	3.50	4.00
烧失量(800℃)/%		6.00	8.00	12.00	22.00

(1) 填料。造纸所用滑石填料是最大宗的产品,它要求白度高,在 90 以上。一般细度为 200 目、325 目或 400 目。价格较低,一般为 200～400 元/t,是微利产品。造纸行业分四级标准(见 JC161—82)。

(2) 涂料。造纸所用涂布级滑石涂料,是高档产品,一般要求白度在 90 以上,细度要求 -2μm,含量大于 85%～90%,磨耗值小于 3 mg。对于洛南滑石而言,白度可以达到 90 以上,对细度必须使用超细粉碎设备才能生产出合乎造纸工业要求的精细产品。

(3) 树脂吸附剂。对于油脂含量高的木材生产新闻纸,特别在脱墨再生纸生产方面需求很大。但无相应标准。它要求:

1) 高纯度:滑石含量美国要求 98%,芬兰要求 93%～94%;

2) 高白度:大于 90 以上;

3) 高细度:美国要求平均粒径 -2μm,一般要求比表面积 16～20 m^3/g;

4) 亲油性:日本要求亲油表面积占全面积的 70%(一般填料级只有 20%～30%)。

4.3 涂料用滑石

滑石是溶剂型涂料用的一种通用型填料,由于超细滑石的使用,使它进入水性系统。目前各种底漆、中间涂料、路标漆、工业涂料以及内外建筑涂料应用量很大。美国和西欧的涂料工业每年约消费滑石 20 万 t。由于货源充足和多年来涂料品种以溶剂型为主,我国涂料工业消费滑石的量很大。

涂料中广泛要用滑石,主要是因为它质地柔软和磨蚀性低,此外还因为有良好的悬浮性和分散性。片状结构的滑石能使涂膜具有很高程度的耐水性和瓷漆不渗性,主要用于底漆和中间涂料。纤维状滑石吸油量更高些,并且具有良好的流变性,可改善涂料的诸多性能,如防储存时沉降和涂刷时流挂、改进施工性能等。含有不同形状粒子的滑石可形成不起泡的涂膜,并且因为莫氏硬度更大些和在涂膜中的堆积程度更高些,而使涂膜耐磨性得到提高。

滑石的一个缺点是吸油量偏高,因此在需要低吸油量场合它必须与吸油量低的填料如重晶石配合使用。滑石第 2 个缺点是耐磨性不高,因此在需要高耐磨性场合,要加入其他非金属填料。滑石具有消光性,可用于低光场合,一般不用在高光泽涂料中。

涂料工业使用 3 种类型的滑石:

(1) 普通粒径的滑石;

(2) 超细滑石,一般可分为 -20～-10μm 和 -5μm 级;

(3) 表面改性滑石(可在生产供塑料工业用滑石改性设备中生产),具有防沉降性能。我国涂料用滑石粉技术要求见表 7。

表 7 涂料用滑石粉技术要求(JC299—82)

技术性能 \ 等级	TL—1	TL—2	TL—3
白度/% ≥	80	75	70
吸油量/%	20～40		41～50

续表 7

技术性能 \ 等级			TL—1	TL—2	TL—3
细度	目(μm) 筛余量/%	≤	325(45) 0.5	325(45) 2	200(45) 2
水分/%		≤	0.50	1.00	
pH(1∶20 浓度)					
烧失量(500℃)/%		≤	5.00	5.00	7.00

4.4 陶瓷用滑石

在国外,如美国陶瓷行业应用滑石比重较大,约占 33%。但中国由于陶瓷原料丰富,历史上使用习惯等原因,使滑石用量在陶瓷工业中一直不高。如 1992 年我国陶瓷行业使用滑石消费量约为 22 万 t。但由于陶瓷行业的发展和滑石本身的优点,使滑石用量逐年增加,预计到 2000 年,滑石消费量将达 80～90 万 t.

滑石在陶瓷行业中的应用有以下几类:

(1) 日用陶瓷和建筑陶瓷;

(2) 电子陶瓷(高频—超高频),计算机芯片陶瓷;

(3) 工程陶瓷和宇航飞行器外壳,火花塞,燃烧喷嘴等;

(4) 精瓷餐具,生物陶瓷。

一般日用陶瓷和建筑陶瓷使用 200 目普通滑石,售价不高。

高级陶瓷和工程陶瓷不仅要求白度在 90 以上,细度为 800～1250 目,对滑石成分提出一定的要求。我国陶瓷用滑石粉技术要求见表 8。

表 8 陶瓷用滑石粉技术要求(JC294—82)

性能 \ 质量等级			GL—特	GL—1	GL—2
二氧化硅/%		≥	61.00	60.00	58.00
氧化硅/%		≥	31.00	30.00	30.00
三氧化铁/%		≤	0.30	0.50	1.00
三氧化铝/%		≤	0.50	0.80	1.20
氧化钙/%		≤	1.00	1.20	1.50
氧化钾和氧化钠/%		≤	0.30	0.50	0.80
二氧化铁/%		≤	0.20	0.30	0.50
烧失量/%		≤	6.00	8.00	9.00
酸不溶物/%		≥	90.00	87.00	85.00
磁铁吸出物/%		≤	0.05	0.07	1.10
白度/%		≥		80～85	
细度	目(μm) 筛余量/%	≤		325(45) 2	

4.5 建筑、油毡工业用滑石

油毡工业我国传统使用滑石作沥青铺撒填料，每年约为25万t。虽有绢云母可取代，但滑石地位仍不可动摇。

在建筑行业还广泛使用滑石，例如屋面工程沥青填料、嵌缝油膏、涂墙泥灰、刷墙粉(可赛银)、仿瓷涂料等，虽价格不高，只有100～200元/t，但年消费量达100万t，也是不可小看的市场。我国油毡级滑石粉技术要求见表9。

表9 油毡级滑石粉技术要求(JC297—82)

技术性能 \ 等级			YZ—1	YZ—2
密度/$g\cdot cm^{-3}$		≤	3.00	
细度	目(μm) 筛余量/%		140(104) <0.50	120(125) 0
水分/%		≤	0.50	1.00
pH(1:20浓度)		<	1.00	

4.6 化肥、农药用滑石

化肥掺和剂使用滑石，不仅可作载体，还可提供Mg元素。由于滑石吸药性强，更适合制粉状杀虫剂载体，且改善土壤，这是低等滑石一大应用领域，今后在农业领域中滑石用量会有很大增长。

4.7 橡胶用滑石

滑石在橡胶行业的用途有3类：(1)填充剂；(2)表面处理剂；(3)隔离剂。

一方面，滑石是橡胶行业使用量最大的填料，主要是由于滑石价格的低廉。另一方面滑石矿物的功能作用越来越受到重视。例如利用滑石的很好的柔软性、惰性来作隔离剂，又如超细改性滑石在电缆橡胶中有优良的功能作用，售价高达4000元/t。今后将在这方面继续开发深加工产品。目前橡胶行业滑石用量约为2万t/a，预计到2000年将可达到10万t/a的水平。我国电缆、橡胶、塑料用滑石技术要求见表10。

表10 电缆、橡胶、塑料用滑石粉技术要求(JC295—82)

技术性能 \ 等级			DL—1	DL—2	DL—3
酸不溶物/%		≥	90.00	87.00	85.00
酸溶性铁(以Fe_2O_3计)/%		≤	0.20	0.50	1.00
烧失量/%		≤	6.00	8.00	10.00
磁铁吸出物/%		≤	0.04	0.07	0.10
水分/%		≤	0.50	1.00	
细度	目(μm) 筛余量/%	≤	325(45) 2(全通过) 200目	200(75)100(140) 0 2	

4.8 塑料工业

滑石使用到塑料工业中去，是滑石产品的最新动向，也是本研究报告的重点。

我国塑料制品年产量为 800 万 t，其中塑料用填料达 80 万 t。目前滑石用量已超过 10 万 t。

使用填料达到各种改性目的或同时降低成本效果的塑料制品种类有编织袋、编织布、打包带、人造革、地板革、地板块、钙塑瓦楞箱、管材、板材、异型材以及近几年得到迅速发展的汽车、家电工业配套零部件等。下面的研究表明：滑石作为塑料填料，具有广阔发展前景。

(1)填料的要求有四个方面：

1) 价格：首先要求填料价格低廉。包括原矿开采加工和运输价格。

2) 化学组成：矿物组成，晶形，比表面积，吸油值等物理、化学因素和特征也是塑料行业使用矿物填料的考虑因素。

3) 粒度：对粒度大小，塑料行业正在不断提高其对粒度的要求，例如母料工业，已从要求填料为 200 目、325 目上升到“400 目全通过”。目前随着技术的进步，已从普通目数上升到超细粉碎产品如 800 目、1250 目、2500 目、5000 目和 10μm，5μm，2μm，1μm 的要求。同时还要求有一定的粒度分布。

4) 色泽：对填料的色泽要求也越来越高。填料的色泽越白越好。这不仅是外观问题，白度越高将来对塑料制品着色带来的影响越小，着的色也正。同时对白度的要求往往是对纯度的要求，白度越高，矿物纯度就高，杂质含量就低。这也保证了塑料制品的内在质量。塑料行业对填料白度的要求呈上升趋势，例如，塑料母料工业过去只要求白度达 85 或达到 90 就可以了，但现在对 $CaCO_3$ 的白度要求已达到 92～94。

(2) 塑料制品使用填料的种类。

1) 纺织带、纺织布、打包带：以 $CaCO_3$ 为主，少量使用滑石。

2) 地板、地板革：主要使用重钙、轻钙，少量使用石英、滑石。

3) 人造革：主要使用轻钙、重钙，还可使用造纸废渣——白泥。

4) 钙型瓦楞箱：主要使用重钙和轻钙，也使用滑石。

5) 管材、异形材、门窗：只使用 5％的重钙。

6) 薄膜：各种包装袋可使用 5％～30％的重钙和滑石，其粒度必须在 1250 目以上，且填料要经过表面处理。目前已达 2500 目。

农用棚膜中使用填料可以改善光学效果，主要填料种类是滑石、高岭土、云母。

7) 工业配套用零部件：汽车、家电工业大量使用塑料材料。在汽车中使用塑料部件逐年上升，目前小轿车的塑料部件已超过质量的 10％。在汽车用塑料中，聚丙烯占 70％以上，预计到 2000 年，汽车使用聚丙烯数量将超过 10 万 t/a。而滑石是汽车用聚丙烯的最主要填料，按 30％计算年使用量将达 3 万 t 滑石。

家电工业也广泛使用塑料部件，其中滑石也是主要填料。

(3) 滑石填料在塑料中的应用。滑石在塑料中的应用包括 3 个方面：

1) 普通级填料：填充改性是塑料改性的重要手段，普通级滑石填料广泛应用于塑料日用品、工农用品、农用棚膜等塑料制品中，要求滑石细度为 400 目，白度 90 以上。

2）填充母料：填充母料是塑料加工业的一种中间产品，它以少量的树脂（如PP.PE）为基体，将大量的填料（如重钙、滑石）和改性剂经过表面处理、混合、塑化和造粒后形成类似合成树脂的颗粒状产品，塑料加工厂家拿来就能掺和使用的产品。以滑石为填料的母料密度加大，纯聚丙烯密度为0.89～0.91g/cm^3，充填20%滑石密度变为1.07～1.1g/cm^3，充填40%滑石密度为1.25～1.3。充填滑石后可防止制品挠曲，保证制品尺寸稳定性，提高刚度。

我国用滑石作填充母料的厂家较少，如营口大石桥三友助剂联营公司、北京燕山石化总公司向阳化工厂等。

3）高级填充料：用高白度（90以上）、高细度（1250～2500目）、高品质的滑石开辟的塑料填充料正在取得飞速的发展和巨大的成功。由于滑石具有良好的电绝缘性和耐热性，化学稳定性，一般与强酸碱都不起作用，加上良好的润滑性，在室温和高温下填充滑石的塑料比填充碳酸钠的塑料具有更好的刚性和抗变形能力，使滑石在汽车、家电、电器、仪表等工业部门有着巨大的应用，成为首选填料。我国在这方面还刚刚起步，致力于这方面开发的单位有中科院化学所、化工部北京化工研究院、燕山石化研究所、北京化工学院、轻工总会塑料加工应用研究所、成都有机硅研究中心、苏州塑料一厂、江苏淮阴大众塑料厂、冶金部华东地勘局矿产品开发研究所等单位，下面介绍他们产品：

(a) 中科院化学所用滑石填充改性聚丙烯已达到国际先进水平，他们的鉴定成果和认证成果共达30项之多，如各类车型的保险杠、仪表板、车门内衬、座椅、靠背各类专用料。

(b) 苏州塑料一厂使用滑石填充改性聚丙烯塑料产品已达到德国大众汽车VW44045标准，该产品为桑塔纳汽车用PP料实现国产化，已开发出TPP1～TPP8系列品种的改性料。

(c) 化工部南通合成材料实验厂研制的耐高低温滑石填充MPP材料，已成为桑塔纳汽车的空气滤清器外壳材料。

(d) 江苏淮阴大众塑料厂以PP-环氧树脂-滑石共混改性料应用于汽车风扇料，性能已达到进口同类材料指标。

(e) 成都有机硅研究中心研制的滑石充填PP均质复合体用于轿车摇窗机卷筒上壳及电器接插体外壳取得了良好的效果。

(f) 营口洗衣机总厂使用的聚丙烯，加入改性增韧剂EPDM，填充经铝酸酯偶联剂表面处理的800目滑石，制造出具有高刚性、硬性、耐热性、尺寸稳定性和耐蠕变等高性能的改性聚丙烯专用料，用于干衣机中的风扇，在(80±5)℃环境中连续运转，效果良好。

(4) 滑石填充塑料国外现状。在滑石填充改性聚丙烯的研究方面，日本国位居世界第一。日本科技界普遍认为，滑石作为塑料的填料是最好的一种，日用塑料、汽车零件、电器及通用工业塑料件方面，滑石作为填充剂往往是其他非金属矿物所无法代替的。日本主要从事滑石填料在塑料中应用研究与生产的单位是日本滑石株式会社、日本三山化成塑料制品厂，日本丰田汽车大阪吉野工厂、日本池具机贩株式会社等。

日本每年从中国进口50万t滑石。他们把不同产地（如澳大利亚、中国辽宁、山东、广西）产的滑石分类存放，并对原料作非常详尽的研究，根据原料滑石的特点，开发出各种不同用途的产品，运到世界去销售。如对海城滑石红块加工成医药食品级。对广西滑石，日本认为最好做塑料填充剂，粒度以800目为宜，过细反而不好。再者，日本对滑石填充改性聚丙烯的产品,开发研究最详细,针对不同树脂,开发出几十种汽车专用料。此外日本还重视原料厂家、设备制造厂、科研单位和塑料制品厂的互相协作。

韩国是我国滑石出口的第2大国,1995年从我国进口40.8万t。韩国滑石资源多为低级品,优质滑石需求量很大。韩国经济发达,汽车工业发达,仅用于汽车塑料填料每年超过10万t,现在对我国滑石产生极大的兴趣。

5　深加工产品生产工艺

对于滑石资源开发,首先要从矿山建设,开采和选矿入手。尽量根据原料的情况,分别产出优质滑石产品和普通产品。选矿方式洛南滑石目前还是手选。

粗加工主要是加工成普通粒度的滑石。主要是100目、200目、325目和400目。

粗加工设备主要为雷蒙磨、球磨、立磨、冲击式磨机和振动磨等干法加工为主。

滑石深加工产品不同,工艺也不相同,下面分别叙述。

5.1　超细粉碎加工

超细粉碎加工是滑石深加工主要方法之一。它通过超细粉碎设备进行。根据产品的不同,分别使用不同设备。

(1) 加工800目、1250目滑石。最好使用冲击式磨机。北京国利公司年产3000t800目、1250目产品的冲击式磨机,设备费用95万元/台。该设备主要优点是原矿直接加工能耗低,加工费用小。其缺点是加工更细产品能力不够。

(2) 加工1250目、1500目、2500目滑石。

最好使用扁平式气流磨、对撞式气流磨、塔靶式气流磨。如600型磨机,年加工能力为1000～2000t。

入料细度200目,产品1250目、1500目、2000目、2500目。价格每台70～80万元。其设备布置如下图:

空压机→空气干燥器→主机⇄分级机料仓→出料口

入料口→主机

(3) 加工2500目、5000目滑石　$-5\mu m$、$-2\mu m$、$-1\mu m$滑石产品则使用更高级的气流粉碎机,如流化床式气流粉碎机。北京中科院三环公司年产3000t产品的流化床式气流粉碎机,售价200万元/台。

5.2　表面改性加工

表面改性是滑石深加工另一种重要方法,它与超细粉碎是相辅相成的。只有颗粒更细、表面积更大的填料才能产生更好的品质。而表面改性则是将填料的表面加以改造,使大量填料能够尽快地分散到高分子基体之中,且与高分子界面之间能产生良好的结合。这样填料方能在塑料、橡胶等高分子材料中发挥功能性作用。

表面改性相对说设备要少，费用要低，它的常规方法是表面化学改性。表面改性的生产工艺流程见下图：

滑石 —干燥脱水→ 高速搅拌机（偶联剂）—活化滑石→ 低速搅拌机（其他助剂）→ 计量、包装 → 表面改性产品

主要设备：

(1) 200L 高速搅拌机；

(2) 350L 低速搅拌机；

(3) WSD—Z 白度计；

(4) X 光衍射粒度仪；

(5) 自动包装机；

(6) 上料机；

(7) 其他辅助设备。

全套设备 20 多万元。

表面改性产品一方面为塑料制品厂家使用填料，提供直接加工好的产品，拿来就可以使用。另一方面既扩大了产品系列又使产品附加值提高。一般来说，加工每吨改性产品的加工费用增加 200～300 元，每吨利润 300～500 元。

5.3 专用料和母料加工

对于塑料制品，最高级的滑石填料产品是专用料与母料。

所谓专用料，是指专门提供某种塑料制品，例如汽车保险杠所用的塑料。这种塑料一方面对树脂进行加工改性，另一方面对滑石填料也进行加工，例如超细粉碎和表面改性，达到所谓树脂级产品，然后通过双螺杆挤出机塑化加工成颗粒料形式，使塑料制品厂家拿来就能加工汽车保险杠。

所谓母料，是指用少量树脂如 PP、PE 作基体，大量的滑石填料为主，通过双螺杆挤出机进行混合、改性、塑化、造粒，形成颗粒状粒料。这种粒料，使得需要滑石填料的塑料制品厂家拿来就能掺和到树脂粒料中去使用，减少添加填料和操作上的种种麻烦。

生产专用料和母料的生产工艺流程如下：

滑石 —干燥脱水改性→ 高速搅拌机（加偶联剂）—分散润滑→ 低速搅拌机（加分散剂）—混炼塑化→ 双螺杆挤出机（加树脂、助剂）→ 造粒 → 计量、包装 → 专用料母料

本工艺设备费用 100 万元。

生产母料和专用料是高科技、高附加值项目。母料每吨售价 2000～3000 元，利润 500 元/t 以上。专用料每吨售价 1～2 万元，利润 1000～5000 元/t。当然，专用料生产难度最大，不仅填料要改性，树脂聚丙烯要求很高，既是特定牌号，又要对树脂进行改性，每种产品有单独的配方，往往还有专利保护，但利润也最高。

陕西汉中蓝晶石类矿的开发与应用

刘伯元　　　　　　　　刘鸿权
(冶金部华东地勘局矿产品开发研究所)　(冶金部规划院)

1 概　　述

陕西汉中蓝晶石类矿,品位高:蓝晶石含量为25%~40%,储量大:初步估计远景储量约有0.8~1亿t。且矿山为露天开采,无剥离层,公路修到矿点,实为全国罕见的大矿、富矿和好矿。

蓝晶石类矿物包括蓝晶石、硅线石、红柱石,属高铝矿物可作优质耐火原料,是钢铁、铝、玻璃、机械等工业不可缺少的辅料,也是国际贸易抢手工业矿物。

陕西汉中蓝晶石类矿品位高,选矿提纯加工成精矿产品(Al_2O_3≥55%,Fe_2O_3≤1.5%)工艺成熟,市场广阔,附加值高,产品销路好

陕西汉中蓝晶石类矿山的发现意义重大,将对我国高铝耐火材料的发展,起到积极的推动作用。对该矿的开发研究工作,我们作了一些工作,如对该矿产品进行深加工的研究和产品应用、市场开拓的研究。相信这些工作对我国钢铁工业的发展是有意义的。

2 汉中蓝晶石类矿的典型特征

蓝晶石类矿物是一组无水铝硅酸盐矿物,包括蓝晶石、硅线石、红柱石。三者为同质多相变体,化学式均为 Al_2SiO_5。其化学成分理论值为含 Al_2O_3 为 62.93%,含 SiO_2 为 37.07%。蓝晶石类矿物是一种变质矿物,主要产于区域变质结晶片岩之中,它一般分为3类变态:

(1) 针状和纤维状集合体(纤维针状矿石);

(2) 富含空晶石的假象蓝晶石集合体(假象型矿石);

(3) 蓝晶石结核矿(结核矿石)。

有的矿床同时含有上述变态。本地矿床就是这种类型,有针状集合体,同时还有假象型和结核型矿石。

在汉中市玉皇山中下部连绵分布着蓝晶类矿床,共有6个矿点,彼此相连。在地表可见黑色、青色片岩。成带状展布,走向西南南,倾向西西北,局部有倒转。倾角50°~60°。矿体产状与地层一致,沿西南南向呈带状展布。走向延长约3~5km,出露宽度50~100m。倾向延深50~100m。当地人称此类矿石为"青土",从清朝时,就有人用此青土来烧制小瓦,还可与石灰拌和后抹墙,据说墙面不开裂。山上到处可见当地人挖青土的坑槽,现已在地表挖出

4个探槽，每个探槽宽2m，深2m，走向20m，全为蓝晶石类矿体。以前有一个矿点，地质队曾做过工作，估计储量1000万t以上。连片的矿点共有6个，估计远景储量为0.8～1亿t。

汉中蓝晶石类矿石是典型区域变质矿物之一，多由泥质岩或碎屑岩变质而成。本矿区蓝晶石类矿石主要有两种：一为石墨蓝晶石片岩，一为纤维状蓝晶石集合体。主要矿物有蓝晶石，其他矿物有石英、长石、高岭石、石墨、黑云母、石榴石等。由于石墨含量较高，矿石色青黑，中有白色纤维。纤维状蓝晶石集合体呈块状结构，其中白色矽线纤维粗大，质脆硬，呈放射状。石墨蓝晶石片岩中白色纤维微细，嵌布在片岩之中。

本矿山原矿矿石化学成分分析结果见表1、表2。

表1 汉中蓝晶石矿化学成分分析结果

含量/% ＼ 元素	蓝晶石类矿物含量	Al_2O_3含量
1号样	29	22
2号样	40	25

表2 蓝晶矿化学成分(%)

含量/% ＼ 元素	Al_2O_3	SiO_2	Fe_2O_3	蓝晶石类矿物含量
1号样	16.59	18.23	0.117	25.75
2号样	22.06	15.33	1.37	29.61
3号样	29.49	21.49	1.27	40.49

从化学分析结果可以看出，本矿区矿石蓝晶石类矿物含量达25%～40%；Al_2O_3为16.59%～29.49%；杂质铁含量低为1.37%。

3 蓝晶石矿种国内外开发情况

蓝晶石类矿物在高温下(1110～1650℃)煅烧变成富铝红柱石(即莫来石)和熔融状游离二氧化硅(方石英)，同时产生不同程度的体积膨胀。其转变反应式为：

$$3(Al_2O_3)\xrightarrow{1300℃以上}3Al_2O_3\cdot 2SiO_2+SiO_2$$

莫来石具有很高的耐火度(1800℃时仍很稳定)，化学惰性和良好的机械强度。蓝晶石类矿物在高温下转变为莫来石的温度各不相同，体积膨胀率也不尽一致，具体为：

(1) 硅线石转化为莫来石的温度为1550～1650℃，体积膨胀率为6%～7.2%。

(2) 红柱石转化为莫来石的温度为1350～1530℃，体积膨胀率为4%～5.4%。

(3) 蓝晶石转化为莫来石的温度为1100～1480℃，体积膨胀率为15%～18%。

它们的共同特点是：在高温下，均不可逆转地转化为比它们自身密度($3.6g/cm^3$)低的莫来石($3.1g/cm^3$)，因而体积均有上述不同程度的增长。这一特性与普通耐火材料(如耐火黏土)在高温下产生体积收缩率恰好相反，是一种有益性能。蓝晶石类矿物在高温作用下转化为莫来石后具有极高的耐火性，机械强度和化学稳定性。另外，蓝晶石类矿物原矿或精选矿无需预先煅烧加工，就可直接作为耐火材料使用，简化了生产工艺，节约了能源。

特别是进入20世纪80年代以后，世界钢铁工业的发展，要求使用单位耐火材料用量少、效能高的材料，恰恰是蓝晶石类的高铝矿物的用武之地。因此蓝晶石类矿物成为世界钢铁工业技术进步所要求的产品，导致它成为世界级工业矿物。

全世界蓝晶石类矿物主要分布于印度、美国、南非、澳大利亚、法国等国。据20世纪90年代中期统计，世界已查明的储量（不包括中国），硅线石114万t。红柱石1.75亿t，蓝晶石1.08亿t。中国陕西汉中蓝晶石类矿山的发现，使中国储量跃升为2亿t，使中国成为蓝晶石类矿的大国。

早在本世纪前，结晶完好、色彩艳丽的大晶体蓝晶石、红柱石就作为宝石开采利用。第一次世界大战后，美国、西欧等工业国家，就将蓝晶石类矿物广泛地应用于耐火材料工业。此外，蓝晶石类矿物还用于玻璃、水泥、陶瓷、航天、电子、船舶、机械、有色金属和钢铁工业。

全世界总的年生产能力约为70万t，由于原料紧张，目前实际年产量仅为40～50万t。而当今世界钢铁工业年需量就在50万t以上，且以5%增长率继续上升。可见它是一类极有发展前途的节能型新耐火材料原料。

中国对蓝晶石类矿物的认识和开发应用延误了近40多年，早在1934年就在黑龙江鸡西发现蓝晶石类矿物，可是直到1978年宝钢建设时日方提出使用蓝晶石类矿物，才开始进行全国范围内找矿、勘探、选矿提纯，利用研究和处理尾矿等工作。当时，日方专家提出，仅宝钢一个企业的年需要量为2750t，其中红柱石1725t，硅线石660t，蓝晶石365t。到目前，随着钢铁工业技术进步的发展，我国钢铁工业各大钢厂的总需求量超过5000t/a。

我国蓝晶石类矿的开发，经过近20年的工作取得很大的发展，到90年代已在全国发现近百个矿点，已探明的矿区从14个已增加到近20个。探明储量已从4525万t，增加到近亿t。我国部分主要蓝晶石类矿区矿石质量如表3。

表3　我国部分地区硅线石类矿石质量表

序号	矿　区	矿物及含量/%	精矿化学成分/%					1500℃线膨胀率/%
			SiO_2	Al_2O_3	Fe_2O_3	TiO_2	R_2O	
1	新疆阿勒泰	蓝晶石 20～90	32.9	61.69	0.64	0.39	0.08	13.62
2	江苏沭阳	15～20	37.91	58.37	0.31	1.36		17.73
3	河北邢台	5～15	36.92	58.58	1.74	0.23	0.06	13.9
4	河南隐山	5～55	37.12	56.48	0.12	1.40	0.10	14
5	河北平山	硅线石 5～30	37.11	57.45	2.58	0.4	0.33	0.78
6	黑龙江鸡西	15～35	35.84	61.57	0.69	0.74	0.27	0.56
7	安徽回龙山	10～15	36.26	60.27	0.46	0.95		0.68
8	陕西四沟	红柱石 25～90	32.78	58.47	1.19	0.47	0.18	2.11
9	山东五连	5～30	39.38	55.8	1.83	0.26	1.5	8.28
10	河南西峡	12～14	37.09	59.08	0.11	0.09	0.12	1.28
11	辽宁凤城	12～24	37.2	59.86	0.91	0.04	0.25	1.44
12	吉林九台	20	40.16	58.86	0.40	0.21	0.43	

4　蓝晶石类矿选矿

我国蓝晶石类矿的开发始于20世纪80年代。目前黑龙江鸡西三道沟、林口、河北平山、河南内乡等选矿厂已建成投产。

考查我国蓝晶石类矿山选矿资料分析认为：蓝晶石类矿石矿物组成及结构复杂，选矿回收率低，杂质含量高，属难选型矿石。为了开发利用蓝晶石类矿石，对我国现有的各种类型的蓝晶石类选矿工艺、流程的研究对本矿区选矿提纯工艺的制定具有现实意义。

4.1　矿石基本特性

为了弄清蓝晶石类矿石的基本特征，选取我国部分有代表性的蓝晶石类矿石进行分析研究，原矿化学组成见表4。

表4　我国部分蓝晶石类矿石化学组成

元素 产地	Al_2O_3	SiO_2	Fe_2O_3	TiO_2	CaO	MgO	K_2O	Na_2O	S	ZrO_2	P_2O_5	V_2O_5	CuO	烧失量
三道沟	24.2	42.4	5.39	1.40	1.38	1.84	2.75	0.38	0.08		0.13	0.12		
平　山	30.36	51.24	9.51	1.39	0.10	0.30	4.84	0.60		0.06				1.63
镇　平	22.2	57.54	8.66	0.22	0.75	0.70	3.17	0.25	0.13				0.08	
内　乡	25.36	50.79	13	1.40	0.22	0.92	1.86	0.14						5.99
丹　风	27.88	49.86	14.40	1.70	0.40	1.24	1.44	0.35	0.02		0.16			1.90

原矿物组成：

蓝晶石类矿的主要矿物有石英、蓝晶石类、高岭石、黑云母、石墨，次要矿物有钾长石、钛铁矿、绿泥石、铁铝榴石、赤铁矿、白云母、绢云母、钾长石、角闪石、磷灰石等。

我国蓝晶石类矿山各矿矿石主要矿物蓝晶石类矿含量高低各异，分别在13%～28%。如镇平矿为13%，内乡为15.6%，平山和丹风为27%。其次，各矿中云母含量较高，如镇平为15%～20%，内乡为18%，丹风为12%。再者，易泥化的高岭石含量也高，如内乡为14%，丹风为12%，平山为5.4%。而含铁矿物钛(赤)铁矿在矿石中含量为2%～6%。

汉中蓝晶石类矿，其蓝晶石类矿含量为25%～40%，位于全国蓝晶石类矿前列。其他矿物成分为石墨、云母、高岭石、石英、长石等。

矿石的结构构造特征：

蓝晶石类矿的矿石类型主要有：云母石英蓝晶石片岩，钾长石蓝晶石片岩，云母石榴石蓝晶石片岩和石墨蓝晶石片岩等。

矿石结构：有纤维鳞片花岗变晶结构，斑状变晶结构，鳞片状云母结构中纤维状锥状结构等。矿石构造：以片状构造为最多，其次为长柱状、块状、纤维状。

蓝晶石矿石的硬度(莫氏)为7～7.5，密度3.23～3.27 g/m^3。

4.2 矿石选矿工艺流程研究

蓝晶石矿物属难选矿物。回收率为65%左右,有的更低。Al_2O_3 的回收率为21%～46%。精矿 Al_2O_3 含量为55%～57%,Fe_2O_3 为1.45%左右。

4.2.1 蓝晶石矿难选因素分析

(1) 矿石的化学组成。原矿石中 Al_2O_3 含量普遍偏低,而且有害杂质含量高,这是选矿效果差的根本原因。从表4可以看出,原矿 Al_2O_3 含量在20%～30%,主要有害杂质 Fe_2O_3 含量在5.39%～14.44%,K_2O 含量在1.44%～4.84%,TiO_2 在1.4%左右。

(2) 矿石矿物组成。蓝晶石类矿物在原矿中含量较低,最低为13.33%,高为27%。原矿中低铝矿物较多,且含量较高:黑云母最高达20%,高岭石及斜长石分别为14%和18%,石榴石为4%。

(3) 矿石结构。蓝晶石类矿物与其他矿物共生紧密,相互包裹普遍。如某蓝晶石矿70%以上的硅线石颗粒中,含包体的占95%,而且细磨到-200目占80%时,仍有50%的硅线石矿物含有包体。又如另一硅线石矿其中20%的硅线石矿物虽以单晶形式产出,但单晶中有一半左右是以极细小的针状、毛发状晶体穿插在粗粒长石、石英和云母矿物中,回收非常困难。还有的蓝晶石类矿石嵌布粒度细,粗磨难以达到单晶解体,细磨则易泥化。

(4) 含铁量高。蓝晶石类矿物共有蓝晶石、硅线石、红柱石3种,其中硅线石含铁量最高,一般在10%左右,高的可达14.44%,而且常赋存于赤(褐)铁矿、黄铁矿、钛铁矿及黑云母等矿物之中。这些矿物磁性较弱,赤铁矿又易在磨矿中过粉碎。所以为杂质铁的排除带来一定的困难。

4.2.2 选矿工艺研究

4.2.2.1 脱泥

为提高蓝晶石类矿物选别效果,大部分蓝晶石矿在浮选前都要设脱泥作业。其原因:

(1) 蓝晶石类矿物常与高岭石、绿泥石、氧化铁矿及黏土矿物等易泥化的矿物伴生。

(2) 蓝晶石类矿物粒度嵌布偏细,其中部分为细针状,毛发状等,且与其他矿物共生紧密,包体普遍。在一般情况下要磨到-200目占80%～90%,才能达到单体解离。但在磨矿过程中,势必要产生部分泥化物。

防止泥化并进行有效脱泥,首先要在磨矿过程中,根据矿石性质确定适宜的磨矿细度。资料分析表明,大部分蓝晶石类矿物磨矿细度在-200目占80%左右,有的要细磨到-200目占90%时,蓝晶石类矿物才能与其他矿物分开,达到单体解离。个别矿嵌布粒度粗,磨到-200目占50%已基本达到单体解离。下面介绍各矿磨矿细度(-200目)时所占百分比:平山84%;内乡75%;镇平95%;丹风81%;红透山90%;内蒙古乌拉55%;三道沟82%～84%。

生产现场磨矿流程,大都确定为二段闭路磨矿。为达到分级效果及防止泥化,在选择第二段分级设备时,选用小型号组合旋流器,分级效果比较理想。

重要的是既要脱泥,又要减小蓝晶石在脱泥中的损失。为此,必须研究确定脱泥的临界粒度。这一工作,每个矿山都必须进行研究和确定。例如:内乡矿泥化严重,-0.1mm矿泥占13.2%,Fe_3O_3 含量为17.4%。在脱泥作业时,试验所定的临界粒度为-0.1mm,结果,选矿效果良好。脱泥结果:最终精矿 Al_2O_3 含量为55.97%,Fe_2O_3 降为1.46%,硅线石回收率为 58.12%。但是对于镇平矿、马道乡矿，则不宜设脱泥作业。原因是镇平矿硅线石矿物含量低(13.3%)，且多为毛发状、细针状，在磨矿中易泥化，入选物料含泥高达 25%。如果脱泥，则硅线石矿物损失高达 40%。所以，在确定流程时，不设脱泥作业，而在浮选时用水玻璃抑制矿泥。

马道乡矿也未设脱泥作业，在浮选时使用了硫化钠与碳酸钠混合药剂，达到了脱泥选别效果。

4.2.2.2 除铁

蓝晶石类矿常与含铁矿物伴生，原矿中含铁量较高，选矿中除铁作业必不可少。由于含铁矿物氧化，风化及泥化严重，给除铁作业带来一定难度。

对于蓝晶石类矿物除铁必须"因矿制宜"：

(1) 对于含铁量较高的矿石，如内乡、丹风、平山等，Fe_2O_3 含量在 10%以上。对于这些矿，在确定选矿流程时，首先选用磁选除铁，然后再进行浮选。可排出含铁杂质的影响，又可减少入料量。如丹风矿，先通过磁选除铁，减少了下一步作业的入料量达 35%。

(2) 对于原矿 Fe_2O_3 含量较低的矿石，如三道沟、镇平等，含量均在 5%左右，当确定流程时，可将磁选作业设在浮选之后。这是因为含铁量较少，加之精选后精矿量少，可以减少磁选机台数。例如镇平矿的除铁，将磁选设在三次精选之后，精矿中铁含量控制在 1.29%以下。又如三道沟矿磁选，设在三次精选之后，最终精矿 Fe_2O_3 含量为 0.69%。

4.2.2.3 预浮

在进行浮选作业之前，设置预浮处理。对于易浮物先期脱除。这不仅减少入料量，还因为除去易浮杂质后，选矿作业更加方便了。易浮物一般有以下 3 种：

(1) 硫：可用黄药除去；

(2) 黑云母：可带走部分杂质铁；

(3) 石墨：可集中富集成为副产品。

在本作业中，常用药剂为混合胺及 2 号油。

4.2.2.4 浮选

由于蓝晶石类矿物 Al_2O_3 理论含量为 62%左右，要选得 Al_2O_3 含量不低于 55%的精矿，精矿中蓝晶石类矿物含量应达 89%以上。所以蓝晶石类矿选矿的实质，是尽量提纯蓝晶石类单矿物的过程。前已叙述，在浮选前脱泥，排除易浮物，磁选除铁等作业，可为选出合格精矿创造有利条件。

浮选的药剂制度分为两种：

(1) 在酸性介质中，捕收剂使用烷基硫酸盐和磺酸盐；

(2) 在碱性介质中则用油酸及钠盐塔尔油溶液、氧化石蜡皂、癸脂、羧肟酸钠。辅助捕收剂有煤油、柴油等。蓝晶石类矿物浮选，大多数在中性和弱碱性介质中进行。这是因为矿石中石英含量较高，浮选时抑制石英是关键。当 pH 值为 7～9.5 时，水解后的水玻璃有选择性地吸附在石英表面，并有效地抑制石英上浮。铁铬盐、羧甲基纤维素也会有效地抑制云母类矿物。

浮选蓝晶矿物所用起泡剂，多为 2 号油和氧化石蜡皂，浮选温度宜在 30℃左右。

4.3 陕西汉中蓝晶石类矿选矿工艺的初步设计

根据国内蓝晶石矿山选矿经验和陕西汉中蓝晶石矿的典型特征。我们初步设计汉中蓝晶石矿选矿工艺。

4.3.1 破碎、磨矿工艺流程

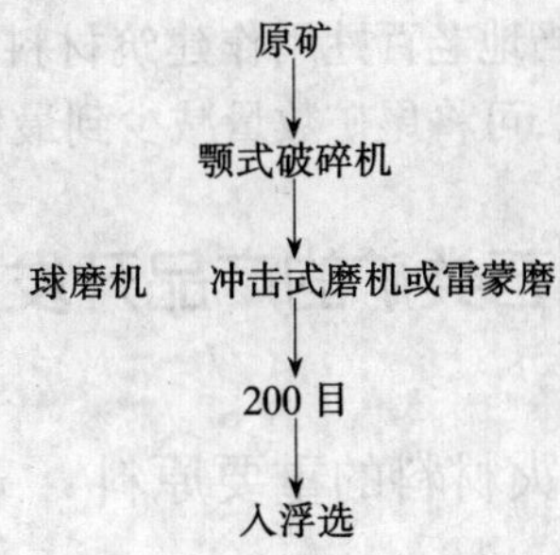

这一流程为两段粗、细磨破碎。这一流程结构简单,适用于年处理矿石量 20 万 t 以下的中小型矿厂和破碎厂。第二段细磨产品 200 目通过率,需结合选矿设计研究决定。

4.3.2 选矿浮-磁流程

推荐流程示意图如下。

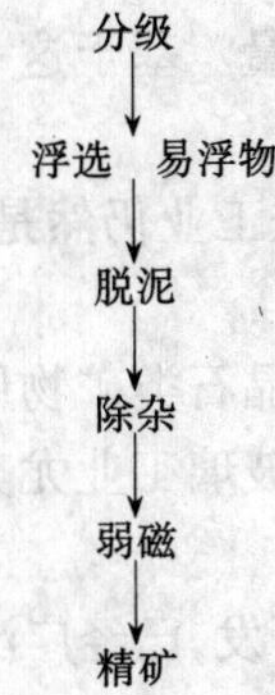

本矿区蓝晶石类矿物特点:

(1) 蓝晶石类矿物含量高;

(2) 含 Fe_2O_3 含量较低,磁选可以减少或放在后面;

(3) 易浮物石墨;

(4) 含泥量不大。

应根据本矿区特点和全国其他矿区经验,进一步确定本矿区选矿实际流程。

4.3.3 酸洗提纯工艺

利用化学反应,溶掉矿物表面或嵌镶于蓝晶石颗粒缝隙间的污染物及 Fe_2O_3 膜。其化学反应式为:

$$Fe_2O_3 + 6HCl = 3H_2O + 2FeCl_3$$

其工艺流程如下:

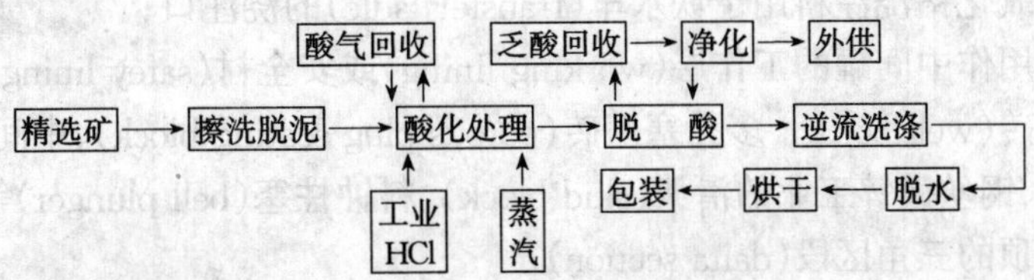

4.3.4 尾矿处理

除石墨等易浮物可作为副产综合开发外,本矿区尾矿可以掺和石灰作为公路的“三合土”填料。这种填料早在前些年,当地老百姓用作建筑材料称为青土。这样一来,可将尾矿转化为公路的筑路材料,变害为宝,可将尾矿数量减少到最低。

5 蓝晶石类矿的产品开发与市场

5.1 蓝晶石矿物作为高铝耐火材料的重要原料

耐火材料工业的长远总趋势是朝着耐火材料最终产品中氧化铝含量更高的方向发展。这不仅有赖于一开始就使用氧化铝含量更高的原料,而且还要用更高纯度的原料。之所以要使用氧化铝含量高的耐火材料,是因为氧化铝含量越高,最终产品的性能就越好,从而铝硅酸盐矿物应用前景就更加光明。

不仅如此,世界经济的持续复苏刺激耐火材料和金属生产者采用更加有效的技术,以降低生产单位金属所消耗的耐火材料的总量。基于这一点,使用氧化铝含量更高的材料可以达到此目的。

在使用耐火材料的所有工业中,钢铁工业仍然是主导力量。随着世界钢铁生产每年增长约3%,整个耐火材料市场正在回升。

尽管钢铁工业用耐火材料继续是蓝晶石类矿物原料的主要用户,有迹象表明这类原料在其他工业中的消费取得进展。在铝和玻璃工业尤其如此。在这2类工业中,蓝晶石质耐火材料已经代替黏土质耐火材料。

在钢铁工业中,随着新型耐火砖的开发,已经广泛使用蓝晶石类矿石,石墨、锆石和铬铁矿等材料组成新型耐火砖。由于蓝晶石类矿物含有60%左右的Al_2O_3,所以它与多种煅烧高岭土质铝土矿质氧化铝材料竞争,依靠的是决定使用的因素,原料交货成本及最终耐火材料产品的相对使用寿命。

5.2 蓝晶石类矿物在钢铁工业中的应用

下面列举蓝晶石类矿产品在钢铁工业中的各种应用。

5.2.1 蓝晶石类产品在耐火材料中的典型应用

(1) 含量在50%~65%氧化铝砖用于盛钢桶(ladle)、中间罐(tundish)和电弧炉顶部;

(2) 沥青浸渍砖用于鱼雷式铁水包(torpedo ladle);

(3) 石墨-氧化铝砖用于盛钢桶底部;

(4) 石墨-氧化铝捣打料用于中间罐的水口座砖(seaung nozzle block);

(5) 蓝晶石碳化硅浇注料(castable)用于鱼雷式铁水口的成型口;

(6) 蓝晶石氧化铬浇注料用于铁水车(transfer ladle)的浇注口;

(7) 浇注料用作中间罐的工作层(working lining)或安全衬(safey lining);

(8) 用于座砖(well bolck),多孔塞座砖(porous plug seating block)、中间罐和隔墙(dam)和溢流堰(weir)、钢丝镀锌工业的滑架(skid block)、料钟柱塞(bell plunger)等的预制型材;

(9) 电弧炉顶的三角区段(dalta section);

(10) 水泥窑炉嘴环(nose ring);

(11) 60% Al_2O_3 干捣打的无芯感应炉(corelss induction furnace)衬里。

5.2.2 浇注料

由于低水泥(LCC)、超低水泥(VLCC)和无水泥黏结技术的开发,更多种类的集料和集料组合正被用于耐火混凝土。镁砂和尖晶石-氧化铝浇注料近年来已成为技术性能优越的材料,用于与钢水接触的耐火砖。铬-氧化铝和石墨-氧化铝浇注料易于配制,而锆石、金属粉末和碳化硅等添加剂加入蓝晶石质浇注料可增强其抗腐蚀能力。

LCC 和 VLCC 可加入少量水浇注,并可以准确分级,从而使得制品体积密度高和孔隙度低。干燥和焙烧时要小心才不会产生剥落。对于要较快投入使用的耐火材料或装置来说,加入少量有机纤维有助于减少剥落。

蓝晶石质浇注料在钢厂有广泛的用途。它用于工作容量为年产 600 万 t 钢的中间罐作工作层时,使用寿命达 60~100h。它还可作为具有镁砂质隔热涂层的保护工作层的中间衬里,用于更大的中间罐(年产 1500 万 t)。

预制型材如出钢槽、盛钢桶和中间罐的冲击垫、水口座砖、多孔塞座砖、使燃料更有效燃烧的燃烧器旋口、生产球墨铸铁用的钟形冲杆等,这些都全部或部分使用蓝晶石作耐火集料。

蓝晶石是一种优选集料,因为与黏土熟料及铝土矿相比,它具有很低的固有孔隙率,而黏土熟料及铝土矿的孔隙率较高且不定,这与煅烧温度和保温时间有关。蓝晶石 LCC 浇注料需要加水 4%~4.5%,使它能在振动条件下安装,而黏土熟料和铝土矿需要 7%~8%的水。在其他条件相同时,用水量减少通常可产生体积密度较高,孔隙度较低和强度增高的耐火材料。蓝晶石低水泥浇注料的表观孔隙率一般为 8%~9%,而黏土熟料/铝土矿为 15%~18%。

在蓝晶石浇注料中加入高达 25%的锆石,可以提高其抗碱性,用于玻璃池的溢流槽等。加入石墨可以提高在与铁接触的环境中抗金属和炉渣侵蚀的能力,同时也提高了耐火材料的抗热冲击能力。碳化硅是一种常用的添加物,用于高炉槽和铁流槽的浇注块。碳化硅的添加量通常为 8%~20%,同时也常加百分之几的高质量石墨。

在浇注料中加入少量铁含量低的高岭石质黏土可以使它具有触变性。黏土的莫来石化温度比蓝晶石低,这使它成为在水泥其他有机黏结剂失效温度之上仍然有效的黏结剂。它一般适用温度为 900~1200℃。加入 8%的黏土可使浇注料用作涂层,适用于倾斜或垂直表面上。用它来对盛钢桶或中间罐进行封顶,或者防止金属飞溅或溢出而粘着到关键金属表面(罐耳,盛钢桶加固环上的局部缝隙等)。

5.2.3 耐火泥

耐火泥是细粒的,通常含有黏土,有或者没有化学黏结剂。当加入黏土和化学黏结剂如水玻璃(硅酸钠)、磷酸盐粉末等配料时,蓝晶石(500μm 至粉尘)是一种理想的原材料。铬颜料或锆英石粉末添加剂可增强耐火泥的抗侵蚀性能。石墨/蓝晶石耐火泥可作浇注桶内架砖上的小孔塞的密封剂。这便于孔塞迅速变化,因为烧结使塞子与架砖之间的黏结已减少到最低限度。

5.3 蓝晶石类矿物的主要用途及出口市场

蓝晶石类矿物的主要用途见表 5。

表 5　蓝晶石类矿物的主要用途

用　途	特　点	应用部门
耐火材料	(1) 在高温下体积稳定,不收缩; (2) 比其他高铝耐火材料生产成本低; (3) 性能好,比黏土砖损耗低 43%,寿命长 150～200 炉,耐火度高达 1825℃以上; (4) 节约能源,热容比黏土砖高 12%,用于马丁炉可缩短冶炼时间,能耗少; (5) 加入不定形耐火材料中作高温膨胀剂,使产品在高温下不收缩和剥落	冶金、建材、机械、化工、轻工、核工业等部门
硅铝合金和金属纤维	(1) 比用合成法(用熔炼金属硅和电解铝)或用电热还原高岭土等方法成本低,经济效益高; (2) 制造汽车、宇宙飞船和雷达部件的特殊技术要求	冶金、机械、宇航等工业部门
氯化铝(烧结法)	比用霞石或高岭土为原料时物料处理量少 1/2～1/3	冶金
防铸件黏砂新型面料(涂料、膏剂和各种混合剂)	防黏砂性能比石英粉佳,接近锆石粉,而且价格低廉	冶金、机械等工业部门
莫来石	产品耐火度高,热膨胀低,抗化学腐蚀性强,机械强度高,抗热冲击能力强,使用寿命长	冶金、机械、化工等部门
高铝蓝晶石水泥	耐火度高达 1650℃	军工建筑、冶金等部门
高级陶瓷原料	制品耐高温、耐酸碱	轻工、化工等部门

全世界都非常重视蓝晶石类矿物。作为高铝耐火材料的重要原料,蓝晶石类矿物原料直接影响钢铁工业的发展。目前,蓝晶石类矿物已作为全世界关注的主要进出口贸易的工业矿物之一。自 20 世纪 90 年代后,全世界蓝晶石的年需求量约为 50 万 t。其中南非、印度、美国、法国、中国都是蓝晶石生产大国。

我国自 1978 年开发蓝晶石类矿物以来,发展速度很快。到 90 年代,年产量接近 1 万 t。自 1991 年开始出口,到 1994 年每年约出口 2500t。到 1996 年出口量已达到 5500t。随着世界需求量的递增和各个蓝晶石矿山的投产,到 2000 年,中国蓝晶石类矿的产量将比现在扩大 1 倍,达到 2 万 t,年出口量将接近 1 万 t。我们相信,随着陕西汉中大型蓝晶石类矿山的发现和产品的开发问世,必将促进我国钢铁工业的发展。

粉煤灰的开发应用

刘伯元
(冶金部华东地勘局矿产品开发研究所)

胡佳山　　　　　　　　任忠胜
(山东省建材学院)　(煤炭科学研究院西安分院)

1　概　况

粉煤灰是电厂燃煤发电后的工业固体废渣,它不但影响了环境,还占据了大量的土地,是电厂生产过程中的一种污染源。多年来的研究结果表明,粉煤灰的合理利用,不仅能节约资源,还可有效地降低环境污染,所以,粉煤灰的开发应用是变害为宝。世界许多国家都成立了专门的粉煤灰研究机构。

近年来我国对粉煤灰的综合利用极为重视,粉煤灰的用途也不断扩大。如粉煤灰制砖、粉煤灰陶粒、粉煤灰填料、粉煤灰水泥及其他粉煤灰建材等。

我国是世界上头号产煤大国,仅 1996 年,全国粉煤灰排放量达 1.4 亿 t。若以掺量为 60%~80%计算,可以得到 2.2~2.5 亿 t 胶凝材料,以每立方米含胶凝材料 300 kg 计,则可以浇注 7.5~8.4 亿 m^3 混凝土;或可以制得 950~1050 亿块标准粉煤灰砖;或1.6~1.8 亿 m^3标准粉煤灰砌块。

2　物理化学性质和化学活性

2.1　物理化学性质

由于煤层中的灰分主要为黏土质和砂质,所以,煤炭在燃烧以后,其主要成分为 Al_2O_3、SiO_2 和 Fe_2O_3 以及少量 TiO_2、CaO、K_2O、Na_2O 等。物相组成主要为莫来石、石英、赤铁矿和玻璃质。其化学成分特征见表 1。

表 1　粉煤灰化学成分(%)

厂　名	SiO_2	Al_2O_3	Fe_2O_3	CaO	MgO	SO_3	LO1
渭　河	50.80	22.52	19.62	3.59	0.62	1.87	5.93
邹　县	57.50	24.20	6.51	4.21	1.46	0.83	2.66

此外,粉煤灰的物理化学性质还与煤炭在燃烧以前的粒度、燃烧时的温度有关,如煤粉

的粒度直接影响着粉煤灰的粒度,煤炭燃烧的方式和燃烧的温度直接影响着粉煤灰的物相组成和化学活性。粉煤灰的物理特征如表2所示。

表2　粉煤灰的物理特征一览表

物理特征	密　度 /g·cm^{-3}	熔化温度 /℃	比表面积 /(100cm^2)·g^{-1}	玻璃质 /%	Fe_2O_3 /%	碳　质 /%	莫来石 /%
	2~2.24	1250~1450	25~45	60~80	6~16	4~13	4~6
粒度分布 /(mm,%)	>5	5~2.5	2.5~0.65	0.65~0.135		0.135~0.14	<0.14
	1.95	3.1	8.4	34.65		41.9	10.0

2.2　粉煤灰的化学活性

粉煤在经过1100~1400℃的燃烧以后,形成含有较多酸性氧化物的粉煤灰,其化学成分和性质与火山灰比较相似,同时,本身具有水硬性胶凝性能,在有水分存在的条件下,能和石灰、水泥熟料等碱性物质产生水化反应,生产不溶于水、化学性质稳定的含水硅酸盐和铝酸盐,并具有一定的强度。

粉煤灰中玻璃质含有较高的化学内能,是粉煤灰中主要的活性物质成分,其活性可以通过硅酸根、铝酸根与碱性物质的化学反应、化学吸附作用产生的新的化合物来体现。粉煤灰中的可溶性 SiO_2 和 Al_2O_3 含量高则活性高,抗压强度也高,含碳量高的粉煤灰,其玻璃含量相对减少,活性和强度相对较低。

根据其物理化学性质不同,粉煤灰的加工利用方法和利用途径也不同。其应用途径可分为制砖、制陶粒、制水泥和其他填料。

3　粉煤灰填料

粉煤灰由于其化学活性等特点,一般经过简单的加工即可成为水泥等的活性填料或熟料添加剂,当其物理化学性质符合要求时,还可直接作为橡胶、塑料等的填料。加工方法是对粉煤灰进行粒度分级,其工艺流程如图1。

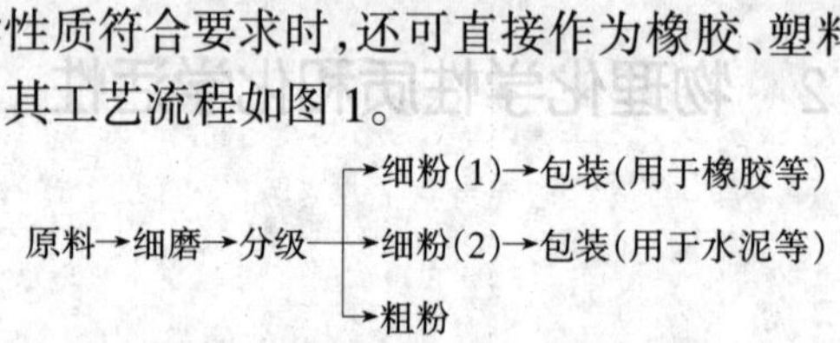

原料→细磨→分级→细粉(1)→包装(用于橡胶等)
分级→细粉(2)→包装(用于水泥等)
分级→粗粉

图1　粉煤灰填料生产工艺流程

粉煤灰的分选方法有筛分法、水力分选和旋风分选几种,而以旋风分选法最方便、经济。一般旋风分选法投资约需100万元,生产规模可到达2万t左右。年销售收入可达250~300万元,2年左右可收回全部投资。

生产设备主要为:罗茨鼓风机、压力计、风力流量计、旋风筒、膨胀仓、排料阀、收尘器以及其他系统配套设施和设备等。

对陕西渭河电厂和山东邹县电厂粉煤灰进行处理后,进行了塑料和橡胶填料实验,产品均达到相应国家标准。在橡塑填料中有一类重要产品叫玻璃微珠,是直接从粉煤灰中筛选出来的。它分漂珠和沉珠,已经引起重视和得到发展。

4 粉煤灰水泥

4.1 粉煤灰的活化机理

粉煤灰浸出液 pH 值一般在 6 左右，呈微酸性。粉煤灰中具有潜在活性的铝硅酸盐玻璃微珠，含量一般可达 60%～85%，国内外粉煤资源化研究工作表明，作为活性材料利用方式之一。在碱性条件下，粉煤灰玻璃体可以转化为活性 Al_2O_3 和 SiO_2，反应在玻璃体表面溶出，但这个过程进行的比较缓慢。若提高溶液碱度，可使此过程加速。经过活化的粉煤灰在电子显微镜下观察，可以看到粉煤灰玻璃体表面有无定型的物质溶出，这些无定型的物质在有碱性物质存在的条件下，可生成水化硅酸钙，和其他水化产物一样，在有激发剂存在的条件下，其中的 Al_2O_3 和 SiO_2 基本都可参与化学反应。另外，黏土类物质经煅烧后也会产生活性。

粉煤灰水泥的生产根据水泥熟料的添加量可以分为高掺量水泥和低掺量水泥，根据其用途可划分普通水泥和砂浆水泥。

4.2 粉煤灰水泥的生产工艺

粉煤灰水泥的生产工艺流程见图 2。

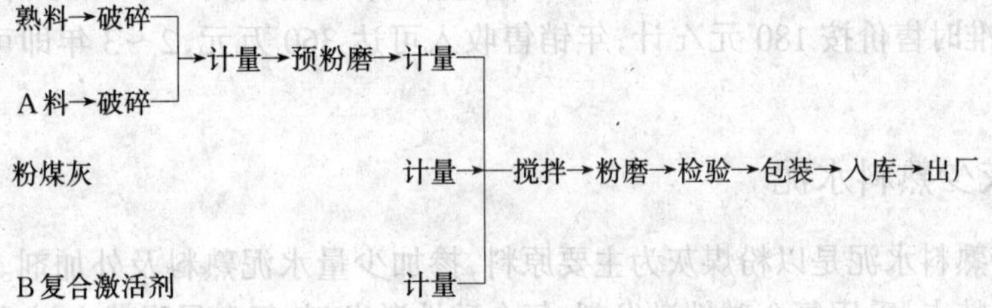

图 2　粉煤灰水泥生成工艺流程图

生产所需同原辅料为：粉煤灰、水泥熟料、A 料添加剂和 B 料复合活化剂。生产投料和配比见表 3。

表 3　粉煤灰水泥原辅料配比表

产 品 名 称	325 号产品	425 号产品	525 号产品	备　注
粉煤灰	65～72	50～55	40～44	粉煤灰约 1 级
水泥熟料	32.6～25.6	48.2～43.2	57～53	525 号
A 料添加剂	2	12	2	
B 料活化剂	0.4	0.6	1	

4.3 生产工艺的选择

粉煤灰水泥的生产工艺一般有 3 种方式：

(1) 共同粉磨法。此方法是将所有物料全部一次性加入磨粉机中共同粉磨和混合，达到一定的条件后出料即成产品；

(2) 混合粉磨法。此方法是所有原料先混合，然后入粉磨机混合粉磨；

(3) 预粉磨法。此方法是按照图 2 的生产工艺流程进行操作，先将水泥熟料和 A 料添加剂计量后预先粉磨，然后，将预粉磨的物料和一定量的粉煤灰、B 料活化剂一起搅拌、粉磨，达到一定的条件后出料即为粉煤灰水泥产品。

第 1 种、第 2 种方法虽然简单、方便，但生产的能耗比较高，产品质量比较低且质量无保证。第 3 种方法能耗仅为前两种的 60% 左右，抗压强度高出 5% 以上。

4.4 生产的技术关键

(1) 粉煤灰水泥生产的技术关键是粉煤灰的活化和早期强度的提高，选择合理的活化剂和复合添加剂对于粉煤灰水泥的生产极为重要；

(2) 在合适的添加剂和活化剂存在的条件下，粉煤灰水泥生产的工艺路线、工艺流程和生产的工艺参数是粉煤灰水泥生产的技术关键。

4.5 生产设备

生产粉煤灰水泥的主要设备有球磨机、搅拌混合机、雷蒙磨、其他辅助设施。

4.6 投资及效益估算

投资一座年产 2 万 t 的高掺量粉煤灰水泥生产线，约需投资 100～150 万元左右，达到 425 号水泥标准时售价按 180 元/t 计，年销售收入可达 360 万元，2～3 年即可收回全部投资。

4.7 粉煤灰少熟料水泥

粉煤灰少熟料水泥是以粉煤灰为主要原料，掺加少量水泥熟料及外加剂。根据粉煤灰的结构和水化特点，采用复合碱性激发剂、复合酸性激发剂、复合早强减水剂，掺晶种等多种化学、物理化学方法，充分发挥粉煤灰的潜在化学活性，提高粉煤灰水泥的早期水化率，提供其水化产物晶体易于成核与长大的条件。

用于砌筑与抹面用砂浆水泥，约占工程建筑水泥用量的 1/3，所以研究开发粉煤灰砂浆水泥是完全必要的。

4.8 生产原料辅料

有粉煤灰、水泥、早强剂、碱性激发剂、酸性激发剂和减水剂。

使用超细振动磨，将粉煤灰粒径加工到 10～15μm 时，粉煤灰水化活性大大提高，此时粉煤灰水泥强度会大幅度提高。这是目前粉煤灰水泥的最新方法。

5 粉煤灰砖

粉煤灰开发应用最普遍、最方便、用量最大的是制作粉煤灰砖。粉煤灰砖分为承重砖和砌块两大类。我国建筑界长期使用黏土砖，俗称“秦砖汉瓦”。使用黏土砖不仅质量大，还需大量黏土。据统计,我国“九五”期间城乡住房面积达35亿m^2。仅此一项需黏土砖9000亿块,毁土达13.2亿m^2,耗煤达1.5亿t。另一方面,从目前建筑结构的情况来看,砖混结构仍占很大比重。所以用工业废物——粉煤灰代替黏土制砖,不仅可以节约耕地、改善环境,而且可以充分发挥粉煤灰的二次资源优势,以及其本身的品质优势,以获得比黏土砖更好的建筑效果。

5.1 免烧粉煤灰承重砖

以符合质量要求的粉煤灰为主要原料,不掺水泥,加压成型,经自然养护或常压温度养护或常压蒸汽养护,使砖的质量符合JC239—91标准要求,可以做承重砖使用。

与目前的烧结黏土砖相比,本方法制造的粉煤灰砖的容重较低,仅为1.6t/m^3(黏土砖为1.8t/m^3)。耐低温性能好,抗冻融性好。在耐-25℃,20次循环后,仍能维持原始强度,故有耐久性强成本低等优点。此外在建筑施工砌筑时,挂灰性能良好,砌体的剪切强度为2.4 MPa,可与黏土砖强度相比。最后,该粉煤砖颜色柔和,符合现代城市对建筑物色彩要求返朴归真的潮流。建设年产4000万块砖的国产设备(按常压蒸汽养护考虑)生产线,经济测算如下:

粉煤灰承重砖标号:150号/100号

需用制砖机:6台,设备费60万元

辅助设备:170万元

其他:80万元

总投资:310万元

利润:约为80万元/a(按0.02元/块计)

占地面积:成品砖堆场(按存放产品10天计),5000 m^2

技术报务费:20万元

建议生产规模宁大勿小。

5.2 粉煤灰砌块

我国建筑领域技术进展迅速,新型建筑材料,特别是新型墙体材料,其中包括建筑砌块发展迅猛。近5年来,各类砌块产量每年平均递增速率已超过20%。粉煤灰砌块以原料来源广泛、生产条件简单、建厂投资省、产品适用于各种墙体和各类建筑、设计方案灵活、施工效率高且效益好、建筑功能好、建筑造价低等综合指标取胜。

本方法推出的粉煤灰砌块技术,科技含量好,品质符合GB8239—97标准。可以生产轻骨料型和承重系列砌块。以MUIO(抗压强度为10 MPa等级)为例,砌块密度为1100~1200 kg/m^3,若每m^3砌块掺胶凝材料350×1.15kg=400 kg,以粉煤灰掺量60%计,折合为掺粉煤灰量为210kg/m^3。

每块砌块体积,按标准尺寸计:190mm×190mm×390mm=1.4×$10^{-2}$$m^3$,以空心率为50%计,每块砌块的实体积为:7×$10^{-3}$$m^3$(非承重型);每块砌块可用粉煤灰:210kg/$m^3$×7×$10^{-3}$$m^3$/块=1.88 kg/块;每$m^3$砌块可用粉煤灰:1/1.4×$10^{-2}$$m^3$/块×1.88kg/块=134 kg/$m^3$。

建议一个年产砌块2.1万m^3/a的国产设备生产线(单机单班生产120~150万块/a)的

经济技术指标如下：

设备费:400 万元

占地面积:$6000m^2$

生产率:标准块(190 mm×190 mm×390 mm)单班(8h),每班生产 4000~5000 块/班。

装机总功率:493 kW,单机装机功率:100 kW。

利润:每块砌块约为 0.3 元/砌块

年利润:约 88 万元/a

若引进一条国外全自动砌块生产线(意大利罗莎科美达公司)单机单班生产能力 10.5 万块/a(即 750 万块)。单机两班年生产能力为 21 万块/a(即 1500 万块)。年消耗粉煤灰 6 万 t。年利润 450 万元。但设备投资为 1400 万元。

6 粉煤灰产品开发应用步骤

(1) 掌握粉煤灰资源,弄清本地电厂粉煤灰产量和资源总量。

(2) 掌握粉煤灰质量,即了解电厂粉煤燃烧的过程和燃烧温度。采样,分析粉煤灰的物理化学性能。进行活化试验研究,确定活化剂和激发剂等。

(3) 弄清本地区建筑、建材市场情况,根据市场需要确定开发哪种类型粉煤灰产品。是开发橡塑工业填料还是开发粉煤灰水泥还是开发粉煤灰砖和砌块。

(4) 决定开发粉煤灰产品方向,着手进行该产品可行性研究。确定建厂规模,确定生产工艺路线和工艺流程,确定设备、投资等各项准备工作,积极准备工厂建设。

7 结　论

(1) 粉煤灰是中国最大宗的工业固体废弃物,占用土地、污染环境。

(2) 粉煤灰又是二次资源。对粉煤灰进行开发应用研究,可以生产出许多种重要产品,如橡塑填料、粉煤灰水泥、粉煤灰砖和砌块等。生产粉煤灰产品系列的工厂应该是 21 世纪我国重要工业产业。

(3) 本文推荐的粉煤灰砖和砌块是方便实用和重要的产品。

(4) 开发研究粉煤产品是治理环境污染、利用工业废渣、利国利民的好事情,值得大力推广和政策上给予优惠。

山东枣庄碳酸锶的开发

刘伯元
(冶金部华东地勘局矿产品开发研究所)

1 概 述

1.1 天青石矿山典型特征

山东省枣庄市山亭区北庄镇东抱犊崮西南坡有一天青石矿山。抱犊崮宛如一倒扣的茶杯,兀然挺立,海拔580m。天青石矿在山坡上几乎平行于水平面,成层状分布宛如一道白色飘带四周围绕抱犊崮。矿区交通位置如图1。

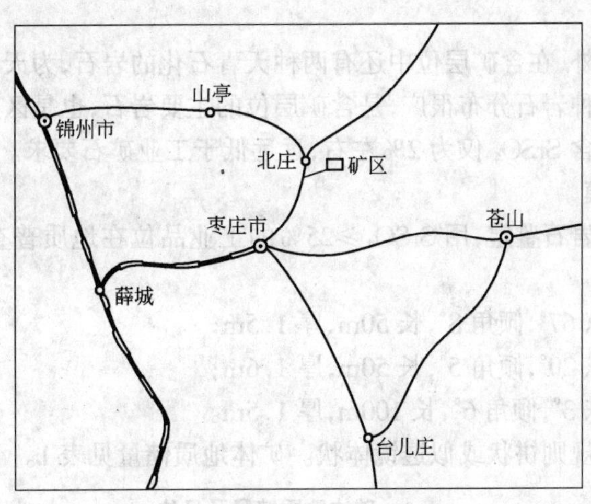

图1 天青石矿区交通位置图

该矿区位于鲁西隆起区,矿区内地层简单,广泛分布着寒武系下统、中统、上统的崮山组。倾向北东,倾角平缓,为3°~7°。矿区有大小不等的5条断裂,天青石矿严格受寒武系下统毛庄组控制。矿床顶板为灰色厚层泥晶灰岩,底板为褐色中厚细晶鲕粒灰岩和铁质-泥质岩及生物碎屑矿屑灰岩。含矿层位厚1.8~2m。含矿层位有以下特征:

(1) 含矿层位的产状完全和毛庄组地层产状一致,呈单斜状,倾向北东,倾角3°~7°;

(2) 含矿层位稳定,沿走向可达千米至几千米,厚度保持1.8m左右,分布广,出露明显;

(3) 含矿层位普遍存在角砾岩,角砾大小不等,大到十几厘米,小到几厘米,分布不均,

棱角明显,排列无序;

(4) 含矿层位中天青石含量变化很大,沿走向和垂直宽度上都是如此;

(5) 含矿层往往硅化,局部地区特别强烈,岩石坚硬;

(6) 含矿层位局部被规模不大的 F_4、F_5 两条断裂带破坏,局部含矿层位位移;

(7) 含矿层位矿化富集地段,在顶板的灰岩节理裂隙中,时常有结晶粗大的天青石矿细脉充填。矿脉向上延伸达 3m 以上,脉宽只有几厘米,最粗 20cm。天青石矿这种细脉的生成与燕山期岩浆活动有关,是重新迁移富集的产物。

1.1.1 天青石矿的矿石种类

根据野外观察和镜下鉴定,本矿区内天青石矿石有以下几种:

(1) 块状天青石。这种矿石结晶颗粒粗大,多为放射状和鳞片状构造,镜下呈自形或半自形板状,无色透明,中等突起,偶见淡蓝色。天青石的含量约占薄片面积的 80%以上,含 $SrSO_4$ 占 75%以上,是矿区内最好的矿石。块状天青石矿在矿体中分布很不均匀,除单独构成块状矿石外,还常作为角砾岩的胶结物出现,或以细脉的形式充填于裂隙之中。

(2) 细粒块状天青石矿。这种矿石主要由天青石,碳酸盐和少量泥质物质组成。天青石颗粒细小,多呈自形或半自形板状晶体出现,长不足 0.5mm,其含量约占薄片面积 1/2 左右。$SrSO_4$ 含量在 50%以上,是主要的工业矿物,在矿区内这种矿石分布相对稳定。

(3) 角砾状天青石矿。它是由大小不等的灰岩角砾被天青石胶结而成。天青石颗粒粗,结晶好,矿石易破碎,$SrSO_4$ 含量在 25%左右,是次要的工业矿石。这种矿石在矿体内分布变化大。

除上述 3 种矿石外,在含矿层位中还有两种天青石化的岩石,为天青石化泥质灰岩和天青石化硅质岩。这两种岩石分布很广,是含矿层位的主要岩石,也是区别非含矿层位的重要标志。但这两种岩石含 $SrSO_4$ 仅为 2%左右,远远低于工业矿石要求。

1.1.2 矿山规模

根据分析结果和岩石鉴定,用 $SrSO_4 \geqslant 25\%$ 的工业品位在地质普查找矿中圈出 3 个矿体分布是:

Ⅰ矿体:倾向北东 67°,倾角 8°,长 50m,厚 1.5m;

Ⅱ矿体:倾向北东 20°,倾角 5°,长 50m,厚 1.6m;

Ⅲ矿体:倾向北东 3°,倾角 6°,长 100m,厚 1.5m。

矿体的形态为不规则饼状或似透镜体状。矿体地质储量见表 1。

表 1 矿体地质储量及品位

矿体编号	密度 /$g \cdot cm^{-3}$	沿倾斜方向延伸/m	矿体平均品位/%	沿走向长度/m	矿体垂直厚度/m	矿石量/t	金属量/t
Ⅰ	3.9	80	77.91	300	1.5	140400	70200
Ⅱ		100	36.96	300	1.5	175500	87750
Ⅲ		100	34.75	480	1.5	280800	140400
合 计						596700	298880

1.1.3 结论

枣庄市山亭区抱犊崮天青石矿典型特征如下:

(1) 矿床受毛庄组控制,有固定而稳定的含矿层位,矿体呈规模不大的饼状体或透镜体分布于含矿层位中,其产状完全和层位一致,两者产状又与毛庄组地层吻合,皆为倾角平缓的向北东倾斜。

(2) 天青石矿主要有 3 种矿石:块状天青石矿,细粒块状天青石矿,角砾状天青矿。它们含 $SrSO_4$ 的品位分别为 75%、50%、25%以上,都达到工业矿石要求。

(3) 从地质普查看,本天青石矿山规模可观,地质储量为 59 万 t 以上,达到大中型天青石矿山规模。矿山产状平缓,易于开采。

(4) 天青石矿为沉积岩层控矿床,但顶部细脉,可能与燕山期岩浆活动,使成矿物质重新富集有关。

(5) 存在问题:第 1 类矿石是天青石矿山最好的矿石,开采出来就是产品,几乎不用选矿,但问题是第 1 类矿石的分布不清楚,要做工作首先把它们圈定出来进行开采。

1.2 采矿选矿

1.2.1 采矿

抱犊崮天青石矿区因矿床稳定,倾角平缓一般为 3°~7°,矿床厚度一致为 1.8~2m。故采矿设计为平巷掘进,开采成本较低。

目前已打进平巷 400 多米,开采出矿石 4000t。今后仍以平巷开采为主。

1.2.2 选矿

本矿区矿石类型有 3 种,块状天青石、细粒块状天青石和角砾状天青石。含天青石的品位变化很大,从 25%到 50%、75%都有。因而选矿是关键问题。

由于抱犊崮天青石矿区矿石种类多,不同矿石天青石品位,嵌布粒度,重晶石含量均不相同,且矿石硅化程度高,泥质少,主要伴生矿物为石英、方解石、重晶石故建议选矿可分为:

(1) 对第 1 类矿石,因其 $SrSO_4$ 含量超过 70%,可以直接装袋,作为产品销售。

(2) 对于第 2 类矿石,由于天青石品位高($SrSO_4 > 50\%$)嵌布粒度大,重晶石含量少,脉石矿物以石英,方解石为主,因此可采用重选方法进行选矿。产品粒度为 60 目,品位大于 70%。

(3) 对第 3 类矿石,因天青石含量较低($SrSO_4$ 为 25%左右),且嵌布粒度较细,含重晶石较高,产品粒度为 120 目,品位大于 85%。

2 天青石深加工产品碳酸锶的生产及市场概述

2.1 碳酸锶的工业用途

天青石化学式为 $SrSO_4$,是自然界中最主要的含锶矿物,也是提炼锶盐的主要工业原料。

碳酸锶是各类锶盐生产的基本化工原料。随着科技的发展,锶盐化工产品在各个工业领域中的应用越来越广泛,越来越受重视。它主要用于:

(1) 生产电视机专用玻璃。含碳酸锶制造的玻璃,吸收 X 射线能力较强,还可以改善玻璃的折射率和熔融玻璃的流动值。故多用于彩色电视机阴极射线管(玻壳)的生产。它是碳酸锶最主要的市场,可占据总产量的 60%~80%。用于玻壳的碳酸锶质量要求较高,一般要求碳酸锶纯度在 97%~98%以上。售价也最高达 5000~6000 元/t。

(2) 用于磁性材料。由于电子工业的发展,使得磁性材料在 20 世纪 90 年代得到飞速发展。用碳酸锶制成的锶铁氧体磁性材料已占全部磁性材料的 1/3 以上。所以磁性材料工业现在已成为碳酸锶的第二大市场。可占据总产量的 30%以上。磁性材料工业要求不高,碳酸锶纯度为 95%以上。售价也低为 4000~5000 元/t。

(3) 制造特种玻璃、特种釉面和特种搪瓷。氧化锶加上碳酸盐、氧化钙等组分后能改善玻璃料的熔融性能。能提高搪瓷的抗压性能和耐化学性。在光学玻璃生产中加入少量碳酸锶能改善结晶状态和粒度特性。

(4) 生产锶铁酸盐。锶铁酸盐陶瓷用于汽车、磁选机、直流电动机、扬声器、电磁门等制造业中,粉末锶铁酸盐加入树脂填料可用于照相复制。

(5) 用于烟花、爆竹及信号弹的生产(硝酸锶)。我国很早就知道锶盐燃烧后会产生鲜红的颜色。

(6) 用于锌电解生产。

(7) 其他用途。可生产防腐蚀颜料(铬酸锶)、脱敏牙膏(氯化锶),用于电子计算机存储器上的金属涂料电容器(钛酸锶)。此外,氧化锶用于生产电焊条、氢氧化锶用于生产润滑脂、肥皂胶黏剂和塑料、氧化锶可用作干燥剂、过氧化锶可用作火箭燃料、氟化锶用于电子工业作大型晶体。此外碳酸锶还用于制糖工业,医药和化学试剂,碳酸锶还用于铝合金材料,如摩托车的铝型材。

2.2 碳酸锶的生产

碳酸锶的工业生产方法,过去只有两种:即碳还原法和复分解法。20 世纪 90 年代以后又发展为 3 种:

(1) 黑灰碳化法。天青石加煤粉高温还原而得可溶性硫化锶,通过净化后的石灰窑气 CO_2 加压碳化而生成碳酸锶 $SrCO_3$。黑灰碳化法适宜大规模生产,其主要特点是流程短,品质纯。但一次性投资较大,以河北省辛集化工厂一期工程年产 4000t 碳酸锶工厂为例,总投资为 4000 万元。

(2) 碳铵双复分解法。将天青石粉先和碳铵复分解生成粗碳酸锶再溶于硝酸制得硝酸锶,经过滤除杂后的纯净硝酸锶溶液和纯碱复分解得最终产品碳酸锶。此法工艺流程长、耗用原料品种多、消耗高、成本高、基本无利润。但是产品质量纯,废渣污染少。

(3) 黑灰复分解法。将天青石和煤粉混合高温还原而得出可溶性硫化锶,然后将其与纯碱进行复分解,制得碳酸锶和副产硫化碱。黑灰复分解法工艺流程短、设备简单、投资小材料消耗少、成本低,产品质量达到国标合格品或一级品水平,是目前最佳中小工厂规模工艺路线。1998 年 1 月我们考查洛阳泰翔化工厂,该厂于 1995 年、1996 年用碳铵双复分解法生产碳酸锶,一直亏损。1997 年改用黑灰复分解法生产,仅上 1 台 DZ 转炉。当年就实现扭亏为盈,每月产量 70~80t 碳酸锶全部销售一空,就是很好的例子。

2.3 碳酸锶的市场

随着科技的发展,各个工业部门对碳酸锶的需求量日益增加,使得近 10 年内中国碳酸锶产量有了飞速的发展。从消费市场分析，由于电子工业的快速发展，玻壳和磁性材料需求量最大，玻壳行业年需求量达 4 万 t，磁性材料达 1 万 t，加上电器、烟花、医药、化工、陶瓷和搪瓷等行业的需要以及出口量的不断增长，预计我国需求量在 2000 年以前，每年至少需要 6.5～7.5 万 t。

由于碳酸锶近 10 年以及以后几年市场缺口较大，是化工行业最紧俏的产品之一。因而近 10 年来我国碳酸锶生产也有飞速的发展，其主要生产厂家有南京锶盐公司（溧水化工厂）、河北辛集化工厂、河南新乡第一化工厂、四川张家坝盐化厂、成都双流硼砂厂等 20 余家工厂，以上厂家年产量约在 1000～4000t，其中溧水、新乡、辛集正在扩建万吨厂。目前我国碳酸锶生产能力为 5 万 t，年实际产量仅为 4 万 t。

由于天青石是稀有矿种，资源紧张限制了碳酸锶的生产，目前世界年需求量已达 40 万 t，实际生产能力为 30 万 t。我国是世界天青石储量丰富的国家，目前已在江苏、四川、湖北、山东、甘肃、新疆发现天青石矿，但总的看来，资源紧张局面将维持很长时间。

由于资源的缺少和工艺路线的不当，使得一批小厂很快上马又很快关门。

山东省枣庄市山亭区有丰富的天青石资源，煤炭资源更为充沛应不失时机的大力发展碳酸锶生产以满足市场消费和出口需要，达到发展经济的目的。

3 黑灰复分解法生产碳酸锶的工艺流程及主要设备

3.1 黑灰复分解法生产碳酸锶的工艺装备流程

该工艺流程参见图 2。

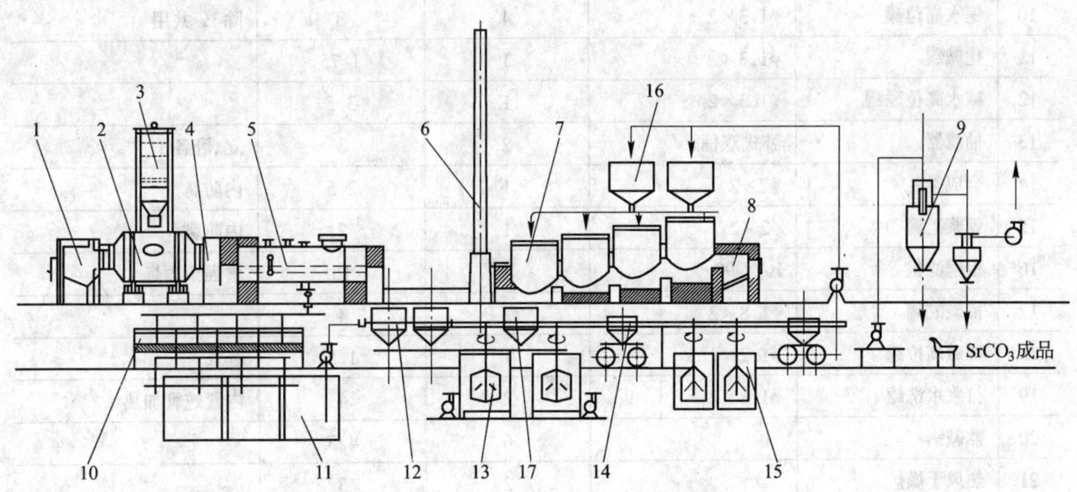

图 2 黑灰复分解法生产碳酸锶工艺流程

1—转炉火床；2—转炉；3—上料架；4—除尘器；5—余热炉；6—烟囱；
7—浓缩锶(4)；8—火床；9—气流干燥；10—浸取过滤器(4)；11—澄清罐；12—增稠器(2)；
13—合成罐(2)；14—真空过滤器(2)；15—水洗罐；16—稀碱贮槽(2)；17—Na_2CO_3 溶液贮槽

3.2 具体操作

天青石粉碎至60目和还原剂煤粉混合均匀,投入转炉在1150～1200℃温度下焙烧可得可溶硫化锶。经余热炉内沸水动态浸溶后移入高位罐经除钡操作并经分离。入合成釜和当量的纯碱溶液合成。待终点到达,保温陈化,卸入贮浆池。一次经板框分离,再经打浆水洗二次分离,三次在可洗框内继续水洗。后经空压机压干滤饼,卸入盘内在热风干燥炉内静态烘干至水分小于0.2%。出料待冷,风选粉碎而得成品——碳酸锶。

3.3 主要设备

主要设备及造价见表2。

表2 主要设备及造价

序号	设备名称	规格型号	数量/台	造价/万元	备注
1	颚式破碎机	250×250	1	0.5	
2	锤式破碎机		1	0.5	
3	快装锅炉	2t	1	20	公用工程
4	无塔供水器		1	1	公用工程
5	焙烧转炉	D27-2	1	9	专用非标
6	余热利用炉	3t	1	2.9	专用非标
7	粉碎机		1	0.5	粉煤用
8	溶解罐	ϕ1.8×2	2	5	溶锶浓卤
9	锶水贮罐	ϕ1.8×2	2	5	
10	锶水高位罐	ϕ1.3×2	4	8	除Ba共用
11	化碱罐	ϕ1.3×2	1	1.75	
12	碱水高位贮罐	ϕ1.3×2	1	3.5	
13	抽滤器	卧式双桶	2	3	立、卧各1
14	合成釜	ϕ2×2	1	2.5	内防腐
15	锶浆贮罐	ϕ2×2	1	2	内防腐
16	板框滤机	BAY-90	2	16	增强聚丙烯
17	稀碱贮罐	ϕ1.8×2	2	4	
18	稀碱高位罐	ϕ1.2×2.5	1	1.5	卧式
19	打浆水洗罐	ϕ1.8×2	2	4	内置蛇管加热
20	熬碱锅		6	4.5	
21	热风干燥炉		2	3	
22	烘干车		20	2	
23	锶水浓卤罐	ϕ1.8×2	2	5	贮浓卤用
24	空压机	0.5 m^3	1	0.5	
25	摆线减速机	BLYA-2-24	12	2.5	
26	浓浆泵	Ⅰ-101	2	1	

续表 2

序号	设备名称	规格型号	数量/台	造价/万元	备注
27	离心清水泵	2BA-6	6	1	
28	制片机		1	4	桶碱不用
29	风选粉碎机	FAX	1	1.5	
30	管线、闸阀			2	
31	火床		4	2	转炉 1:熬碱烘干 2
32	化验装备		1套	2	
33	技术费用			12	
34	不可预见费用			5	
35	基建费用	砖混	700 m^2	21	
合计:壹佰伍拾玖万元				159	

注:本设计为基本概算。

3.4 工业碳酸锶国家标准 GB1066—89(表 3)

表 3 工业碳酸锶国家标准

项目		优等	一等	合格品
碳酸锶($SrCO_3$)	≥	97	96	95
碳酸钙($CaCO_3$)	≤	0.5	1.0	1.2
碳酸钡($BaCO_3$)	≤	1.0	1.5	2.0
钠(Na)/%	≤	0.25	0.35	0.45
铁(FeO)	≤	0.01	0.01	0.012
氯(Cl)/%	≤	0.12	0.15	0.2
总S量(以S计)/%	≤	0.08	0.12	0.16
磷(P计)/%	≤	0.01		
水分/%	≤	0.5	0.5	0.5
盐酸不溶物/%	≤	0.15	0.2	0.25
堆集密度/$g \cdot cm^{-3}$	≥	1.25	1.25	1.25
粒度(1.0mm 分解筛筛余物)		全通过	全通过	全通过

4 建设规模及条件

4.1 设计规模及年产值

(1) 主产品:碳酸锶 1000t/a

(2) 副产品:硫化碱 350t/a

(3) 年产值：

碳酸锶：1000×4300 元＝430 万元

硫化碱：350×1500 元＝52.5 万元

两项合计：482.5 万元

4.2　主要原料及技术要求(表 4)

表 4　主要原料及技术要求

品　　名	规格及技术要求	年需量/t
天青石	$SrSO_4 \geqslant 70\%$ $BaSO_4 \leqslant 2\%$	3000
纯碱	$Na_2CO_3 \geqslant 98\%$	1000
原料煤(白煤)	$\geqslant 2.93 \times 10^4 J/kg$	750
燃料煤(烟煤)	$\geqslant 2.93 \times 10^4 J/kg$	1000

注：原料煤也可采用烟煤。

4.3　水、电

总装机容量为 200kVA

每吨产品要使用水 40t(自来水或地下水)

4.4　占地规模

总占地面积 $3300m^2$

其中建筑面积 $700m^2$

4.5　职工全员及岗位分工(表 5)

表 5　职工全员及岗位分工

工作岗位	日开班次	每班人数	职工总数	备　　注
锅炉司炉工	3	1	3	
转炉焙烧	3	2	6	司火 1 人，备料 1 人
浸溶工	3	2	6	含余热炉上下水及转移出渣
合　成	3	2	6	含化碱除 Ba 抽滤
板　框	3	3	9	打浆及水洗
熬　碱	3	1	3	
烘　干	3	2	6	司火、出、装料
粉　碎	2	2	4	含包装
维修工	3	1	3	每班 1 人
中控检验	3	1	3	
中心化验室	3	1	3	
矿石破碎			3	
合　计			55	

注：未含管理人员。

4.6 建设周期

(1) 设备交付期:签订合同、付款后 45 天设备到货;

(2) 技术图纸和技术文献交付期:签订合同,付款后 30 天内交付;

(3) 建厂周期:签订合同,付款后 5~6 个月建成。

5 投资成本及经济分析

5.1 成本概算(表 6)

表 6 成本概算表

项 目		消耗定额(以每吨计)	单价/元	金额/元	备 注
原材料	天青石	2.7	400/t	1080	
	纯 碱	1.0	1300/t	1300	
	原料煤	0.625	180/t	112	
燃 煤		0.9	180/t	162	含烘干锅炉转炉及熬碱
工 资		20	15/人·日	300	
电 耗		180	1/度	180	
水		40/t	0.5/t	20	
销售费用		30/t		30	
车间经费				16	
上交管理费		1%		50	
包装(塑编)		25	2/只	50	
成本(上列 11Σ)				3300	

5.2 利润分析

(1) 吨利润(含税)=销售价-成本

(销售价以目前 1 级品市场价 4300 元计)

即 4300-3300=1000 元

(2) 年利润(含税)=年产量×吨利润

=1000×1000=100 万元

另外副产品硫化碱 350t,每吨按 1500 元计为 350×1500 万元=52.5 万元

主副产品合计年利润=100 万元+52.5 万元=152.5 万元

5.3 税金

增值税＝(产值－进项)×17%

每吨产品＝(4300－1000－1300－112－162)元×17%

＝1826 元×17%＝310 元

年税金＝310 万元×1000＝31 万元

另外:城建税＋教育附加税＝增值税×(7%＋3%)

＝增值税×10%

每吨产品＝310 元×10%＝31 元

年税金＝31 万元×10%＝3.1 万元

副产品税金:52.5 万元×18.7%＝9.8 万元

总计:年税金＝31 万元＋3.1 万元＋9.8 万元＝43.9 万元

5.4 纯利润

吨纯利＝吨利润－税金

＝1000 元－310 元－31 元＝659 元

年利润＝年利润－税金

＝(152.5－31－3.1－9.8)万元

＝109.6 万元

5.5 投资回收期

本期投资 160 万元,1 年纯利润为 109.6 万元。

投资回收期:160 年/109.6＝1.5 年

即投资可在设计达产后 2 年内收回。

6 环保及三废

本工艺流程的特点是将不易清除的最大污染源——硫酸根(SO_4^{2-})转化为副产硫化碱。这样基本上清除了污染,又增加了副产品,可谓是“变废为宝”。这是其他工艺无法比拟的特点。

本工艺复分解过程,副产品硫化碱分解,过滤澄清液无废水、废气、废渣污染。

在转炉焙烧还原过程中,烟灰的排放达到国家标准。煤灰需排除。

在黑灰浸溶过程中,有少量不溶残渣(每吨产品约有残留物 200 kg)需同煤灰一起排除。

为了不使物料浪费,工艺中采用动态浸溶,洗涤水可返回使用。

本工艺基本无三废,符合国家环保要求。

7 结论与建议

综上所述,使用黑灰复分法工艺,建设年产 1000t 碳酸锶生产线具有投资小、效益高、工艺先进、能最大限度地减少污染、操作简单等优点。

碳酸锶产品在国际和国内都是十分紧俏的产品，市场需求量大，前景好，目前处于供不应求的状况。

山东省枣庄市山亭区不仅在抱犊崮，在北庄拥有丰富的天青石锶矿资源，拥有优质煤炭，具有得天独厚的条件。

冶金工业出版社部分图书

书 目 简 介

书　　名	定 价
矿石及有色金属分析手册	47.80
矿物资源与西部大开发	38.00
工艺矿物学	39.00
矿业经济学	15.00
脉状金矿床深部大比例尺统计预测理论与应用	38.00
非金属矿加工技术与应用手册(精)	119.00
工艺矿物学(第3版)	32.00
金属及矿产品深加工	68.00
矿山废料胶结充填	42.00
球磨机介质工作理论与实践	15.00
矿山生态复垦与露天地下联合开采	20.00
当代胶结充填技术	45.00
金属矿山尾矿综合利用与资源化	16.00
选矿概论	12.00
中国铁矿石造块适用技术	40.00
矿浆电解原理(精)	22.00
现代金属矿床开采科学技术	260.00
除尘技术手册	78.00
环境保护及其法规(第2版)	45.80
金属冶炼生产职业危害与控制技术	58.00
环保知识400问(第三版)	26.00
膜法水处理技术(第二版)	32.00
环境生化检验	14.80
新型实用过滤技术(第二版)	120.00
环保设备材料手册(第二版)	178.00
磁电选矿技术	25.00
浮游选矿技术	36.00
碎矿与磨矿技术	35.00
微波助磨与微波助浸技术	16.00